高烈度地区大型水工渡槽减隔震机理与技术研究

张多新　石艳柯　苏卫强　著

中国水利水电出版社
www.waterpub.com.cn
·北京·

内 容 提 要

本书介绍了当前国内外在大型渡槽抗震、减震、隔震方面的最新成就，总结了著者多年在渡槽结构抗震理论、减震、隔震机理、槽内水体与结构体系流固耦合效应建模、渡槽结构动力学分析、抗震、减震、隔震工程技术等方面的研究成果，主要包括高烈度地区高架渡槽减隔震机理及技术研究、大型渡槽抗震设计方法探析及技术实现、多点地震激励下渡槽结构易损性分析、地震作用下槽内水体晃动的非线性模拟及标准推荐方法适用性研究及其应用。

本书可供水利、力学、土木、交通、能源等领域从事结构抗震、结构减震、隔震、结构控制、结构动力学理论与实践的科研工作者和工程技术人员阅读参考，亦可供高等院校教师、研究生及高年级本科生教学参考。

图书在版编目（CIP）数据

高烈度地区大型水工渡槽减隔震机理与技术研究 / 张多新，石艳柯，苏卫强著. -- 北京 : 中国水利水电出版社，2024. 8. -- ISBN 978-7-5226-2699-4

Ⅰ. TV672

中国国家版本馆CIP数据核字第2024W1M904号

书　　名	**高烈度地区大型水工渡槽减隔震机理与技术研究** GAOLIEDU DIQU DAXING SHUIGONG DUCAO JIAN - GEZHEN JILI YU JISHU YANJIU
作　　者	张多新　石艳柯　苏卫强　著
出版发行	中国水利水电出版社 （北京市海淀区玉渊潭南路1号D座　100038） 网址：www. waterpub. com. cn E - mail：sales@mwr. gov. cn 电话：（010）68545888（营销中心）
经　　售	北京科水图书销售有限公司 电话：（010）68545874、63202643 全国各地新华书店和相关出版物销售网点
排　　版	中国水利水电出版社微机排版中心
印　　刷	北京印匠彩色印刷有限公司
规　　格	184mm×260mm　16开本　14印张　341千字
版　　次	2024年8月第1版　2024年8月第1次印刷
印　　数	001—500册
定　　价	**98.00**元

前言

治水兴邦，兴水利民。

水是万物之母，生存之本，文明之源，是人类及所有生物存在的生命资源。然而，受特殊的地理环境影响，我国基本水情一直是夏汛冬枯、北缺南丰，水资源时空分布极不均衡。进入新发展阶段、贯彻新发展理念、构建新发展格局，形成全国统一大市场和畅通的国内大循环，促进南北方协调发展，国家提出要加快构建国家水网。大型渡槽因其良好的架空能力和水力性能，是国家水网、大型灌区等引调水工程的重要建筑物之一，其在动载作用下力学性能的阐释，关系引调水工程的安全和效益。

我国东邻太平洋地震带，南接欧亚地震带，绝大部分省份都发生过6级以上的地震，地震活动范围广，震中分散，囿于科学认识和技术水平，地震给人民生命财产安全带来的危险和破坏时有发生。尤其是工程结构，在地震作用下所遭遇的破坏更是造成人民生命和财产损失的主要原因。渡槽结构体系作为国家水网和引调水工程不可或缺的建筑物，很有必要研究其动力特性及其在地震作用下的破坏机理，提出渡槽结构体系抗震减震及隔震技术，以保障国家水网和跨流域引调水工程的运营。

本书正是在这样的背景下，以我国高烈度地区的渡槽工程为实践对象，考虑槽内水体与渡槽结构体系的流固耦合作用，借鉴已有的工程减隔震技术，开展了大型水工渡槽减震机理与技术研究，阐释渡槽结构体系在地震作用下的性能，解析渡槽结构体系减震机理，提出高烈度地区渡槽工程的设计运维要点，以期推动高烈度地区渡槽结构及类似结构的建设。

本书共5章。第1章系统梳理和总结大型渡槽结构动力学的研究进展，为渡槽工程未来发展提供学术与实践指向。本章由张多新、苏卫强执笔。第2章考虑渡槽槽内水体与渡槽结构体系的动力学相互作用，开展了高烈度地区大型渡槽结构减隔震机理及技术措施方面的研究，指出采用高阻尼减隔震支座后，渡槽结构的地震响应大幅降低，控制在安全范围之内，但要考虑渡槽和槽墩挡块之间的碰撞问题。本章由张多新、石艳柯、崔越越执笔。第3章探讨了大型渡槽抗震设计方法的研究，设计了多功能复合阻尼器并进行了抗震性能试验，开展了装配多功能复合阻尼器支座的大型渡槽的地震响应分析，指出多功能复合阻尼器支座可以显著降低结构的响应值，并提出大型渡槽工程设计的要点。本章由张多新、屈艺豪执笔。第4章考虑地震动空间特性、有限元模型参数的不确定性和地震动模型参数的不确定性，开展了大型渡槽的动力学分析，构建一致激励和多点激励下各支座、各槽墩和渡槽系统的易损性曲线，指出多点地震激励下渡槽系统的易损性比一致激励更大，地震动的空间效应不可被忽略。本章由张多新、余阳执笔。第5章针对GB 51247—2018《水工建筑物抗震设计标准》提出的渡槽结构抗震分析方法，开展了地震作用下槽内水体晃动的非线性模拟及标准推荐方法适用性研究，分析了渡槽下部结构刚度变化时的渡槽动力学响应，探索设计标准推荐方法在抗震分析设计时的适用性，进一步完善了设计标准的应用。本章由张多新、刘鹏帅执笔。全书由张多新统稿。

本书是依托华北水利水电大学的郑州市工程结构力学分析与安全评价重点实验室的研究成果。该研究工作先后得到河南省科技攻关计划（202102310258）、河南省2023年水利科技攻关项目计划（GG202333）、云南省水利水电勘测设计研究院委托的“滇中引水工程董家村、阿斗村渡槽关键技术及抗震研究——高烈度地区特大型渡槽结构数值模拟及抗震分析研究”等项目的大力支持，同时，借鉴参考了国内外之前专家学者的研究成果，在此一并表示感谢。

本书总结了作者在渡槽工程抗震、减震及隔震方面的研究成果，提出了一些较为前沿的研究思路和方向，其中一些观点仅代表当前对上述问题的认识，有待进一步补充、完善和提高。由此，本书中难免存在不足之处，敬请读者批评指正。

张多新

2024年5月

于华北水利水电大学

目 录

前言

第 1 章　大型渡槽结构动力学研究进展 …… 1
　1.1　结构动力分析方法简述 …… 1
　1.2　大型渡槽槽内水体与槽体相互作用研究进展 …… 1

第 2 章　高烈度地区高架渡槽减隔震机理及技术研究 …… 14
　2.1　地震动的选取及输入 …… 14
　2.2　渡槽结构自振特性分析 …… 18
　2.3　渡槽结构地震响应分析研究 …… 39

第 3 章　大型渡槽抗震设计方法探析及技术实现 …… 69
　3.1　多功能复合阻尼器支座抗震性能试验 …… 69
　3.2　多功能复合阻尼器支座数学建模 …… 80
　3.3　装配多功能复合阻尼器支座的大型渡槽地震动响应分析 …… 84
　3.4　不同工况下渡槽结构地震动响应分析 …… 87
　3.5　小结 …… 98

第 4 章　多点地震激励下渡槽结构易损性分析 …… 100
　4.1　多点激励地震反应分析概况 …… 100
　4.2　地震易损性研究概述 …… 103
　4.3　多点激励地震动的模拟 …… 106
　4.4　多点地震动模拟参数模型 …… 107
　4.5　多点激励地震动模拟的方法及 MATLAB 程序 …… 116
　4.6　地震易损性分析基本理论及方法 …… 121
　4.7　多点地震激励下渡槽结构易损性分析 …… 129
　4.8　基于减隔震支座的渡槽结构地震易损性分析 …… 153

第 5 章　地震作用下槽内水体晃动的非线性模拟及标准推荐方法适用性研究 …… 160
　5.1　标准推荐方法适用性研究进展 …… 160
　5.2　渡槽槽内水体晃动的模拟方法 …… 163

5.3 水体晃动的非线性模拟及数值模型评析 …… 168
5.4 U型渡槽标准推荐方法适用性分析 …… 186
5.5 矩型渡槽标准推荐方法适用性分析 …… 205

参考文献 …… 218

第1章　大型渡槽结构动力学研究进展

1.1　结构动力分析方法简述

随着人们对地震动以及结构动力特性的深入理解，目前可用的抗震设计理论（方法）可分为四种：静力理论（静力法）、反应谱理论（反应谱法）、动力理论（动力时程分析方法）和数据驱动法（大数据方法）。静力法是早期采用的分析方法，该理论最初由日本学者大房森吉在1899年提出，其假设结构各个部分与地震力具有相同的振动，把地震运动加速度引起的惯性力（地震力）看作静力施加在结构上进行结构线弹性静力计算。从动力学的角度分析，把地震加速度看作结构破坏的单一因素有其局限性，忽略了一个重要因素——结构的动力特性。只有当结构物的基本周期比场地卓越周期小得多时，结构物在地震振动时才可能几乎不产生变形，此时静力法才能成立。由于其局限性，现在已经很少使用，但是因其概念简单，计算公式简明扼要，在挡土墙结构等大质量刚性结构的抗震计算中还在继续使用。美国学者 M. A. Biot 于1943年提出弹性反应谱的概念，并给出了世界上第一条弹性反应谱曲线，Housner G. W. 提出基于反应谱理论的抗震计算方法。自此，结构的地震反应分析进入了动力阶段。从1958年第一届世界地震工程会议之后，这一方法被许多国家所接受，并逐渐被应用到结构抗震设计规范中。反应谱法概念简单，计算方便，可以用较小的计算量获得结构最大反应值。采用反应谱法只需取少数几个低阶振型就可以求得较为满意的结果，计算量小，且反应谱法将动力问题转化为拟静力问题，易被工程师接受。采用反应谱法不能考虑多点激励，也不能进行非线性地震反应分析。动力时程分析方法是将地震记录或人工波作用在结构上，直接对结构运动方程进行积分，求得结构任意时刻地震反应的分析方法，是借助于线性与非线性有限元动力分析程序对动力学模型的计算。该方法可以精确地考虑流—固耦合动力相互作用、结构、土和基础相互作用、地震波相位差及不同地震波多分量多点输入等因素建立结构动力计算方程，同时，考虑结构几何和物理非线性和各种减隔震装置的非线性性质的地震反应分析方法。而对于像渡槽这种大跨度枢纽建筑物来讲，必须要全面考虑到土—桩—结构动力相互作用、行波效应，以及其他因素耦合作用，因此采用动力时程分析方法是最好的选择。近年来，随着大数据技术、人工智能技术的快速发展，数据驱动法求解结构动力响应逐渐应用到工程实践中来，取得了很好的效果。

1.2　大型渡槽槽内水体与槽体相互作用研究进展

工程实践表明，渡槽由槽身（断面为矩形、U形、半圆形和梯形等）、支承结构（槽墩、槽台、排架、桁架、斜拉索及塔架等）、基础（桩基、条基等）和地基（天然地基、复合地基等）组成。在地震时，地面运动会通过支承结构引起槽体的运动，槽体的运动又会引起槽内水体的晃动，从而影响到槽内水体动水压力的幅值和分布，槽内水体的晃动反过来又会引起槽身与支承结构的频谱特性及其地震响应的变化，这实属流固耦合（Fluid Solid Interaction，简称FSI）系统的动力学问题。渡槽槽身一般由钢筋（预应力）混凝土薄壁板（壳）或肋板（壳）构成，支承结构一般由薄壁空心墩（台）或柔性排架组成，整体结构刚度有限，近期研究表明，要客观地认识大型渡槽地震响应，有必要考虑包括支承结构在内的整个渡槽结构与槽内水体间的FSI作用。

由于渡槽的最大水深 H 和槽体半宽度 l 的比值 H/l 一般为1～2，若忽略水体压缩性，在地震作用下，槽内水体与槽体结构的动力相互作用可以通过附加质量考虑，但附加质量只能表达由地震加速度引起的与其方向相同的动水压力。然而，水平向地震动加速度引起的槽内动水压力，不仅是槽侧壁迎水面上水平向附加质量与水平向地震加速度乘积表达的水平向动水压力，还会引起的槽底迎水面的竖向动水压力；同样，竖向地震动加速度引起的槽内动水压力，不仅是槽底迎水面上的竖向附加质量与竖向地震动加速度的乘积表达的竖向动水压力，还会引起的槽壁迎水面上的水平向动水压力。故在考虑槽内水体的动水压力时，必须同时考虑地震加速度方向的动水压力分量和垂直于地震加速度方向的动水压力分量的计算方法。

1.2.1　大型渡槽槽内水体晃动等效模型研究进展

在动力荷载作用下，大型渡槽槽内水体晃动的描述，常用的模型有Westergaard附加质量模型，Graham和Rodriguez模型、Housner等效质量—弹簧模型以及非线性描述。近年来，国内学者们溯源浚流，探赜索隐，推陈出新，梳理如下。

1.2.1.1　横向地震作用下水体晃动等效模型研究进展

当渡槽受到横向水平向地震加速度 $\ddot{X}(t)$ 作用时，槽内水体将产生两维的侧向晃动，在水体无黏、无旋、不可压缩和自由液面小幅晃动的假定条件下，根据线性势流理论，流体的运动可由Laplace方程确定：

$$\frac{\partial^2 \Phi(x,z,t)}{\partial x^2}+\frac{\partial^2 \Phi(x,z,t)}{\partial z^2}=0 \tag{1-1}$$

$$\left.\frac{\partial \Phi(x,z,t)}{\partial x}\right|_{x=\pm l}=0 \tag{1-2}$$

$$\left.\frac{\partial \Phi(x,z,t)}{\partial z}\right|_{z=-H}=0 \tag{1-3}$$

$$\left.\frac{\partial \Phi(x,z,t)}{\partial z}\right|_{z=0}=\left.\frac{\partial h(x,z,t)}{\partial t}\right|_{z=0} \tag{1-4}$$

$$\left.\left[\frac{\partial \Phi(x,z,t)}{\partial t}+gh(x,z,t)\right]\right|_{z=0}+x\ddot{X}_0(t)=0 \tag{1-5}$$

$$p(x,z,t)=-\rho\frac{\partial \Phi(x,z,t)}{\partial t}-x\rho\ddot{X}_0(t) \tag{1-6}$$

式中　t——时间，s；

$\Phi(x,z,t)$——速度势，m/s；

$h(x,z,t)$——自由液面的小幅晃动位移函数，m；

$p(x,z,t)$——静水压力，Pa；

ρ——水体密度，kg/m^3；

g——重力加速度，m/s^2。

上述方程的求解并非易事，故人们开始寻找其等效的数学模型。早在 1931 年，Westergaard 提出的水体晃动等效模型——附加质量模型，成为水体晃动等效模型的滥觞。随后，学者们建立了不同的等效模型，如 Graham 和 Rodriguez 模型、Housner 等效质量—弹簧模型、Yuchun Li 和 Qingshuang Di 模型等。

近 10 年，Westergaard 附加质量法因其建立的前提条件在渡槽内无法满足，虽有学者对其进行了改进，但已很少再用此法分析大型渡槽的动力响应。槽内水体晃动等效模型发展最快的是弹簧—质量模型。早在 1952 年，Graham 和 Rodriguez 采用流体的线性势流理论，研究了矩型槽内水体小幅晃动的问题，并根据流体晃动对矩型槽槽壁的作用力和弯矩，首次提出了矩型渡槽水体的弹簧—质量等效模型。在此基础上，Housner 于 1957 年借助于贮液器运动时液体运动的物理现象直观，推导出了更为简单的 M_0 和 M_i（$i=1$，2，3，…，n）解析表达式，并把 M_0 和 M_i（$i=1$，2，3，…，n）赋予了反映流体晃动对槽壁冲击压力和对流压力的物理含义。自此，Housner 模型被认为是 Graham 和 Rodriguez 解答的很好的近似，并在工程中得到了广泛的应用，正如 19 世纪之初的"以太"学说，近 60 年无人质疑。

2012 年，Yuchun Li 和 Qingshuang Di 等学者采用半解析半数值的方法，在水体无黏、无旋、不可压缩和小幅晃动的假设条件下，分析了任意截面渡槽槽体内水体晃动的问题，提出了渡槽内流体晃动的等效简化模型。该模型将水体的横向晃动等效为一个固定质量 M_0（描述水体对槽壁的冲击）与一个质量—弹簧振子（M_1，K_1）（描述水体对槽壁的对流压力），并根据等效原则，即实际的流体系统（采用有限元模拟）与等效模型具有相同的一阶自然晃动（振动）频率，以及对槽身具有相同的作用效应，采用最小二乘算法，通过数值拟合得到了矩型渡槽、半圆型渡槽、U 型渡槽和梯型渡槽的等效模型。随后，李遇春和余燕清又以同样的方法给出了圆管渡槽抗震计算的流体等效简化模型。更为细微的探析这一渊薮，学者们研究发现，在严格的线性势流理论框架下，Graham 和 Rodriguez 模型给出了在水平正弦激励作用下水体晃动的正确解答，但没有给出描述水体晃动对流效应质量 M_1 的正确位置，而 Housner 模型能很好地估计对流质量 M_1 及其位置，但其脉冲质量 M_0 及其位置的计算结果与精确解相比，具有较大的误差，脉冲质量比 M_0/M 与位置比 h_0/h 和精确解相比，最大相差 10.5%和 14.8%。Yuchun Li 和 Jinting Wang 的解答补充并纠偏了 Graham 和 Rodriguez 模型和 Housner 模型的缺陷，完善了质量—弹簧模型。但是，这个解答需要计算无穷级数，不便于工程应用，同时，若采用 Housner 模型，则部分计算结果误差较大。为克服上述困难，李遇春、来明在等效模型精确解答的基础上，采用非线性曲线拟合方法将精确解答简化为一个相对简单的表达式，以便于工程应用。在此基础上，李遇春、张龙进一步给出矩型渡槽和 U 型渡槽在横向地震作用下水体晃动的简化等效模型，并以实际渡槽工程验证了简化等效模型的有效性。上述取得的研究成果为渡槽的动力学计算提供了行之有效的力学模型，为渡槽的抗震设计奠定了基础。基于此，等效的质量—弹簧模型被写入水工建筑物抗震设计标准，如图 1-1 所示。

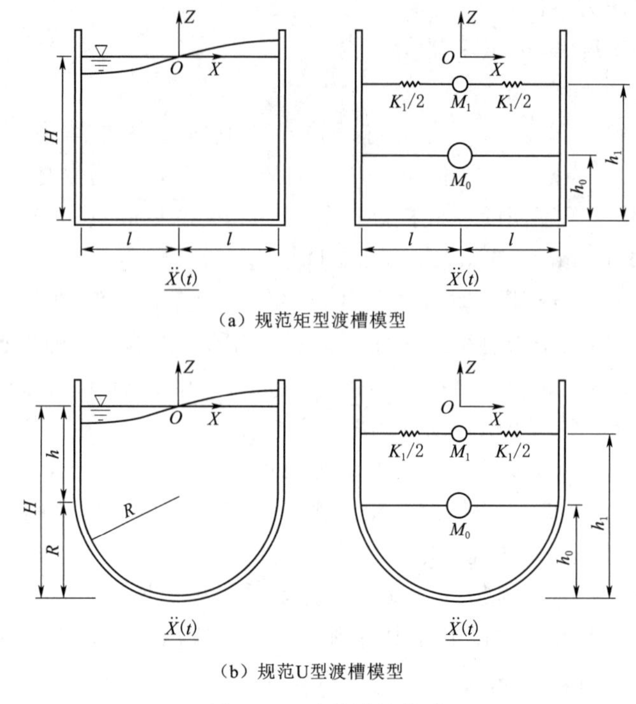

（a）规范矩型渡槽模型

（b）规范U型渡槽模型

图 1-1　渡槽计算模型

1.2.1.2　竖向、顺向地震作用下水体晃动等效模型研究进展

竖向地震动分量作用下，槽内水体如何影响渡槽结构系统的动力特性及响应，近十年研究成果相对较少。早在 1999 年，李遇春、李大庆、乐运国就开展了渡槽竖向动力特性及地震动力响应研究，指出由于水体的惯性，竖向地震作用对渡槽结构可能有较大影响，设计时应加以考虑。但如何影响，文献并没有给出评述。随后的研究发现，对于不同的地震动输入，一般水越深，结构的响应越大。在响应分析中，发现竖向地震波并非谐波，不会使液面产生晃动，因而可以认为在竖向地震作用下，水体只有冲击分量而不存在对流分量，即只需要在槽体底板上附加质量即可反映槽内水体的影响。进一步的研究表明，附加质量分布与槽体的振型有关，采用反应谱分析法，给出了作用在槽体上的等效附加地震荷载。吸收上述研究思想，水工建筑物抗震设计标准给出了水体在竖向地震动分量作用下的等效模型。

在顺槽向地震动分量作用下，如不考虑水体的黏性，水体与槽壁表面无剪切力传递，因而顺槽向地震动分量作用时，一般不考虑水体的影响。但在强震作用下，水体与槽壁之间的接触作用、边界层的厚度及剪切力的大小与影响还需要进一步研究。

1.2.1.3　水体—槽体相互作用计算研究进展

槽内水体与槽体结构的动力相互作用，导致大型渡槽抗震计算十分复杂。基于工程实用的观点，水工建筑物抗震设计标准中，提出了基于有限单元法求解大型渡槽槽内水体地震响应的工程实用方法。在渡槽抗震计算中，作用在矩型或 U 型渡槽的顺槽向各截面槽体内的动水压力可分为冲击压力和对流压力两部分，其计算方法如下。

在横向地震动分量作用下，槽体内冲击动水压力对槽壁的作用，可作为沿高程分布的固定于各侧壁上的水平向附加质量考虑，按式（1-7）、式（1-9）计算；对槽底的作用，可作为随 x 变化的动水压力考虑，按式（1-8）计算。

当 $H/l\leqslant 1.5$ 时

槽壁
$$m_{wh}(z)=\frac{M}{2l}\left[\frac{z}{H}+\frac{1}{2}\left(\frac{z}{H}\right)^2\right]\sqrt{3}\tanh\left(\sqrt{3}\frac{l}{H}\right) \tag{1-7}$$

槽底
$$p_{bh}(x,t)=\frac{M}{2l}\alpha_{wh}(t)\frac{\sqrt{3}}{2}\sinh\left(\sqrt{3}\frac{x}{H}\right)\Big/\cosh\left(\sqrt{3}\frac{l}{H}\right) \tag{1-8}$$

当 $H/l>1.5$ 时

槽壁
$$m_{wh}(z)=\frac{M}{2H} \tag{1-9}$$

槽底的冲击动水压力按线性分布。

式中 M——沿槽轴向单宽长度的水体总质量，矩形渡槽 $M=2\rho_w HL$，U 型渡槽 $M=\rho_w(2hR+0.5\pi R^2)$，m^3；

$\alpha_{wh}(t)$——各截面槽底中心处的水平向加速度响应值，m/s^2；

ρ_w——水体质量密度，kg/m^3；

H——槽内水深，m；

$2l$ 或 $2R$——槽内宽度，m。

在横向地震动分量作用下，槽体内对流动水压力的作用可作为在 h_1 高度处与槽壁相连的弹簧—质量体系考虑，其等效质量 M_1，等效刚度 K_1 和高度 h_1，按下列公式计算。

矩型渡槽
$$M_1=2\rho_w Hl\left[\frac{1}{3}\sqrt{\frac{5}{2}}\frac{l}{H}\tanh\left(\sqrt{\frac{5}{2}}\frac{H}{l}\right)\right] \tag{1-10}$$

$$K_1=M_1\frac{g}{l}\sqrt{\frac{5}{2}}\tanh\left(\sqrt{\frac{5}{2}}\frac{H}{l}\right) \tag{1-11}$$

$$h_1=H\left[1-\cosh\left(\sqrt{\frac{5}{2}}\frac{H}{l}\right)-2/\sqrt{\frac{5}{2}}\frac{H}{L}\sinh\left(\sqrt{\frac{5}{2}}\frac{H}{l}\right)\right] \tag{1-12}$$

U 型渡槽
$$M_1=M\left\{0.571-\frac{1.276}{\left(1+\frac{h}{R}\right)^{0.627}}\left[\tanh\left(0.331\frac{h}{R}\right)\right]^{0.932}\right\} \tag{1-13}$$

$$K_1=M_1\omega_1^2 \tag{1-14}$$

$$\left(\frac{R}{g}\omega_1^2=1.323+0.228\left[\tanh\left(1.505\frac{h}{lR}\right)\right]^{0.768}-0.105\left[\tanh\left(1.505\frac{h}{R}\right)\right]^{4.659}\right)$$

$$h_1=H\left\{1-\left(\frac{h}{R}\right)^{0.664}\left[\frac{0.394+0.097\sinh\left(1.534\frac{h}{R}\right)}{\cosh\left(1.534\frac{h}{R}\right)}\right]\right\} \tag{1-15}$$

在竖向地震动分量作用下，可只考虑冲击动水压力的作用。对槽底，可作为固定于其上的竖向均布附加质量考虑，按式（1-16）计算；对槽壁，可作为沿高程分布的水平向压力考虑，按式（1-17）计算。需注意的是，各时刻作用在相对槽壁上的动水压力指向同一方向。

$$m_{wv}=0.4\frac{M}{l} \tag{1-16}$$

$$p_{wv}(z,t)=0.4\frac{M}{l}\alpha_{wv}(t)\cos\left(\frac{\pi}{2}\frac{H+z}{H}\right) \tag{1-17}$$

式中　$\alpha_{wv}(t)$——各截面槽底中心处的竖向加速度响应值，m/s^2。

抗震计算时应同时考虑水平向和竖向地震动分量作用，计算模型应包括支墩、槽体在内的整个渡槽结构变形体系与槽内水体的 FSI 作用。槽内水体的动水压力应同时考虑受渡槽结构激励处水体惯性引起的冲击动水压力和水体自身晃动导致的对流动水压力。水体可作为不可压缩流体，其冲击动水压力以固定于槽体迎水面上、沿地震动分量作用方向的附加质量体现，但同时要考虑与地震动分量方向正交的槽体迎水面上的动水压力。

采用上述公式计算多跨多槽渡槽的动水压力时，需用本步的加速度响应，这属于隐式迭代计算，对计算机的 I/O 接口和内存读写要求非常高，在大型渡槽动力响应计算时，存在一定的局限性。而基于声学的位移—压力有限元格式或简化计算方法可能是大型渡槽抗震计算的趋势。

1.2.2　槽体与槽内水体 TLD 效应研究进展

肇始于 1980 年的调谐液体阻尼器（Tuned Liquid Damper，简称 TLD）现已广泛地应用到高层建筑及高耸结构的抗风抗震中，并取得了很好的减震效果。渡槽在地震和风荷载作用下，槽体与槽内水体是否形成一个 TLD，是否具有消能减震作用，国内外学者开展了诸多研究。有学者将 TLD 的概念引入到渡槽抗震、减震中，认为槽内水体在地震作用下的晃动效应，对槽体及下部支撑结构起到了 TLD 减震效应，且水体晃动越强，减震作用效果越好；也有学者分析了 TLD 的工作原理及设计必须满足的条件，认为对于渡槽结构而言，装满水的槽身支承在结构上，看起来很像一个 TLD，但在一般地震作用下槽内水体并不具有 TLD 效应，其在地震作用下对结构不利。TLD 的消能减震的物理机理是，在地震和强风作用下，结构将发生振动，从而引起液体的晃动，并在液体表面形成波浪。晃动的液体和波浪对 TLD 箱壁产生动压力差，同时液体运动也将引起惯性力，动压力差和液体惯性力起到了减震作用。故槽体与槽内水体是否具有 TLD 效应，取决于槽内水体在晃动过程中能否产生动侧压力及水体的惯性力，与很多因素有关。段秋华、楼梦麟、杨绿峰在研究槽内水深的变化对渡槽—水体耦合结构抗震性能的影响时指出，槽内水体对渡槽结构的影响与输入地震波的频谱特性有关系，当输入地震波的主频范围覆盖渡槽结构基频，且槽内水体的振动频率与渡槽结构基频相近时，槽内水体对渡槽结构可起到类似 TLD 的减震效应。同时指出，决定槽内水体起 TLD 效应的主要因素是质量比和频率比，并给出了槽内水体 TLD 减震效应的两个判别公式。渡槽与槽内水体的 TLD 效应还与槽内水深与槽内水宽有关系，随着槽内水深 H 与槽内水宽 B 之比的减小，TLD 效应增大，且在 $H/B=0.5$ 时水体的减震效果最好。上述研究都是基于特定的工程案例，给出了槽体与槽内水体的TLD效应的条件，所得结论也不尽一致。为了进一步研究槽体与槽内水体的TLD效应，李遇春和邸庆霜对渡槽结构横向流—固耦合动力特性及其幅频响应特性进行了研究，指出槽内水体可分为固定质量和晃动质量，固定质量会加大结构的惯性力，而流体晃动质量对结构是否有利主要取决于结构系统的频谱响应特性。对于一个确定的渡槽流固耦合体系，流体是否具有减震作用取决于外动力荷载的频谱特性。当地震动频率与晃动质量的一阶同相位频率和二阶异相位频率接近时，结构会发生共振，流体的晃动会加剧结构的振动，但当地震动频率与某一频率接近时，流体具有TLD效应。也就是说，渡槽流固耦合体系存在一个固定的频率，当地震动的频率与这个固定的频率接近时，存在TLD效应。黄研昕、钱向东利用试验探讨了矩型渡槽在刚性地基强震条件下的TLD效应，指出TLD横向减震效果随水位的变化发生波动，当激励频率覆盖渡槽结构基频且水体自振频率与渡槽结构基频接近的时候，减震作用尤其明显。最近，张年煜、王海波用VOF模型验证了渡槽内水体响应的非线性，计算了刚、柔性槽体模型的动力时程响应，证明了渡槽流固耦合动力作用的强度主要受流体晃动频率与槽体自振频率两个因素控制，当外界激励的频率接近这两个频率时，渡槽的流固耦合动力作用变得十分显著，动水压力增大。槽体与槽内水体的TLD效应及其减震机理仍是大型渡槽抗震分析“天空中的两朵乌云”。

事实上，在地震荷载作用下，槽身与槽内水体是否构成一个TLD，与输入激励的频率、渡槽结构体系的频率、渡槽结构—水体体系的固有频率等有关。渡槽结构体系的频率和刚度与质量有关，渡槽结构—水体体系的频率与渡槽结构体系的质量、刚度及水体的质量有关，水体的晃动频率与水体的深度和宽度有关，而水体的深度和宽度又与渡槽的断面几何特征有关，这些因素相互影响，互为因果，决定了渡槽结构体系是否具有TLD效应的复杂性，这为进一步利用TLD消能减震，优化渡槽结构动力学性能提供了潜在的机遇。

1.2.3 大型渡槽土—结构动力相互作用研究进展

现诸多研究成果已经表明，考虑土—桩—结构动力相互作用下渡槽结构体系的动力特性与响应与不考虑时的结果有显著差别。而且由于渡槽结构的跨越山谷河流的特性，桩基础的使用较为普遍。而且土体结构有时也存在一定的差异，因此有必要将土—桩—渡槽结构考虑为整体进行抗震计算。国内许多学者采用理论分析与实验研究的方法对其进行了深入的研究并取得了一些重要成果。土—桩—渡槽结构动力相互作用的研究严格来说属于土—桩—结构动力相互作用范围，因此在对其进行研究时，可借鉴现有土—桩—结构动力相互作用的研究成果。以Penzien模型为代表的考虑桩土相互作用，既简便实用，也能满足工程计算精度要求，众多学者将其应用于桥梁、建筑以及车站等结构的土—桩—结构动力相互作用中。李正农、张盼盼、朱旭鹏等以Housner流—固耦合模型和Penzien桩—土相互作用模型为基础，建立了一种同时考虑流固耦合与桩土相互作用的渡槽结构简化计算模型。以南水北调工程某大型渡槽为例采用该模型进行分析，并与刚性基础对比，研究结果表明：两种情况下的结构自振特性和水平地震响应均有较大差别，在渡槽抗震研究与设计中不能忽略桩土相互作用。与此同时采用该模型对拟动力试验模型进行分析，并与试验结果比较，两者基本一致，验证了计算模型的有效性。动力Winkler地基梁模型是目前采用较多的一种地基梁模型，该模型中桩采用梁单元模拟，土体采用弹簧阻尼单元以及质量单元进行模拟。国外众多学者对土体线弹性假设下的动力 Winkler 地基梁模型进行了全面研究，并提出了一套比较完整的土—桩—结构动力相互作用体系的地震响应计算方法。国内学者将该模型运用到土—桩—渡槽动力相互作用问题的研究中，戴湘和等对南水北调穿黄渡槽的两种设计方案分别选择了典型的数学力学模型，对比分析了刚性地基和考虑桩土相互作用的弹性地基之间的不同，并对渡槽的动态特性、动位移、动应力等分别进行了讨论。结果表明，考虑土桩渡槽结构动力相互作用时，渡槽横槽向自振频率有明显降低；同时渡槽横槽向位移峰值有所增加，但是墩底和槽体的应力值明显较小。王博、徐建国采用集中弹簧模型考虑土结构相互作用，建立了大型渡槽的动力方程，对比分析了考虑土结构相互作用于不考虑土结构相互作用时的渡槽模态和地震响应的差异，结果表明：考虑土结构相互作用后，虽然对大型渡槽的模态和地震响应有所影响，但并不显著，故对一般渡槽的动力计算，可不考虑土结构相互作用的影响。刘云贺、张伯艳、陈厚群应用振型叠加反应谱法对南水北调中线穿黄渡槽进行了抗震分析，对渡槽抗震中的土桩渡槽的动力相互作用进行了符合工程要求的简化处理，但是没有对比刚性基础动力响应结果。杨世浩、李正农、郑明燕根据 m 法计算得到弹簧刚度，用弹簧模拟土对桩的作用对南水北调工程洺河渡槽进行了抗震计算，并对比了反应谱法和时程分析法计算结果，得到的动力响应规律是一致的，动力响应值也比较接近。

1.2.4　大型渡槽多点地震输入问题研究进展

渡槽在进行地震反应分析前首先要解决的是地震输入问题。在最初的大型渡槽结构地震响应分析中，通常认为渡槽槽墩底部施加相同的地面运动——一致地震输入，此时如果结构尺寸远小于地基处的地震波长，则这种假设可以接受。但是实际上，由于地震波的传播特征、地形和地质构造的不同以及槽墩之间的跨度使得入射地震波在空间和时间上均有所差别，在同一时刻结构各支承点所承受的底面运动是不同的，这也就是多点地震输入问题。所以对这种跨越式结构来讲，各支承点具有一定的距离，受到的地震激励不同，而且各支承点也可能跨越不同类型场地，因此在地震反应分析中要考虑各支承点不同激励和地震波传播过程中的行波效应，而传统的一致性地震激励不能考虑这些影响，必须要采用多点地震输入。渡槽在结构形式上与桥梁非常相似，可以借鉴桥梁关于多点激励的研究。

苗家武、胡世德、范立础介绍了国内外多点激励问题的研究现状，并重点阐述了不同结构形式桥梁对多点激励的反应特征，认为为了确保大型桥梁抗震性能评价的安全性和准确性，进行多点激励效应分析十分必要，但建立符合工程场地情况的多维多点地震动输入模型是前提条件。高大峰、张静娟、刘伯栋以某 12 跨预应力混凝土连续梁桥为例，通过输入不同波速的地震波，计算了行波激励下桥梁的地震反应，并与一致激励下的结果进行对比，分析了行波效应对桥梁地震响应的影响。结果表明，不同波速下，桥梁的地震响应不同，波速越大，响应越接近一直激励时的响应；而且行波效应减小了制动墩地纵向地震响应，但是增大了其他墩地纵向地震响应。李雪红、孙磊、徐秀丽等以 24 跨跨径为 32m 的高铁简支梁桥为研究对象，采用绝对位移法考虑地震动的多点激励，并与一致激励进行对比。结果表明：考虑多点激励后，场地转换处轨道和主梁的横向和竖向相对位移均明显增大，支座和墩柱的位移和内力主要受场地类型的影响，场地越不利，地震响应越大。冯领香、魏建国、白永兵等以洺河渡槽为研究背景，计算了渡槽结构在地震波一致输入和考虑行波效应的地震波多点输入地震反应分析，并进行比较。结果表明、多点输入对渡槽结构的纵向位移反应有较大影响。刘哲以南水北调中线工程某U形渡槽为研究对象，考虑了不同波速的多点地震输入对大跨度渡槽动力响应的影响。研究表明：渡槽的动力响应与波速大小密切相关，且波速越小时，跨端相对位移增大，从而造成止水装置破坏，危及渡槽安全。王博、徐建国对某大型渡槽在多点地震输入激振时的动力反应进行了详细研究，给出了大型渡槽在多点地震输入激振时动力反应的计算公式，并对某10跨大型渡槽进行了具体数值计算。研究表明：考虑多点地震输入激振时，虽然该大型渡槽各输出点的横向位移最大值较同步地震输入激振时有所减少，但是各伸缩缝的横向相对折角最大值却普遍增大；该大型渡槽各输出点的竖向位移最大值和各伸缩缝的竖向相对折角最大值普遍减小。因此，大型渡槽结构的抗震设计应考虑多点地震输入激振效应的影响。

1.2.5 大型渡槽抗震、隔震、控震研究进展

渡槽和桥梁在结构形式上具有相似性，桥梁抗震研究已比较成熟，尤其是桥梁工程在隔震、减震方面的研究与实践成果，对渡槽工程具有重要的借鉴意义。但渡槽和桥梁相比，有着“头重脚轻、壁薄墩柔”的特点，在地震荷载作用下，其动力特性和响应与桥梁结构不同，故借鉴桥梁工程的隔震减震技术，开展渡槽的抗震、隔震及控震研究具有重要意义。在地震反应谱曲线中，加速度反应谱的平台位于高频段，而且，反应谱受阻尼影响，阻尼越大，谱值越小。隔震技术的基本原理即是利用地震反应谱曲线的这些特性，一方面，通过“降刚增柔”，延长结构的基本周期，避开地震能量集中的范围，降低结构的地震响应；另一方面，通过“控制增阻”，引入阻尼装置，降低结构的位移反应，同时也降低了结构的加速度反应。早在1998年，庄中华、李敏霞、陈厚群就开展了渡槽结构隔震耗能减震控制的试验和机理研究，证明隔震耗能混合减震支座能有效地减小渡槽的地震响应；随后，张俊发、刘云贺探讨了叠层橡胶支座（Laminated Rubber Bearing，简称RB）和铅芯橡胶支座（Lead Laminated Rubber Bearing，简称LRB）在渡槽隔震减震中的可行性；2005年，张艳红和胡晓探讨了渡槽的隔震机理、隔震装置和隔震目标，提出了隔震渡槽的地震反应分析方法，这标志着大型渡槽的隔震减震技术从萌芽走向成熟，并迅速成为渡槽结构抗震研究的热点。

近10年内，引入渡槽结构体系的隔震减震装置分为整体型和分离型两类。常用的整体型减震支座主要有LRB、高阻尼橡胶支座（High - Damping Rubber Bearing，简称HDRB)、摩擦摆式减震支座（Friction Pendulum Bearing，简称FPB）和球形减震支座（Spherical Damping Bearing，简称SDB）等；分离型减震支座有橡胶支座加金属阻尼器、橡胶支座加摩擦阻尼器和橡胶支座加黏性材料阻尼器等。

在整体型隔震减震方面，王博、陈淮、徐建国应用Wen微分型恢复力模型与双线性恢复力模型，模拟LRB的非线性滞回恢复力特性，证明了LRB对渡槽的横向地震起到了明显的控制作用，并建议采用LRB代替RB。杨世浩、李正农、宋一乐采用数值模拟和实验研究方法，探讨了SDB在渡槽工程中的减震效果及减震机理，指出在横槽向和顺槽向不同的SDB均有明显的滞回环，这表明SDB具有比较明显的耗能效果，且减震支座的相对位移较小。夏富洲、宋一乐、李静通过试验研究，指出减震支座的水平刚度越小、槽内

水体质量越大，渡槽结构自振周期越长，从而达到减震效果，提高渡槽的抗震能力。何俊荣、尤岭、李世平考察了FPB对渡槽的减隔震作用，指出FPB在设计地震下减震耗能作用明显，可大幅降低墩底弯矩和墩顶位移响应，且横向地震下的减震效果较纵向更为突出。季日臣、唐艳、夏修身选用具有隔震和耗能双重功能的FPB对大型渡槽结构隔震效果进行了研究，表明非线性FPB能大幅度减小墩顶位移和墩底内力，并使槽身相对于墩顶的位移在可接受范围内，其减隔震性能优于RB。Hua Zhang、Liang Liu、Ming Dong采用任意的拉格朗日-欧拉网格方法（Arbitrary Lagrangian Eulerian Method，简称ALE），分析了采用隔震支座的大型渡槽在风振和地震作用下的响应，指出大型渡槽的隔震技术能有效降低渡槽结构在地震作用下的应力响应，但明显增加了渡槽的风振应力响应。在设计隔震支座时，要采取合适的措施，提高渡槽抗震性能的同时保证渡槽抗风安全。Yunhe Liu、Kangning Dang、Jing Dong采用LRB的双线性本构模型，分析了LRB在渡槽工程中的隔震性能，表明LRB对大型渡槽具有很好的隔震作用，大型渡槽的地震响应随着LRB的不同而不同，工程中存在优选LRB的潜力。LRB可大幅的降低大地震引起的弯矩，剪力等响应，但对于小地震，减小的幅度不明显。

在分离型隔震减震装置方面，黄亮、侯玉洁基于磁流变阻尼器（Magneto Rheological Damper，简称MRD）的Spencer模型，研究了纵向地震激励下渡槽结构在MRD控制下的地震响应规律，为渡槽结构半主动控制研究拉开了序幕。同期，王博、徐建国、任克彬考虑FSI效应，采用限界Hrovat最优控制算法，开展了大型渡槽结构变阻尼半主动控制研究，对比了大型渡槽在无控、半主动控制和主动控制3种工况下的地震响应差异，表明在跨间伸缩缝处安装主动变阻尼控制装置，能有效降低渡槽结构纵向地震响应。郑明燕、杨世浩、李正农针对采用隔震支座渡槽在地震作用下位移过大的问题，采用隔震支座和MRD构成的智能隔震控制系统，开展了地震作用下渡槽的动力分析，表明智能隔震系统能有效减轻地震作用并减小渡槽槽身侧向位移，可大幅度的减小墩底最大剪力，同时，表明小阻尼智能隔震支座的减震效果要明显优于大阻尼智能隔震支座。针对大型渡槽结构隔震控制计算的复杂性问题，张威、黄亮、王博基于MATLAB/SIMULINK平台，建立了大型渡槽结构隔震分析的动力计算模型，并分析了LRB的隔震性能，表明采用MATLAB/SIMULINK平台可方便快捷的开展渡槽的隔减震分析。雷永勤和杜永峰对大跨隔震渡槽在多维多点地震激励下的动力行为进行了研究，表明隔震能有效减小槽墩墩底弯矩和墩底剪力，还可调节渡槽槽身惯性力在各槽墩之间的分配。渡槽采用隔震后，地震波的空间效应对渡槽结构动力响应的影响较小，在计算隔震渡槽结构响应时可不考虑地震波空间效应。黄亮、马捷、王博利用LRB对双边碰撞下的渡槽结构地震响应进行了减震控制，表明采用LRB可有效地抑制渡槽结构在地震激励下的响应，减小碰撞效应的不利影响。

在支座设计方面，张艳红、胡晓、胡选儒结合实际渡槽工程，拟合了支座的力学性能参数，设计了SDB，并通过计算表明，在大型渡槽中设置SDB，可以大幅度降低槽身水平向加速度反应、槽身和槽墩的应力反应及桩的内力反应。刘晓平和王俊以南水北调双洎河渡槽为对象，研究了隔震支座的减震效果，确定了FPB的设计力学参数，证明了FPB可以减小渡槽结构的基频，从而提高大型渡槽结构的抗震安全性。黄劲柏、蒋海英、潘崇仁对比了RB、四氟板式橡胶支座、LRB 3种支座的减震效果，表明LRB抗震减震效果较好，达到了设计预期目标。隔震、消能减震、结构控制技术体系，是40年来世界地震工程最重要的创新成果之一。大型渡槽在这方面虽然起步较晚，但发展速度飞快，理论与实践表明，采用隔震支座、消能减震装置和结构控制技术能很好地降低大型渡槽的地震响应，提高渡槽的整体抗震性能。然而，大型渡槽的隔减震机理与渡槽结构系统的动力特性、地震动的频谱特征、渡槽的结构形式等有关密切的关系。隔减震装置如何改变渡槽结构系统的动力特性，缓解地震动的能量输入，如何增加系统的阻尼，消耗输入系统的能量，应结合着渡槽自身的特点进行研究。在强震及强风作用下，槽内水体非线性晃动及水体的黏性，既可改变渡槽结构系统的振动特性又可增加系统的阻尼，这是渡槽结构与桥梁结构本质的不同，如何将水体的这种特性与隔减震装置的“减刚增阻”特性联合起来，实现大型渡槽隔震减震机理与实践的研究，将是业界进一步努力的方向。值得注意的是，在高烈度区输水渡槽除采用抗震支座进行结构隔震、减震设计外，还应考虑抗震设防构造措施，进一步增强渡槽的抗震性能、提高抗震安全储备。

从上述研究中可以了解到铅芯橡胶支座（Lead Laminated Rubber Bearing，简称LRB）的减震效果相对于叠层橡胶支座（Laminated Rubber Bearing，简称RB）、四氟板式橡胶支座而言更好；另外摩擦摆式减震支座（Friction Pendulum Bearing，简称FPB）减隔震性能也优于叠层橡胶支座（Laminated Rubber Bearing，简称RB）；也有学者把球形减震支座（Spherical Damping Bearing，简称SDB）应用于渡槽上，减震效果明显，满足设计要求。这些支座都是完全被动减震装置。目前渡槽设计中主要采用完全被动减隔震装置，对于采用何种支座，要根据实际情况以及多因素综合考虑。对于主动或半主动控制减隔震支座虽有研究但是在实际工程中鲜有采用，但从研究成果来看，由于智能设备的参与使得渡槽减隔震支座更能有效地发挥其作用，降低槽体地震响应从而保证渡槽安全。可以预见，在渡槽工程下一个10年的实践中，隔震、消能减震、结构控制技术体系会以更环保、耐久、成熟、先进、智能的特征应用到渡槽的工程实践之中。

1.2.6 大型渡槽抗震可靠度（性）研究进展

大型渡槽在运营期内，很难避免地震、强风等强烈随机灾害动力的作用，渡槽结构将不可避免地进入非线性状态，同时，渡槽结构本身的力学特性也往往具有很大的随机性。因而，为了确保渡槽工程结构的安全性，需要考虑参数具有随机性的复杂工程结构在随机激励作用下的非线性反应与可靠度的分析问题。近10年内，渡槽结构在强震作用下的非线性分析和动力可靠度的研究已渐露曙光。损伤力学、结构随机地震响应、概率密度演化方法等理论已支撑着渡槽工程向着更为理性、更为科学的方向发展。早在2006年，王博、徐建国、陈淮就开展了渡槽结构的弹塑性动力分析。但由于材料细观缺陷及其演化所导致的材料软化性质和刚度退化，是经典塑性力学无力完美描述的，建立在经典弹塑性力学基础之上的损伤力学，已经可以比较完整地反映包括材料软化等性质的准脆性材料受力力学行为，这为渡槽结构在强震作用下的非线性分析奠定了基础。张社荣、冯奕、王高辉基于混凝土塑性损伤本构模型，得到了强震作用下排架式渡槽的破坏模式及抗震薄弱部位，研究了排架式渡槽结构的整体抗震特性，为渡槽结构抗震可靠度的研究提供了思路。同时，近10年内，随着概率密演化方法的发展，人们对随机系统物理本质的认识更为清澈，为结构力学分析与结构可靠度分析提供了本质的结合点，为渡槽等水工结构动力可靠度的研究打开了方便之门。刘章军、方兴将地震动随机过程的正交展开模型与概率密度演化方法有机结合，研究了大型渡槽槽内水位变化以及水体与渡槽相互作用情况下的随机地震反应与抗震可靠度的问题，表明渡槽结构随机地震反应的概率分布呈现非规则分布而非通常所假定的正态分布，指出渡槽结构的随机地震反应和失效概率与槽内水体有关密切的联系，并以跨中横向位移为失效准则，判定渡槽在随机地震作用下的可靠性。王舟、吴林强、刘增辉通过对比K－T广义演化谱模型和C－P广义演化谱模型，发现K－T广义演变谱模型更适用于水工建筑物抗震设计要求，并将K－T广义演变谱模型与概率密度演化理论相结合，对渡槽结构进行了随机地震反应分析与抗震可靠度计算，以跨中节点位移为失效准则，判定了渡槽的可靠度。曾波、邢彦富、刘章军在非平稳地震动加速度过程的正交展开—随机函数模型基础上，结合概率密度演化理论，进行了大型渡槽结构控制点位移以及控制截面内力的随机地震动力反应与抗震可靠性分析，得出了有意义的结论。张威、王博、徐建国基于混凝土连续介质损伤力学和概率密度演化理论，结合物理随机地震动建模方法和精细化有限元分析程序，建立了大型渡槽结构随机动力反应分析与可靠度评估框架，并以渡槽槽墩极限位移角响应为吸收边界条件，获得了不同给定阈值条件下渡槽结构的动力可靠度指标，为渡槽结构以后的抗震分析与可靠性设计提供重要借鉴。

渡槽结构设计理论及可靠度（性）的研究，不可避免地要面对非线性与随机不确性的问题。现在细观尺度上的材料损伤本构模型研究和结构整体尺度上的非线性分析方法已取得了较为重要的成果，概率密度演化理论又为结构的非线性分析和结构可靠性分析提供了结合点，可以预见以固体力学为基础的、考虑结构受力全过程、生命周期全过程的结构整体受力力学行为分析和以随机性在工程系统中的传播理论为基础、以精确概率（全概率）为度量的结构整体可靠性设计，有望在未来取得突破性的进展，这将为渡槽结构的动力学可靠度的研究指明方向。

1.2.7 结语

本章对渡槽结构动力学的关键科学与技术问题——槽内水体晃动的等效模型、槽内水体动水压力的特点、槽内水体与槽体结构动力相互作用、TLD效应、土—结构动力相互作用、多点地震输入、隔震、消能减震、结构控制以及渡槽结构抗震可靠度（性）的研究进展进行了评述，可以清晰地梳理出渡槽结构动力学在下一个阶段的发展方向和学术指向。

（1）考虑灾害性动力作用和大型渡槽固有特点，开展大型渡槽在地震、强风等灾害性动力作用与环境作用下的危险性分析，实现渡槽结构生命周期内整体可靠性设计。

（2）考虑非线性和不确定性的耦合效应，建立渡槽动力灾变可靠度模型，并基于动力可靠度对大型渡槽进行优化设计。

（3）考虑槽内水体非线性晃动，建立精确的槽内动水压力时空分布模型，解析TLD效应的机理，实现渡槽断面的拓扑优化。

（4）考虑槽内动水特性与隔减震装置特性的联合，实现隔震、消能减震、结构控制技术体系以更为环保、耐久、成熟、先进、智能的特点应用到大型渡槽的工程实践之中。

（5）地震、台风、爆炸等灾害性动力作用下，渡槽结构性能监测、响应控制、预警体系的建立。

（6）大数据技术、人工智能等技术应到的渡槽结构的智能设计、智能控制和智慧化运维等方面的算法、模型等。

第2章　高烈度地区高架渡槽减隔震机理及技术研究

2.1　地震动的选取及输入

渡槽结构时程分析以加速度时程的形式输入地震荷载，其结果受不同地震波的影响很大，因此，地震波的选取尤其重要。地震波选择的原则是使输入地震波的特性和建筑场地条件相符合。

2.1.1　地震波分类

地震动输入是进行结构地震响应分析的基础，不同的地震激励对结构的地震反应影响很大，根据地面运动参数的不同，可将地震波分为加速度地震波、速度地震波和位移地震波，其中，最常用到的是加速度地震波。根据获得地震波记录的不同途径又可将地震波分为以下三类：

（1）拟建场地的实际地震记录。

（2）典型的过去强震记录。

（3）人工合成地震波。

在这三类地震波中，最好的地震波输入应该是第一类，但是由于工程拟建场地一般都没有地震记录可供使用，所以在实际的地震响应分析中难以进行。典型的过去强震记录是指类似于拟建场地状况的场地上的实际强震记录，如EI－Centro波、Taft波、Kobe波等地震记录，目前世界上的典型强震记录很多，所以实际工程中应用较多的是第二类地震波。人工合成地震波是根据拟建场地的具体情况，按概率方法人工产生的一种符合场地条件和地震动参数的随机地震波，工程中仅作为第二类地震波的补充。

2.1.2　人工地震波的合成

人工合成地震波理论经过几十年的研究已经取得了很大的进步并且已经趋于完备，成为没有地震记录的地区结构物抗震分析强有力的工具。目前，人们用来合成人工地震波的方法主要分类两种：一种是将地震视为具有任意相位角不同频率的叠加；另一种是将地震视为具有一定幅值的随机脉冲函数的叠加。本书从研究的工程出发，将地震视为具有任意相角不同频率的叠加，采用快速傅里叶变换（Fast Fourier Transform，简称FFT）技术波的三要素，生成满足工程抗震分析要求的人工地震波，能够很好地满足地震更为方便的是可以采用改变初相角的初值来体现地震的随机性。

2.1.2.1　生成地震动功率谱

1. Kanai－Tajimi谱

基于地震动特征周期和发生地的场地性质有较大的相关性，Kanai和Tajimi提出了经

过过滤的白噪声模型，该模型的功率谱密度表达式为

$$S(\omega)=S_0\times\frac{1+4\zeta_g^2\left(\frac{\omega}{\omega_g}\right)^2}{\left[1-\left(\frac{\omega}{\omega_g}\right)^2\right]^2+4\zeta_g^2\left(\frac{\omega}{\omega_g}\right)^2} \tag{2-1}$$

2. 胡聿贤—周锡元谱

胡聿贤和周锡元两位学者在 Kanai - Tajimi 功率谱的基础上，适当地压缩地震动低频分量值，提出了修正后的功率谱密度函数，在该功率谱密度函数中，ω_c 越大，低频分量越小。即

$$S(\omega)=S_0\times\frac{1+4\zeta_g^2\left(\frac{\omega}{\omega_g}\right)^2}{\left[1-\left(\frac{\omega}{\omega_g}\right)^2\right]^2+4\zeta_g^2\left(\frac{\omega}{\omega_g}\right)^2}\times\frac{\omega^6}{\omega^6+\omega_c^6} \tag{2-2}$$

3. Clough - Penzien 谱

Clough - Penzien 地面运动模型地基土滤波器的方程为

$$\ddot{x}_g+2\zeta_f\omega\dot{x}_g+\omega_f^2x_g=\ddot{x}_f+\omega \tag{2-3}$$

$$\ddot{x}_f+2\zeta_g\omega_g\dot{x}_f+\omega_g^2x_f=-\omega \tag{2-4}$$

由上述方程可求得 Clough - Penzien 地震地面运动方程为

$$S(\omega)=S_0\times\frac{1+4\zeta_g^2\left(\frac{\omega}{\omega_g}\right)^2}{\left[1-\left(\frac{\omega}{\omega_g}\right)^2\right]^2+4\zeta_g^2\left(\frac{\omega}{\omega_g}\right)^2}\times\frac{\left(\frac{\omega}{\omega_f}\right)^4}{\left[1-\left(\frac{\omega}{\omega_f}\right)^2\right]^2+4\zeta_f^2\left(\frac{\omega}{\omega_f}\right)^2} \tag{2-5}$$

4. 规范推荐的设计标准反应谱拟合法

规范设计反应谱合成地震波功率谱，如图 2 - 1 所示：

$$S(\omega)=\frac{T\zeta}{\pi^2}\times\frac{S^2}{\ln\left[\left(-\frac{T}{2T_d}\ln p\right)^{-1}\right]} \tag{2-6}$$

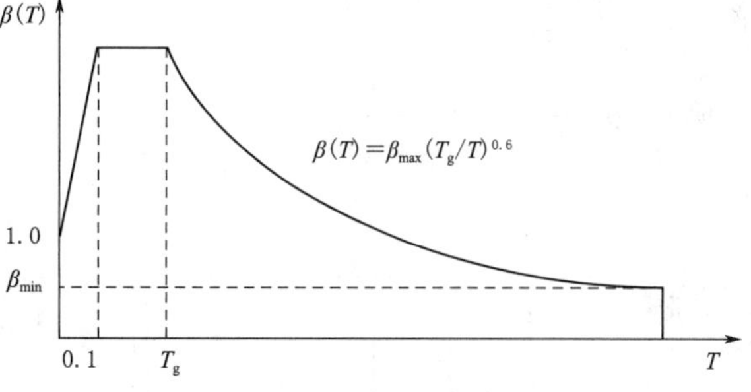

图 2 - 1 标准设计反应谱

2.1.2.2 强度包络函数

地面运动加速度为

$$a_g(t)=f(t)a_{gs}(t) \tag{2-7}$$

式中 $f(t)$——强度包络函数，能够反映出地震波的非平稳特性；

$a_{gs}(t)$——平稳地震地面加速度，m/s^2。

强度包络非平稳函数 $f(t)$ 满足下式：

$$f(t)\geqslant 0,\max[f(t)]=1 \tag{2-8}$$

2.1.2.3 人工合成地震波

三角级数模型余弦函数如下，如图 2 - 2 所示：

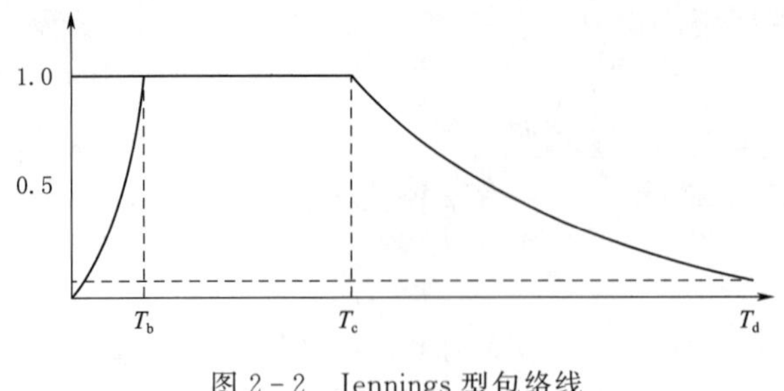

图 2-2　Jennings 型包络线

$$\alpha(t)=\sum_{k=1}^{n}C_k\cos(\omega_k t+\psi_k) \tag{2-9}$$

式中　ω_k——第 k 个傅里叶分量的频率，Hz；

C_k——第 k 个傅里叶分量的振幅，m；

ψ_k——初相位角，取（0，2π）间均匀分布的随机数，rad。

如果功率谱密度函数 $S(\omega)$ 已知，那么 C_k 与 ω_k 可以计算出：

$$\left.\begin{aligned}&C_k=[4S_\zeta(\omega_k\Delta\omega)]^{\frac{1}{2}}\\&\Delta\omega=(\omega_u-\omega_\zeta)/N\\&\omega_k=\omega_\zeta+\left(k-\frac{1}{2}\right)\Delta\omega\end{aligned}\right\} \tag{2-10}$$

式中　ω_ζ、ω_u——为正 ω 域内下、上限值，Hz。

为了产生一组与标准谱拟合的地面加速度过程，需要运用图 2-3，从而得到一个非平稳过程。

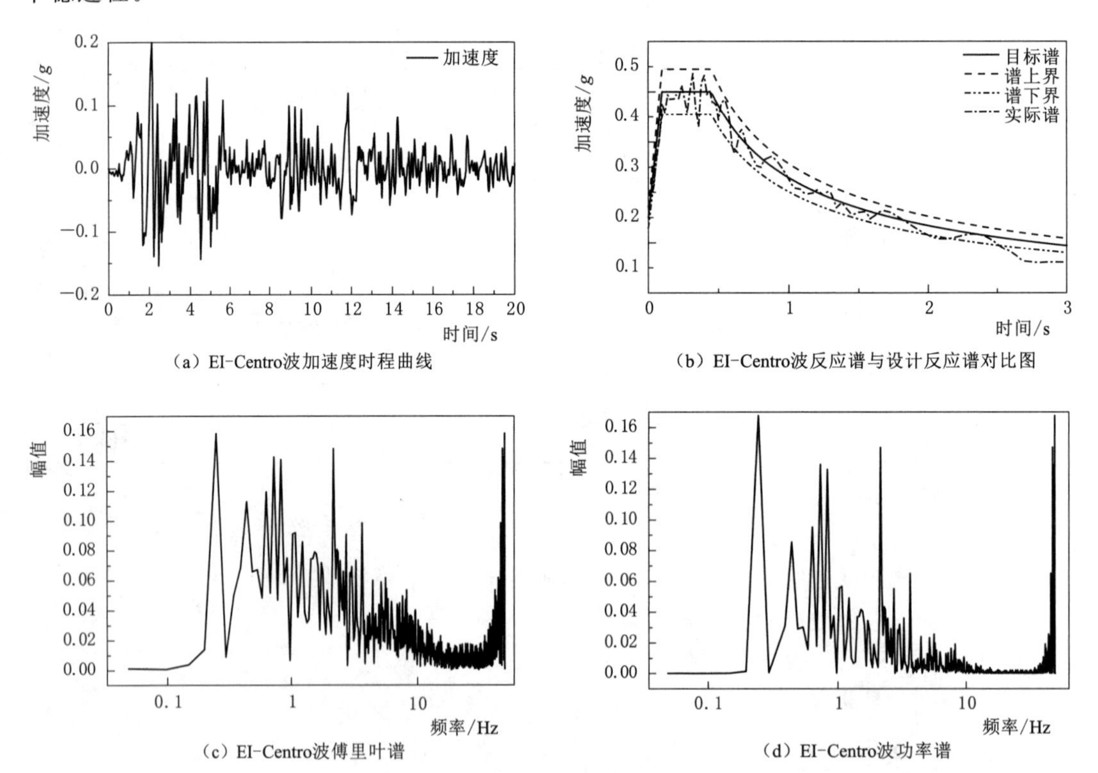

（a）EI-Centro波加速度时程曲线

（b）EI-Centro波反应谱与设计反应谱对比图

（c）EI-Centro波傅里叶谱

（d）EI-Centro波功率谱

图 2-3　EI-Centro 地震波人工调整峰值的加速度时程曲线

以 GB 51247—2018《水工建筑物抗震设计标准》中的标准反应谱为基准，采用其推荐的设计标准反应谱拟合法得到相对应的功率谱密度函数，再计算出相应的平稳随机过程，然后乘以强度包络函数得到人工合成的地震波。

2.1.3 地震波的选择

《水工建筑物抗震设计标准》中明确规定在对渡槽结构进行时程分析时，应选择 3 组或 3 组以上的地震波分别作用于结构。因此，本书地震响应时程分析中共选取了 3 条不同的地震波，其中从太平洋地震工程研究中心 PEER 地震波数据库中选取两条典型的地震波记录——EI - Centro 波以及 Kobe 波，EI - Centro 波在国外被作为标准广泛使用，当时获得的水平地面峰值加速度是 341.7cm/s^2，振动持续时间大约为 30s。Kobe 波为日本阪神大地震中记录的地震波数据，当时获取的水平地面峰值加速度是 535.8cm/s^2，振动持续时间大约为 45s。本研究选取了其具有代表性的前 20s 时程记录进行分析研究，并把其峰值加速度调整至 0.2g，以满足要求。另外，工程所在地场地基本烈度为 8 度，场地条件为二类，采用基准期（50 年）内超越概率 10%的地震动峰值加速度为设计地震动峰值加速度，设计地震水平峰值加速度 0.2g，特征周期 0.45s，阻尼比取 0.05。人工合成了一条峰值加速度为 0.2g 的人工地震波作为输入条件进行对比分析研究。如图 2 - 3～图 2 - 5 所示，并且每一条地震波均给出了加速度时程、地震波反应谱与设计反应谱曲线之间的对比、傅里叶谱以及功率谱。

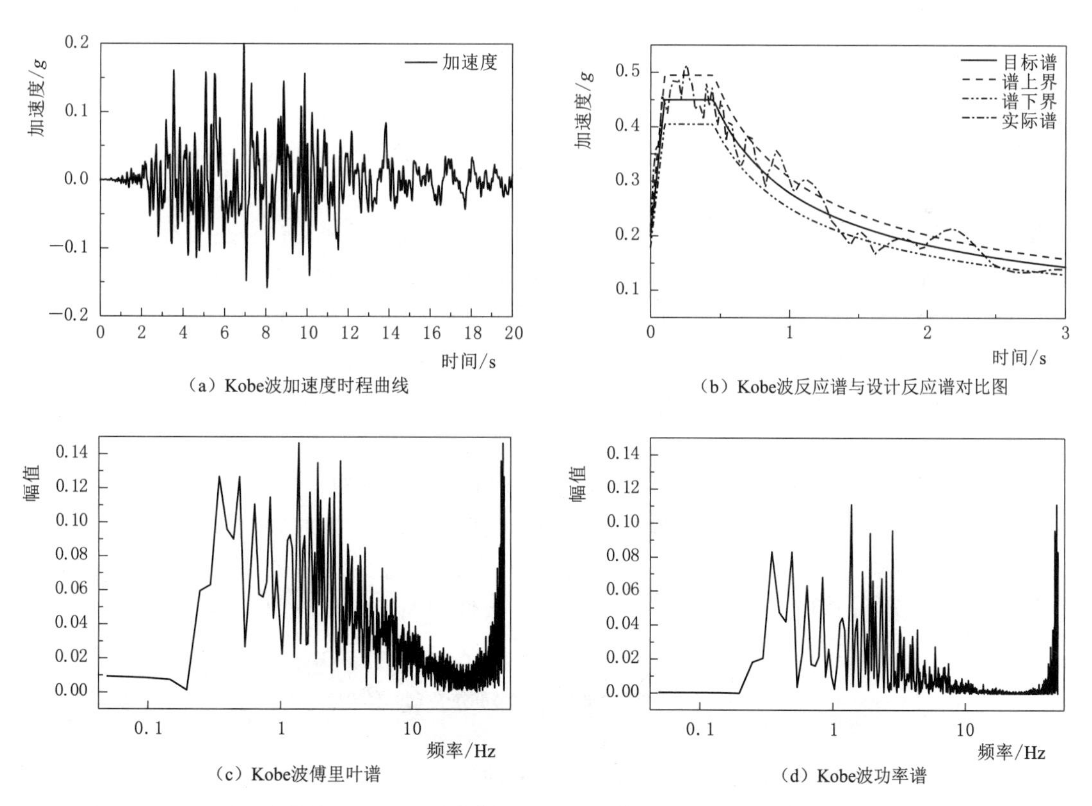

(a) Kobe波加速度时程曲线

(b) Kobe波反应谱与设计反应谱对比图

(c) Kobe波傅里叶谱

(d) Kobe波功率谱

图 2 - 4 Kobe 地震波人工调整峰值的加速度时程曲线

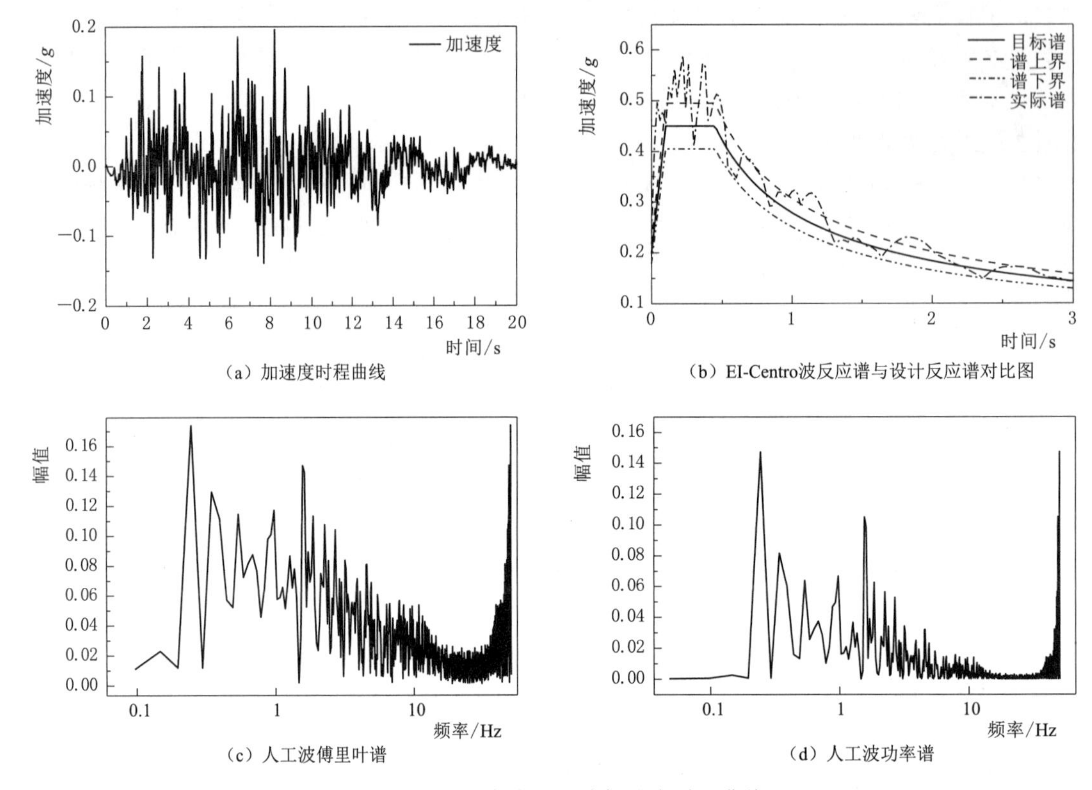

（a）加速度时程曲线　（b）EI-Centro波反应谱与设计反应谱对比图

（c）人工波傅里叶谱　（d）人工波功率谱

图 2-5　人工合成地震波加速度时程曲线

在图 2-3～图 2-5 中，每套地震波均给出了加速度时程、加速度反应谱与设计反应谱曲线之间的对比、加速度时程的傅里叶谱以及功率谱。分析 3 套地震加速度时程的傅里叶谱，可以看出各套地震动加速度的低频分量较少而高频分量密集；分析 3 套人工模拟地震加速度时程的功率谱，可以看出 EI-Centro 地震波低频分量的功率最大，第 3 套人工地震动低频分量的功率次之，第 2 套 Kobe 地震波低频分量的功率最小，3 套人工地震动高频分量的功率相差不多。分析各套人工模拟地震加速度反应谱与设计反应谱曲线之间的对比图，可以看出，3 套地震动加速度时程均符合《水工建筑物抗震设计标准》的要求。

2.1.4　小结

本节介绍了渡槽结构在进行地震响应时程分析时地震波的选取以及人工地震波的合成，地震波选取的合理性将会对渡槽结构的地震响应结果有很大的影响，因此，需要得到符合该工程的地震波输入。由于主要是以典型的过去强震记录为主要激励选择，人工合成地震波为辅助选择，因此也人工合成了一条符合条件的人工地震波用于本研究。

2.2　渡槽结构自振特性分析

渡槽结构的模态分析是研究渡槽结构动力特性的一种方法，是渡槽结构地震反应计算和抗震设计的基础，本节针对普通盆式橡胶支座和高阻尼减隔震橡胶支座两种支撑方式，分不同水深开展了大型渡槽结构体系的动力特性分析。

2.2.1 工程概况

董家村渡槽位于云南省品甸海北约 1km 处，地震基本烈度为Ⅷ度。跨越董家村箐沟，设计流量为 $120m^3/s$，渡槽采用简支梁式渡槽结构，墩身采用实心重力墩，基础选择桩基处理方式予以加强。渡槽槽身全长 238.943m，单跨渡槽跨度 30m，为简支预应力 C50 混凝土结构，三箱矩形断面型式，共计 8 跨，断面净尺寸 3×5.2m×4.4m（孔数×宽度×高度），具体断面尺寸如图 2-6～图 2-10 所示。董家村渡槽的抗震安全对整个引水工程的正常运行起着至关重要的作用，其抗震安全性应进行专门研究论证，再加上董家村渡槽结构荷载较大，因此，有必要对渡槽的抗震安全进行全面的动力反应计算和分析研究，从而对其安全性做出科学的评价。

1. 材料参数

渡槽槽身采用 C50 混凝土，槽墩上墩台采用 C30 混凝土，渡槽墩身采用 C25 混凝土，具体参数见表 2-1。

表 2-1　　渡槽各部分材料参数

部　位	材　料	密度/(kg/m^3)	泊松比	弹性模量/GPa
渡槽槽身	C50 混凝土	2500	0.167	34.5
渡槽墩台	C30 混凝土	2500	0.167	30
渡槽墩身	C25 混凝土	2500	0.167	29

注：以上弹性模量均为静弹模，动力分析时，动弹模为静弹模的 1.3 倍。

渡槽结构为钢筋混凝土结构，依据弹性力学可知线弹性结构的应变应力关系如下：

$$\begin{Bmatrix}\varepsilon_x\\ \varepsilon_y\\ \varepsilon_z\end{Bmatrix}=\begin{bmatrix}\frac{1}{E} & -\frac{\mu}{E} & -\frac{\mu}{E}\\ -\frac{\mu}{E} & \frac{1}{E} & -\frac{\mu}{E}\\ -\frac{\mu}{E} & -\frac{\mu}{E} & \frac{1}{E}\end{bmatrix}\begin{Bmatrix}\sigma_x\\ \sigma_y\\ \sigma_z\end{Bmatrix};\begin{Bmatrix}\gamma_x\\ \gamma_y\\ \gamma_z\end{Bmatrix}=\frac{1}{G}\begin{Bmatrix}\tau_{xy}\\ \tau_{yz}\\ \tau_{zx}\end{Bmatrix} \tag{2-11}$$

式中　E——弹性模量，Pa；

μ——泊松比；

G——剪切模量，Pa。

其中 $G=\dfrac{E}{2(1+\mu)}$，所以式（2-11）只有两个参数。

依据应力应变关系式，通过对式（2-11）求逆就可以得到应力应变关系，如下：

$$\{\sigma\}=K[D]\{\varepsilon\} \tag{2-12}$$

式中　$\{\sigma\}$——应力矩阵；

K——弹性系数；

$[D]$——弹性矩阵；

$\{\varepsilon\}$——应变矩阵；

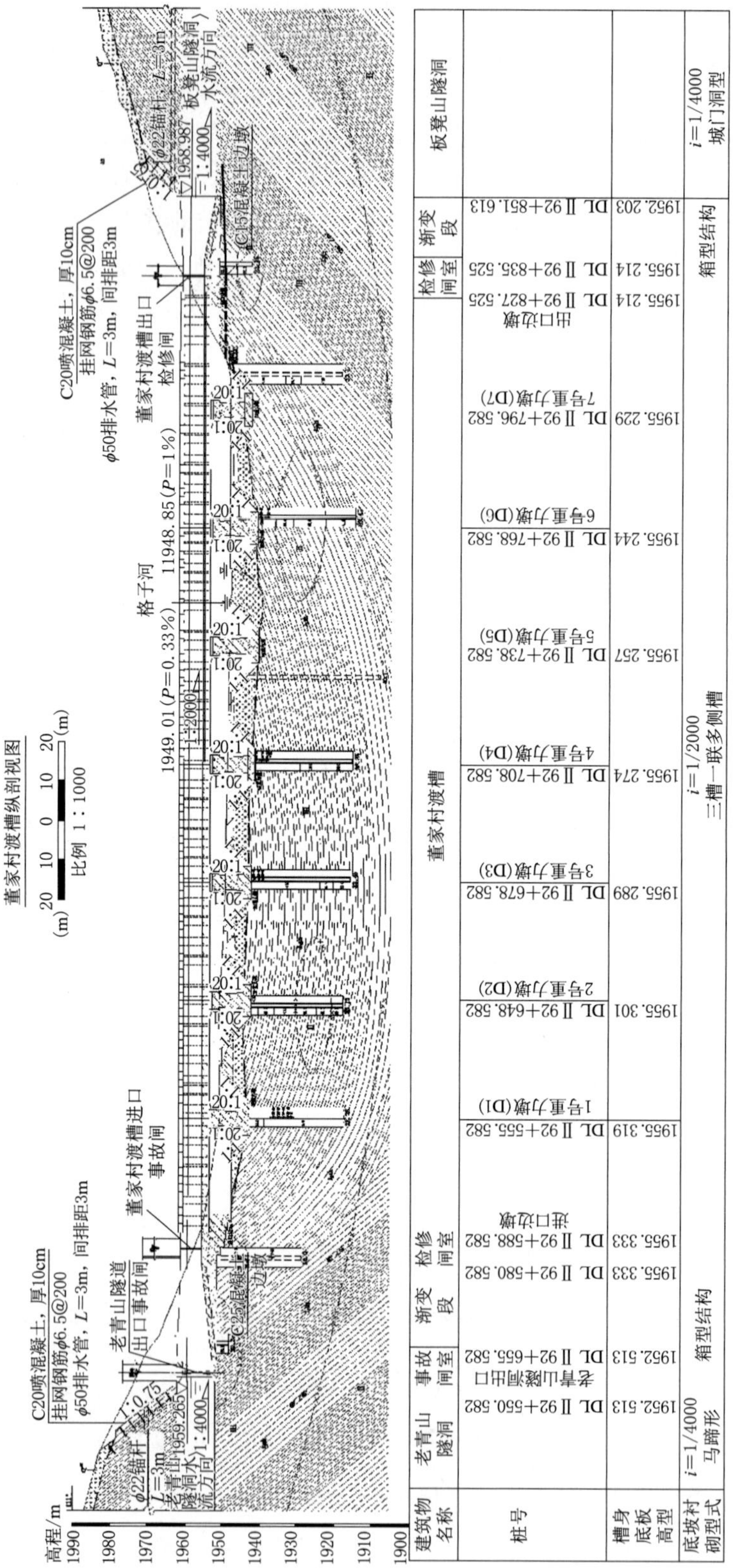

图 2-6 渡槽结构纵剖面图

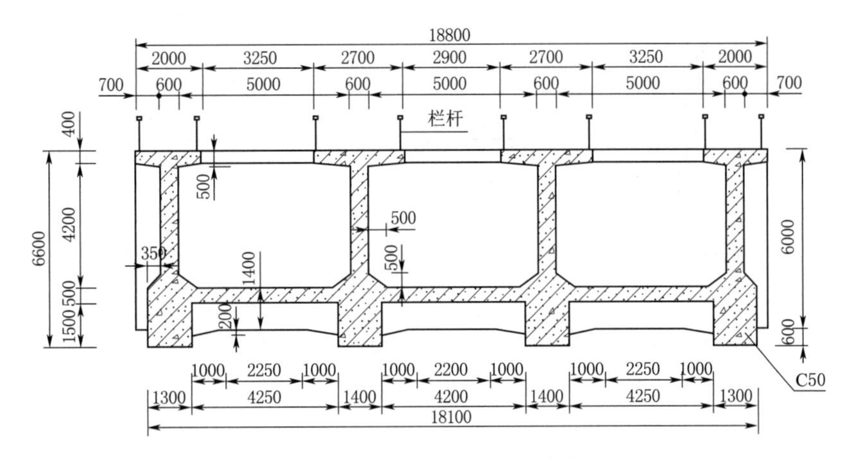

图 2-7　渡槽结构跨中断面图（单位：mm）

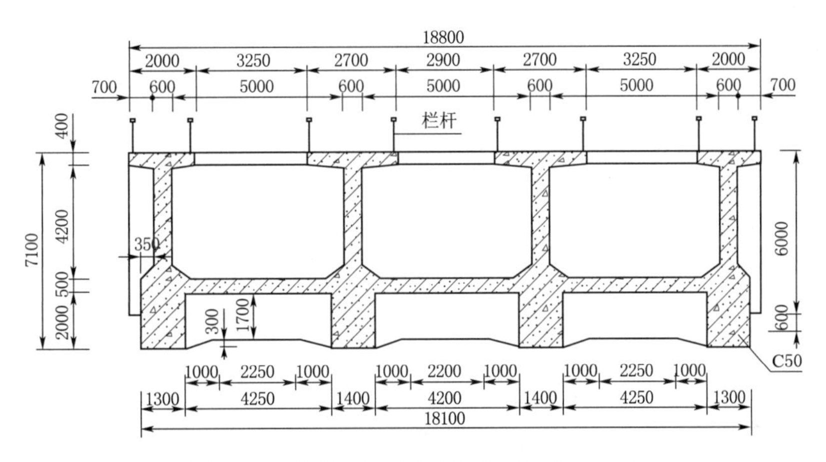

图 2-8　渡槽结构跨端断面图（单位：mm）

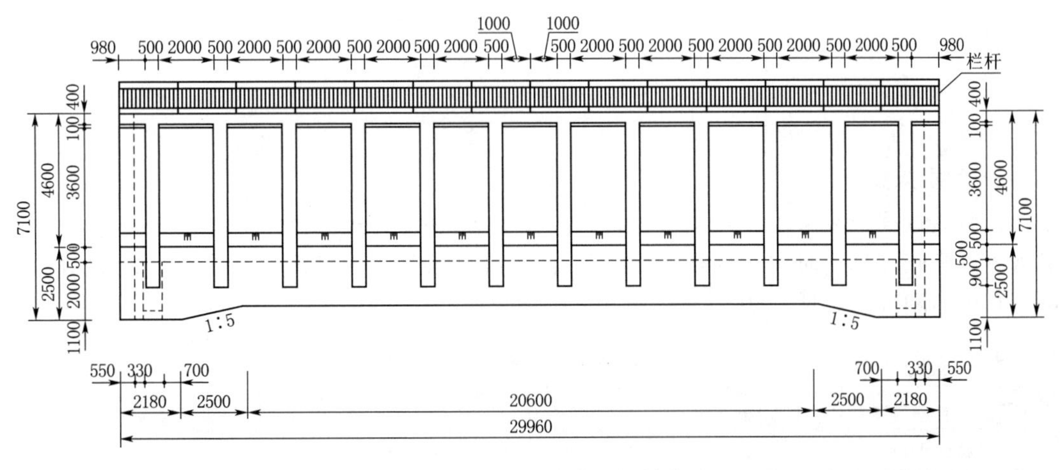

图 2-9　渡槽结构纵向示意图（单位：mm）

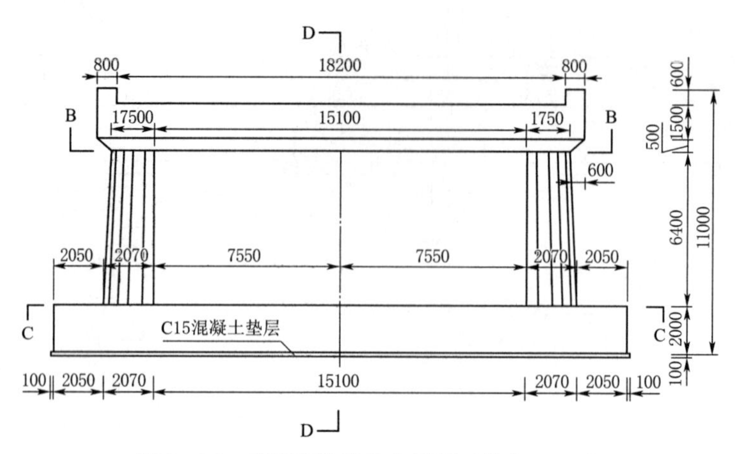

图 2-10　渡槽槽墩结构立面图（单位：mm）

其中：

$$\{\sigma\}=\begin{Bmatrix}\sigma_x\\ \sigma_y\\ \sigma_z\\ \tau_{xy}\\ \tau_{yz}\\ \tau_{zx}\end{Bmatrix},\quad \{\varepsilon\}=\begin{Bmatrix}\varepsilon_x\\ \varepsilon_y\\ \varepsilon_z\\ \gamma_{xy}\\ \gamma_{yz}\\ \gamma_{zx}\end{Bmatrix} \tag{2-13}$$

$$K=\frac{E}{(1+\mu)(1-2\mu)} \tag{2-14}$$

$$[D]=\begin{bmatrix}1-\mu & \mu & \mu & 0 & 0 & 0\\ \mu & 1-\mu & \mu & 0 & 0 & 0\\ \mu & \mu & 1-\mu & 0 & 0 & 0\\ 0 & 0 & 0 & \dfrac{1-2\mu}{2} & 0 & 0\\ 0 & 0 & 0 & 0 & \dfrac{1-2\mu}{2} & 0\\ 0 & 0 & 0 & 0 & 0 & \dfrac{1-2\mu}{2}\end{bmatrix} \tag{2-15}$$

2. 支座参数

在研究过程中共采用了两种支座类型：普通盆式橡胶支座（简称：普通支座）和高阻尼减隔震橡胶支座（简称：减隔震支座）。普通盆式橡胶支座仅需输入 3 个方向的刚度即可，具体的刚度参数见表 2-2。

表 2-2　　普通盆式橡胶支座刚度参数表

参数	x	z	y
刚度/(N/mm)	2.72×10^8	2.72×10^8	6×10^8

高阻尼减隔震橡胶支座，根据文献，选取 HDR(I)-D970×369-G1.2 型支座为大型渡槽的隔减震支座，该支座的双线性恢复力模型如图 2-11 所示，见表 2-3。

表 2-3　　高阻尼橡胶减隔震支座参数

支座参数	取值	支座参数	取值
设计剪切位移 X_0/mm	209	竖向压缩刚度 K_v/(kN/mm)	1642
容许剪切位移 X_1/mm	522	初始水平刚度 K_1/(kN/mm)	24.79
极限剪切位移 X_2/mm	731	屈服后水平刚度 K_2/(kN/mm)	2.92
水平屈服力 Q/kN	474	等效阻尼比 ξ/%	17

在 ANSYS 中没有现成的减隔震支座单元，但隔震支座的力学模型可以简化为由水平两方向的非线性弹簧、黏滞阻尼器以及竖向的线性弹簧所组成，并且 ANSYS 提供了一系列的弹簧阻尼等连接单元，因此可以用若干单元相组合的方式来实现隔震支座的模拟。竖向刚度的模拟采用 combin14 单元。在两个水平方向采用 combin40 单元，该单元可以引入双线性的强化模型、黏滞阻尼的影响。隔震基本参数主要有：K_u（屈服前刚度）、K_d（屈服后刚度）、Q_d（屈服力）、阻尼比。由 combin40 力学原理图，可以得到这些实常数的选取方法：$K_2=K_d$，$K_1=K_u-K_d$，FSLIDE$=Q_d$，GAP$=0$，C 为阻尼系数。一个隔震支座由 3 个单元所组成，如图 2-12 所示。

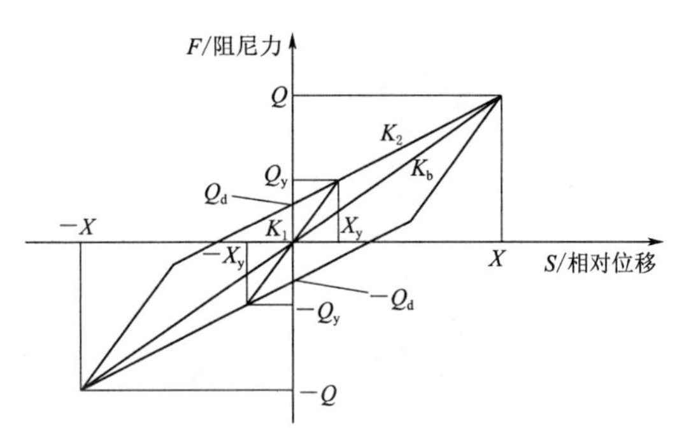

图 2-11　高阻尼橡胶减隔震支座等效双线性恢复力模型图

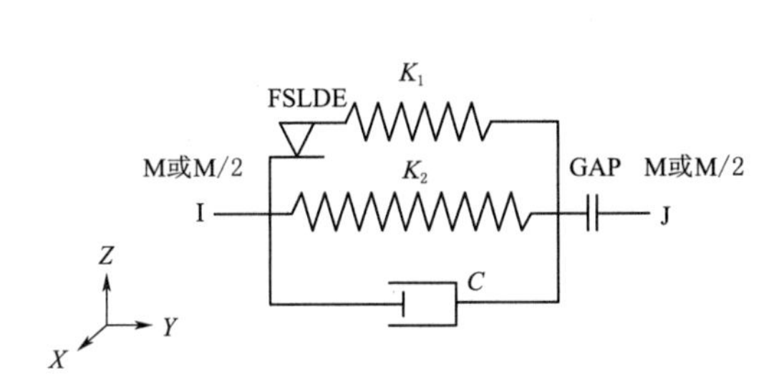

图 2-12　combin 单元力学模型图

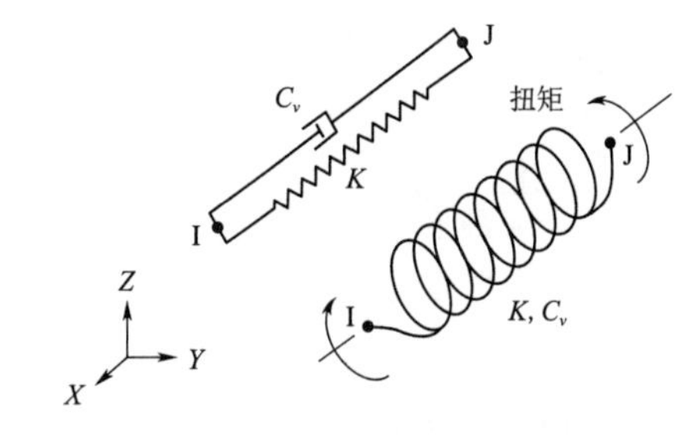

图 2-13　combin14 单元力学模型图

3. 动力分析模型

合理的确定渡槽结构的模型范围是进行结构地震响应分析的基础。董家村渡槽为三槽一联的多跨简支结构，墩柱高度基本相差不大。为了消除边界选取对结构动力计算的影响，本研究采取了三跨渡槽为一个计算单元进行分析。由于渡槽结构的整体长度不大，地基条件基本相同，因此取部分跨段进行动力响应分析是可行的。另外，由于董家村渡槽工程采用的是多个单跨简支梁结构，单跨长度为 30m，跨度比较小，结构的各部分相对比较独立，因此采用一致激励法进行分析。在研究中重点考虑的问题是槽内水体与槽体的动力相互关系，以及减隔震支座对渡槽地震响应影响的分析，多点激励问题不是本研究的重点部分，因此没有考虑。本研究建立了董家村渡槽全段 8 跨中的三跨三维有限元模型，槽体、槽墩以及地基有限土体均采用三维实体单元来模拟，对于普通盆式橡胶支座与高阻尼减隔震支座则采用弹簧单元来组合模拟实现。对于土体如何选择能够近似代替无限远的实际情况，根据相关研究成果，拟建立如图 2-14 所示的三维有限元模型。

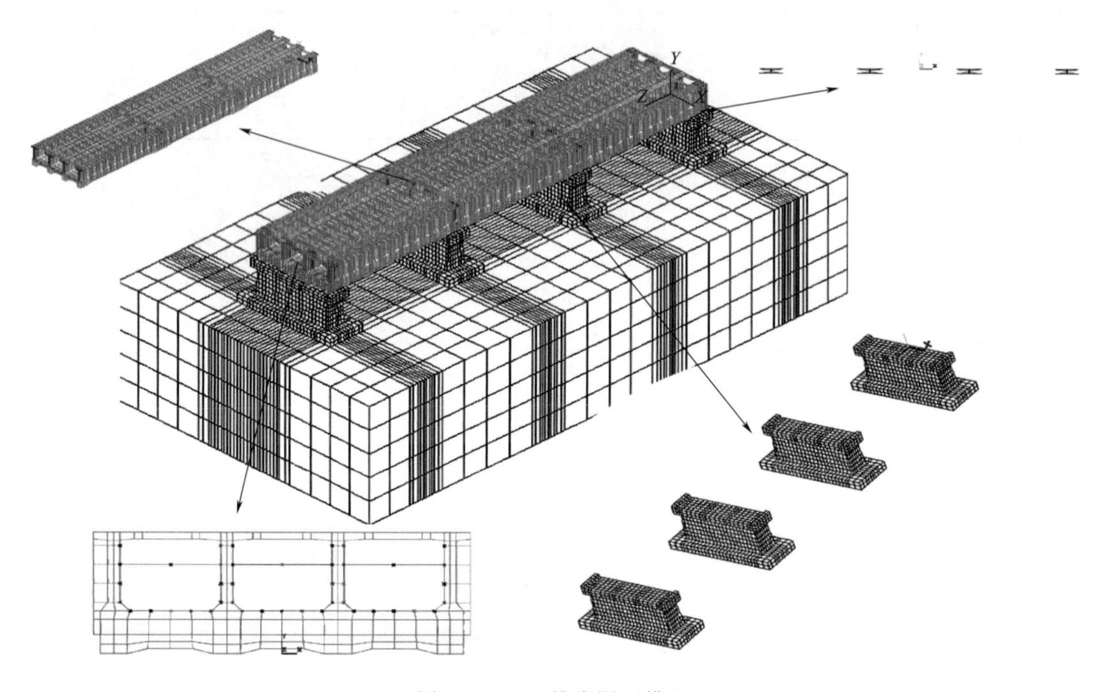

图 2-14　三维有限元模型

根据董家村渡槽的实际运行状态，为能够充分反映渡槽结构的动力特性，进行了如下 6 种不同水位情况时的动力特性分析。

工况一：自重＋渡槽槽内无水；

工况二：自重＋渡槽槽内水位为 1/2 槽水；

工况三：自重＋渡槽槽内水位为 3/4 槽水；

工况四：自重＋渡槽槽内水位为满槽水深；

工况五：自重＋边槽满水；

工况六：自重＋双槽满水。

计算得到该渡槽结构在六种不同工况下的动力特性，并给出了渡槽结构在各水位下的振型图。

2.2.2　采用普通盆式橡胶支座的渡槽结构动力特性

本节计算了采用普通盆式橡胶支座时各工况的渡槽结构的动力特性，并给出了渡槽结构的振型图。

分析图 2-15，从振型图中可以得出，第 1 阶自振频率为 4.26996Hz，振型表现为沿水流方向（z 向）平动；第 2 阶自振频率为 4.42637Hz，振型表现为沿水流方向（z 向）旋转；第 3 阶自振频率为 4.57961Hz，振型表现为渡槽表现为沿水流方向（z 向）扭转；第 4 阶自振频率为 6.43508Hz，振型表现为水平面（$x-y$ 平面）内弯曲；第 5 阶自振频率为 8.24362Hz，振型表现为竖向（y 向）拱起；第 6 阶自振频率为 8.3273Hz，振型表现为弯曲。

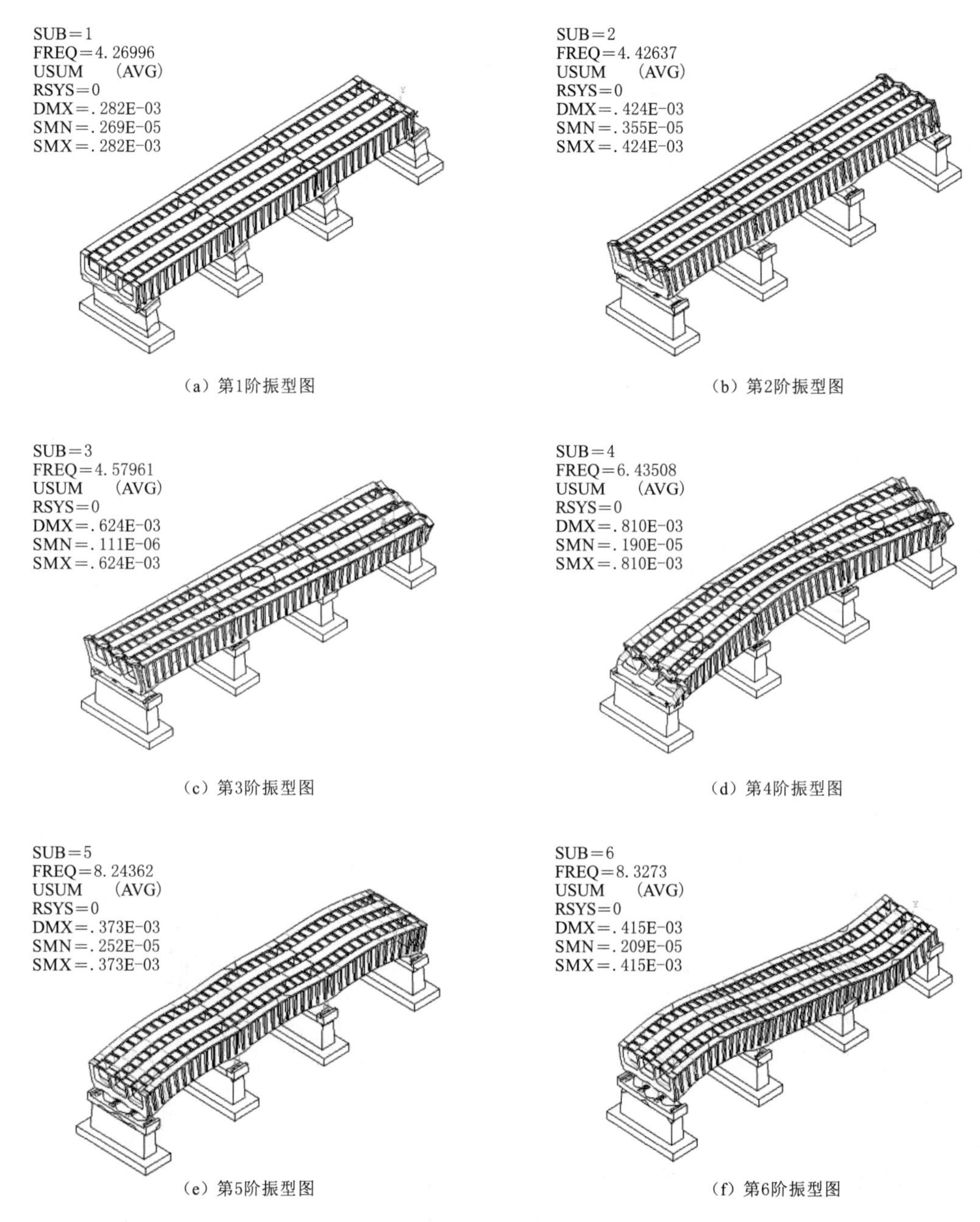

（a）第1阶振型图　（b）第2阶振型图

（c）第3阶振型图　（d）第4阶振型图

（e）第5阶振型图　（f）第6阶振型图

图 2-15　工况 1 前 6 阶振型图

分析图 2-16，从振型图中可以得出，第 1 阶自振频率为 3.9583Hz，振型表现为沿水流方向（z 向）平动；第 2 阶自振频率为 4.0674Hz，振型表现为沿水流方向（z 向）旋转；第 3 阶自振频率为 4.3164Hz，振型表现为渡槽表现为沿水流方向（z 向）扭转；第 4 阶自振频率为 6.0836Hz，振型表现为水平面（$x-y$ 平面）内弯曲；第 5 阶自振频率

为 7.8714Hz，振型表现为竖向（y 向）拱起；第 6 阶自振频率为 8.2960Hz，振型表现为弯曲并有扭转。

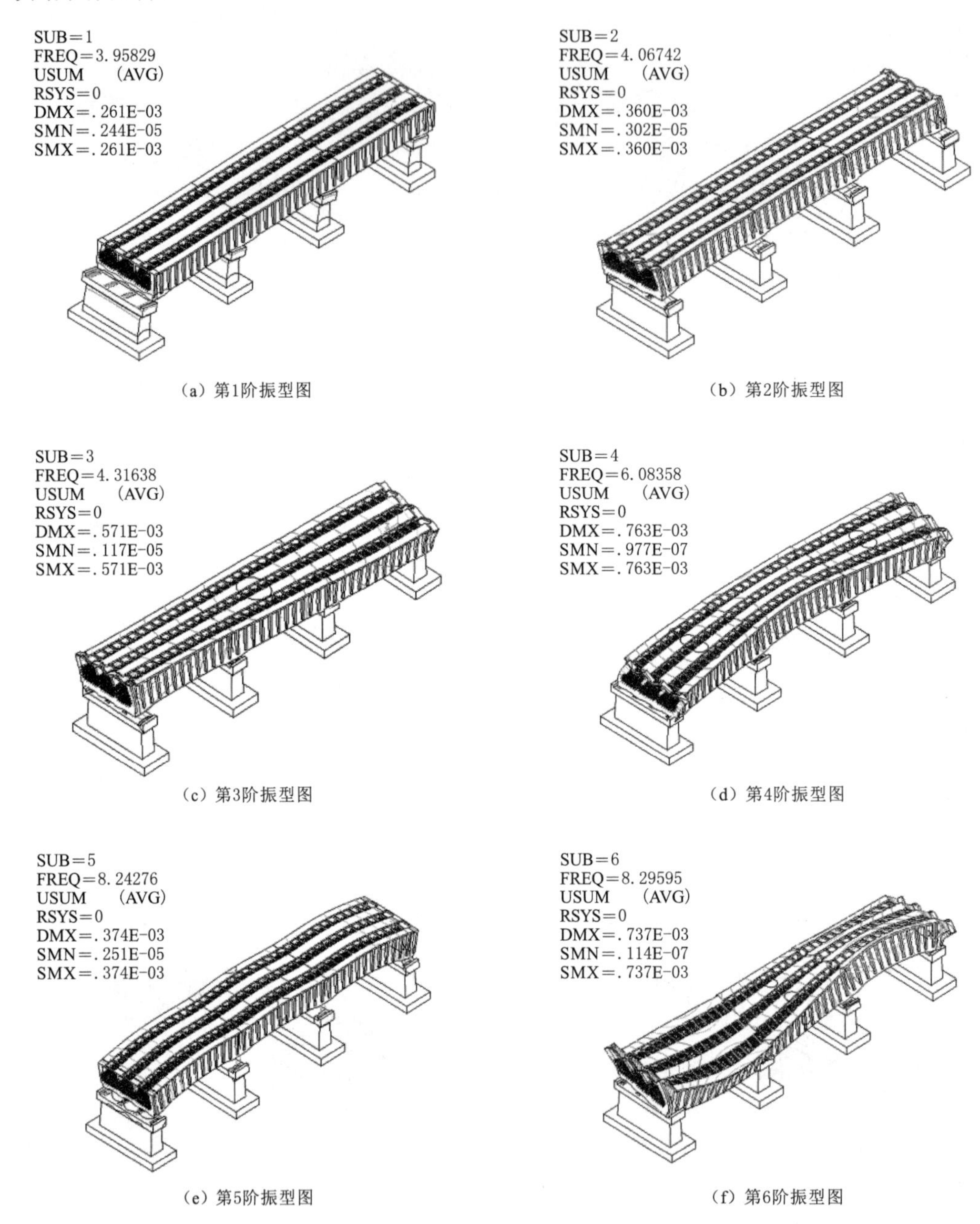

（a）第1阶振型图　（b）第2阶振型图

（c）第3阶振型图　（d）第4阶振型图

（e）第5阶振型图　（f）第6阶振型图

图 2-16　工况 2 前 6 阶振型图

分析图 2-17，从振型图中可以得出，第 1 阶自振频率为 3.7709Hz，振型表现为沿水流方向（z 向）旋转；第 2 阶自振频率为 3.8259Hz，振型表现为沿水流方向（z 向）平动；第 3 阶自振频率为 4.0750Hz，振型表现为渡槽表现为沿水流方向（z 向）扭转；第 4 阶自振频率为 5.7385Hz，振型表现为水平面（$x-y$ 平面）内弯曲；第 5 阶自振频率为 7.8714Hz，振型表现为弯曲并有扭转；第 6 阶自振频率为 8.2423Hz，振型表现为竖向（y 向）拱起。

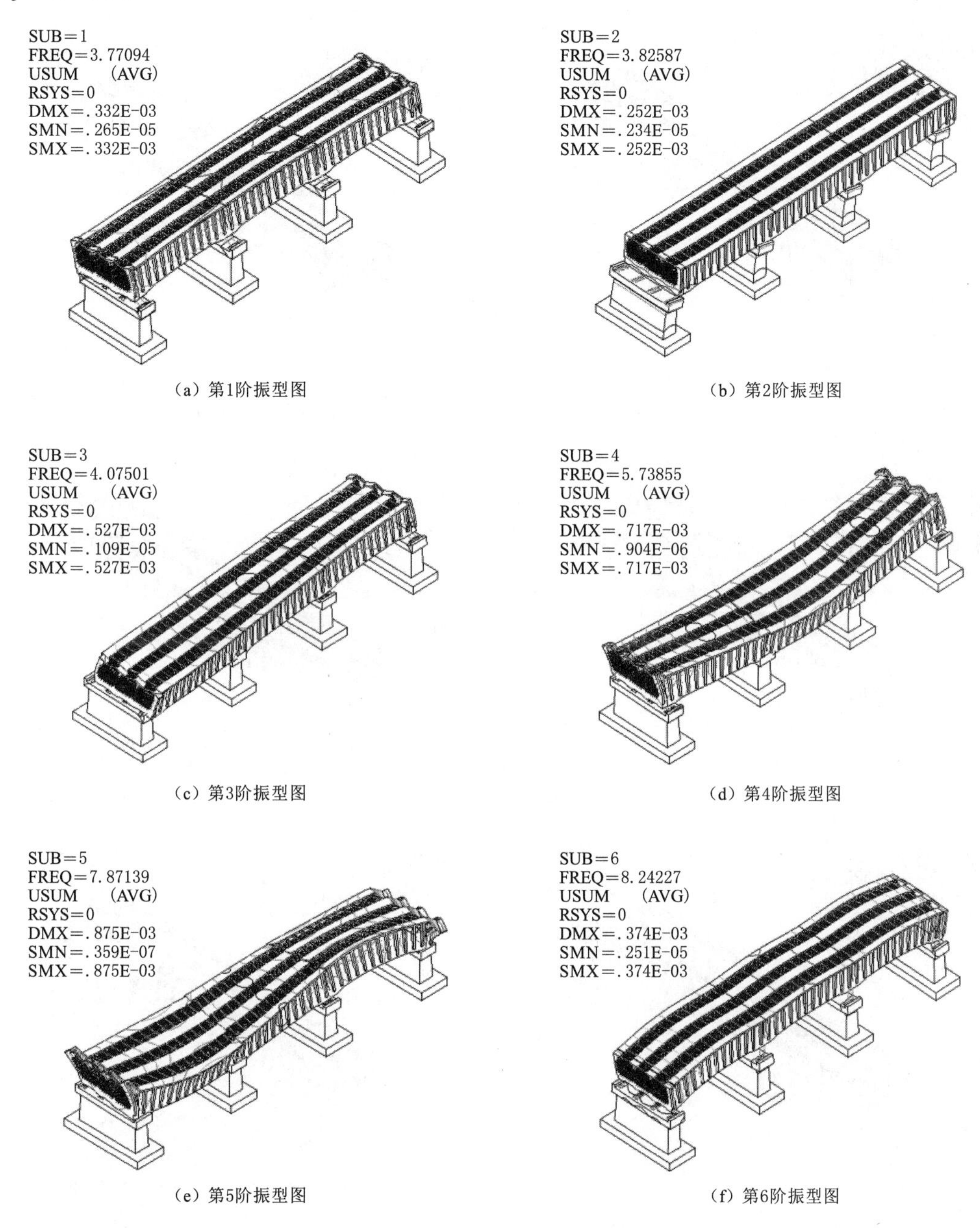

（a）第1阶振型图　（b）第2阶振型图

（c）第3阶振型图　（d）第4阶振型图

（e）第5阶振型图　（f）第6阶振型图

图 2-17　工况 3 前 6 阶振型图

分析图 2-18，从振型图中可以得出，第 1 阶自振频率为 3.6944Hz，振型表现为沿水流方向（z 向）平动；第 2 阶自振频率为 3.7278Hz，振型表现为沿水流方向（z 向）旋转；第 3 阶自振频率为 4.0345Hz，振型表现为渡槽表现为沿水流方向（z 向）扭转；第 4 阶自振频率为 5.6594Hz，振型表现为水平面（$x-y$ 平面）内弯曲；第 5 阶自振频率

为7.7094Hz，振型表现为弯曲并有扭转；第6阶自振频率为8.2418Hz，振型表现为竖向（y向）拱起。

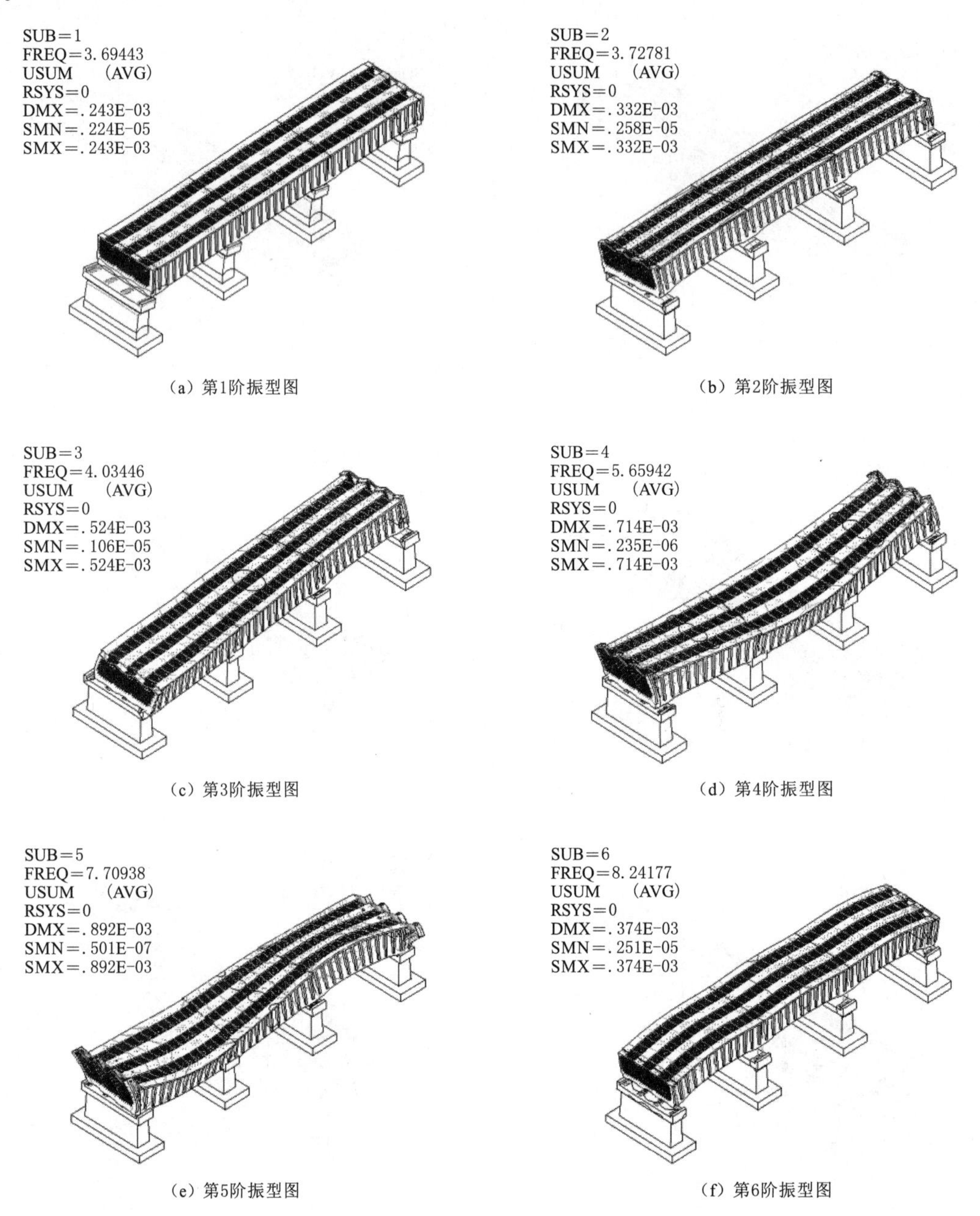

图2-18　工况4前6阶振型图

分析图2-19，从振型图中可以得出，第1阶自振频率为4.0630Hz，振型表现为沿水流方向（z向）平动；第2阶自振频率为4.2094Hz，振型表现为沿水流方向（z向）旋转；第3阶自振频率为4.4188Hz，振型表现为渡槽表现为沿水流方向（z向）扭转；第4阶自振频率为6.1974Hz，振型表现为水平面（$x-y$平面）内弯曲；第5阶自振频率为 8.2431Hz，振型表现为竖向（y 向）拱起；第 6 阶自振频率为 8.3264Hz，振型表现为弯曲并有扭转。

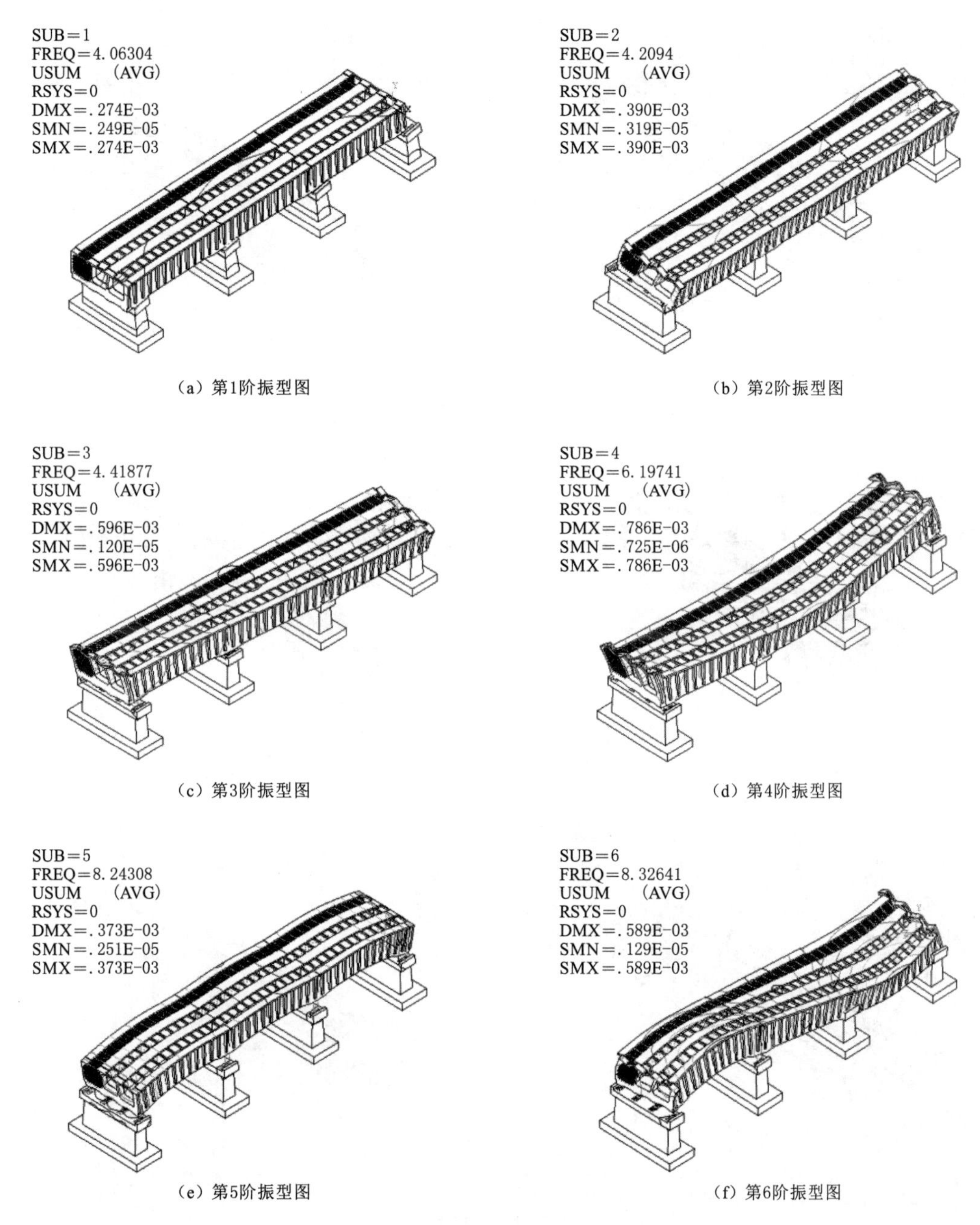

（a）第1阶振型图　（b）第2阶振型图

（c）第3阶振型图　（d）第4阶振型图

（e）第5阶振型图　（f）第6阶振型图

图 2-19　工况 5 前 6 阶振型图

分析图 2-20，从振型图中可以得出，第 1 阶自振频率为 3.8826Hz，振型表现为沿水流方向（z 向）平动；第 2 阶自振频率为 4.0103Hz，振型表现为沿水流方向（z 向）旋转；第 3 阶自振频率为 4.2687Hz，振型表现为渡槽表现为沿水流方向（z 向）扭转；第 4 阶自振频率为 5.9934Hz，振型表现为水平面（$x-y$ 平面）内弯曲；第 5 阶自振频率

为 8.1367Hz，振型表现为弯曲并有扭转；第 6 阶自振频率为 8.2425Hz，振型表现为竖向（y 向）拱起，见表 2-4、表 2-5。

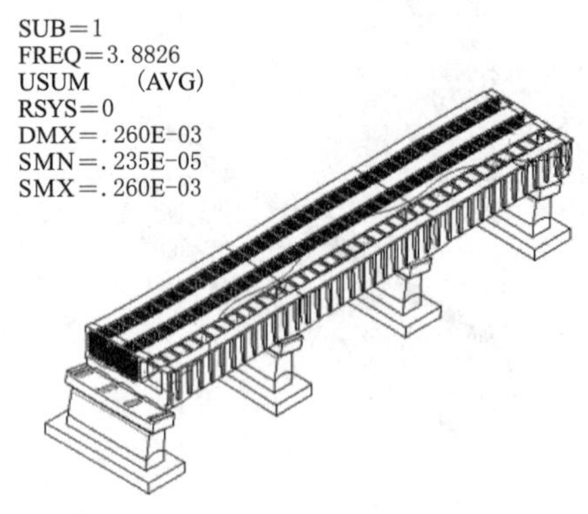

（a）第1阶振型图

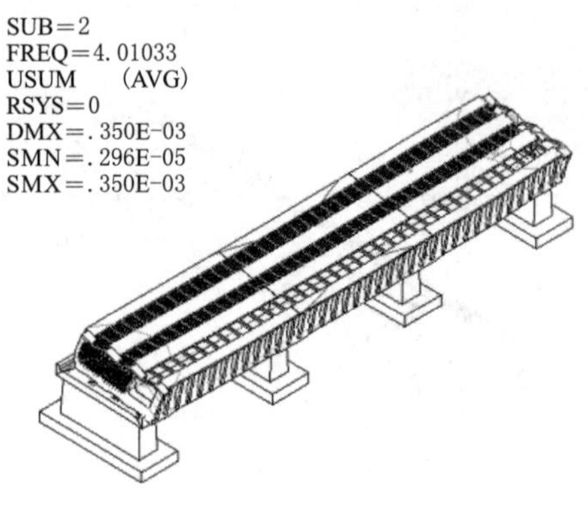

（b）第2阶振型图

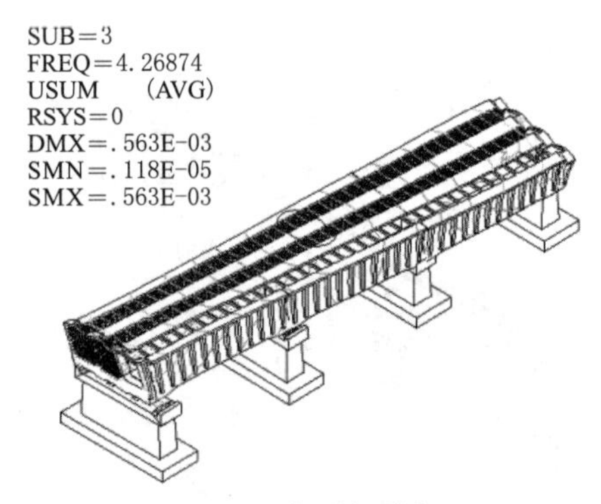

（c）第3阶振型图

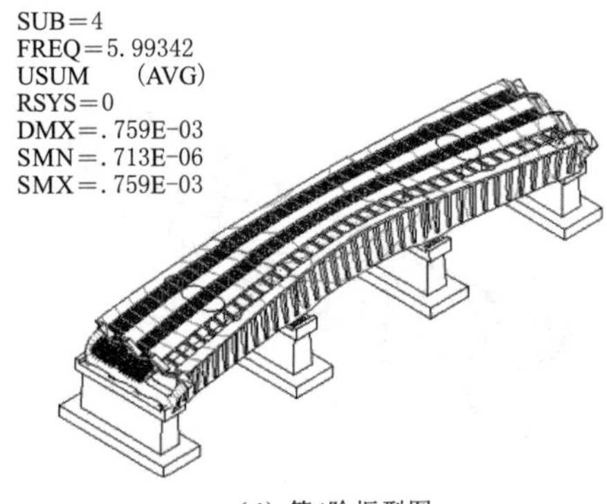

（d）第4阶振型图

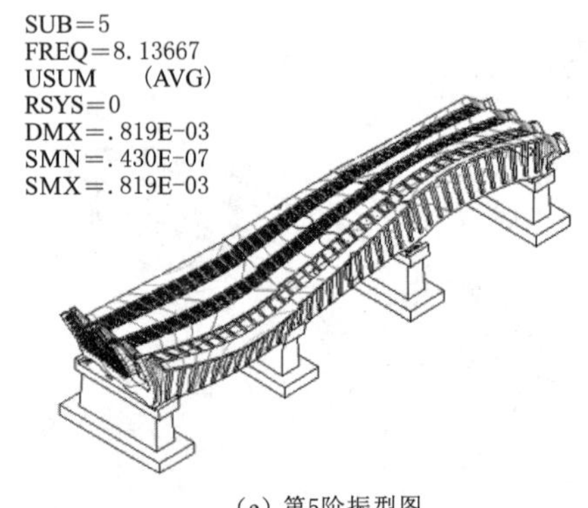

（e）第5阶振型图

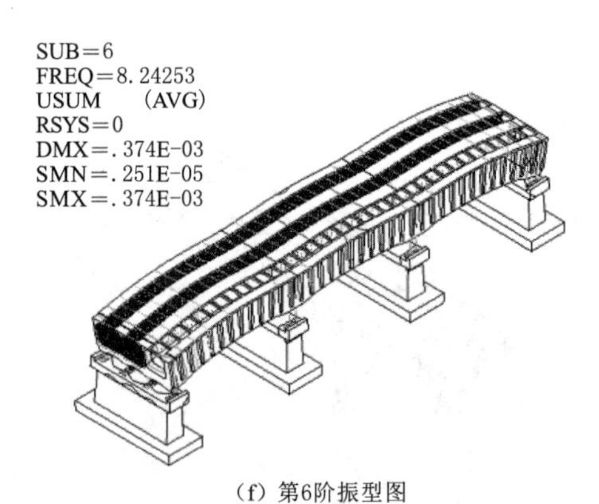

（f）第6阶振型图

图 2-20　工况 6 前 6 阶振型图

表 2-4　　普通盆式橡胶支座下渡槽结构各工况的自振频率　　单位：Hz

阶次	工况 1	工况 2	工况 3	工况 4	工况 5	工况 6
1	4.27	3.9583	3.7709	3.6944	4.063	3.8826
2	4.4264	4.0674	3.8259	3.7278	4.2094	4.0103

续表

阶次	工况 1	工况 2	工况 3	工况 4	工况 5	工况 6
3	4.5796	4.3164	4.075	4.0345	4.4188	4.2687
4	6.4351	6.0836	5.7385	5.6594	6.1974	5.9934
5	8.2436	8.2428	7.8714	7.7094	8.2431	8.1367
6	8.3273	8.296	8.2423	8.2418	8.3264	8.2425
7	8.4835	8.3263	8.3258	8.3254	8.3281	8.3261
8	8.519	8.511	8.4841	8.4215	8.5003	8.481
9	8.8183	8.6845	8.6151	8.5351	8.6983	8.6355
10	9.2403	9.2384	9.1019	8.8721	9.2391	9.2378

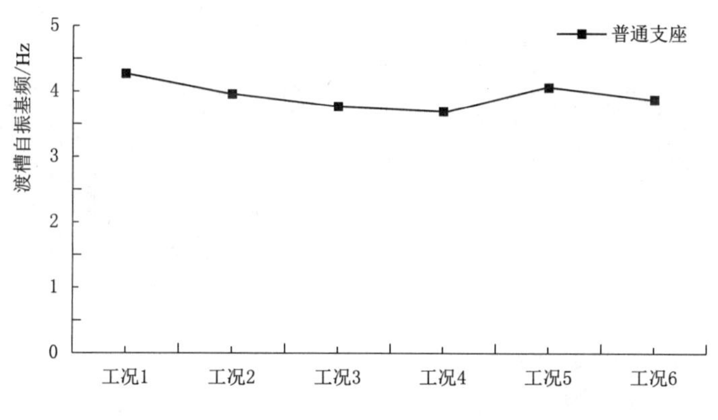

图 2-21　不同水深工况时的渡槽结构自振频率图

通过计算分析渡槽结构在普通盆式橡胶支座支承下的自振特性可以得知：渡槽的振型主要以结构的在支座的运动以及槽体的横向扭转弯曲振动为主，说明渡槽结构的动力响应将会表现在支座处以及渡槽竖墙部位，在横向和竖向地震共同作用下，将会有破坏的可能，在设计中应给予关注。另外，随着槽内水体深度的增加，渡槽结构上部质量不断增加，渡槽结构的振动频率有所降低。由结构的自振频率理论公式 $\omega=\sqrt{k/m}$ 可知，随着水体的质量增加，ω 的值将会降低，符合结构的自振频率理论公式，如图 2-21 所示。

2.2.3　采用减隔震支座的渡槽结构动力特性

本节计算了采用高阻尼减隔震支座时各工况的渡槽结构的动力特性，并给出了渡槽结构的振型图。

分析图 2-22，从振型图中可以得出，第 1 阶自振频率为 1.2117Hz，振型表现为沿水流方向（z 向）平动；第 2 阶自振频率为 1.2161Hz，振型表现为水平面（$x-y$ 平面）横向平动；第 3 阶自振频率为 1.2639Hz，振型表现为水平面（$x-y$ 平面）内绕竖直方向（y 向）的转动；第 4 阶自振频率为 5.1401Hz，振型表现为水平面（$x-y$ 平面）内弯曲；第 5 阶自振频率为 7.9192Hz，振型表现为沿水流方向（z 向）旋转；第 6 阶自振频率为 7.9268Hz，振型表现为弯曲并有扭转。

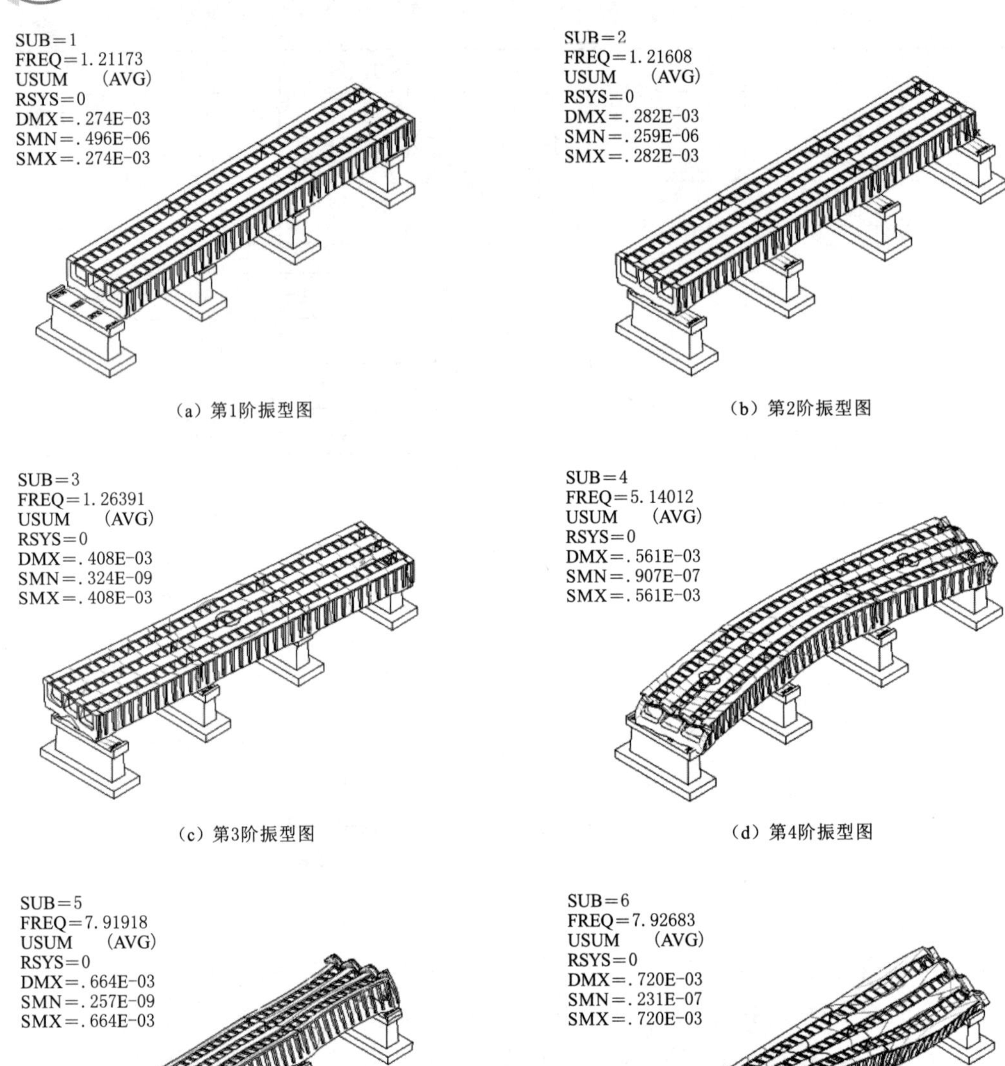

(a) 第1阶振型图　　(b) 第2阶振型图

(c) 第3阶振型图　　(d) 第4阶振型图

(e) 第5阶振型图　　(f) 第6阶振型图

图 2-22　工况1前6阶振型图

分析图2-23，从振型图中可以得出，第1阶自振频率为1.1222Hz，振型表现为沿水流方向（z 向）平动；第2阶自振频率为1.1236Hz，振型表现为水平面（$x-y$ 平面）横向平动；第3阶自振频率为1.1951Hz，振型表现为水平面（$x-y$ 平面）内绕竖直方向（y 向）的转动；第4阶自振频率为4.8301Hz，振型表现为水平面（$x-y$ 平面）内弯曲；第5阶自振频率为7.8437Hz，振型表现为弯曲并有扭转；第6阶自振频率为7.8931Hz，振型表现为沿水流方向（z 向）旋转。

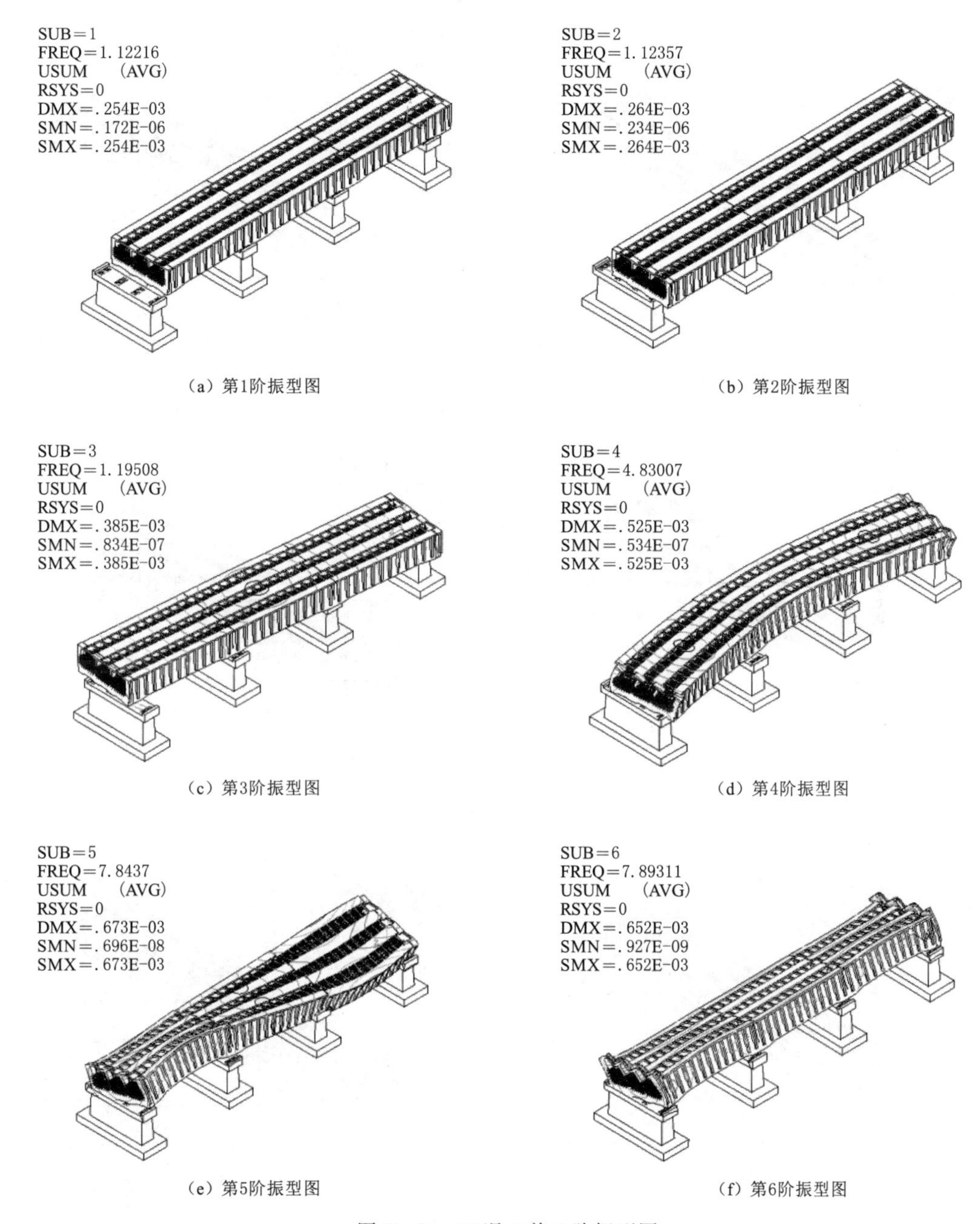

(a) 第1阶振型图　(b) 第2阶振型图

(c) 第3阶振型图　(d) 第4阶振型图

(e) 第5阶振型图　(f) 第6阶振型图

图 2-23　工况 2 前 6 阶振型图

分析图 2-24，从振型图中可以得出，第 1 阶自振频率为 1.0577Hz，振型表现为沿水流方向（z 向）平动；第 2 阶自振频率为 1.0842Hz，振型表现为水平面（$x-y$ 平面）横向平动；第 3 阶自振频率为 1.1431Hz，振型表现为水平面（$x-y$ 平面）内绕竖直方向（y 向）的转动；第 4 阶自振频率为 4.5762Hz，振型表现为水平面（$x-y$ 平面）内弯曲；第 5 阶自振频率为 7.5327Hz，振型表现为弯曲并有扭转；第 6 阶自振频率为 7.7875Hz，振型表现为沿水流方向（z 向）旋转。

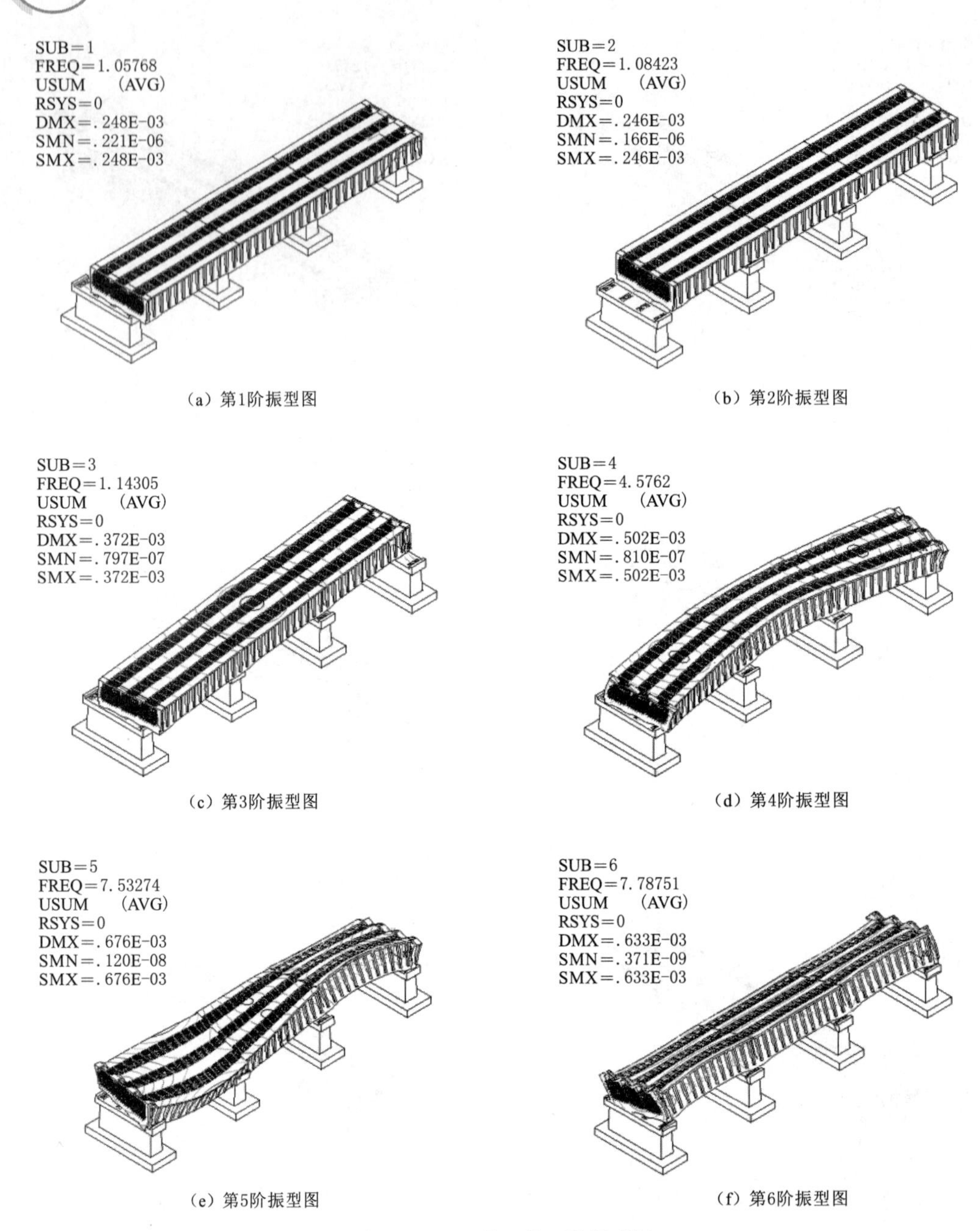

(a) 第1阶振型图　(b) 第2阶振型图

(c) 第3阶振型图　(d) 第4阶振型图

(e) 第5阶振型图　(f) 第6阶振型图

图 2-24　工况 3 前 6 阶振型图

分析图 2-25，从振型图中可以得出，第 1 阶自振频率为 1.0466Hz，振型表现为沿水流方向（z 向）平动；第 2 阶自振频率为 1.0511Hz，振型表现为水平面（$x-y$ 平面）横向平动；第 3 阶自振频率为 1.1370Hz，振型表现为水平面（$x-y$ 平面）内绕竖直方向（y 向）的转动；第 4 阶自振频率为 4.5317Hz，振型表现为水平面（$x-y$ 平面）内弯曲；第 5 阶自振频率为 7.3939Hz，振型表现为弯曲并有扭转；第 6 阶自振频率为 7.6901Hz，振型表现为沿水流方向（z 向）旋转。

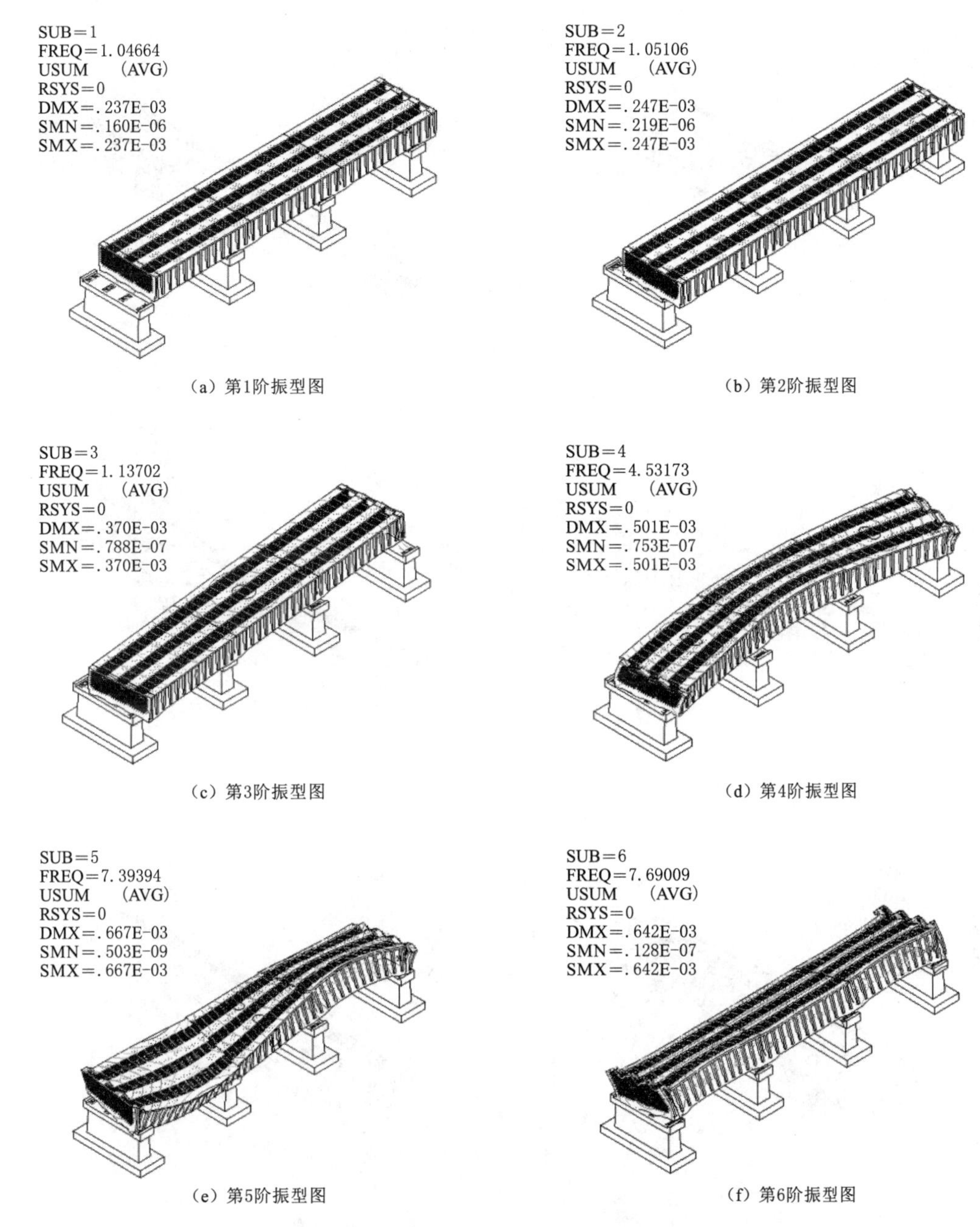

（a）第1阶振型图　（b）第2阶振型图

（c）第3阶振型图　（d）第4阶振型图

（e）第5阶振型图　（f）第6阶振型图

图 2-25　工况 4 前 6 阶振型图

分析图 2-26，从振型图中可以得出，第 1 阶自振频率为 1.1518Hz，振型表现为沿水流方向（z 向）平动；第 2 阶自振频率为 1.1638Hz，振型表现为水平面（$x-y$ 平面）横向平动；第 3 阶自振频率为 1.2257Hz，振型表现为水平面（$x-y$ 平面）内绕竖直方向（y 向）的转动；第 4 阶自振频率为 4.9480Hz，振型表现为水平面（$x-y$ 平面）内弯曲；第 5 阶自振频率为 7.8431Hz，振型表现为弯曲并有扭转；第 6 阶自振频率为 7.8681Hz，振型表现为沿水流方向（z 向）旋转。

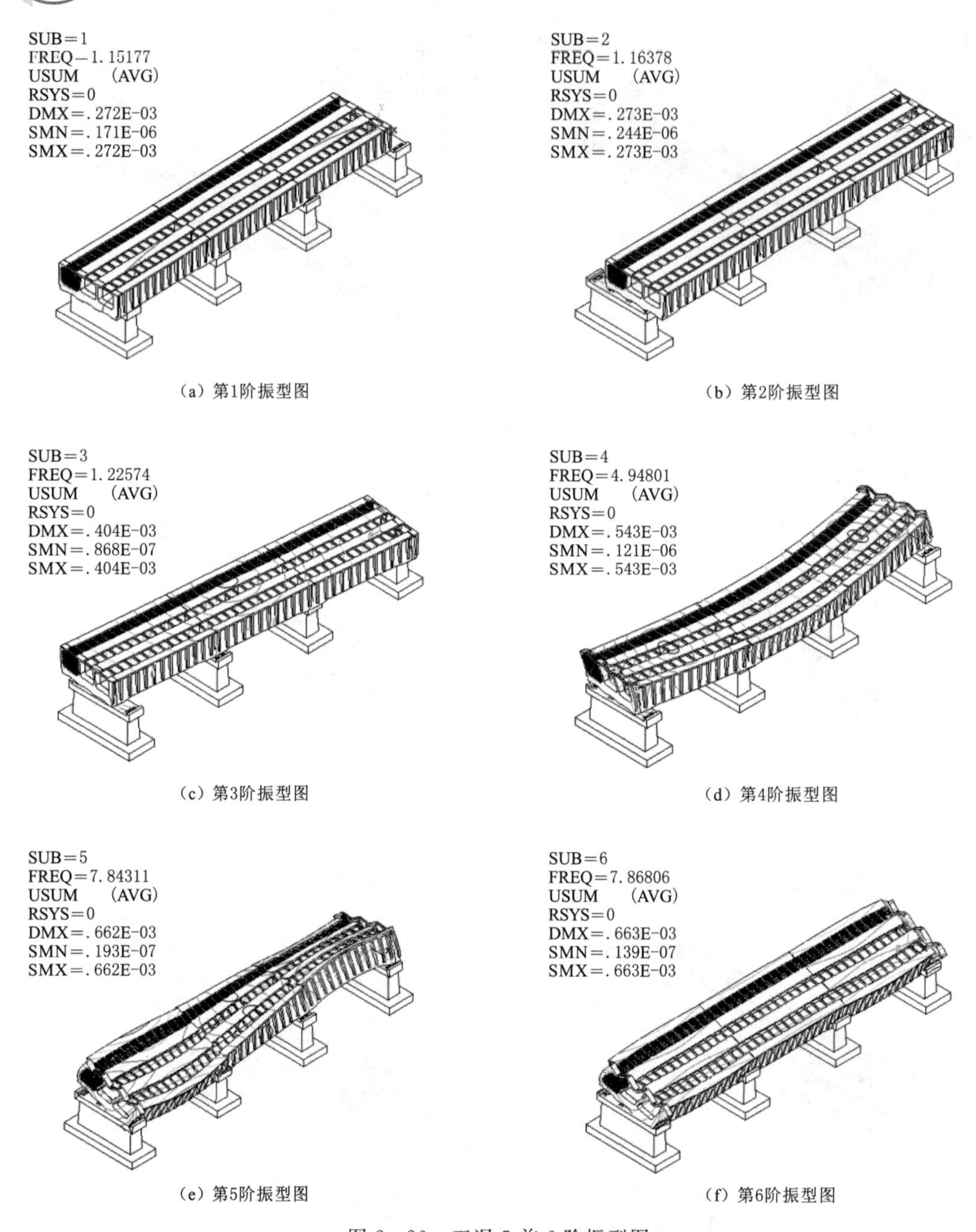

(a) 第1阶振型图　(b) 第2阶振型图

(c) 第3阶振型图　(d) 第4阶振型图

(e) 第5阶振型图　(f) 第6阶振型图

图 2-26　工况 5 前 6 阶振型图

分析图 2-27，从振型图中可以得出，第 1 阶自振频率为 1.1002Hz，振型表现为沿水流方向（z 向）平动；第 2 阶自振频率为 1.1151Hz，振型表现为水平面（$x-y$ 平面）横向平动；第 3 阶自振频率为 1.1892Hz，振型表现为水平面（$x-y$ 平面）内绕竖直方向（y 向）的转动；第 4 阶自振频率为 4.7824Hz，振型表现为水平面（$x-y$ 平面）内弯曲；第 5 阶自振频率为 7.7351Hz，振型表现为弯曲并有扭转；第 6 阶自振频率为 7.8220Hz，振型表现为沿水流方向（z 向）旋转，见表 2-5、表 2-6。

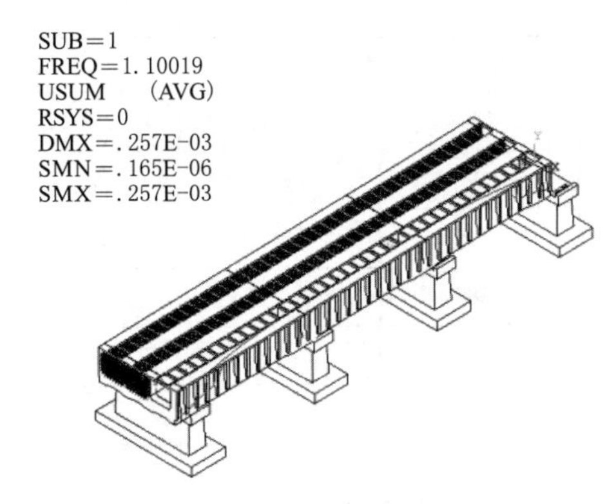

（a）第1阶振型图

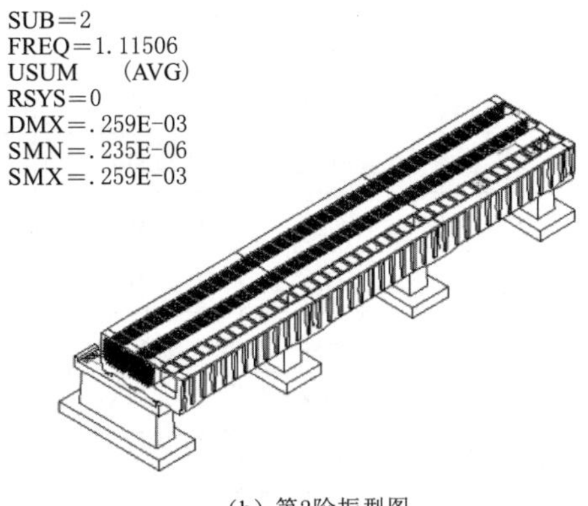

（b）第2阶振型图

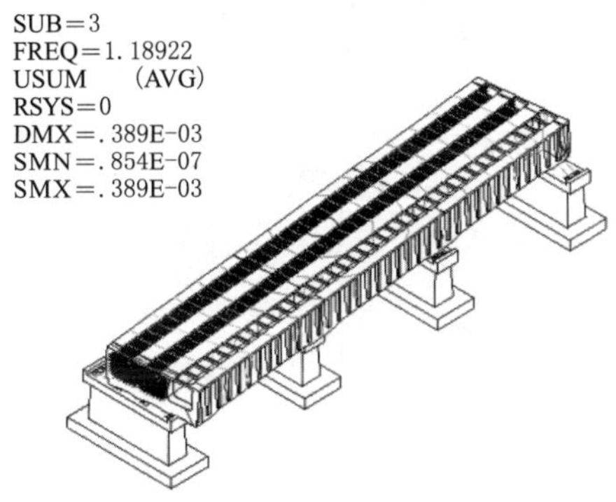

（c）第3阶振型图

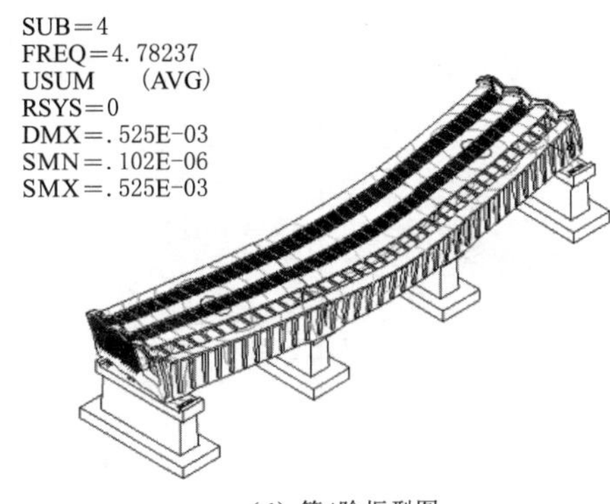

（d）第4阶振型图

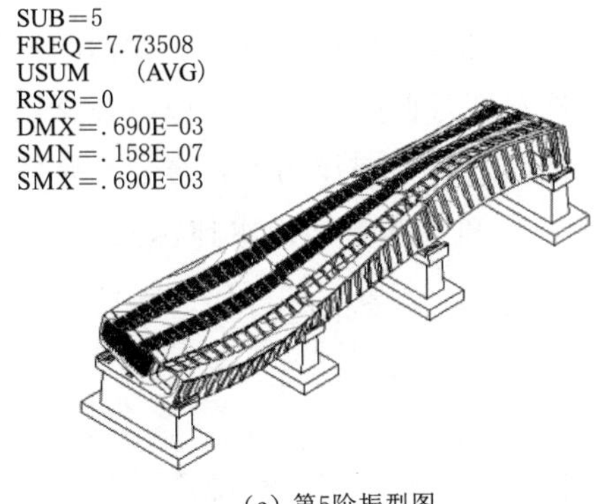

（e）第5阶振型图

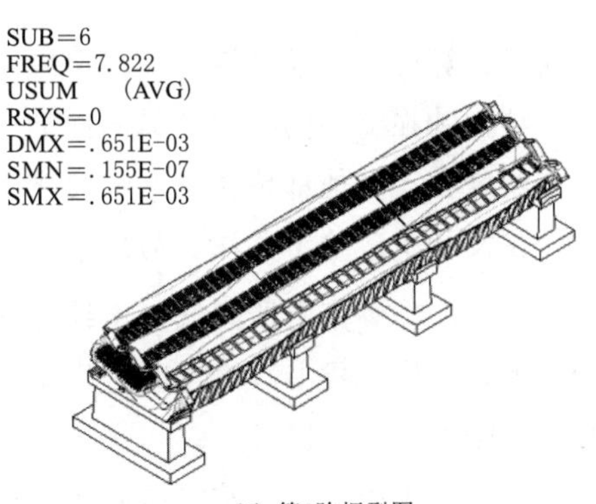

（f）第6阶振型图

图 2-27 工况 6 前 6 阶振型图

表 2-5 **高阻尼减隔震橡胶支座下渡槽结构各工况的自振频率** 单位：Hz

阶次	工况 1	工况 2	工况 3	工况 4	工况 5	工况 6
1	1.2117	1.1222	1.0577	1.0466	1.1518	1.1002
2	1.2161	1.1236	1.0842	1.0511	1.1638	1.1151
3	1.2639	1.1951	1.1431	1.137	1.2257	1.1892

续表

阶次	工况 1	工况 2	工况 3	工况 4	工况 5	工况 6
4	5.1401	4.8301	4.5762	4.5317	4.948	4.7824
5	7.9192	7.8437	7.5327	7.3939	7.8431	7.7351
6	7.9268	7.8931	7.7875	7.6901	7.8681	7.822
7	8.217	8.2154	8.0132	7.8879	8.216	8.1484
8	8.2842	8.2824	8.2145	8.2135	8.2834	8.2149
9	8.5493	8.283	8.2825	8.282	8.3262	8.2828
10	8.9255	8.9012	8.8137	8.6839	8.8816	8.8407

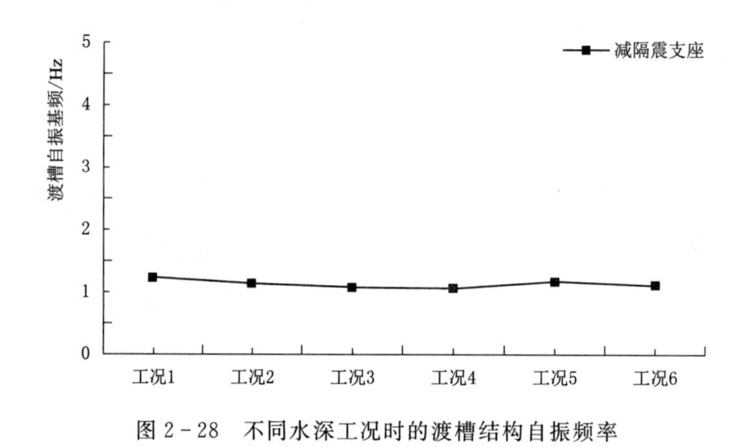

图 2－28　不同水深工况时的渡槽结构自振频率

通过计算分析渡槽结构在高阻尼减隔震支座支承下的自振特性可以得知：渡槽的振型主要以结构的在支座的横向和纵向摆动以及槽体的竖墙扭转弯曲振动为主，说明在支座和竖墙的刚度相比其他部位较小，响应较大，在横向和竖向地震共同作用下，将会有破坏的可能，在设计中应给予关注。另外，从图 2－28 中可以得知，随着槽内水体深度的增加，渡槽结构的振动频率有所降低，由结构的自振频率理论公式 $\omega=\sqrt{k/m}$ 可知，随着水体的质量增加，ω 将会减小，符合理论公式。

2.2.4　小结

本节对滇中引水工程董家村渡槽结构在普通盆式橡胶支座和高阻尼减隔震支座支承下的自振特性进行了分析计算，得到了该渡槽结构在不同水深工况、不同支座的自振频率和振型，对该渡槽结构的动力特性有了初步的了解。

从表 2－6 和图 2－29 中可以得知，随着渡槽槽内水位的增加，渡槽结构的振动频率有所降低，由结构的自振频率理论公式 $\omega=\sqrt{k/m}$ 可知，随着水体的质量增加，ω 将会减小，符合理论公式。相较于设置普通盆式橡胶支座时，在设置高阻尼减隔震支座后渡槽结构的自振频率大幅降低，最大降幅约为 72%，延长了结构的自振周期，降低了渡槽结构的地震响应，为渡槽等同类型的结构抗震设计提供依据。

表 2-6　　不同水深工况下渡槽结构采用不同支座时的自振频率对比表

工况	基频/Hz		频率降低百分比/%
	普通盆式橡胶支座	高阻尼减隔震支座	
工况 1	4.2700	1.2117	71.62
工况 2	3.9583	1.1222	71.65
工况 3	3.7709	1.0577	71.95
工况 4	3.6944	1.0466	71.67
工况 5	4.0630	1.1518	71.65
工况 6	3.8823	1.1002	71.66

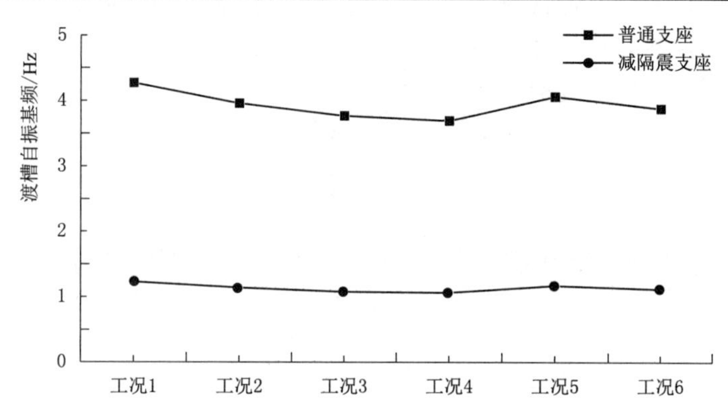

图 2-29　不同水深工况下渡槽结构采用不同支座时的自振频率图

2.3　渡槽结构地震响应分析研究

本节在渡槽结构动力特性分析的基础上，分别考虑普通盆式橡胶支座和高阻尼减隔震支座两种不同支承类型、槽内不同水深、不同类型地震波输入以及不同的峰值加速度（PGA）等因素对渡槽结构地震响应的影响。

为方便论述渡槽结构的响应，选取了渡槽结构的跨中断面上的若干特征点来分析地震响应。特征点位置如图 2-30 所示，其中 A 点位于侧墙顶部、B 点位于侧墙底部、C 点位于边槽底板中心位置、D 点位于中墙顶部、E 点位于中墙底部、F 点位于中槽底板中心处、H 点位于拉杆一端。

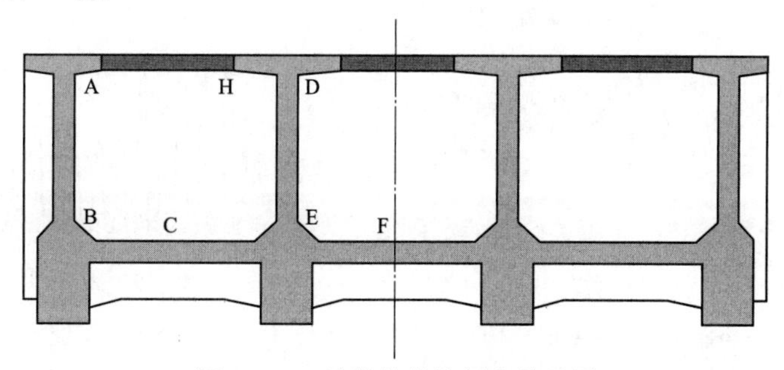

图 2-30　渡槽结构特征点位置图

2.3.1　不同水深工况对渡槽结构地震响应的影响

本节应用时程分析法对大型渡槽在 EI－Centro 地震波激励下的地震响应进行了分析，探讨了水深（包括：工况 1 完建空槽、工况 2 1/2 槽通水、工况 3 3/4 槽通水、工况 4 设计流量水位）对渡槽结构地震响应的影响，同时对比分析了渡槽结构采用普通盆式橡胶支座和采用高阻尼减隔震支座两种不同支承方案时的响应差别，得到了一些结论。

2.3.1.1　工况 1（空槽）渡槽结构地震响应

图 2－31 主要给出了工况 1（空槽）渡槽结构在 EI－Centro 地震波激励下，各个特征点的第一主应力时程和渡槽结构横向和竖向的变形时程（其中，虚线为采用普通盆式橡胶支座时的响应值，实线为采用高阻尼减隔震支座时的响应值）。表 2－7 主要给出了在整个地震波激励时程中，各个位置特征点的第一主应力和渡槽结构横向和竖向的变形最大值，为了更好地对比两种不同支承方案的差别，在同一图中同时给出了采用普通盆式橡胶支座和采用高阻尼减隔震支座的渡槽结构的响应。

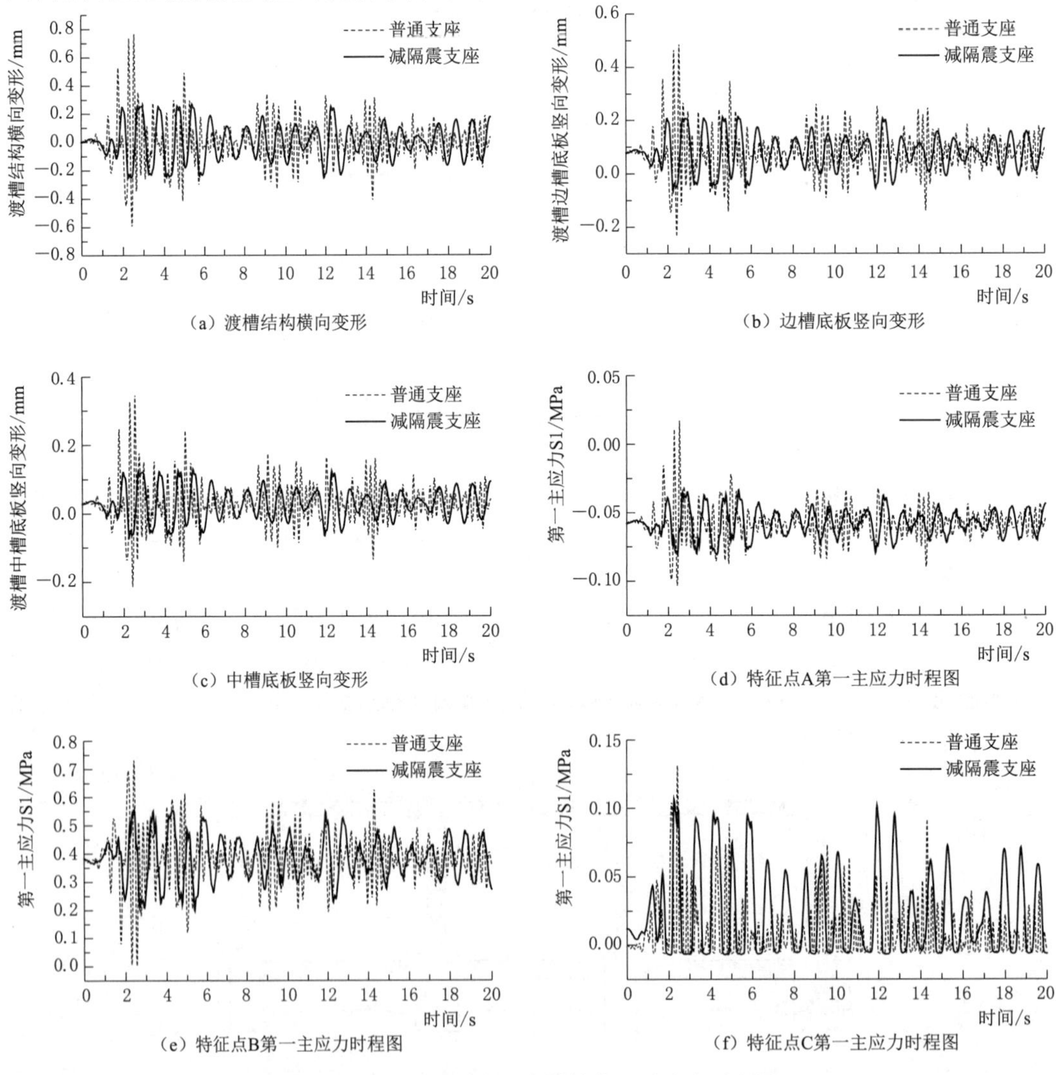

（a）渡槽结构横向变形　（b）边槽底板竖向变形

（c）中槽底板竖向变形　（d）特征点A第一主应力时程图

（e）特征点B第一主应力时程图　（f）特征点C第一主应力时程图

图 2－31（一）　工况 1 渡槽结构地震响应时程图

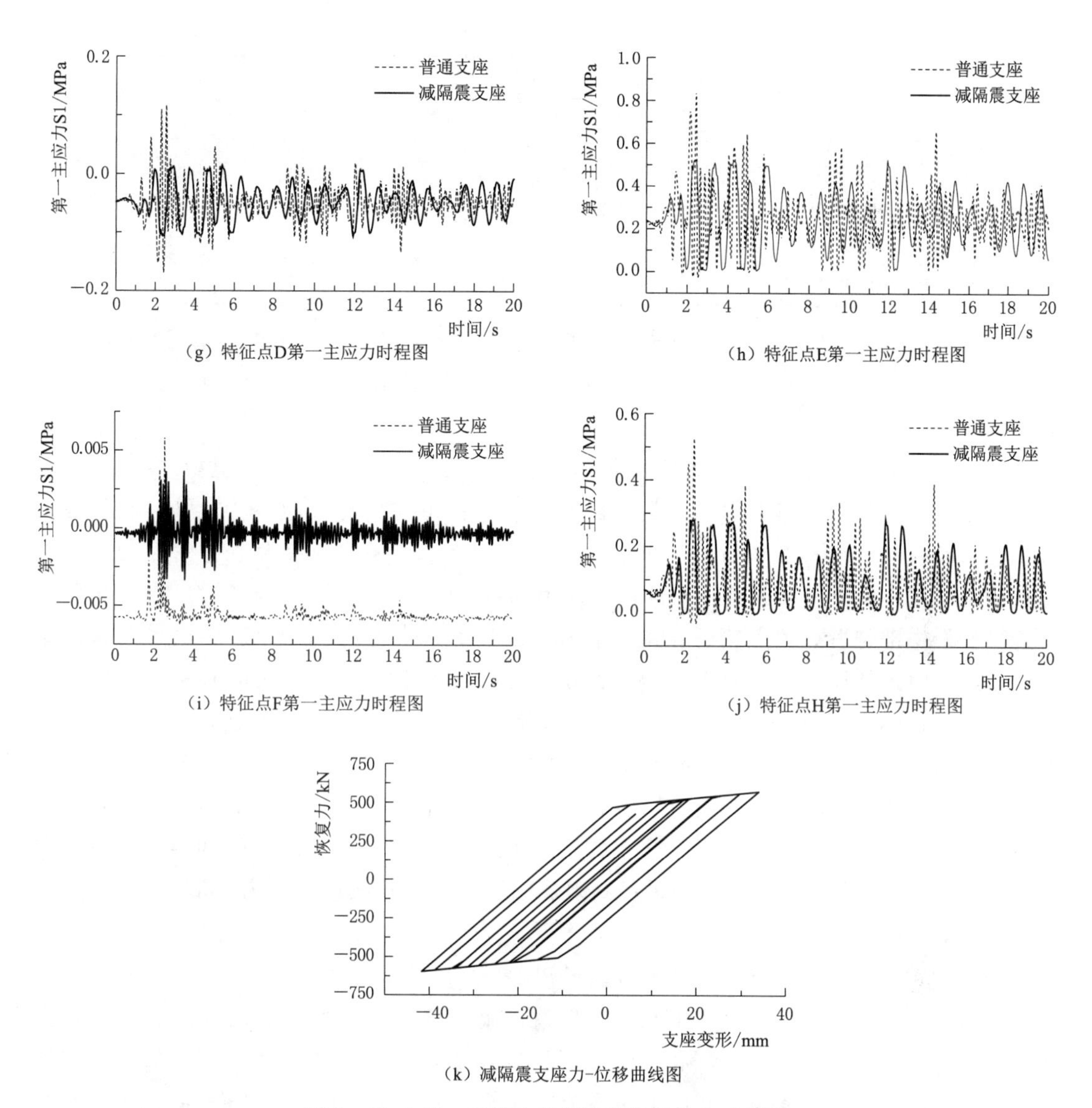

（g）特征点D第一主应力时程图

（h）特征点E第一主应力时程图

（i）特征点F第一主应力时程图

（j）特征点H第一主应力时程图

（k）减隔震支座力-位移曲线图

图 2-31（二） 工况 1 渡槽结构地震响应时程图

表 2-7　　不同支座下渡槽结构地震响应最大值

位　置	工况 1（空槽）		响应降低百分比/%
	普通盆式橡胶支座	高阻尼减隔震支座	
渡槽竖墙横向变形/mm	0.76	0.27	64.47
边槽底板竖向变形/mm	0.49	0.21	57.14
中槽底板竖向变形/mm	0.35	0.13	62.86
特征点 A 第一主应力/MPa	0.017	−0.033	296.02
特征点 B 第一主应力/MPa	0.73	0.55	24.34
特征点 C 第一主应力/MPa	0.13	0.11	19.20

续表

位　　置	工况1（空槽）		响应降低百分比/%
	普通盆式橡胶支座	高阻尼减隔震支座	
特征点D第一主应力/MPa	0.12	0.015	87.25
特征点E第一主应力/MPa	0.84	0.52	37.37
特征点F第一主应力/MPa	0.0059	0.0036	38.06
特征点H第一主应力/MPa	0.53	0.28	46.12

从渡槽结构的横向变形和底板的竖向变形可知：使用普通盆式橡胶支座时渡槽结构的最大变形量为0.76mm，当采用高阻尼减隔震支座时渡槽结构的变形量减小到了0.27mm，降低了64.5%。从图2-31中和表2-7中可以得知：特征点A的第一主应力在2.54s时达到最大值为0.017MPa，基本在整个过程中为负值，说明该位置在整个地震激励中处于受压状态，当采用高阻尼减隔震支座时该点应力峰值也降为负值；特征点B位于边槽底板与竖墙相交位置处，该点第一主应力在2.42s达到最大值为0.73MPa，当采用高阻尼减隔震支座时该特征点的应力峰值为0.55MPa，降低了24.3%；特征点C位于边槽底板中部位置，该点第一主应力在2.42s达到最大值为0.13MPa，当采用高阻尼减隔震支座时该特征点的应力峰值为0.11MPa，降低了19.2%；特征点D第一主应力在2.54s达到最大值为0.12MPa，当采用高阻尼减隔震支座时该点的应力峰值为0.015MPa，降低了87.3%；特征点E第一主应力在2.42s达到最大值为0.84MPa，当采用高阻尼减隔震支座时该点的应力峰值为0.52MPa，降低了37.4%；由于特征点F处于左右对称和轴向对称的位置，因此该点的第一主应力值很小；特征点H的第一主应力在2.42s达到最大值为0.53MPa，当采用高阻尼减隔震支座时该点的应力峰值为0.28MPa，降低了46.1%。

对比两种支座时的地震响应结果可以得知，当采用高阻尼减隔震支座时，渡槽结构的上部变形和各特征点位置的应力值均有大幅度降低，变形量最大降低比例为64.5%，应力值最大降低了87.25%，大幅降低了渡槽结构的响应。其根本原因是在大型渡槽结构体系中引入高阻尼减隔震支座，实质上相当于采取了增加结构体系阻尼和降低结构体系刚度的措施，当地震波传递到减隔震支座处时，大量的能量被消耗，使得上部结构的响应大幅降低，保证了渡槽结构的安全。从减隔震支座的力-位移曲线可以看出，在地震作用下，该支座滞回曲线饱满，说明该支座的耗能减震效果较为明显。

2.3.1.2 工况2（1/2槽水位）渡槽结构地震响应

图2-32主要给出了工况2（半槽水深通水）渡槽结构在EI-Centro地震波激励下，各个特征点的第一主应力时程和渡槽结构竖墙和底板的变形时程（虚线为普通盆式橡胶支座时的响应值，实线为高阻尼减隔震支座时的响应值）。表2-8主要给出了在整个地震波激励时程中，各特征点的第一主应力和渡槽结构竖墙和底板变形最大值。为了更好地对比两种不同支承方案的差别，同时给出了普通盆式橡胶支座和高阻尼减隔震支座的响应。

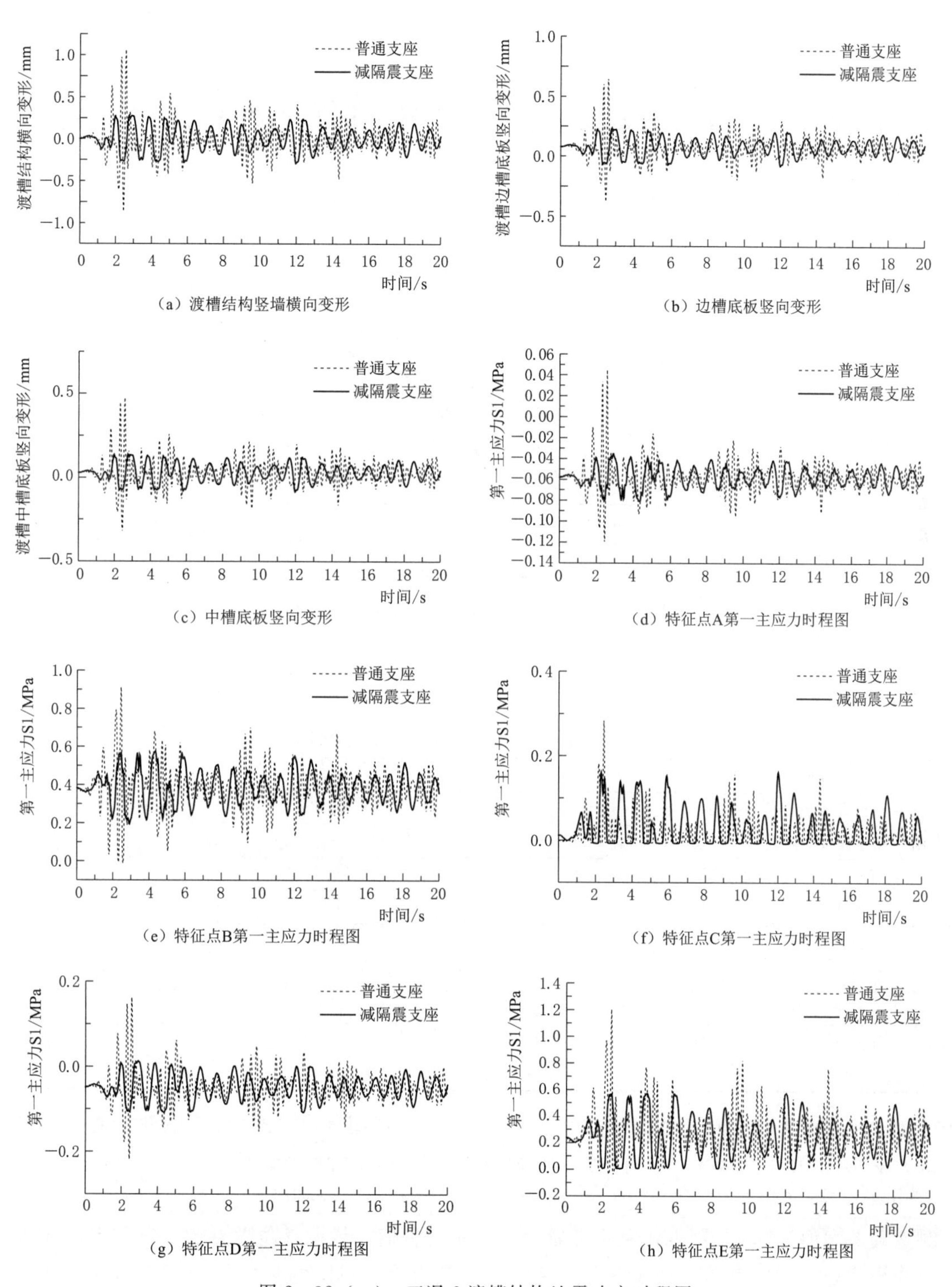

图 2-32（一） 工况 2 渡槽结构地震响应时程图

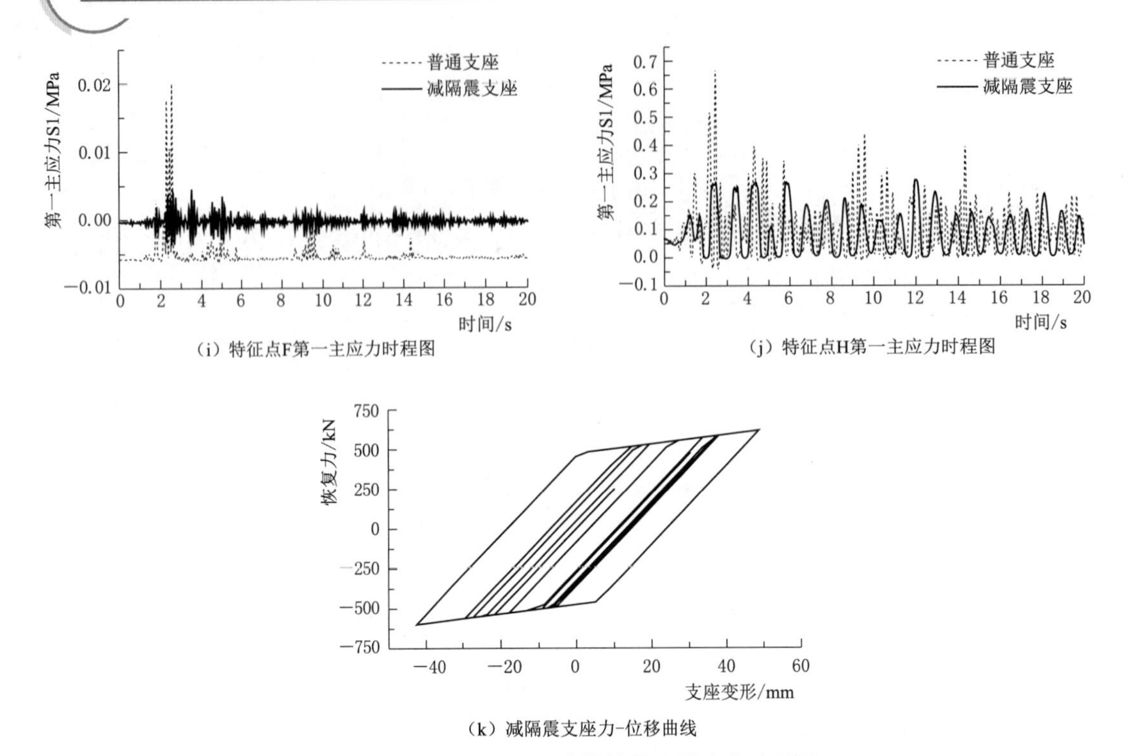

（i）特征点F第一主应力时程图

（j）特征点H第一主应力时程图

（k）减隔震支座力-位移曲线

图 2-32（二）　工况 2 渡槽结构地震响应时程图

表 2-8　　不同支座下渡槽结构地震响应最大值

位　　置	工况 2（1/2 槽水深）		响应降低百分比/%
	普通盆式橡胶支座	高阻尼减隔震支座	
渡槽竖墙横向变形/mm	1.06	0.30	71.70
边槽底板竖向变形/mm	0.65	0.22	66.15
中槽底板竖向变形/mm	0.47	0.14	70.21
特征点 A 第一主应力/MPa	0.045	−0.035	178.70
特征点 B 第一主应力/MPa	0.91	0.57	36.95
特征点 C 第一主应力/MPa	0.28	0.16	42.96
特征点 D 第一主应力/MPa	0.16	0.013	91.95
特征点 E 第一主应力/MPa	1.20	0.58	52.18
特征点 F 第一主应力/MPa	0.020	0.0046	77.32
特征点 H 第一主应力/MPa	0.67	0.28	58.86

从渡槽结构的横向变形和底板的竖向变形可知：使用普通盆式橡胶支座时渡槽结构的最大变形量为 1.06mm，当采用高阻尼减隔震支座时渡槽结构的变形量减小到了 0.30mm，降低了 71.7%；从图 2-32 和表 2-8 中可知：特征点 A 的第一主应力在 2.56s 时达到最大值为 0.045MPa，基本在整个过程中为负值，说明该位置在整个地震激励中处于受压状态，当采用高阻尼减隔震支座时该点应力峰值也降为负值；特征点 B 位于边槽底板与竖墙相交位置处，该点第一主应力在 2.44s 达到最大值为 0.91MPa，当采用高阻尼减隔震支座时该点的应力峰值为 0.57MPa，降低了 37%；特征点 C 位于边槽底板中部

位置，该点第一主应力在 2.44s 达到最大值为 0.28MPa，当采用高阻尼减隔震支座时该点的应力峰值为 0.16MPa，降低了 43%；特征点 D 第一主应力在 2.56s 达到最大值为 0.16MPa，当采用高阻尼减隔震支座时该点的应力峰值为 0.013MPa，降低了 92%；特征点 E 第一主应力在 2.44s 达到最大值为 1.2MPa，当采用高阻尼减隔震支座时该点的应力峰值为 0.58MPa，降低了 52.2%；由于特征点 F 处于左右对称和轴向对称的位置，因此该点的第一主应力值很小；特征点 H 的第一主应力在 2.44s 达到最大值为 0.67MPa，当采用高阻尼减隔震支座时该点的应力峰值为 0.28MPa，降低了 58.9%。

对比采用两种支座时的地震响应结果可以得知，当采用高阻尼减隔震支座时，渡槽结构的上部变形和各特征点位置的应力值均有大幅度降低，变形量最大降低比例为 71.7%，应力值最大降低了 92%，大幅降低了渡槽结构的响应。其根本原因是，在大型渡槽结构体系中引入高阻尼减隔震支座，实质上相当于采取了增加结构体系阻尼和降低结构体系刚度的措施，当地震波传递到减隔震支座处时，大量的能量被消耗，使得上部结构的响应降低，保证了渡槽结构的安全。从减隔震支座的力-位移曲线可以看出，在地震作用下，该支座滞回曲线饱满，说明该支座的耗能减震效果较为明显。

2.3.1.3 工况 3（3/4 槽水位）渡槽结构地震响应

图 2-33 主要给出了工况 3（3/4 槽深通水）渡槽结构在 EI-Centro 地震波激励下，各个特征点的第一主应力时程和渡槽结构竖墙和底板的变形时程（其中，虚线为普通盆式橡胶支座时的响应值，实线为高阻尼减隔震支座时的响应值）。表 2-9 主要给出了在整个地震波激励时程中，各特征点的第一主应力和渡槽结构竖墙和底板变形最大值。为了更好地对比两种不同支承方案的差别，同时给出了普通盆式橡胶支座和高阻尼减隔震支座的响应。

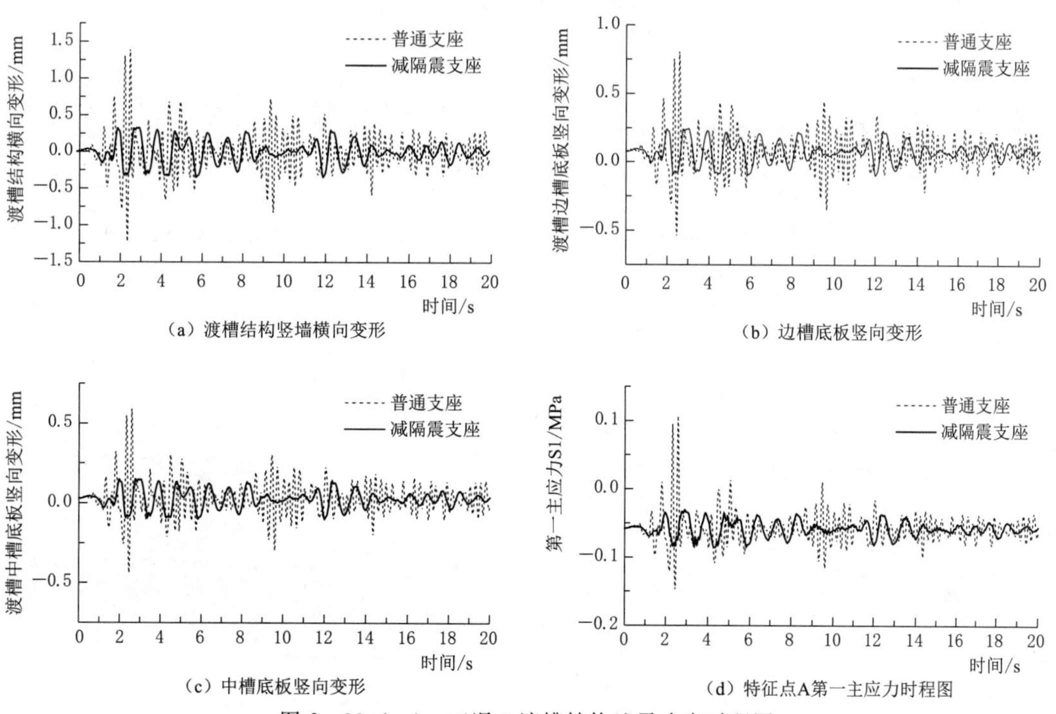

（a）渡槽结构竖墙横向变形

（b）边槽底板竖向变形

（c）中槽底板竖向变形

（d）特征点A第一主应力时程图

图 2-33（一） 工况 3 渡槽结构地震响应时程图

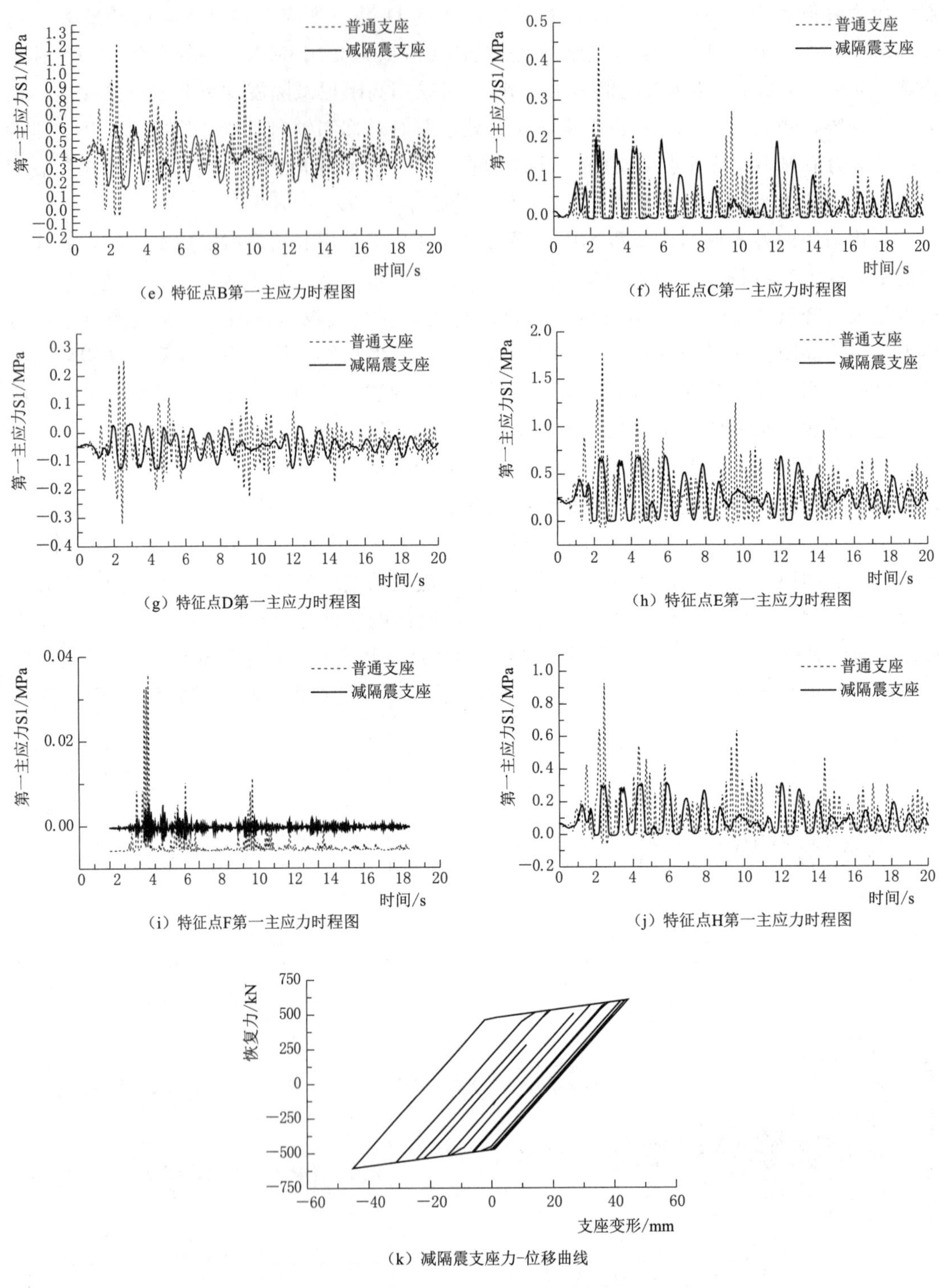

（e）特征点B第一主应力时程图

（f）特征点C第一主应力时程图

（g）特征点D第一主应力时程图

（h）特征点E第一主应力时程图

（i）特征点F第一主应力时程图

（j）特征点H第一主应力时程图

（k）减隔震支座力-位移曲线

图 2-33（二）　工况 3 渡槽结构地震响应时程图

表 2-9　　不同支座下渡槽结构地震响应最大值

位　置	工况 3（3/4 槽水深）		响应降低百分比/%
	普通盆式橡胶支座	高阻尼减隔震支座	
渡槽竖墙横向变形/mm	1.40	0.35	75.00
边槽底板竖向变形/mm	0.81	0.25	69.14
中槽底板竖向变形/mm	0.60	0.15	75.00
特征点 A 第一主应力/MPa	0.11	−0.031	128.68
特征点 B 第一主应力/MPa	1.22	0.63	48.29
特征点 C 第一主应力/MPa	0.44	0.20	54.29
特征点 D 第一主应力/MPa	0.26	0.032	87.59
特征点 E 第一主应力/MPa	1.79	0.69	61.33
特征点 F 第一主应力/MPa	0.036	0.005	85.90
特征点 H 第一主应力/MPa	0.93	0.31	66.17

从渡槽结构的横向变形和底板的竖向变形可知：使用普通盆式橡胶支座时渡槽结构的最大变形量为 1.40mm，当采用高阻尼减隔震支座时渡槽结构的变形量减小到了 0.35mm，降低了 75.0%；从图 2-33 和表 2-9 中可知：特征点 A 的第一主应力在 2.58s 时达到最大值为 0.11MPa，基本在整个过程中为负值，说明该位置在整个地震激励中处于受压状态，当采用高阻尼减隔震支座时该点应力峰值也降为负值；特征点 B 位于边槽底板与竖墙相交位置处，该点第一主应力在 2.46s 达到最大值为 1.22MPa，当采用高阻尼减隔震支座时该点的应力峰值为 0.63MPa，降低了 48.3%；特征点 C 位于边槽底板中部位置，该点第一主应力在 2.46s 达到最大值为 0.44MPa，当采用高阻尼减隔震支座时该点的应力峰值为 0.2MPa，降低了 54.3%；特征点 D 第一主应力在 2.58s 达到最大值为 0.26MPa，当采用高阻尼减隔震支座时该点的应力峰值为 0.032MPa，降低了 87.6%；特征点 E 第一主应力在 2.46s 达到最大值为 1.79MPa，当采用高阻尼减隔震支座时该点的应力峰值为 0.69MPa，降低了 61.3%；由于特征点 F 处于左右对称和轴向对称的位置，因此该点的第一主应力值很小；特征点 H 的第一主应力在 2.46s 达到最大值为 0.93MPa，当采用高阻尼减隔震支座时该点的应力峰值为 0.31MPa，降低了 66.2%。

对比采用两种支座时的地震响应结果可以得知，当采用高阻尼减隔震支座时，渡槽结构的上部变形和各特征点位置的应力值均有大幅度降低，变形量最大降低比例为 75%，应力值最大降低了 87.6%，大幅降低了渡槽结构的响应。其根本原因是在大型渡槽结构体系中引入高阻尼减隔震支座，实质上相当于采取了增加结构体系阻尼和降低结构体系刚度的措施，当地震波传递到减隔震支座处时，大量的能量被消耗，使得上部结构的响应降低，保证了渡槽结构的安全。从减隔震支座的力-位移曲线可以看出，在地震作用下，该支座滞回曲线饱满，说明该支座的耗能减震效果较为明显。

2.3.1.4　工况 4（满槽水位）渡槽结构地震响应

图 2-34 主要给出了工况 4（满槽通水）渡槽结构在 EI-Centro 地震波激励下，各个特征点的第一主应力时程和渡槽结构竖墙和底板的变形时程（虚线为普通盆式橡胶支座时的响应值，实线为高阻尼减隔震支座时的响应值）。表 2-10 主要给出了在整个地震波激励时程中，各特征点的第一主应力和渡槽结构竖墙和底板变形最大值。为了更好地对比两种不同支承方案的差别，同时给出了普通盆式橡胶支座和高阻尼减隔震支座的响应。

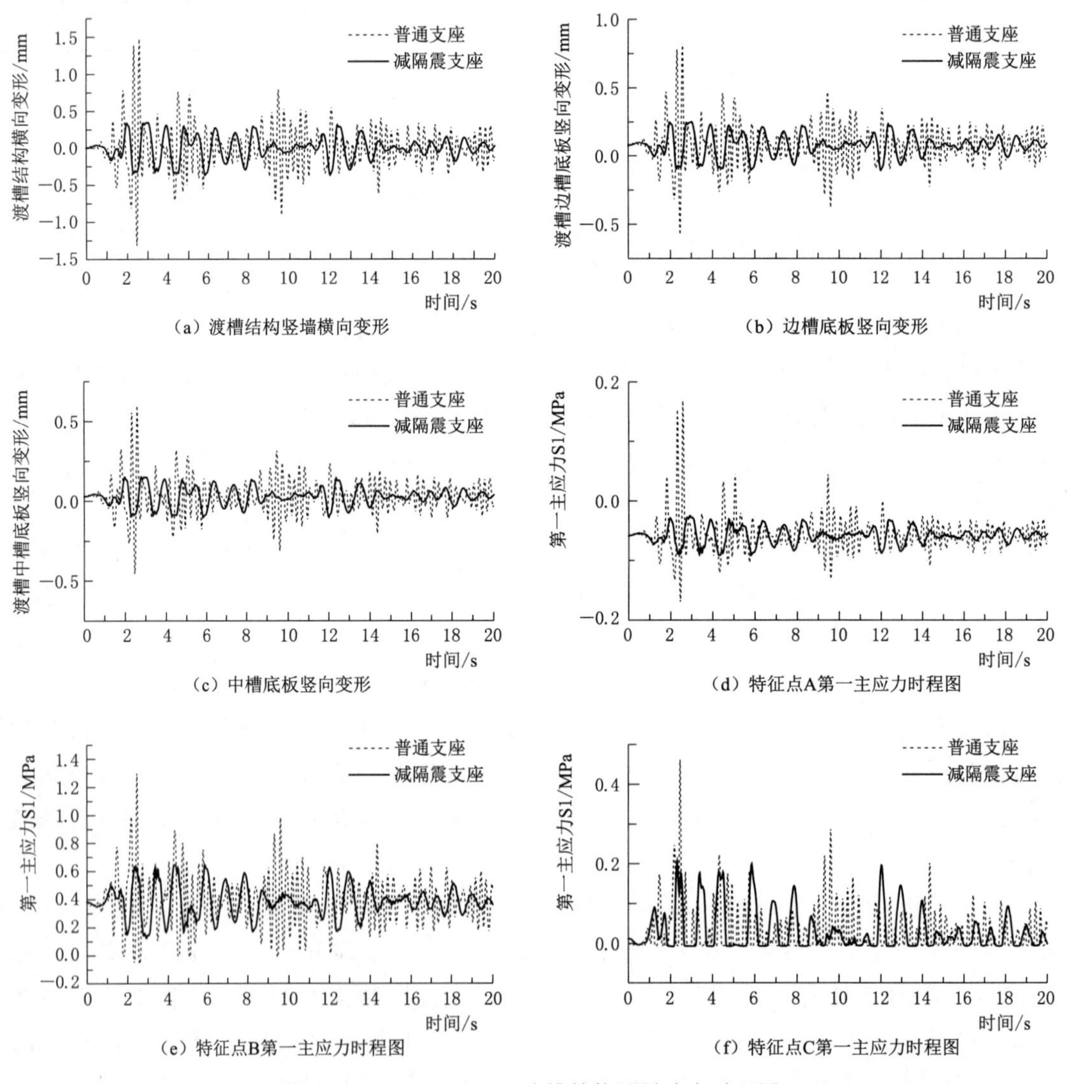

图 2-34（一）　工况 4 渡槽结构地震响应时程图

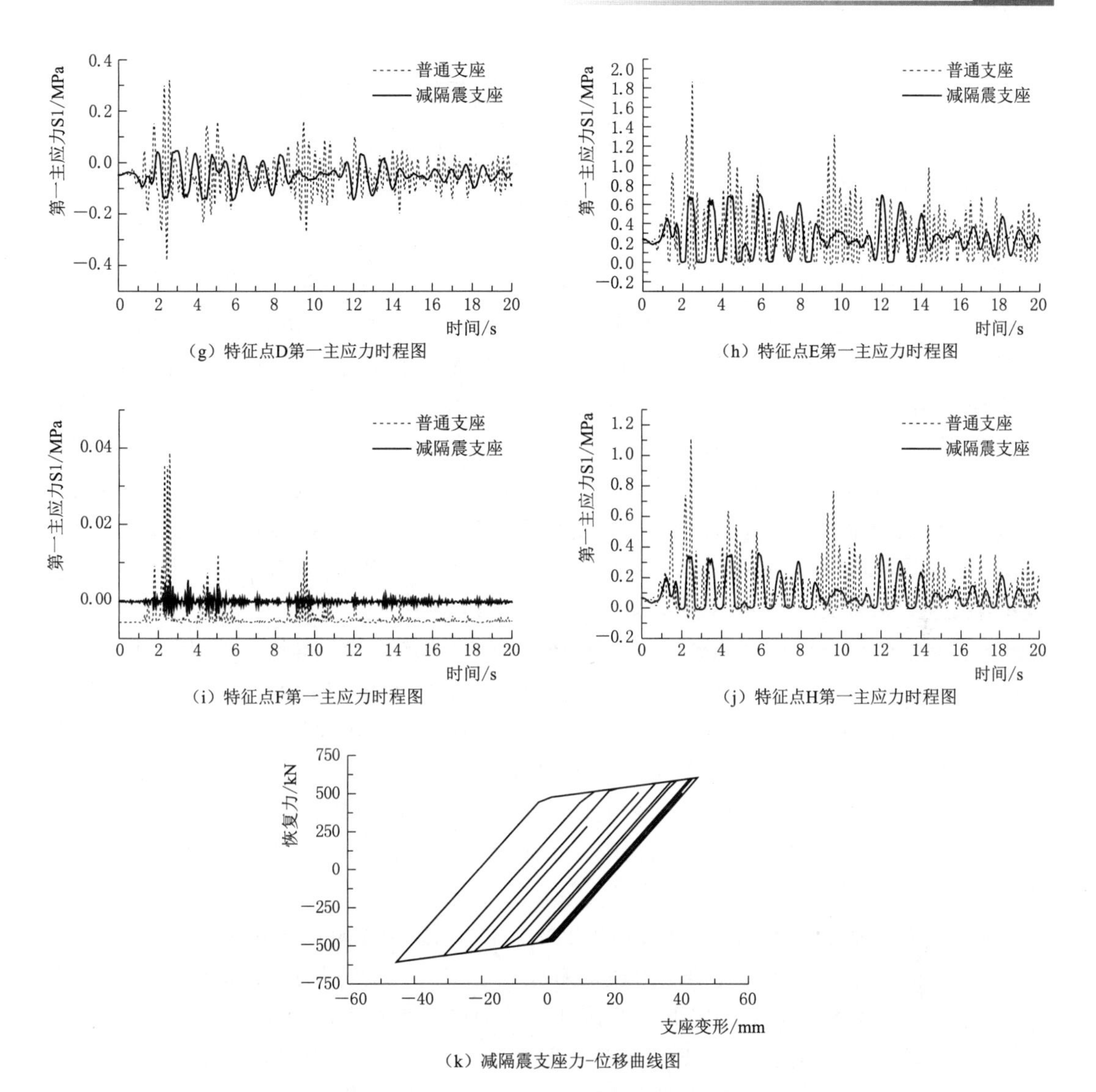

(g) 特征点D第一主应力时程图

(h) 特征点E第一主应力时程图

(i) 特征点F第一主应力时程图

(j) 特征点H第一主应力时程图

(k) 减隔震支座力-位移曲线图

图 2-34（二） 工况 4 渡槽结构地震响应时程图

表 2-10　　不同支座下渡槽结构地震响应最大值

位　置	工况 4（满槽水深）		响应降低百分比/%
	普通盆式橡胶支座	高阻尼减隔震支座	
渡槽竖墙横向变形/mm	1.48	0.37	75.00
边槽底板竖向变形/mm	0.83	0.25	69.88
中槽底板竖向变形/mm	0.60	0.15	75.00
特征点 A 第一主应力/MPa	0.17	−0.025	114.72
特征点 B 第一主应力/MPa	1.30	0.65	50.24
特征点 C 第一主应力/MPa	0.46	0.21	55.13
特征点 D 第一主应力/MPa	0.32	0.046	85.59

续表

位　　置	工况 4（满槽水深）		响应降低百分比/%
	普通盆式橡胶支座	高阻尼减隔震支座	
特征点 E 第一主应力/MPa	1.87	0.71	62.28
特征点 F 第一主应力/MPa	0.039	0.005	86.01
特征点 H 第一主应力/MPa	1.11	0.36	67.47

从渡槽结构的横向变形和底板的竖向变形可知：使用普通盆式橡胶支座时渡槽结构的最大变形量为 1.48mm，当采用高阻尼减隔震支座时渡槽结构的变形量减小到了 0.37mm，降低了 75.0%；从图 2-34 和表 2-10 中可知：特征点 A 的第一主应力在 2.58s 时达到最大值为 0.17MPa，基本在整个过程中为负值，说明该位置在整个地震激励中处于受压状态，当采用高阻尼减隔震支座时该点应力峰值也降为负值；特征点 B 位于边槽底板与竖墙相交位置处，该点第一主应力在 2.46s 达到最大值为 1.30MPa，当采用高阻尼减隔震支座时该点的应力峰值为 0.65MPa，降低了 50.2%；特征点 C 位于边槽底板中部位置，该点第一主应力在 2.46s 达到最大值为 0.46MPa，当采用高阻尼减隔震支座时该点的应力峰值为 0.21MPa，降低了 55.1%；特征点 D 第一主应力在 2.58s 达到最大值为 0.32MPa，当采用高阻尼减隔震支座时该点的应力峰值为 0.046MPa，降低了 85.6%；特征点 E 第一主应力在 2.46s 达到最大值为 1.87MPa，当采用高阻尼减隔震支座时该点的应力峰值为 0.71MPa，降低了 62.3%；由于特征点 F 处于左右对称和轴向对称的位置，因此该点的第一主应力值很小；特征点 H 的第一主应力在 2.46s 达到最大值为 1.11MPa，当采用高阻尼减隔震支座时该点的应力峰值为 0.36MPa，降低了 67.5%。

对比采用两种支座时的地震响应结果可以得知，当采用高阻尼减隔震支座时，渡槽结构的上部变形和各特征点位置的应力值均有大幅度降低，变形量最大降低比例为 75%，应力值最大降低了 86%，大幅降低了渡槽结构的响应。其根本原因是在大型渡槽结构体系中引入高阻尼减隔震支座，实质上相当于采取了增加结构体系阻尼和降低结构体系刚度的措施，当地震波传递到减隔震支座处时，大量的能量被消耗，使得上部结构的响应降低，保证了渡槽结构的安全。从减隔震支座的力-位移曲线可以看出，在地震作用下，该支座滞回曲线饱满，说明该支座的耗能减震效果较为明显。

2.3.1.5　小结

本节主要计算分析了渡槽结构在不同水位工况下的地震响应情况，并总结了渡槽结构在不同水深工况下的响应。

从图 2-35 中可以得出：当采用普通盆式橡胶支座方案时，渡槽结构以满槽水位运行时地震响应值最大，特征点的第一主应力最大值达到了 1.87MPa，应力值较大，近乎达到了 C50 混凝土的抗拉强度设计值，当采用高阻尼减隔震支座时这种情况得到了很大改善，第一主应力最大值下降到了 0.71MPa，不存在被拉坏的风险，较为安全；无论以哪种水深运行，采用高阻尼减隔震支座渡槽结构的地震响应相较于采用普通盆式橡胶支座时的响应要小很多；随着渡槽水位的增加，采用高阻尼减隔震支座的渡槽结构响应值增量相较于采用普通盆式橡胶支座时的响应值增量增加缓慢，也说明采用高阻尼减隔震支座后，渡槽结构的整体响应均大幅降低，并且水深越大，降低比例越大。对于不同地震波对渡槽结构的地震响应影响将会在下一节给出分析研究。

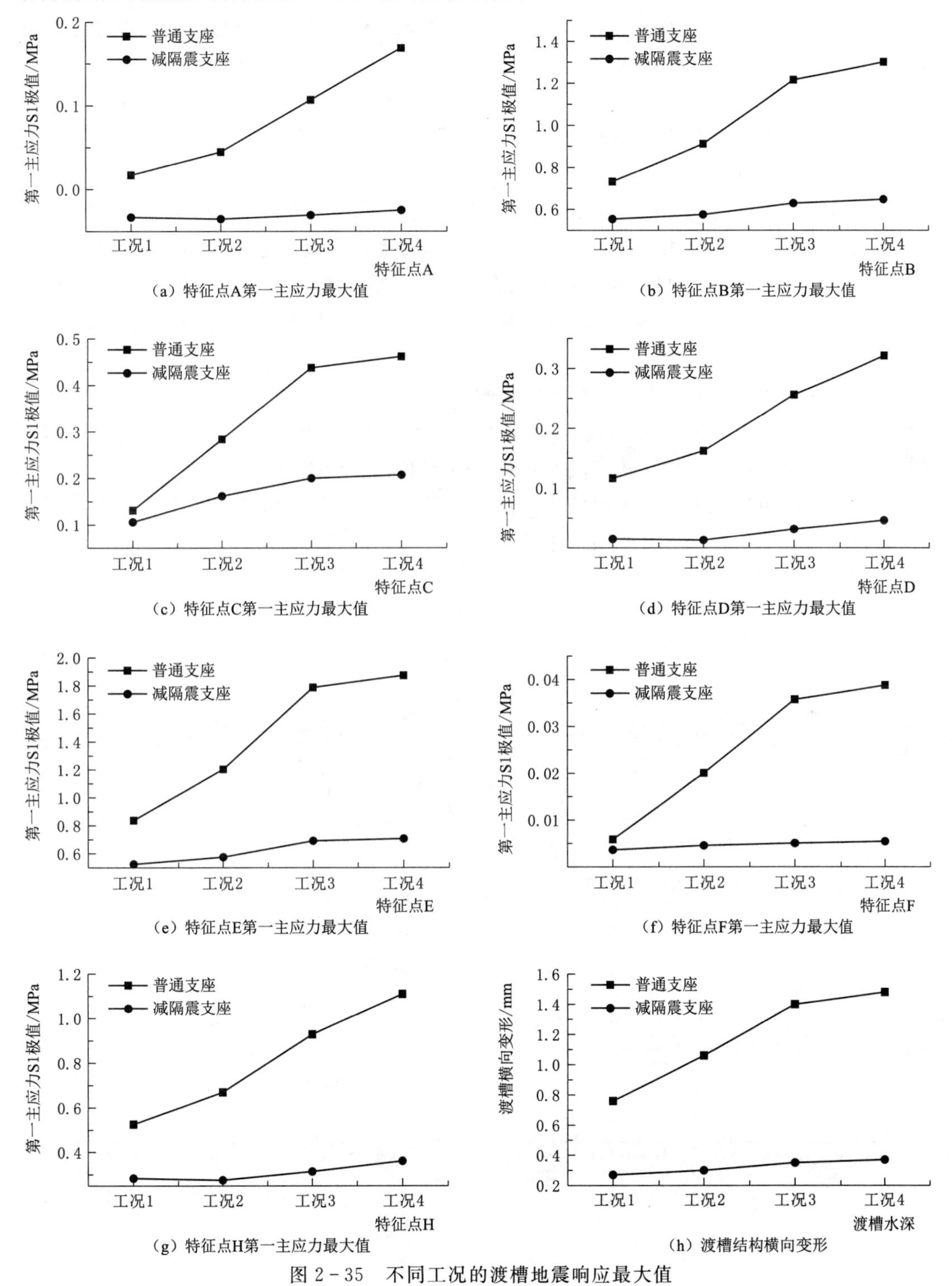

(a) 特征点A第一主应力最大值

(b) 特征点B第一主应力最大值

(c) 特征点C第一主应力最大值

(d) 特征点D第一主应力最大值

(e) 特征点E第一主应力最大值

(f) 特征点F第一主应力最大值

(g) 特征点H第一主应力最大值

(h) 渡槽结构横向变形

图 2-35　不同工况的渡槽地震响应最大值

2.3.2　不同地震波输入对渡槽结构地震响应的影响

前面一节对比分析了渡槽结构以不同水深工况运行时的地震响应，通过计算得知：随着水深的不断增加，渡槽结构的响应值也在不断增加，尤其是采用普通盆式橡胶支座支承时的地震响应增幅要大于采用高阻尼减隔震支座支承时的地震响应增幅，总体来讲当渡槽满水运行时，响应是最大的。另外，可以得出：对比普通盆式橡胶支座和高阻尼减隔震支座情况下的计算结果，随着水深的不断增加，渡槽结构上部的重量不断增加，采用高阻尼减隔震支座后的响应降低百分比也在增加，说明减隔震支座在渡槽水深不断增加的过程中，减隔震效果发挥明显。

本节拟采用上节计算中的最不利工况（满槽水位运行）探讨不同地震动激励对渡槽结构响应的影响，以确保渡槽在运行过程中的安全。考虑地震波的随机性和不确定性，上节采用了 EI－Centro 波对渡槽结构进行了地震分析，本节由选取了常用的真实记录的 Kobe 地震波和通过人工地震波合成软件生成的 Artificial 波来对渡槽结构进行地震响应分析，计算结果如下。

2.3.2.1　Kobe 地震波输入下渡槽结构地震响应

图 2－36 主要给出了工况 4（满槽通水）渡槽结构在 Kobe 地震波激励下，各个特征点的第一主应力时程和渡槽结构竖墙和底板的变形时程（虚线为普通盆式橡胶支座时的响应值，实线为高阻尼减隔震支座时的响应值）。表 2－11 主要给出了在整个地震波激励时程中，各特征点的第一主应力和渡槽结构竖墙和底板变形最大值。为了更好地对比两种不同支承方案的差别，同时给出了普通盆式橡胶支座和高阻尼减隔震支座的响应。

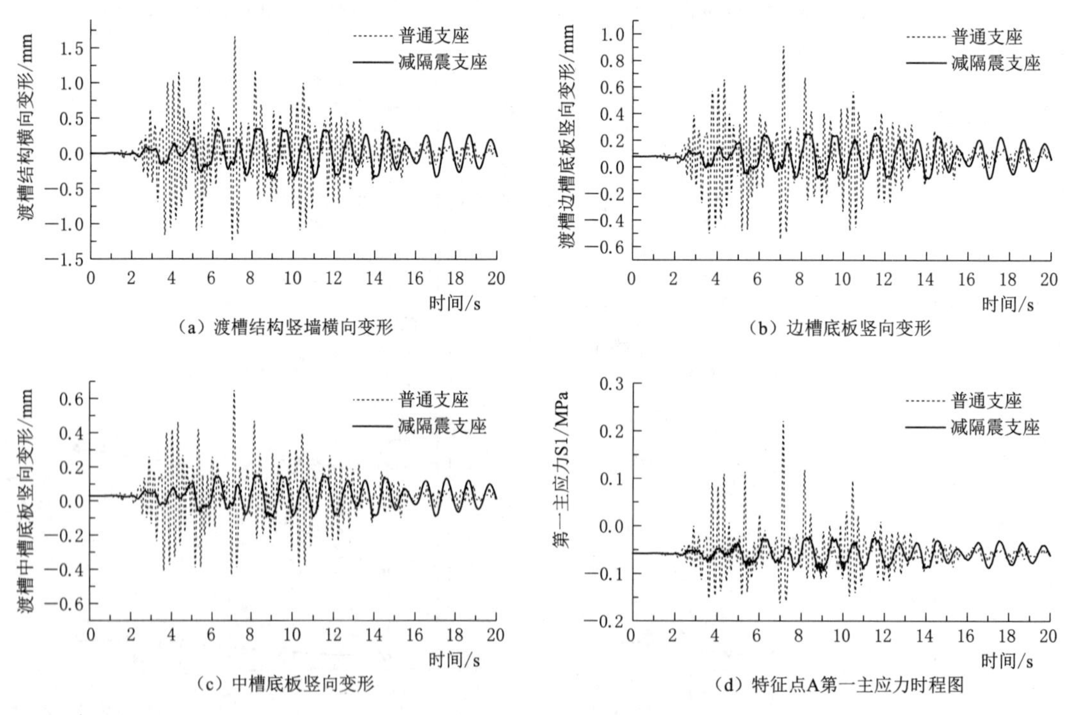

(a) 渡槽结构竖墙横向变形　(b) 边槽底板竖向变形

(c) 中槽底板竖向变形　(d) 特征点A第一主应力时程图

图 2－36（一）　Kobe 地震波激励下渡槽结构地震响应时程图

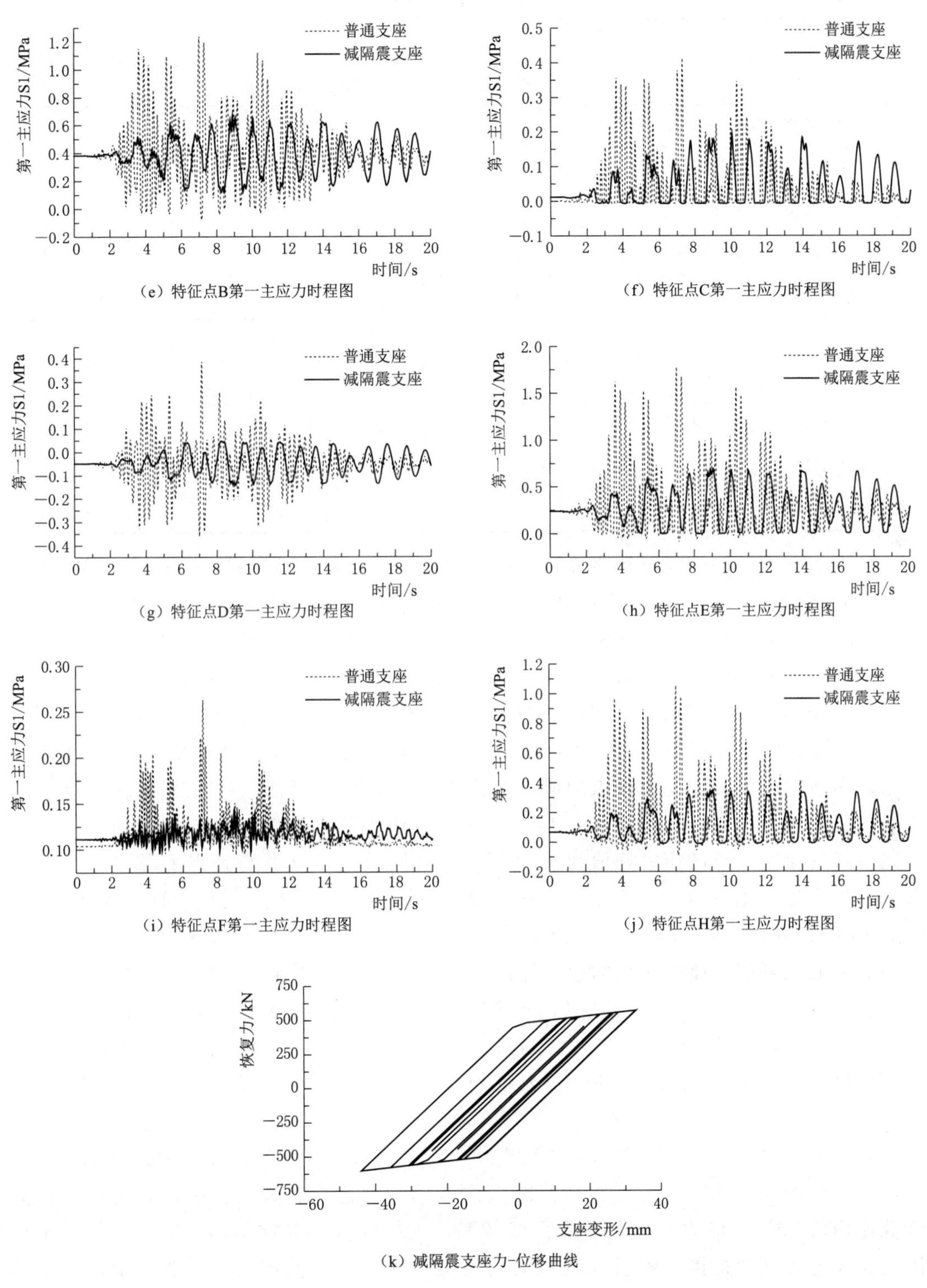

(e) 特征点B第一主应力时程图

(f) 特征点C第一主应力时程图

(g) 特征点D第一主应力时程图

(h) 特征点E第一主应力时程图

(i) 特征点F第一主应力时程图

(j) 特征点H第一主应力时程图

(k) 减隔震支座力-位移曲线

图 2-36（二） Kobe 地震波激励下渡槽结构地震响应时程图

表2-11　　不同支座下渡槽结构地震响应最大值

位　置	工况4（满槽水深）		响应降低百分比/%
	普通盆式橡胶支座	高阻尼减隔震支座	
渡槽竖墙横向变形/mm	1.67	0.35	79.04
边槽底板竖向变形/mm	0.92	0.25	72.83
中槽底板竖向变形/mm	0.65	0.15	76.92
特征点A第一主应力/MPa	0.22	−0.023	110.51
特征点B第一主应力/MPa	1.24	0.67	45.67
特征点C第一主应力/MPa	0.41	0.19	52.82
特征点D第一主应力/MPa	0.39	0.05	87.70
特征点E第一主应力/MPa	1.78	0.69	60.96
特征点F第一主应力/MPa	0.26	0.14	44.90
特征点H第一主应力/MPa	1.05	0.35	66.98

从渡槽结构的横向变形和底板的竖向变形可知：使用普通盆式橡胶支座时渡槽结构的最大变形量为1.67mm，当采用高阻尼减隔震支座时渡槽结构的变形量减小到了0.35mm，降低了79.0%；从图2-36和表2-11中可知：特征点A的第一主应力在7.14s时达到最大值为0.17MPa，基本在整个过程中为负值，说明该位置在整个地震激励中处于受压状态，当采用高阻尼减隔震支座时该点应力峰值也降为负值；特征点B位于边槽底板与竖墙相交位置处，该点第一主应力在7.00s达到最大值为1.24MPa，当采用高阻尼减隔震支座时该点的应力峰值为0.67MPa，降低了45.7%；特征点C位于边槽底板中部位置，该点第一主应力在7.28s达到最大值为0.41MPa，当采用高阻尼减隔震支座时该点的应力峰值为0.19MPa，降低了52.8%；特征点D第一主应力在7.14s达到最大值为0.39MPa，当采用高阻尼减隔震支座时该点的应力峰值为0.048MPa，降低了87.7%；特征点E第一主应力在7.00s达到最大值为1.78MPa，当采用高阻尼减隔震支座时该点的应力峰值为0.69MPa，降低了61.0%；特征点F的第一主应力在7.14s达到最大值为0.26MPa，当采用高阻尼减隔震支座时该点的应力峰值为0.14MPa，降低了44.9%；特征点H的第一主应力在7.00s达到最大值为1.05MPa，当采用高阻尼减隔震支座时该点的应力峰值为0.35MPa，降低了67.0%。

对比采用两种不同支座支承时的地震响应结果可以得知，当采用高阻尼减隔震支座时，渡槽结构的上部横向变形和各特征点位置的应力值均有大幅度降低，变形量最大降低比例为79%，应力值最大降低了87.7%，大幅降低了渡槽结构的响应。其根本原因是在大型渡槽结构体系中引入高阻尼减隔震支座，实质上相当于采取了增加结构体系阻尼和降低结构体系刚度的措施，当地震波传递到减隔震支座处时，大量的能量被消耗，使得上部结构的响应降低，保证了渡槽结构的安全。从减隔震支座的力-位移曲线可以看出，在地震作用下，该支座滞回曲线饱满，说明该支座的耗能减震效果较为明显。

2.3.2.2 Artificial 波输入下渡槽结构地震响应

图 2-37 主要给出了工况 4（满槽通水）渡槽结构在 Artificial 地震波激励下，各个特征点的第一主应力时程和渡槽结构竖墙和底板的变形时程（虚线为普通盆式橡胶支座时的响应值，实线为高阻尼减隔震支座时的响应值）。表 2-12 主要给出了在整个地震波激励时程中，各特征点的第一主应力和渡槽结构竖墙和底板变形最大值。为了更好地对比两种不同支承方案的差别，同时给出了普通盆式橡胶支座和高阻尼减隔震支座的响应。

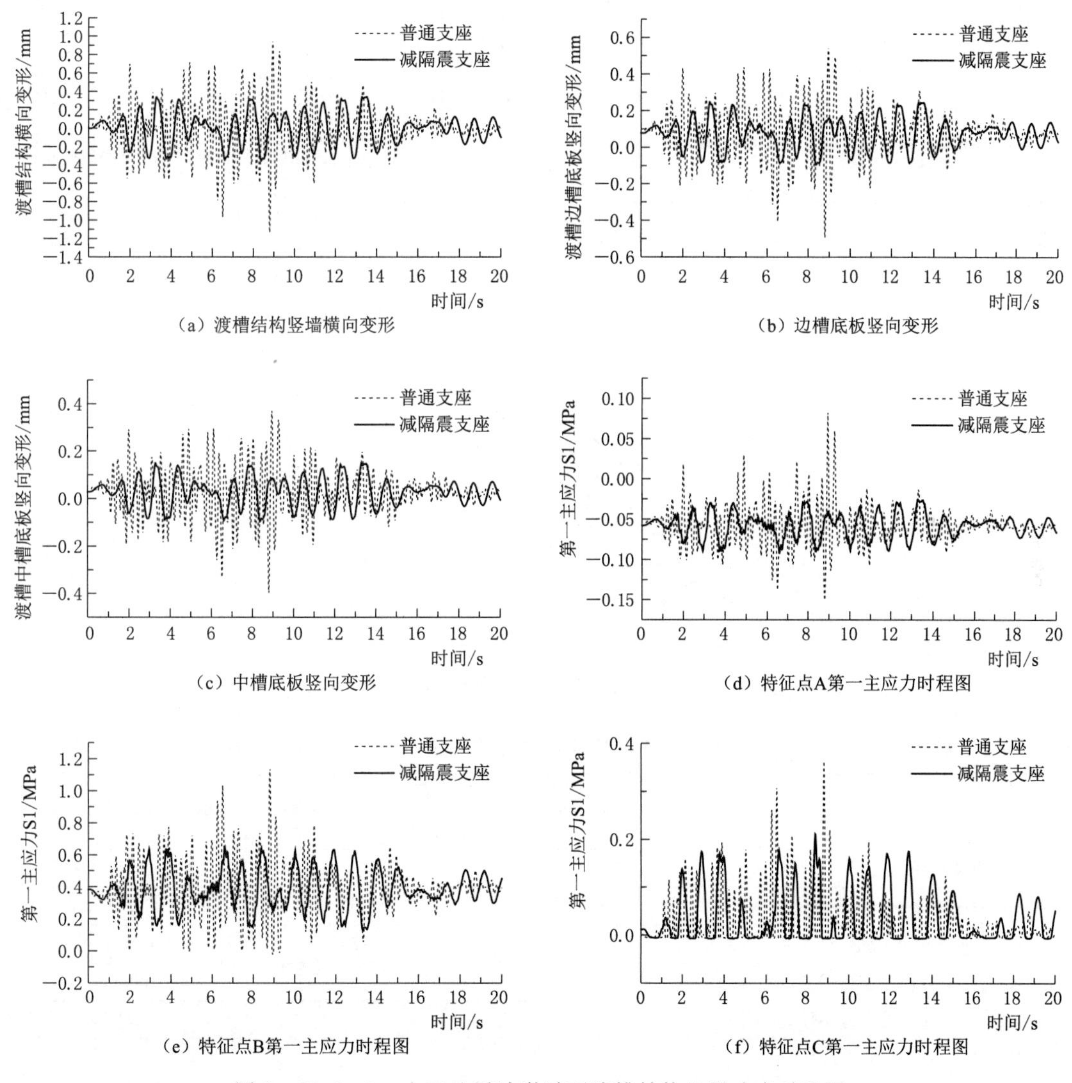

图 2-37（一） 人工地震波激励下渡槽结构地震响应时程图

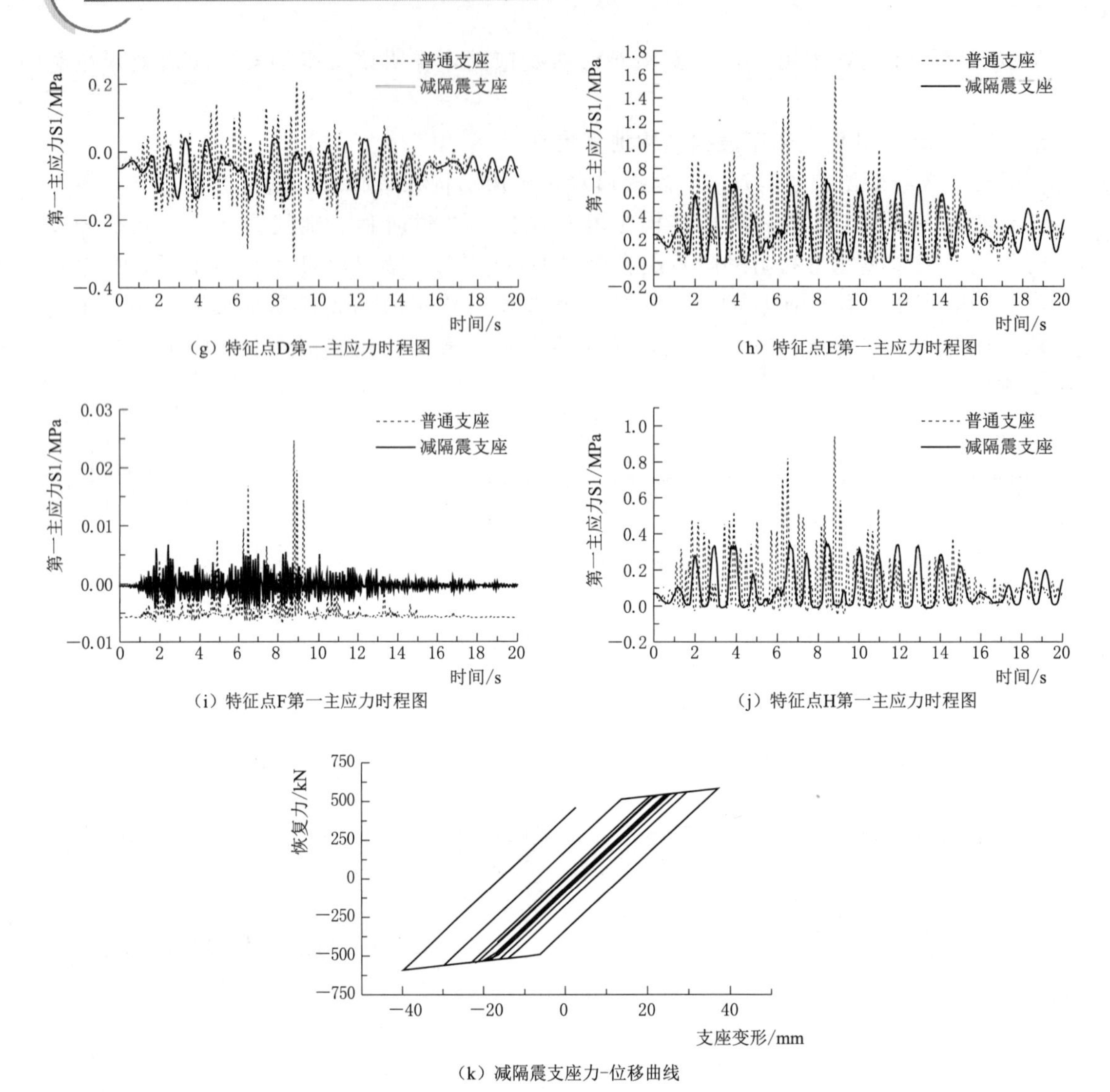

（g）特征点D第一主应力时程图

（h）特征点E第一主应力时程图

（i）特征点F第一主应力时程图

（j）特征点H第一主应力时程图

（k）减隔震支座力-位移曲线

图 2-37（二）　人工地震波激励下渡槽结构地震响应时程图

表 2-12　　　不同支座下渡槽结构地震响应最大值

位　　置	工况 4（满槽水深）		响应降低百分比/%
	普通盆式橡胶支座	高阻尼减隔震支座	
渡槽竖墙横向变形/mm	1.14	0.35	69.30
边槽底板竖向变形/mm	0.55	0.25	54.55
中槽底板竖向变形/mm	0.40	0.15	62.50
特征点 A 第一主应力/MPa	0.08	−0.03	130.65
特征点 B 第一主应力/MPa	1.14	0.65	42.68
特征点 C 第一主应力/MPa	0.36	0.21	41.62
特征点 D 第一主应力/MPa	0.21	0.05	78.33
特征点 E 第一主应力/MPa	1.60	0.70	56.42

续表

位　置	工况 4（满槽水深）		响应降低百分比/%
	普通盆式橡胶支座	高阻尼减隔震支座	
特征点 F 第一主应力/MPa	0.025	0.007	72.67
特征点 H 第一主应力/MPa	0.94	0.35	62.53

从渡槽结构的横向变形和底板的竖向变形可知：使用普通盆式橡胶支座时渡槽结构的最大变形量为 1.14mm，当采用高阻尼减隔震支座时渡槽结构的变形量减小到了 0.35mm，降低了 69.3%；从图 2－37 和表 2－12 中可知：特征点 A 的第一主应力在 8.94s 时达到最大值为 0.083MPa，基本在整个过程中为负值，说明该位置在整个地震激励中处于受压状态，当采用高阻尼减隔震支座时该点应力峰值也降为负值；特征点 B 点位于边槽底板与竖墙相交位置处，该点第一主应力在 8.8s 达到最大值为 1.14MPa，当采用高阻尼减隔震支座时该点的应力峰值为 0.65MPa，降低了 42.7%；特征点 C 位于边槽底板中部位置，该点第一主应力在 8.8s 达到最大值为 0.36MPa，当采用高阻尼减隔震支座时该点的应力峰值为 0.21MPa，降低了 41.6%；特征点 D 第一主应力在 8.94s 达到最大值为 0.21MPa，当采用高阻尼减隔震支座时该点的应力峰值为 0.045MPa，降低了 78.3%；特征点 E 第一主应力在 8.8s 达到最大值为 1.60MPa，当采用高阻尼减隔震支座时该点的应力峰值为 0.70MPa，降低了 56.4%；由于特征点 F 处于左右对称和轴向对称的位置，因此该点的第一主应力值很小；特征点 H 的第一主应力在 8.8s 达到最大值为 0.94MPa，当采用高阻尼减隔震支座时该点的应力峰值为 0.35MPa，降低了 62.5%。

对比采用两种支座时的地震响应结果可以得知，当采用高阻尼减隔震支座时，渡槽结构的上部变形和各特征点位置的应力值均有大幅度降低，变形量最大降低比例为 69.3%，应力值最大降低了 78.3%，大幅度降低了渡槽结构的响应。其根本原因是在大型渡槽结构体系中引入高阻尼减隔震支座，实质上相当于采取了增加结构体系阻尼和降低结构体系刚度的措施，当地震波传递到减隔震支座处时，大量的能量被消耗，使得上部结构的响应降低，保证了渡槽结构的安全。从减隔震支座的力-位移曲线可以看出，在地震作用下，该支座滞回曲线饱满，说明该支座的耗能减震效果较为明显。

2.3.2.3 小结

本节主要计算分析了渡槽结构在最大响应工况（满槽水位运行）下的地震响应情况，以探讨不同地震波对渡槽结构的地震响应影响，并在图 2－38 中给出了渡槽结构在不同地震波下的响应对比图。

本节主要计算分析了渡槽结构在最大响应工况（满槽水位运行）下的地震响应情况，以探讨不同地震波对渡槽结构的地震响应影响。从图 2－38 中可以得出：当采用普通盆式橡胶支座方案时，渡槽结构在不同地震波激励下的地震响应不尽相同，并且响应值较大，在个别位置的拉应力最大值接近了槽身混凝土的抗拉强度设计值，存在一定的危险性，而采用高阻尼减隔震支座后，渡槽结构的横向变形，拉应力最大值均下降很多，最大值控制在 0.7MPa，有很大的安全储备，确保渡槽结构在地震作用下不会发生破坏。另外，在采用高阻尼减隔震支座后，实质上相当于采取了增加结构体系阻尼和降低结构体系刚度的措施，渡槽结构在不同地震波激励下的响应值均比较平稳，虽有所增减，但相比于普通盆式

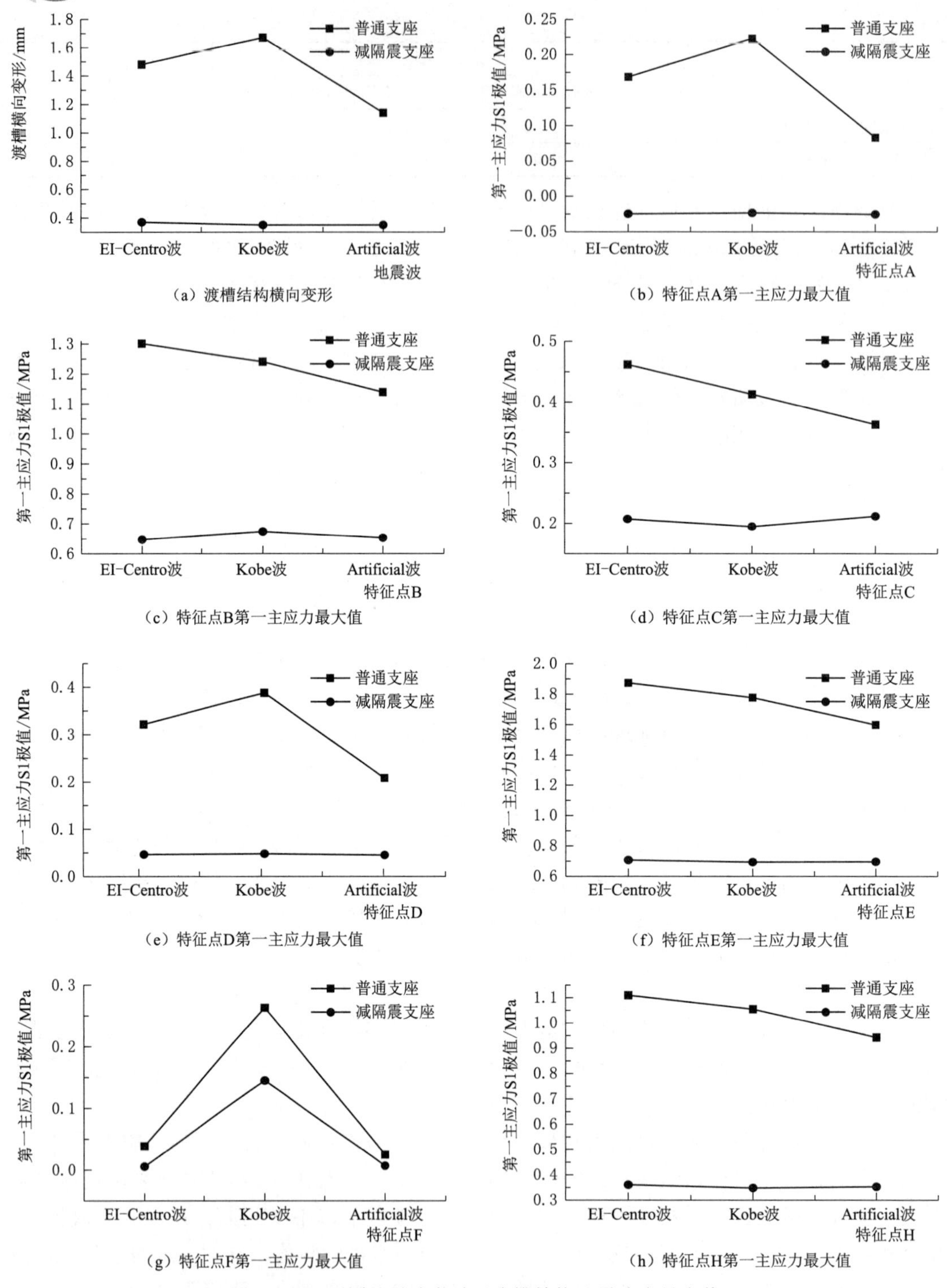

(a) 渡槽结构横向变形

(b) 特征点A第一主应力最大值

(c) 特征点B第一主应力最大值

(d) 特征点C第一主应力最大值

(e) 特征点D第一主应力最大值

(f) 特征点E第一主应力最大值

(g) 特征点F第一主应力最大值

(h) 特征点H第一主应力最大值

图 2-38　不同地震波激励下渡槽结构地震响应最大值

橡胶支座的变化量变化比较平稳，主要是，在地震波的传播过程中，不论地震波的形式如何，当能量传递到支座处时，由于高阻尼减隔震支座的耗能机理，很好的削弱了地震波继续向渡槽结构上部传递的能量值，并且在支座处耗散了较大一部分能量，使得上部结构的响应降低，保证了渡槽结构的安全。从支座的力-位移曲线也可以看出，支座的变形较大，并且该支座滞回曲线饱满，说明该支座的耗能减震效果较为明显。

2.3.3 不同峰值加速度（PGA）对渡槽结构地震响应的影响

本节主要以EI-Centro地震波研究了不同地震峰值加速度（PGA）对渡槽结构地震响应的影响，研究分析了大型渡槽结构在采用普通盆式橡胶支座和高阻尼减隔震支座支承下的地震响应的峰值加速度值，并在设计中给予充分考虑以确保渡槽结构的安全。由于董家村地震基本烈度经国家地震安全性评定委员会评定为Ⅷ度，抗震设防标准根据抗震设计规范及地震危险性分析成果，基岩水平峰值加速度为0.2g，而校核地震按100年基准期内超越概率1%响应墩底基岩水平峰值加速度为0.42g。因此，本节在上文基础上调整EI-Centro地震波峰值分别以0.2g、0.3g、0.4g、0.5g的水平峰值加速度来对渡槽结构的地震响应进行分析，以探讨不同峰值加速度对大型渡槽动力响应的影响机理。

2.3.3.1 0.3g峰值加速度（PGA）下渡槽

图2-39主要给出了工况4（满槽通水）渡槽结构在峰值加速度为0.3g的EI-Centro地震波激励下，各个特征点的第一主应力时程和渡槽结构竖墙和底板的变形时程（虚线为普通盆式橡胶支座时的响应值，实线为高阻尼减隔震支座时的响应值）。表2-13主要给出了在整个地震波激励时程中，各个特征点的第一主应力和渡槽结构横向变形最大值。为了更好地对比两种不同支承方案的差别，同时给出了采用普通盆式橡胶支座和高阻尼减隔震支座时的响应值。

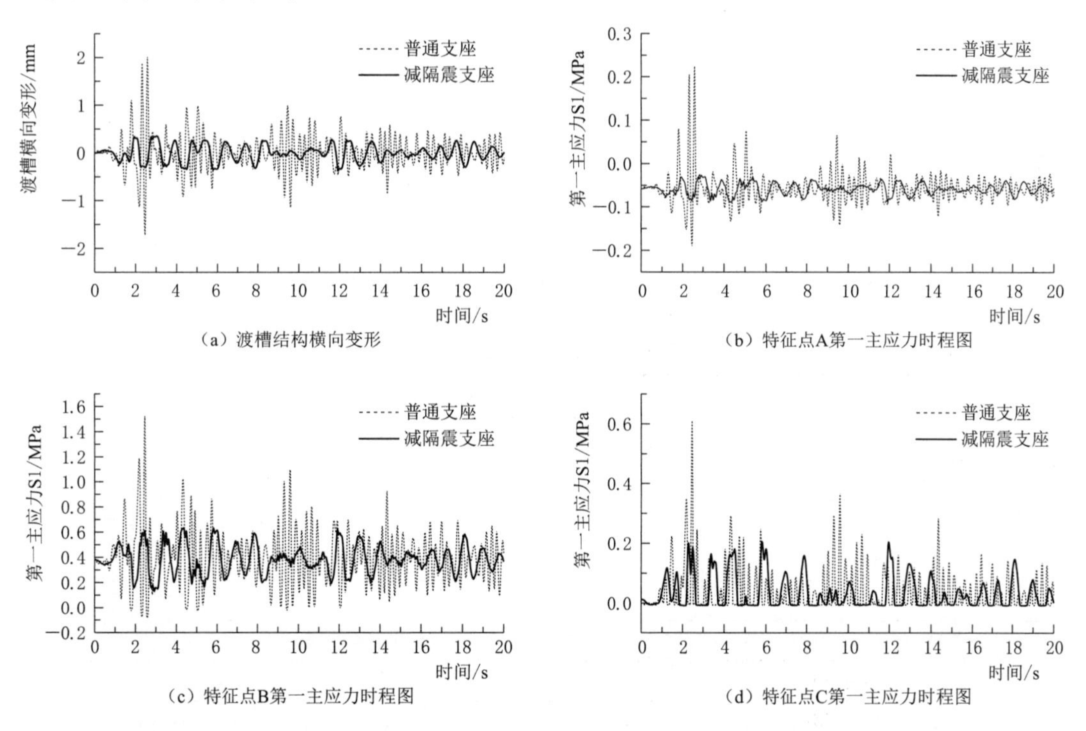

图2-39（一） 地震波峰值加速度（PGA）为0.3g渡槽结构地震响应时程图

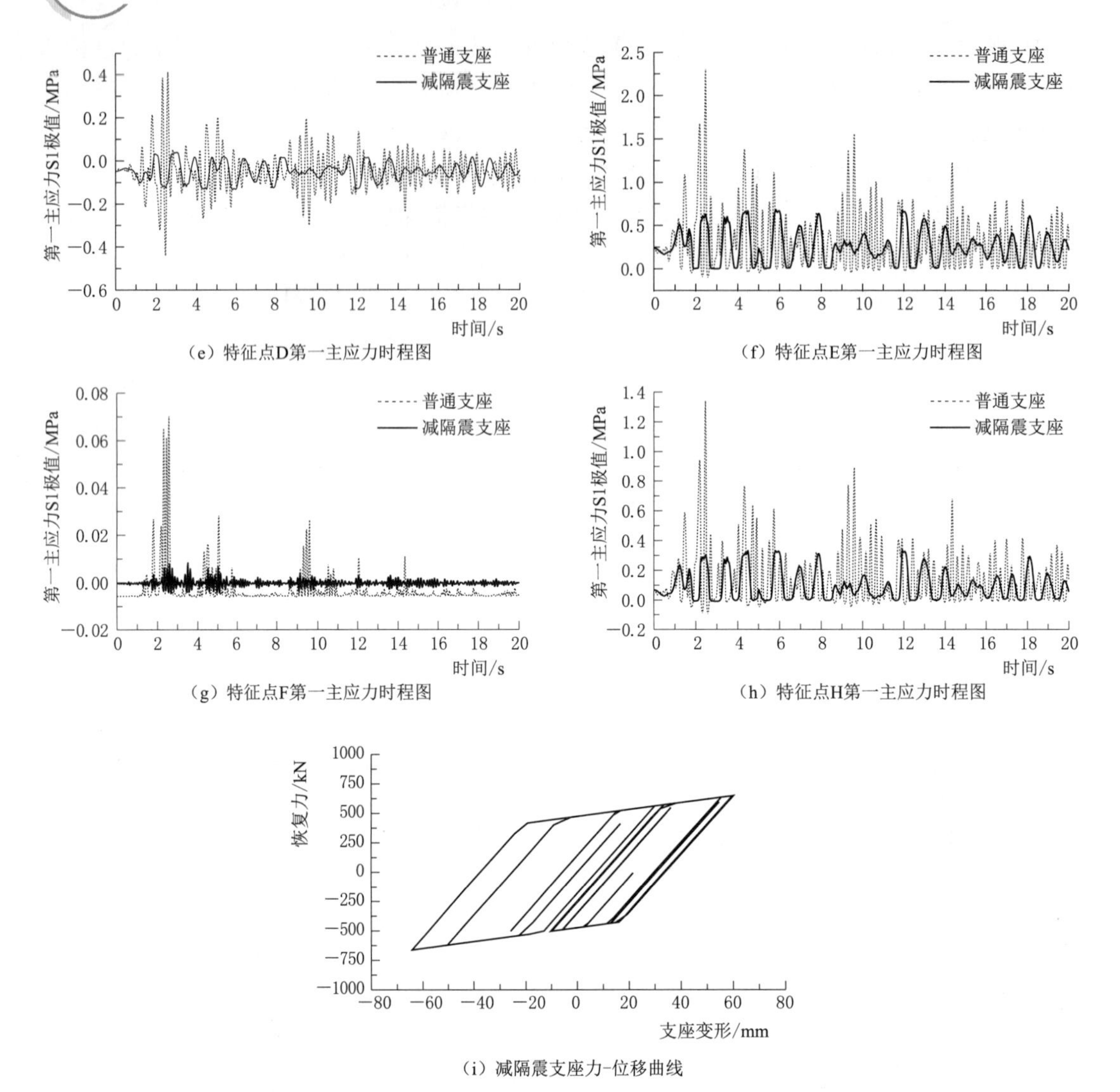

(e) 特征点D第一主应力时程图

(f) 特征点E第一主应力时程图

(g) 特征点F第一主应力时程图

(h) 特征点H第一主应力时程图

(i) 减隔震支座力-位移曲线

图2-39(二) 地震波峰值加速度(PGA)为0.3g 渡槽结构地震响应时程图

表2-13 不同支座下渡槽结构地震响应最大值

位　置	0.3g 峰值加速度		响应降低百分比/%
	普通盆式橡胶支座	高阻尼减隔震支座	
渡槽竖墙横向变形/mm	2.02	0.37	81.68
特征点A第一主应力/MPa	0.22	−0.027	111.98
特征点B第一主应力/MPa	1.52	0.63	58.50
特征点C第一主应力/MPa	0.61	0.21	66.27
特征点D第一主应力/MPa	0.41	0.04	90.49
特征点E第一主应力/MPa	2.31	0.68	70.53
特征点F第一主应力/MPa	0.07	0.008	88.17
特征点H第一主应力/MPa	1.34	0.33	75.05

从渡槽结构的横向变形时程可知：使用普通盆式橡胶支座时渡槽结构的最大变形量为2.05mm，当采用高阻尼减隔震支座时渡槽结构的变形量减小到了0.37mm，降低了81.68%；从图2-39和表2-13中可知：特征点A的第一主应力在2.58s时达到最大值为0.22MPa，除去几个时刻的峰值响应外，基本在整个过程中为负值，说明该位置在整个地震激励中处于受压状态，当采用高阻尼减隔震支座时该点应力峰值也降为负值；特征点B位于边槽底板与竖墙相交位置处，该点第一主应力在2.46s达到最大值为1.52MPa，当采用高阻尼减隔震支座时该点的应力峰值为0.63MPa，降低了58.5%；特征点C位于边槽底板中部位置，该点第一主应力在2.46s达到最大值为0.61MPa，当采用高阻尼减隔震支座时该点的应力峰值为0.21MPa，降低了66.27%；特征点D第一主应力在2.58s达到最大值为0.41MPa，当采用高阻尼减隔震支座时该点的应力峰值为0.039MPa，降低了90.49%；特征点E第一主应力在2.46s达到最大值为2.31MPa，当采用高阻尼减隔震支座时该点的应力峰值为0.70MPa，降低了56.4%；由于特征点F处于左右对称和轴向对称的位置，因此该点的第一主应力值很小；特征点H的第一主应力在2.46s达到最大值为1.34MPa，当采用高阻尼减隔震支座时该点的应力峰值为0.33MPa，降低了75.05%。

对比采用两种支座时的地震响应结果可以得知，当采用高阻尼减隔震支座时，渡槽结构的上部变形和各特征点位置的应力值均有大幅度降低，变形量最大降低比例为81.68%，应力值最大降低了90.5%，大幅降低了渡槽结构的响应。其根本原因是在大型渡槽结构体系中引入高阻尼减隔震支座，实质上相当于采取了增加结构体系阻尼和降低结构体系刚度的措施，当地震波传递到减隔震支座处时，大量的能量被消耗，使得上部结构的响应降低，保证了渡槽结构的安全。从减隔震支座的力-位移曲线可以看出，在地震作用下，该支座滞回曲线饱满，说明该支座的耗能减震效果较为明显。

2.3.3.2 0.4*g* 峰值加速度（PGA）下渡槽结构地震响应分析

图2-40主要给出了工况4（满槽通水）渡槽结构在峰值加速度为0.4*g*的EI-Centro地震波激励下，各个特征点的第一主应力时程和渡槽结构竖墙和底板的变形时程（虚线为普通盆式橡胶支座时的响应值，实线为高阻尼减隔震支座时的响应值）。表2-14主要给出了在整个地震波激励时程中，各个特征点的第一主应力和渡槽结构横向变形最大值。为了更好地对比两种不同支承方案的差别，同时给出了采用普通盆式橡胶支座和高阻尼减隔震支座时的响应值。

从渡槽结构的横向变形时程可知：使用普通盆式橡胶支座时渡槽结构的最大变形量为2.7mm，当采用高阻尼减隔震支座时渡槽结构的变形量减小到了0.39mm，降低了85.56%；从图2-40和表2-14中可知：特征点A的第一主应力在2.58s时达到最大值为0.34MPa，除去几个时刻的峰值响应外，基本在整个过程中为负值，说明该位置在整个地震激励中处于受压状态，当采用高阻尼减隔震支座时该点应力峰值也降为负值；特征点B位于边槽底板与竖墙相交位置处，该点第一主应力在2.46s达到最大值为1.91MPa，当采用高阻尼减隔震支座时该点的应力峰值为0.65MPa，降低了65.89%；特征点C位于边槽底板中部位置，该点第一主应力在2.46s达到最大值为0.82MPa，当采用高阻尼减隔震支座时该点的应力峰值为0.20MPa，降低了75.04%；特征点D第一主应力在2.58s达

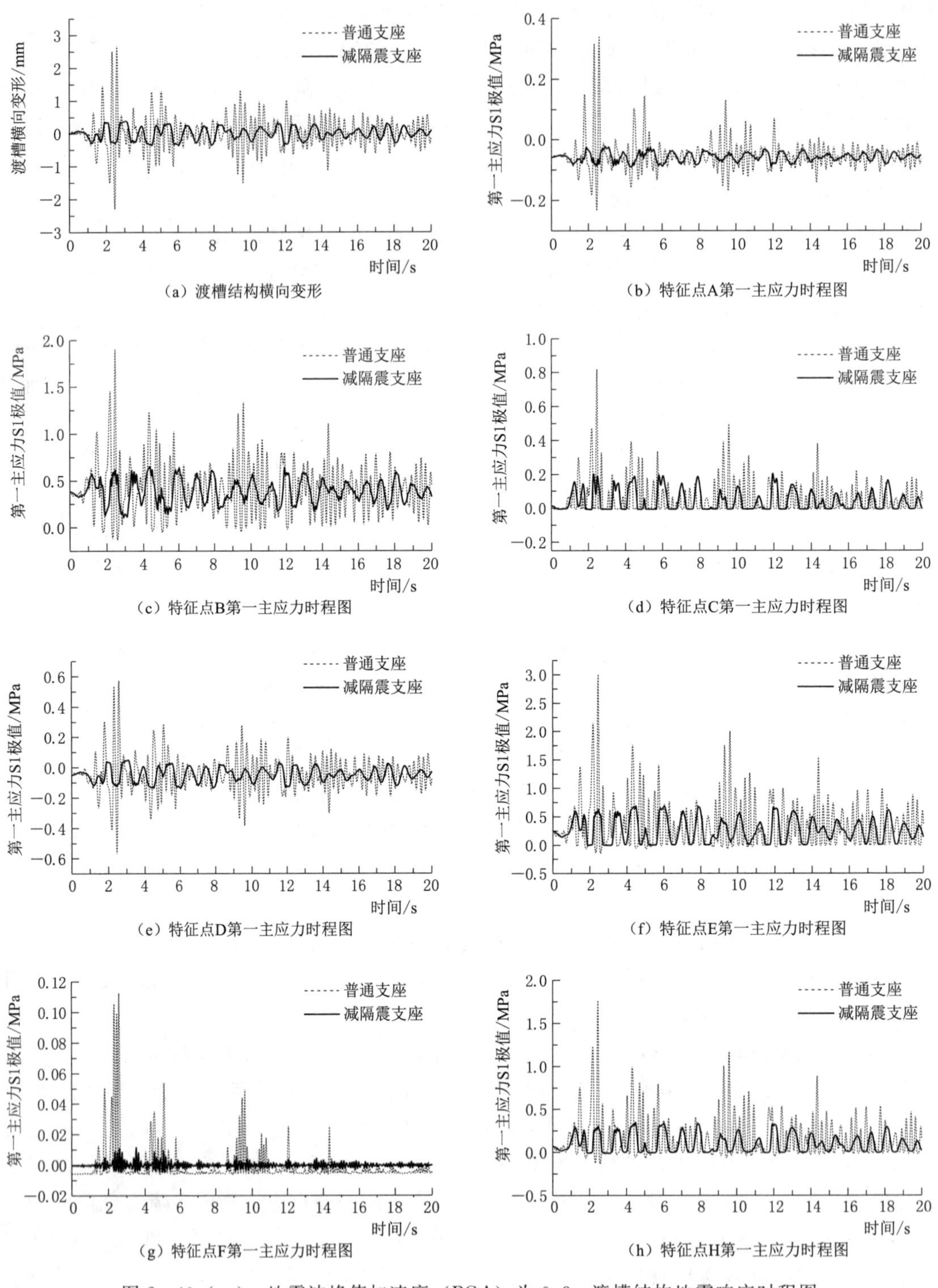

(a) 渡槽结构横向变形

(b) 特征点A第一主应力时程图

(c) 特征点B第一主应力时程图

(d) 特征点C第一主应力时程图

(e) 特征点D第一主应力时程图

(f) 特征点E第一主应力时程图

(g) 特征点F第一主应力时程图

(h) 特征点H第一主应力时程图

图 2-40 (一)　地震波峰值加速度（PGA）为 0.3g 渡槽结构地震响应时程图

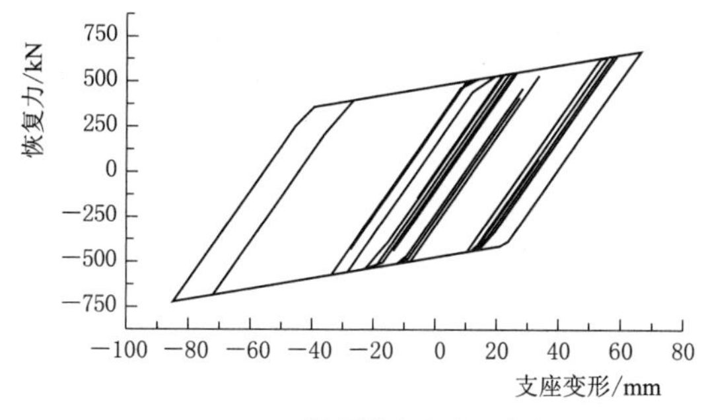

（i）减隔震支座力-位移曲线

图 2-40（二） 地震波峰值加速度（PGA）为 0.3*g* 渡槽结构地震响应时程图

表 2-14　　不同支座下渡槽结构地震响应最大值

位　　置	0.4*g* 峰值加速度		响应降低百分比/%
	普通盆式橡胶支座	高阻尼减隔震支座	
渡槽竖墙横向变形/mm	2.7	0.39	85.56
特征点 A 第一主应力/MPa	0.34	−0.024	106.89
特征点 B 第一主应力/MPa	1.91	0.65	65.89
特征点 C 第一主应力/MPa	0.82	0.20	75.04
特征点 D 第一主应力/MPa	0.57	0.048	91.55
特征点 E 第一主应力/MPa	3.01	0.69	77.13
特征点 F 第一主应力/MPa	0.11	0.011	89.93
特征点 H 第一主应力/MPa	1.77	0.35	80.31

到最大值为 0.57MPa，当采用高阻尼减隔震支座时该点的应力峰值为 0.048MPa，降低了 91.55%；特征点 E 第一主应力在 2.46s 达到最大值为 3.01MPa，当采用高阻尼减隔震支座时该点的应力峰值为 0.69MPa，降低了 77.13%；由于特征点 F 处于左右对称和轴向对称的位置，因此该点的第一主应力值很小；特征点 H 的第一主应力在 2.46s 达到最大值为 1.77MPa，当采用高阻尼减隔震支座时该点的应力峰值为 0.35MPa，降低了 80.31%。

对比采用两种支座时的地震响应结果可以得知，当采用高阻尼减隔震支座时，渡槽结构的上部变形和各特征点位置的应力值均有大幅度降低，变形量最大降低比例为 85.56%，应力值最大降低了 91.6%，大幅降低了渡槽结构的响应。其根本原因是在大型渡槽结构体系中引入高阻尼减隔震支座，实质上相当于采取了增加结构体系阻尼和降低结构体系刚度的措施，当地震波传递到减隔震支座处时，大量的能量被消耗，使得上部结构的响应降低，保证了渡槽结构的安全。从减隔震支座的力-位移曲线可以看出，在地震作用下，该支座滞回曲线饱满，说明该支座的耗能减震效果较为明显。

2.3.3.3　0.5*g* 峰值加速度（PGA）下渡槽结构地震响应分析

图 2-41 主要给出了工况 4（满槽通水）渡槽结构在峰值加速度为 0.5*g* 的 EI-Centro 地震波激励下，各个特征点的第一主应力时程和渡槽结构竖墙和底板的变形时程（虚线为普通盆式橡胶支座时的响应值，实线为高阻尼减隔震支座时的响应值）。表 2-15

主要给出了在整个地震波激励时程中，各个特征点的第一主应力和渡槽结构横向变形最大值。为了更好地对比两种不同支承方案的差别，同时给出了采用普通盆式橡胶支座和高阻尼减隔震支座时的响应值。

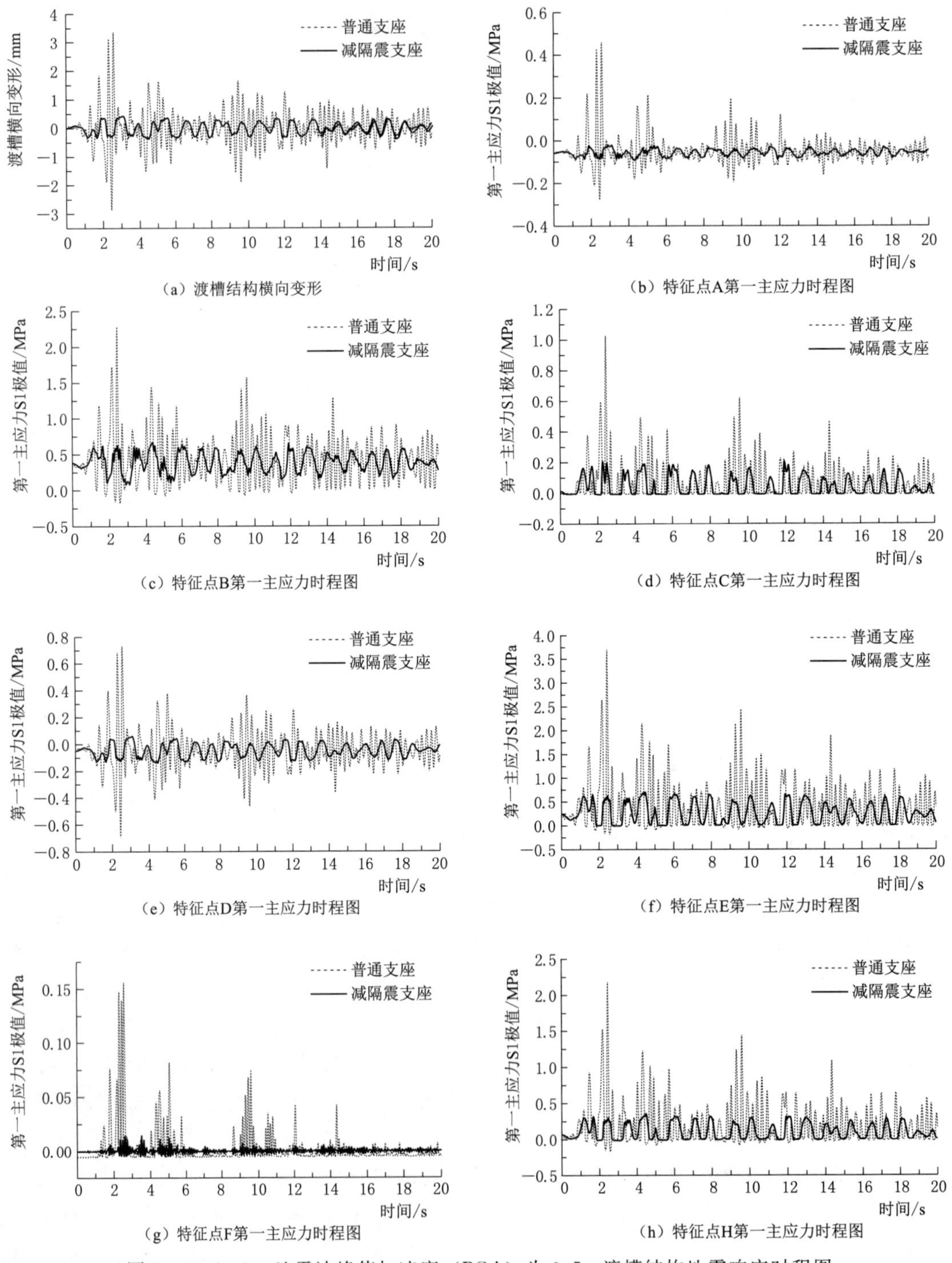

图 2-41（一） 地震波峰值加速度（PGA）为 0.5g 渡槽结构地震响应时程图

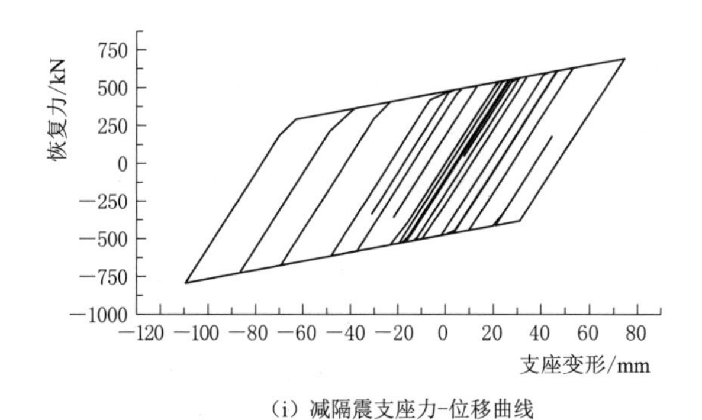

(i) 减隔震支座力-位移曲线

图 2-41（二） 地震波峰值加速度（PGA）为 0.5g 渡槽结构地震响应时程图

表 2-15　　　　不同支座下渡槽结构地震响应最大值

位　　置	0.5g 峰值加速度		响应降低百分比/%
	普通盆式橡胶支座	高阻尼减隔震支座	
渡槽竖墙横向变形/mm	3.4	0.42	87.65
特征点 A 第一主应力/MPa	0.46	−0.02	104.31
特征点 B 第一主应力/MPa	2.29	0.66	70.94
特征点 C 第一主应力/MPa	1.03	0.21	80.00
特征点 D 第一主应力/MPa	0.73	0.06	91.86
特征点 E 第一主应力/MPa	3.7	0.70	81.08
特征点 F 第一主应力/MPa	0.16	0.014	90.83
特征点 H 第一主应力/MPa	2.19	0.36	83.64

从渡槽结构的横向变形时程可知：使用普通盆式橡胶支座时渡槽结构的最大变形量为 3.4mm，当采用高阻尼减隔震支座时渡槽结构的变形量减小到了 0.42mm，降低了 87.65%；从图 2-41 和表 2-15 中可知：特征点 A 的第一主应力在 2.58s 时达到最大值为 0.46MPa，除去几个时刻的峰值响应外，基本在整个过程中为负值，说明该位置在整个地震激励中处于受压状态，当采用高阻尼减隔震支座时该点应力峰值也降为负值；特征点 B 位于边槽底板与竖墙相交位置处，该点第一主应力在 2.46s 达到最大值为 2.29MPa，当采用高阻尼减隔震支座时该点的应力峰值为 0.66MPa，降低了 70.94%；特征点 C 位于边槽底板中部位置，该点第一主应力在 2.46s 达到最大值为 1.03MPa，当采用高阻尼减隔震支座时该点的应力峰值为 0.21MPa，降低了 80%；特征点 D 第一主应力在 2.58s 达到最大值为 0.73MPa，当采用高阻尼减隔震支座时该点的应力峰值为 0.06MPa，降低了 91.86%；特征点 E 第一主应力在 2.46s 达到最大值为 3.7MPa，当采用高阻尼减隔震支座时该点的应力峰值为 0.70MPa，降低了 81.8%；由于特征点 F 处于左右对称和轴向对称的位置，因此该点的第一主应力值很小；特征点 H 的第一主应力在 2.46s 达到最大值为 2.19MPa，当采用高阻尼减隔震支座时该点的应力峰值为 0.36MPa，降低了 83.64%。

对比采用两种支座时的地震响应结果可以得知，当采用高阻尼减隔震支座时，渡槽结构的上部变形和各特征点位置的应力值均有大幅度降低，变形量最大降低比例为 87.65%，应力值最大降低了 91.86%，大幅降低了渡槽结构的响应。其根本原因是在大型渡槽结构体系中引入高阻尼减隔震支座，实质上相当于采取了增加结构体系阻尼和降低结构体系刚度的措施，当地震波传递到减隔震支座处时，大量的能量被消耗，使得上部结构的响应降低，保证了渡槽结构的安全。从减隔震支座的力-位移曲线可以看出，在地震作用下，该支座滞回曲线饱满，说明该支座的耗能减震效果较为明显。

2.3.3.4　小结

本小节探讨了在工况 4（满槽水位）运行时的不同峰值加速度对渡槽结构的地震响应影响，并给出了不同峰值加速度时渡槽结构的响应对比数据，如图 2-42 所示。

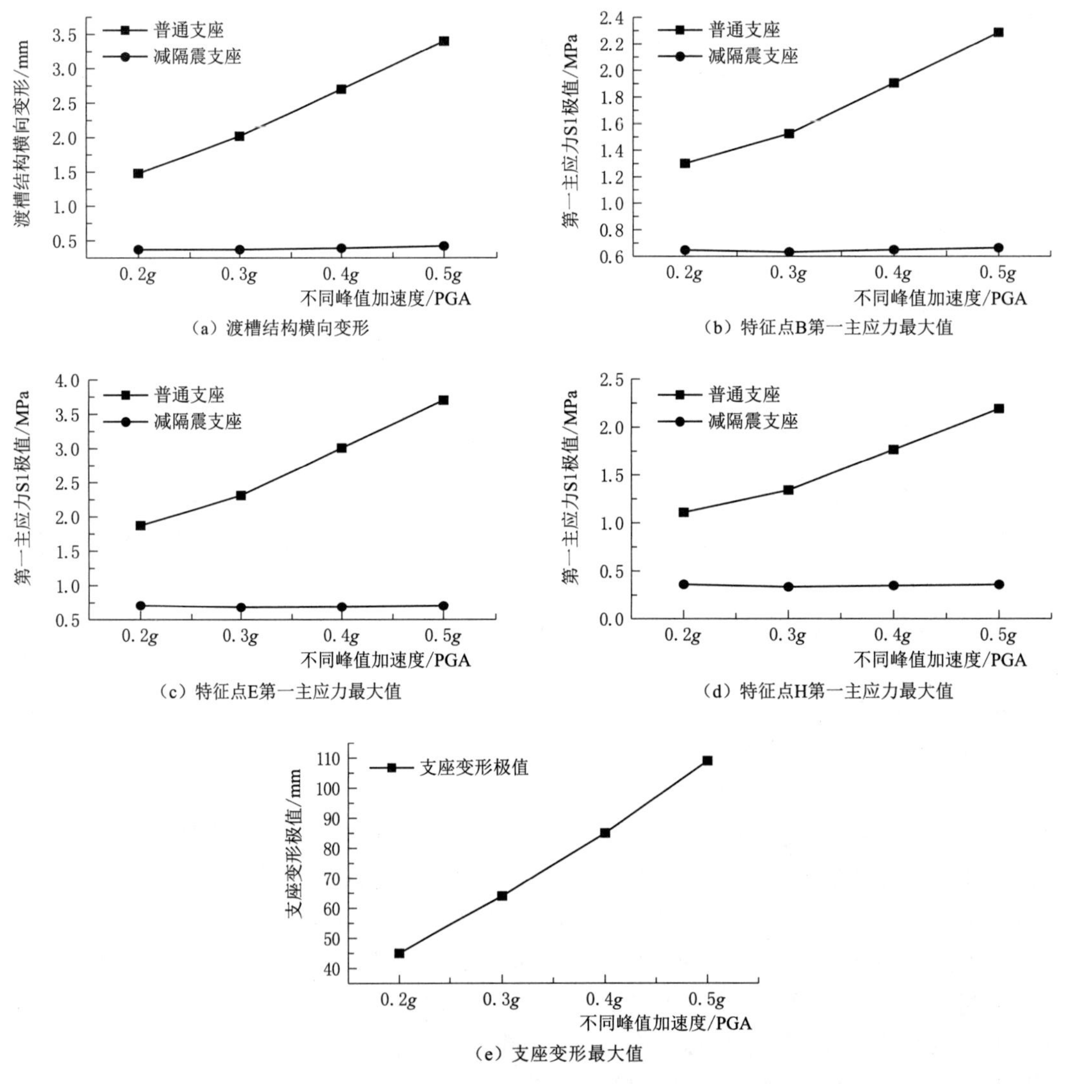

图 2-42　不同峰值加速度（PGA）渡槽结构地震响应最大值

本小节探讨了在工况 4（满槽水位）运行时的不同峰值加速度对渡槽结构的地震响应

影响，从计算结果中我们可以得知，当采用普通盆式橡胶支座时，渡槽结构在不同峰值加速度（PGA）地震波激励下，响应值随着 PGA 的增加不断增大，0.2g 时某些位置的拉应力值近乎接近 C50 混凝土的抗拉强度设计值，当地震动加速度峰值达到 0.3g 时，渡槽结构槽身已有位置超出了 C50 混凝土的抗拉强度设计值，发生受拉破坏，因此采用高阻尼减隔震支座或其他措施保证渡槽结构的安全时必要的；当采用高阻尼减隔震支座后，从图 2-42 中可以看出，无论是渡槽结构的横向变形还是渡槽结构的拉应力值均大幅降低，且均在 C50 混凝土的抗拉强度设计值内，并且随着地震动峰值加速度的不断增加，采用高阻尼减隔震支座后，渡槽结构的地震响应增加很小，但是支座的变形量却随着地震动峰值加速度的增加而大幅增大。这也说明了在地震过程中，减隔震支座发挥了其应有的作用，使得地震能量在传播过程中在支座位置被大量吸收，从而使支座变形较大，削弱了上部结构的响应，保护了渡槽结构的安全；从支座的变形图中可以看出高阻尼减隔震支座的最大变形量为 11cm，在其位移限位之内。

2.3.4 小结

本节同时考虑了采用普通盆式支座和高阻尼减隔震支座对大型渡槽结构进行了地震响应分析，对比分析了槽内水深（空槽水位、1/2 槽水位、3/4 槽水位、满槽水位）对渡槽结构地震响应的影响，探讨了不同地震波随机输入对渡槽结构的影响，同时考虑到该地区地震基本烈度经国家地震安全性评定委员会评定为Ⅷ度，抗震设防标准根据抗震设计规范及地震危险性分析成果，基岩水平峰值加速度为 0.2g，而校核地震按 100 年基准期内超越概率 1%响应墩底基岩水平峰值加速度为 0.42g，对不同的水平峰值加速度对渡槽结构的地震响应进行了研究，得到了一些结论。

无论是采用普通盆式橡胶支座还是高阻尼减隔震支座，渡槽结构在地震作用下的响应随着槽内水位的增加而增大，当以满槽水位运行时，渡槽结构响应最大；当采用高阻尼减隔震支座，渡槽结构的地震响应相较于采用普通盆式橡胶支座时要小很多；并且随着渡槽水位的增加，采用高阻尼减隔震支座的渡槽结构响应值增量相较于采用普通盆式橡胶支座时的响应值增量增加缓慢，也说明采用高阻尼减隔震支座后，渡槽结构的整体响应均大幅降低，并且水深越大，降低比例越大。

当采用普通盆式橡胶支座方案时，渡槽结构在不同地震波激励下的地震响应不尽相同，并且响应值较大，在个别位置的拉应力最大值接近了槽身混凝土的抗拉强度设计值，存在一定的危险性，而采用高阻尼减隔震支座后，渡槽结构的横向变形，拉应力最大值均下降很多，最大值控制在 0.7MPa，有很大的安全储备，确保渡槽结构在地震作用下不会发生破坏。另外，在采用高阻尼减隔震支座后，实质上相当于采取了增加结构体系阻尼和降低结构体系刚度的措施，渡槽结构在不同地震波激励下的响应值均比较平稳，虽有所增减，但相比于普通盆式橡胶支座的变化量变化比较平稳，主要是，在地震波的传播过程中，无论地震波的形式如何，当能量传递到支座处时，由于高阻尼减隔震支座的耗能机理，很好的削弱了地震波继续向渡槽结构上部传递的能量值，并且在支座处耗散了较大一部分能量，使得上部结构的响应降低，保证了渡槽结构的安全从支座的力-位移曲线也可以看出，支座的变形较大，并且该支座滞回曲线饱满，说明该支座的耗能减震效果较为明显。

当采用普通盆式橡胶支座时，渡槽结构在不同峰值加速度（PGA）地震波激励下，响应值随着PGA的增加，不断增大，0.2g 时某些位置的拉应力值近乎接近C50混凝土的抗拉强度设计值，当地震动加速度峰值达到0.3g 时，渡槽结构槽身已有位置超出了C50混凝土的抗拉强度设计值，发生受拉破坏，因此采用高阻尼减隔震支座或其他措施保证渡槽结构的安全时必要的；当采用高阻尼减隔震支座后，随着地震动峰值加速度的不断增加，渡槽结构的地震响应增加很小，但是支座的变形量却随着地震动峰值加速度的增加而大幅增大。也说明在地震过程中，高阻尼减隔震支座发挥了其应有的作用，使得地震能量在传播过程中在支座位置被大量吸收，从而使支座变形较大，削弱了上部结构的响应，保护了渡槽结构的安全；从支座的变形图中可以看出高阻尼减隔震支座的最大变形量为11cm，在其位移限位之内。总的来说，如果仅仅是采用普通盆式橡胶支座作为渡槽结构的支承方案时，在地震作用下，渡槽结构的响应值很大，并且当地震加速度峰值达到0.3g 时，渡槽结构将会有破坏的可能，因此必须采取响应的措施，比如采用高阻尼减隔震支座。当采用高阻尼减隔震支座作为渡槽结构的支承方案时，从计算结果来看，在地震作用下，渡槽结构的响应值相较于前者有了大幅度的降低，并且当地震峰值加速度达到0.5g 时，渡槽结构仍未破坏，仅仅是高阻尼减隔震支座的横向变形增加，但仍在支座限位内，只要在槽体和槽墩之间做好碰撞防护即可，有效地降低了渡槽结构在地震作用下的响应，保证了渡槽结构的安全。

第3章　大型渡槽抗震设计方法探析及技术实现

3.1　多功能复合阻尼器支座抗震性能试验

为了提高传统铜缝阻尼器的耗能能力，将铜缝阻尼器与黏弹性阻尼器相结合，研制了一种铜缝和黏弹性多功能复合阻尼器支座。通过结合位移依赖型和速度依赖型装置，可以发现铜缝与黏弹性多功能复合阻尼器支座在小地震和大地震中都是有效的，只需稍微增加材料和制造成本。在小地震时，铜缝板保持弹性，只有黏弹性部分起到耗散地震能量的作用；对于大地震，黏弹性部分和铜缝部分同时工作以释放地震能量，对减小地震引起的结构位移和速度都是有效的。

3.1.1　试验概况

通过对阻尼支座进行循环加载试验，深入了解阻尼支座加载时的力学性能参数，观察阻尼支座加载时的形变及特征，同时测定阻尼支座的水平等效刚度 K_h、等效阻尼比 h_{eq}、屈服后刚度 K_d 和屈服力 Q_d 等。因大型渡槽使用的阻尼器尺寸较大，质量较重，试验成本较高，不适合做性能对比试验，因此把试验的试件按几何相似制作了 1∶5 的缩比模型，虽然铜缝与黏弹性多功能复合阻尼器支座的各项性能参数不是线性关系，但是此次试验是为了比较黏弹性阻尼元件与铜缝与黏弹性多功能复合阻尼器支座的优劣性能，所以均按照各项性能参数和几何相似比例一样都为 1∶5。铜缝黏弹性阻尼器，包括开缝铜板、第一金属板、黏弹性元件、第二金属板、上底座、下底座，下底座的两侧固定开缝铜板的下部，所述上底座的两侧固定开缝铜板的上部，下底座的中间部分固定第一金属板的下部，第一金属板的两个表面分别固定所述弹性元件，每个黏弹性元件远离贴合于第一金属板的表面固定有第二金属板，第二金属板的上部固定于上底座的中间。铜缝—黏弹性阻尼器将铜缝阻尼器与黏弹性阻尼器相结合，提高了传统铜缝阻尼器的耗能能力，发生小地震时开缝铜板屈曲耗能，发生大地震时铜缝阻尼器和黏弹性阻尼器同时做功释放能量，减震效果极好，安全可靠，稳定性高。

3.1.2　样件设计与试验平台搭建

黏弹性阻尼元件由高阻尼铅芯橡胶制成，即两个高阻尼铅芯橡胶垫和三个铜板。制作四个黏弹性阻尼器试样图 3-1，黏弹性阻尼元件结构如图 3-2 所示，并沿阻尼器的纵轴施加位移控制循环荷载。减振器由两层 180mm×100mm×30mm 黏弹性材料组成，粘在三块铜板之间。考虑所使用的动载剪切试验机的性能，黏弹性阻尼器比用于建筑结构抗震加固的市售黏弹性阻尼器要小得多，但预计缝隙阻尼器的性能仍有待提高。

图3-1 黏弹性阻尼元件

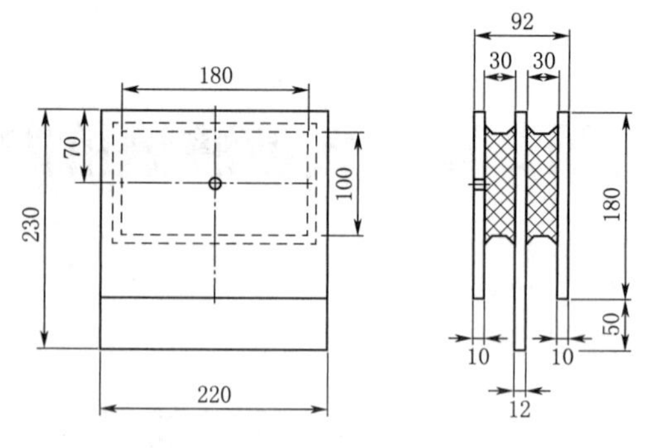

图3-2 黏弹性阻尼元件结构图

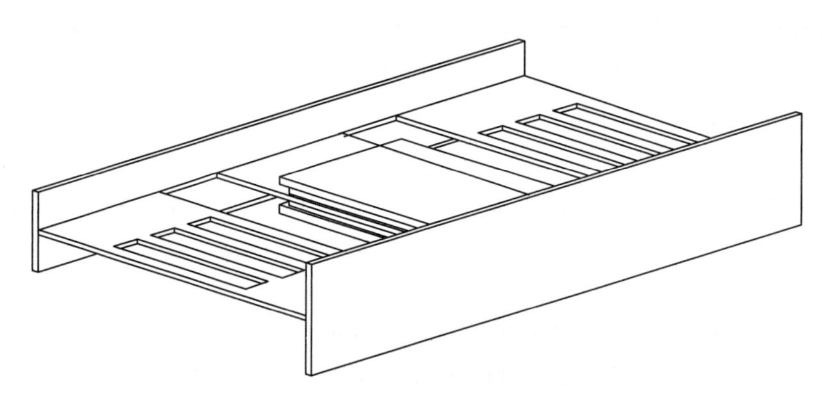

图3-3 铜缝与黏弹性多功能复合阻尼器支座示意图

开缝铜板与黏弹性多功能复合阻尼器支座由一个黏弹性阻尼器和两个平行连接的铜缝阻尼器组成。两个铜缝阻尼器共有四个条带：每个条带的宽度（b）、厚度（t）和高度（l_0）分别为15mm、8mm和400mm。基于窄条端部完全防止旋转的假设，每个铜缝阻尼器在水平剪切力作用下的屈服后刚度可以得

$$K_d = n\frac{12EI}{l_0^3} = n\frac{Etb^3}{l_0^3} \tag{3-1}$$

式中　n——板条数量；

t、b、l_0——板条厚度、板条宽度和垂直板条长度，mm。

3.1.3 抗震性能试验设计

3.1.3.1 试验目的

为了获得黏弹性垫与多功能复合阻尼器的材料性能，将黏弹性垫制作成黏弹性阻尼器支座作为试件1，将多功能复合支座作为试件2，对试件1和试件2进行了42次不同频率和振幅的简谐波位移控制试验。这些测试中使用的频率为0.05Hz、0.2Hz和0.5Hz。这些试验中考虑了7个振幅，其中第一个振幅为1.8mm，其他振幅由式（3-2）计算

$$a_n = 2(n-1)a_1 \tag{3-2}$$

式中　a_1——第一振幅，mm；

n——步数。

为了对比试件 1 与试件 2 的性能，在相同试验条件下，对其进行相同的频率和振幅的简谐波位移控制试验。

3.1.3.2 试验步骤

为了了解阻尼器的性能，包括滞回曲线的形状，进行了试件 1 和试件 2 的循环加载试验。图 3－3 显示了多功能复合阻尼器支座试样的示意图，图 3－4 显示了试件装载在试验机上的方式，图 3－5 描述了循环荷载试验的试验装置。图 3－6 为阻尼器试验画面。图 3－7 为使用最大负载能力为 1500kN、最大位移为 400mm、循环剪切速度为 200mm/min 的伺服致动器水平施加循环荷载。施加在阻尼试件上的最小位移确定为 1.80mm，每 6 次荷载循环后，位移幅值增加到前一次的 2 倍，直到位移达到目标位移 40mm。

图 3－4　试件的焊接组装

图 3－5　动载剪切试验机设备

图 3－6　阻尼器试验画面

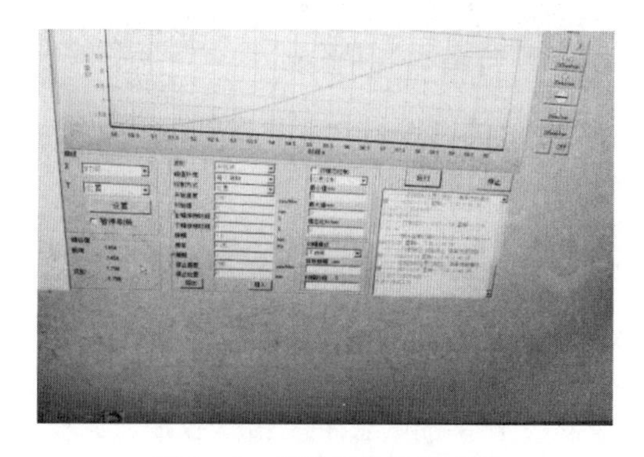

图 3－7　试验软件设置画面

3.1.3.3 试验方法

依照设计图，将黏弹性阻尼元件与铜缝板条焊接在一块铜板底座上，同时上面焊接铜板部件，焊接时注意用试水毛巾包裹黏弹性橡胶垫，防止焊接时被火花破坏橡胶部件，损伤黏弹性阻尼的阻尼性能。焊接完成后将铜缝和黏弹性多功能复合阻尼器支座焊接在动载剪切试验机的试验底座上，检查变压片与试验机终端的连接是否完成，然后启动机器准备开始试验。

3.1.3.4 实验现象

据观察，在试验机启动后，试件进行简谐运动，试验机启动，在 0.05Hz、1.8mm 下试件 1 与试件 2 并无明显变化皆随着试验机的运动进行摆动，随着运动频率与振幅的增大，在第 10 次加载循环试件 1 首先发生形变，黏弹性材料拉扯变形并发生响动，说明试件 1 已经需要形变作消能工作，在第 14 次加载循环试件 2 发生形变，铜缝板随着试验机的摇摆发生与振幅相符的形变，振幅越大试件的形变就越大，在第 28 次加载循环的第二步，试件 2 中的一些铜缝板条开裂，试件铜条首次破坏画面如图 3-8、图 3-9 所示。在第 31 次加载循环的第一步，试件 2 发生巨响，试件 2 的一些铜缝板条彻底断开，试件 2 铜条彻底破坏画面如图 3-10、图 3-11 所示，荷载急剧下降。在本次加载循环中，试件 1 的黏弹性阻尼部件发生变形撕裂，未观察到试件 2 的黏弹性阻尼部件有明显损坏，黏弹性阻尼部件发热烫手，说明试件 2 的消能效果更好。

图 3-8　试件铜条首次发生破坏

图 3-9　试件铜条裂口位置

图 3-10　试件铜条最大偏移

图 3-11　试件铜条破坏画面

3.1.4　试验结果及数据分析

3.1.4.1　试验数据分析

在对试验数据进行处理时，选择若干试验周期中图像最稳定的同一个周期相同频率与振幅下的试验数据进行数据处理。取频率 0.05Hz、振幅 12.6mm 这组数据，得到两块试件的三种曲线，如图 3-12～图 3-17 所示。

通过对比两组数据的试验图形，试件 2 的滞回曲线的形状更加饱满，构件的塑性变形能力更强、具有较好的抗震性能和耗能能力，说明在黏弹性阻尼元件附加开缝软铜后的铜缝与黏弹性多功能复合阻尼器支座的抗震效果和耗能效果都得到提升。

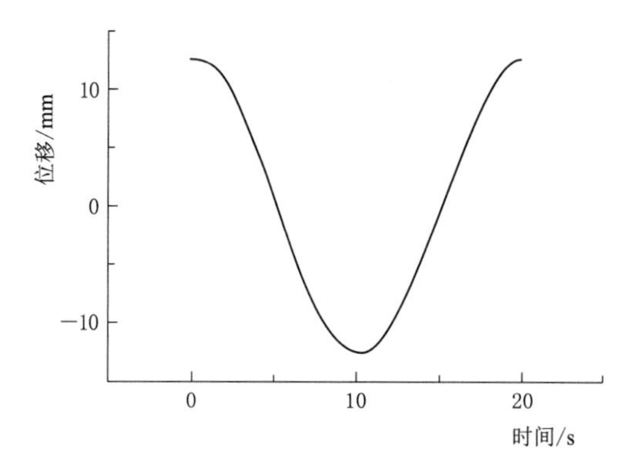

图 3-12 试件 1 位移-时间曲线

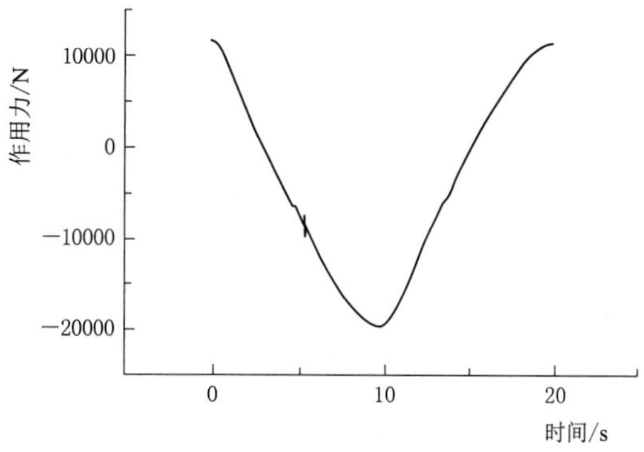

图 3-13 试件 1 作用力-时间曲线

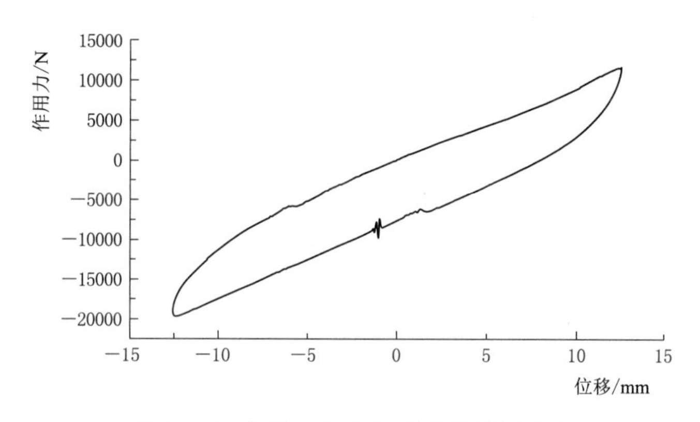

图 3-14 试件 1 作用力-位移的滞回曲线

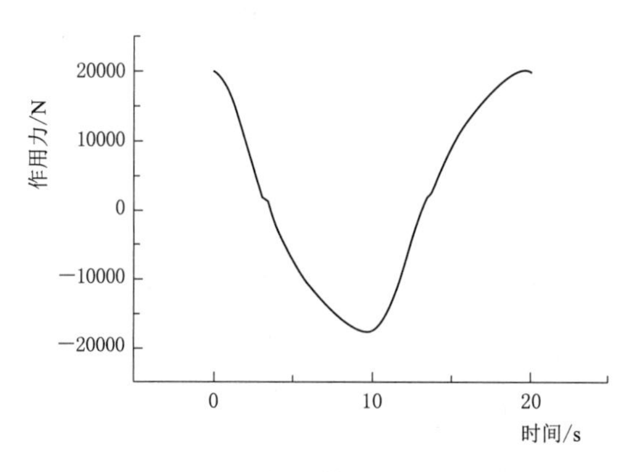

图 3-15 试件 2 作用力-时间曲线

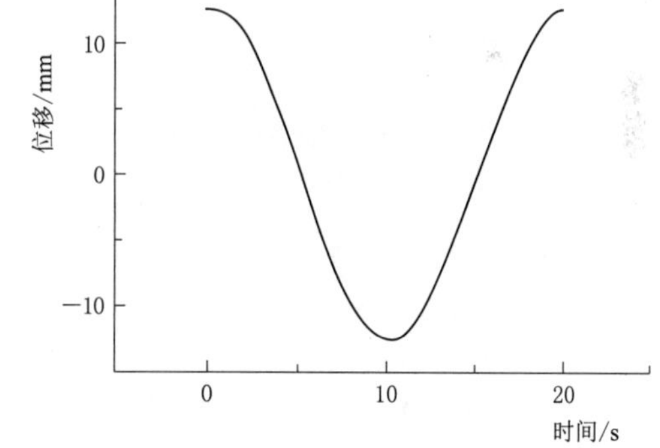

图 3-16 试件 2 位移-时间曲线

3.1.4.2 试验数据分析方法

根据 GB/T 20688.1—2007《橡胶支座 第 1 部分：隔震橡胶支座试验方法》，需计算屈服力 Q_d、水平等效刚度 K_h、等效阻尼比 h_{eq}、屈服后刚度 K_d。即

$$Q_d=\frac{Q_{d1}-Q_{d2}}{2} \tag{3-3}$$

$$K_h=\frac{Q_1-Q_2}{X_1-X_2} \tag{3-4}$$

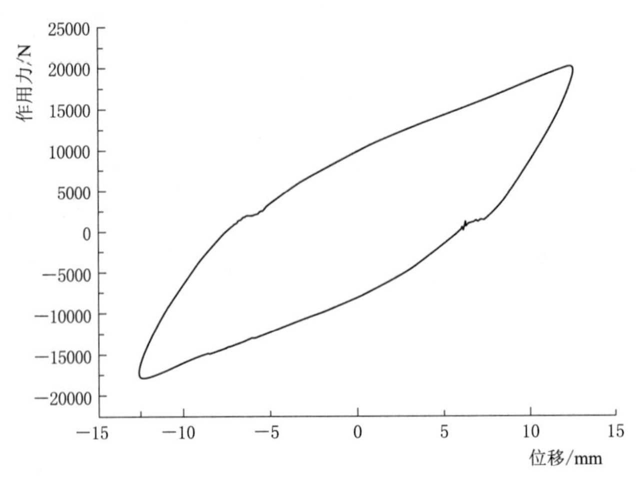

图 3－17　试件 2 位移-作用力的滞回曲线

$$h_{eq}=\frac{2\Delta W}{\pi K_h(X_1-X_2)} \tag{3-5}$$

$$K_d=\frac{Q_1-Q_{d1}}{X_1}+\frac{Q_2-Q_{d2}}{X_2} \tag{3-6}$$

其中

$$X_1=T_{ry}$$

$$X_2=T_{r(-y)}$$

式中　Q_{d1}——滞回曲线正向轴的剪力，kN；

Q_{d2}——滞回曲线负向轴的剪力，kN；

Q_1——最大剪力，kN；

Q_2——最小剪力，kN；

X_1——试件试验中的最大位移，mm；

X_2——试件试验中的最小位移，mm；

ΔW——滞回曲线的滞回面积，kN/mm。

由以上计算方法经试验结果计算可得上述所需参数。

3.1.4.3　试验数据分析结果

试件 1 是由橡胶块和金属板构成的黏弹性元件；试件 2 是由两块开缝金属软铜与黏弹性阻尼元件焊接连接构成的铜缝与黏弹性多功能复合阻尼器。

试件 1 计算结果见表 3－1、表 3－2、图 3－18、图 3－19。

表 3－1　　**滞　回　面　积**

加载频率/Hz	振幅/mm						
	1.8	3.6	5.4	7.2	9	10.8	12.6
	滞回面积/(kN/mm)						
0.05	9685.57	33196.80	59136.53	85585.63	114720.24	144945.68	170203.94
0.20	5348.57	17173.99	31814.42	49395.08	70987.84	94543.93	120177.91
0.50	3881.69	14188.54	26874.98	42232.97	60936.38	84902.48	102719.10

表 3-2　　屈　服　力

加载频率/Hz	振幅/mm						
	1.8	3.6	5.4	7.2	9	10.8	12.6
	屈服力/N						
0.05	2026	3077	3036	3262	3512	3738	3836
0.20	969	1518	1840	2172	2471	2697	2915
0.50	758	1299	1647	1873	2083	2495	2511

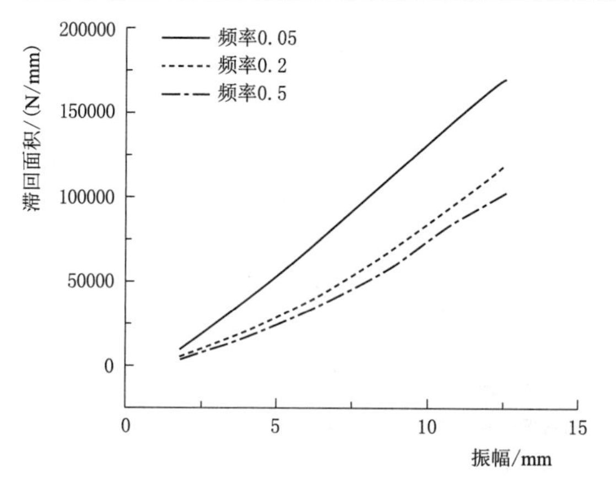

图 3-18　振幅对不同频率下试件 1 滞回面积的影响

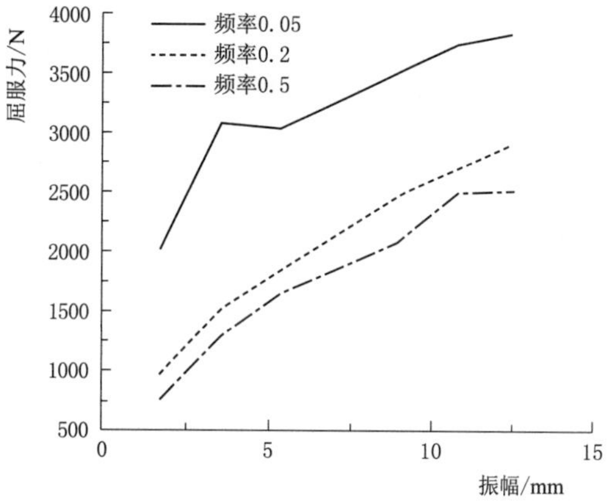

图 3-19　振幅对不同频率下试件 1 的屈服力的影响

根据图 3-18 可知，在振幅为 1.8mm、振动频率为 0.5Hz 时，试件 1 的滞回面积为最小值=3881.69kN/mm；在振幅为 12.6mm、振动频率为 0.05Hz 时，试件 1 的滞回面积为最大值 170203.94kN/mm；试件 1 的滞回面积随着振动频率的增大而减小，试件 1 的滞回面积随着振幅的增大而增大；并且试件 1 的滞回面积随振幅增大的增长率与振动频率成反比。

根据图 3-19 可知，在振幅为 1.8mm、振动频率为 0.5Hz 时，试件 1 的屈服力为最小值=758N；在振幅为 12.6mm、振动频率为 0.05Hz 时，试件 1 的屈服力为最大值=3836N；试件 1 的屈服力随着振动频率的增大而减小，试件 1 的滞回面积随着振幅的增大整体呈增大趋势；并且试件 1 的屈服力随振幅增大的增长率与振动频率整体成反比，见表 3-3～表 3-5。

表 3-3　　水 平 等 效 刚 度

加载频率/Hz	振幅/mm						
	1.8	3.6	5.4	7.2	9	10.8	12.6
	水平等效刚度/(kN/mm)						
0.05	3898.88	2745.833	2150.74	1795.83	1564.11	1372.96	1252.46
0.20	1973.88	1422.222	1099.81	992.77	919.77	863.70	819.76
0.50	1260.55	982.22	836.11	776.11	736.77	686.48	640.31

表 3-4　　等效阻尼比

加载频率/Hz	振幅/mm						
	1.8	3.6	5.4	7.2	9	10.8	12.6
	等效阻尼比						
0.05	0.4394	1.0689	1.6207	2.1069	2.5940	3.1115	3.4330
0.20	0.4791	1.0673	1.6994	2.1996	2.7296	3.2262	3.7035
0.50	0.3987	1.2772	1.8947	2.4057	2.9251	3.6451	4.0526

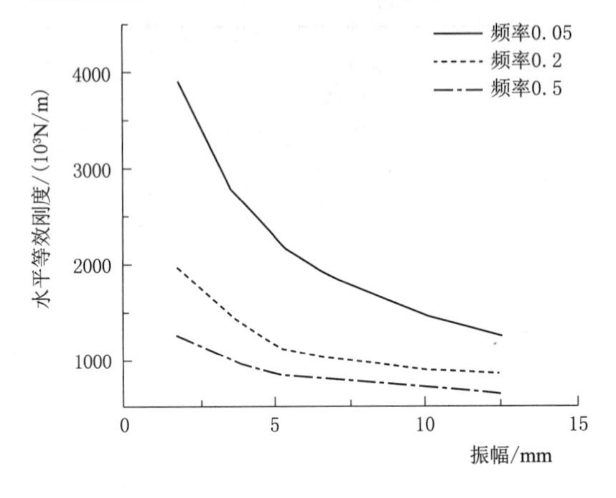

图 3-20　振幅对不同频率下试件 1 的水平等效刚度的影响

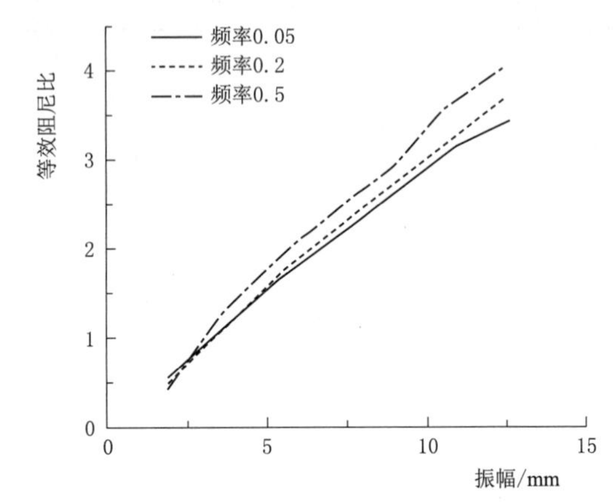

图 3-21　振幅对不同频率下试件 1 的等效阻尼比的影响

表 3-5　　屈服后刚度

加载频率/Hz	振幅/mm						
	1.8	3.6	5.4	7.2	9	10.8	12.6
	屈服后刚度/(10^3N/m)						
0.05	5546.66	3782.22	3177.03	2685.55	2347.77	2053.70	1896.03
0.20	2871.11	2001.11	1525.55	1382.22	1290.44	1227.96	1176.82
0.50	1678.88	1242.77	1062.22	1031.52	1010.66	910.92	882.06

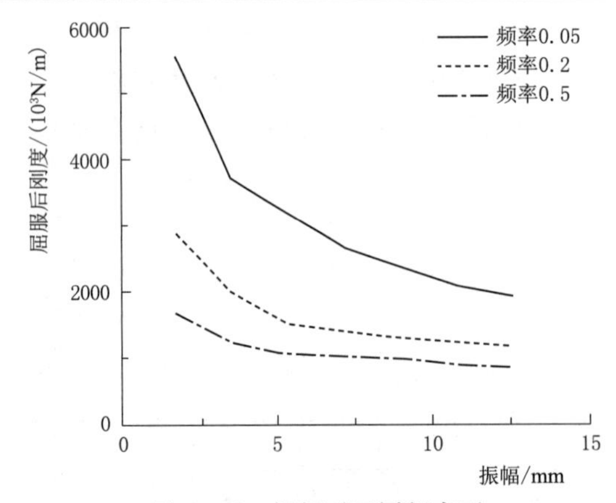

图 3-22　振幅对不同频率下试件 1 的屈服后刚度的影响

根据图 3-20 可知，试件 1 的水平等效刚度随着振动频率的增大呈减小趋势，试件 1 的水平等效刚度随着振幅的增大整体呈减小趋势；并且试件 1 的水平等效刚度随振幅增大的增长率与振动频率整体成反比。

根据图 3-21 可知，试件 1 的等效阻尼比随着振动频率的增大呈增大趋势，试件 1 的等效阻尼比随着振幅的增大整体呈增大趋势；并且试件 1 的等效阻尼比随振幅增大的增长率与振动频率整体成正比。

根据图 3-22 可知，试件 1 的屈服后刚度随着振动频率的增大呈减小趋势，试件 1 的屈服后刚度随着振幅的增大整体呈减小趋势；并且试件 1 的屈服后刚度随振幅增大的增长率与振动频率整体成反比。

试件 2 计算结果如图 3-23、图 3-24 及见表 3-6、表 3-7。

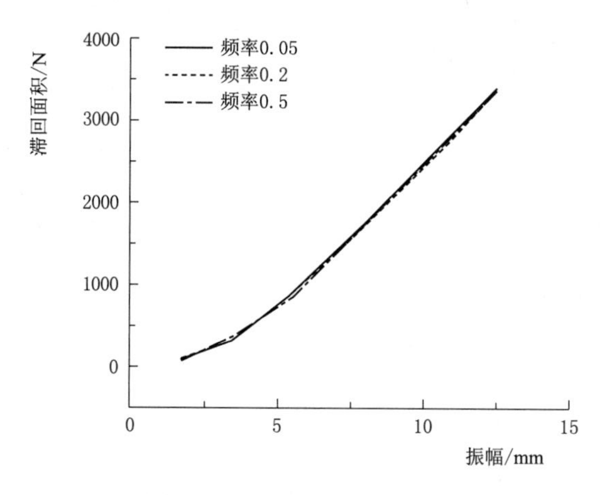

图 3-23 振幅对不同频率下试件 2 滞回面积的影响

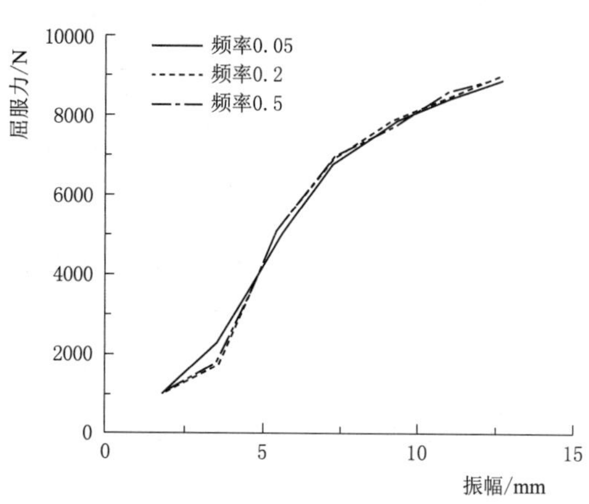

图 3-24 振幅对不同频率下试件 2 的屈服力的影响

表 3-6　　滞　回　面　积

加载频率/Hz	振幅/mm						
	1.8	3.6	5.4	7.2	9	10.8	12.6
	滞回面积/(kN/mm)						
0.05	8936.11	35601.60	84909.50	145524.78	206830.80	272147.59	340844.62
0.20	9380.70	36477.80	89428.40	147652.34	210529.55	274996.87	343666.52
0.50	9629.91	37748.80	89341.92	148459.29	210578.85	274451.91	343355.37

表 3-7　　屈　服　力

加载频率/Hz	振幅/mm						
	1.8	3.6	5.4	7.2	9	10.8	12.6
	屈服力/N						
0.05	1019	2361	4804	6738	7749	8390	8849
0.20	1116	1778	5071	6818	7773	8396	8995
0.50	1044	1860	5055	6964	7676	8542	8987

根据图 3-23 可知，试件 2 的滞回面积随着振动频率的变化不明显，试件 2 的滞回面积随着振幅的增大整体呈增大趋势。

根据图 3-24 可知，试件 2 的屈服力随着振动频率的变化不明显，振幅在 0～5mm 区间时，试件 2 的屈服力在 0.05Hz 下的屈服力最大，试件 2 的屈服力随着振幅的增大整体呈增大趋势，且随着振幅的增大试件 2 的屈服力的增大趋势减缓，见表 3-8、表 3-9。

表 3-8　水平等效刚度

加载频率/Hz	振幅/mm						
	1.8	3.6	5.4	7.2	9	10.8	12.6
	水平等效刚度/(10^3N/m)						
0.05	3981.72	3323.60	2630.85	2179.07	1877.40	1671.63	1512.53
0.20	4219.68	3504.45	2754.72	2290.04	1939.15	1713.70	1550.47
0.50	4299.60	3502.79	2735.96	2284.36	1959.75	1702.50	1537.53

表 3-9　等效阻尼比

加载频率/Hz	振幅/mm						
	1.8	3.6	5.4	7.2	9	10.8	12.6
	等效阻尼比						
0.05	0.3957	0.9483	1.9037	2.9547	3.8996	4.8025	5.6957
0.20	0.3937	0.9223	1.9167	2.8550	3.8533	4.7319	5.6023
0.50	0.3987	0.9576	1.9337	2.9093	3.8471	4.7536	5.6443

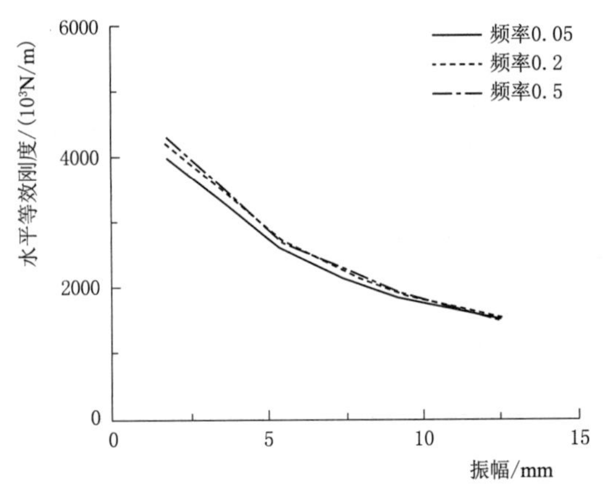

图 3-25　振幅对不同频率下试件 2 的水平等效刚度的影响

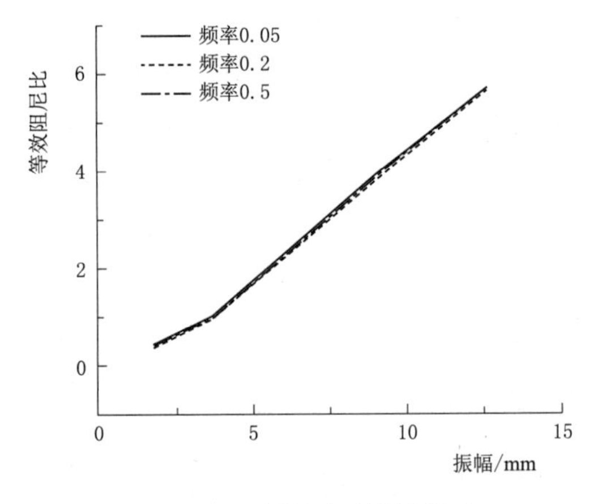

图 3-26　振幅对不同频率下试件 2 的等效阻尼比的影响

根据图 3-25 可知，试件 2 的水平等效刚度随着振动频率的变化不明显，在 0.05Hz 的振动频率下的试件 2 的水平等效刚度是最低的，试件 2 的水平等效刚度随着振幅的增大整体呈减小趋势，且随着振幅的增大试件 2 的水平等效刚度的减小趋势减缓。

根据图 3-26 可知，试件 2 的等效阻尼比随着振动频率的变化不明显，试件 2 的等效阻尼比随着振幅的增大整体呈增大趋势。

根据图 3-27 可知，试件 2 的屈服后刚度随着振动频率的变化不明显，在 0.05Hz 的振动频率下的试件 2 的屈服后刚度的屈服后刚度最小，试件 2 的屈服后刚度随着振幅的增大整体呈减小趋势，且随着振幅的增大试件 2 的屈服后刚度的减小趋势减缓，见表 3-10。

表 3-10 屈服后刚度

加载频率/Hz	振幅/mm						
	1.8	3.6	5.4	7.2	9	10.8	12.6
	屈服后刚度/(10^3N/m)						
0.05	6835.74	5334.44	3482.11	2485.90	2032.20	1788.95	1620.47
0.20	7270.09	6019.73	3629.21	2684.10	2145.80	1872.59	1673.17
0.50	7431.57	5967.45	3592.14	2611.43	2193.69	1923.14	1648.57

3.1.5 小结

多功能复合阻尼器支座的性能试验，主要通过试验方式获取阻尼支座加载时的测定阻尼支座的水平等效刚度、等效阻尼比、屈服后刚度和屈服力等力学性能参数，观察阻尼支座加载时的形变及特征。

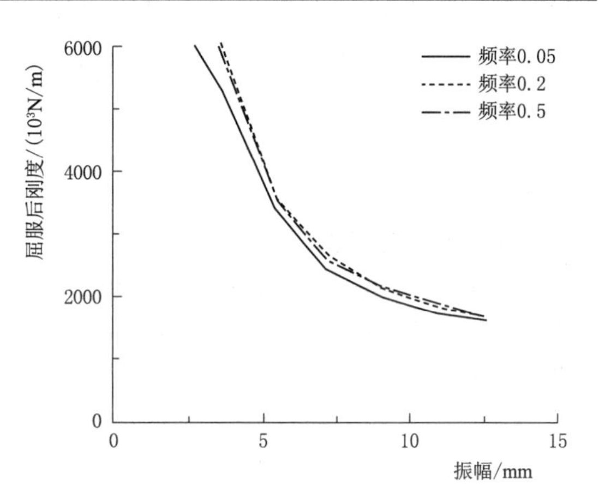

图 3-27 振幅对不同频率下试件 2 的屈服后刚度的影响

从本节的数据统计整理来看，在滞回面积的测量计算中，试件 1 的滞回面积的最大值为 170203.946kN/mm，试件 2 的滞回面积的最大值为 343666.528kN/mm，试件 2 的滞回面积是试件 1 的 201.91%，说明试件 2 在隔震耗能方面确实更加优异，在添加了两块铜缝板后试件 2 的整体消能作用得到了巨大的提升，在地震动中能够削弱更多的地震能量；在屈服力的测量计算中，试件 1 的屈服力的最大值为 3836N，试件 2 的屈服力的最大值为 8995N，试件 2 的屈服力是试件 1 的 234.48%，试件 1 是黏弹性构件，本身在抵抗荷载变形方面的能力就不是很突出，试件 2 在试件 1 的基础上添加了两块铜缝板，提升了整体的抵抗屈服能力，并且铜板开缝之后拥有更好的屈服变形能力，在屈服变形时能够延缓冲击，保持建筑体的稳定性；在水平等效刚度的测量计算中，试件 1 的水平等效刚度的最大值为 3898.88×10^3N/m，试件 2 的水平等效刚度的最大值为 4299.60×10^3N/m，试件 2 的水平等效刚度是试件 1 的 110.27%；在等效阻尼比的测量计算中，试件 1 的等效阻尼比的最大值为 4.0526，试件 2 的等效阻尼比的最大值为 5.6957，试件 2 的等效阻尼比是试件 1 的 140.54%；在屈服后刚度的测量计算中，试件 1 的屈服后刚度的最大值为 5546.66N，试件 2 的屈服后刚度的最大值为 7431.57N，试件 2 的屈服后刚度是试件 1 的 133.98%；试件 1 黏弹性阻尼器的循环剪切试验得出的各项性能数据水平均低于试件 2 铜缝与黏弹性多功能复合阻尼器支座的各项性能数据水平。

本节设计多功能复合阻尼器支座的试品样件并搭建了试验平台，并制定出详细的试验步骤和方法进行抗震性能试验。试验选取最稳定的同一个周期相同频率与振幅下的试验数据进行数据处理。本节根据国标相关要求求解计算出多功能复合阻尼器支座的各项性能数据，为多功能复合阻尼器支座的力学模型建立提供了数据基础。

3.2 多功能复合阻尼器支座数学建模

多功能复合阻尼器支座的力学模型是用来描述多功能复合阻尼器支座行为的数学方程或物理模型。多功能复合阻尼器支座一般由多种类型的阻尼元件组成，例如液体阻尼、摩擦阻尼、气体阻尼等。多功能复合阻尼器支座的力学模型可以通过以下几种方式进行建立——线性模型、非线性模型、力学系统模型等，需要根据具体情况和研究目的选择适当的建模方式。线性模型适用于简单情况和低速运动，非线性模型适用于大幅运动和高速运动，而力学系统模型适用于综合考虑多个力学元件的复杂阻尼器行为分析。建立多功能复合阻尼器支座的力学模型可以提供对其行为特性和工作原理的深入理解，为理论研究、工程应用和系统控制提供支持，并应用于下一章大型渡槽抗震的地震动响应模拟当中。

3.2.1 阻尼器模型

3.2.1.1 非线性模型

非线性模型用于描述阻尼器的非线性行为，考虑阻尼力与速度之间的非线性关系。在实际情况中，阻尼器的行为可能不满足简单的线性关系，因此需要使用更复杂的非线性模型来更准确地描述其特性。

常见的非线性模型包括 Stribeck 模型、Coulomb 摩擦模型、带有幂函数的模型和其他复杂非线性模型。这些模型能更准确地描述大幅运动和高速运动情况下的阻尼器行为。非线性模型可以更好地反映实际阻尼器的特性，但在分析和求解方面可能更加复杂。

其中，Stribeck 模型将阻尼力分为静摩擦力、黏滞摩擦力和 Coulomb 摩擦力三个部分，并考虑摩擦力对速度的非线性依赖关系，有学者利用 Stribeck 模型对摩擦界面黏滑振动数值进行仿真分析。Coulomb 摩擦模型是一种经典的非线性模型，它基于 Coulomb 摩擦定律，假设阻尼力在某个临界速度下为常数，超过该速度则为另一个常数，这种模型适用于描述具有摩擦特性的阻尼器，例如液体摩擦阻尼器。有学者基于 Mohr - Coulomb 准则提出岩石弹塑性损伤模型应力更新算法，实现弹塑性损伤模型数值求解。带有幂函数的模型，这类模型使用幂函数来描述阻尼力与速度之间的关系，通常形式为

$$F_d = a \times v^n \tag{3-7}$$

式中 a 和 n——模型的参数。带有幂函数的模型可以更灵活地适应不同的非线性行为。

根据具体情况和需求，还可以使用其他复杂的非线性模型，如 Bingham 模型、Maxwell 模型、Voigt 模型、Kelvin - Voigt 模型等，它们考虑了阻尼器的多种特性和动态行为。

建立非线性模型通常需要进行试验数据采集，并使用参数拟合等方法确定模型参数。非线性模型的优点是能够更准确地描述阻尼器的行为，但同时也增加了计算复杂度和对试验数据质量的要求。通过选择合适的非线性模型，可以更精确地分析和预测阻尼器的响应。

3.2.1.2 力学系统模型

力学系统模型将阻尼器作为一个力学系统的一部分来建立模型，考虑阻尼器与其他力学元件（如弹簧、质量等）之间的相互作用，以更全面地描述阻尼器的行为。通过建立包

含阻尼器的力学系统，可以使用动力学方程和基本原理来分析系统的响应和稳定性。这种模型能够考虑多个因素的综合影响，对于复杂的阻尼器结构和行为分析有较高的准确性。

当将多功能复合阻尼器支座视为力学系统的一部分时，可以建立一个更复杂的力学系统模型。这个模型基于物体运动和相互作用的原理，并考虑了阻尼器与其他力学元件（如弹簧、质量等）之间的相互作用。

假设多功能复合阻尼器支座与其他力学元件通过弹簧连接并共享一个参考坐标系。在建立力学系统模型时关键点为阻尼特性、弹簧特性、质量分布和初始条件等。

（1）阻尼特性：多功能复合阻尼器支座的主要作用是提供阻尼力，使得系统中的物体受到阻尼作用而减小振幅或速度。阻尼器的阻尼特性可以是线性的，也可以是非线性的。线性阻尼器模型中，阻尼力与系统的速度成正比；非线性阻尼器模型中，阻尼力随速度变化而变化。

（2）弹簧特性：多功能复合阻尼器支座通常与弹簧连接，弹簧提供恢复力以维持物体的运动。弹簧的刚度决定了系统的弹性特性。根据胡克定律，弹簧力与位移成正比，可以使用弹簧常数来描述。

（3）质量分布：在力学系统模型中，需要考虑物体的质量分布。包括确定每个物体的质量以及它们在系统中的位置和运动状态。

（4）初始条件：初始位移、速度等这些初始条件可以对系统的运动行为产生影响。

通过将阻尼器与其他力学元件的相互作用加入到整个系统的运动方程中，得到包含多功能复合阻尼器支座的力学系统模型，使用解析方法或数值方法进行求解，从而研究和预测系统的运动行为。

建立多功能复合阻尼器支座的力学系统模型时，应该综合考虑阻尼器的特性、弹簧的特性、物体的质量分布以及系统的初始条件等因素。同时，模型的建立也需要根据具体问题和实际情况进行调整和验证。

3.2.1.3 Bingham 模型

Bingham 模型是一种非线性模型，用于描述具有塑性流变特性的材料行为。在弹性阶段，材料表现出固体的刚性特性，而在超过一定应力阈值后，材料才开始流动，并且流动速率与施加的应力成正比。在本节中，通过试验滞回曲线来建立模型，使用试验数据对 Bingham 模型的参数进行拟合计算，从而得到模型的具体形式和参数值。

Bingham 模型最初由 Eugene C. Bingham 在 20 世纪初提出。Bingham 模型通常应用于液体或软膏状物质等具有塑性流变特性的材料。Bingham 模型假设材料在施加足够大的剪切应力之前是完全刚性的，也就是在初始阶段材料不会发生流动，称为静态剪切应力阈值。当施加的剪切应力超过静态剪切应力阈值时，材料开始流动，并且流动速率与施加的剪切应力成正比。模型的数学表达式如下：

$$\tau=\tau_0+\mu\gamma \tag{3-8}$$

式中 τ——材料内部的剪切应力，N/m^2；

τ_0——静态剪切应力阈值，表示施加足够大的剪切应力前材料的抵抗能力，N/m^2；

μ——材料的黏度或黏滞性，表示材料流动的程度；

γ——剪切速率，表示单位时间内施加的剪切应变，m/s。

Bingham模型可以通过试验数据来确定参数 τ_0 和 μ 的值。一种常见的方法是使用试验滞回曲线来测量材料的应力—应变关系。在试验中，通过施加不同的剪切应力并测量相应的剪切应变，可以得到一系列数据点。使用这些数据点，可以进行曲线拟合，并使用最小二乘法等方法来确定参数 τ_0 和 μ 的值。

3.2.2　多功能复合阻尼器支座的力学模型建立

多功能复合阻尼器支座的力学模型建立基于振动力学理论。在滞回曲线中，其包围的面积代表了一个周期内黏弹性阻尼所消耗的能量。即

$$\Delta E = W_c = \pi C B^2 \omega \tag{3-9}$$

式中　ΔE、W_c——一个周期内阻尼力消耗的能量，J；

B——振幅，cm；

C——阻尼系数。

阻尼系数的表达式为

$$C = \frac{\Delta E}{\pi \omega B^2} \tag{3-10}$$

X 代表系统位移，其表达式为 $X(t) = B\sin(\omega t)$。假设系统只受阻尼力的影响，那么阻尼力 $F_d = C\dot{X}$，即 $F_d = C\dot{X}(t) = CB\omega\cos(\omega t)$。

合并式（3-9）和式（3-10），可以得到：

$$\frac{X^2}{B^2} + \frac{F_d^2}{CB\omega^2} = 1 \tag{3-11}$$

根据式（3-11），滞回曲线理论上是一个标准的椭圆，如图3-28所示。

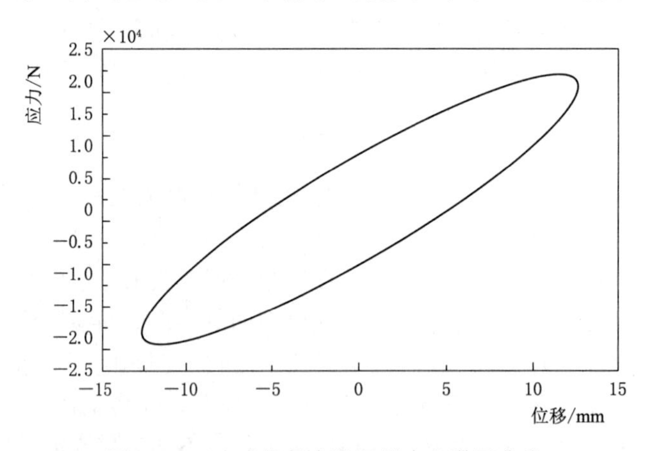

图3-28　多功能复合阻尼器支座滞回曲线

通过试验观察得知滞回曲线的形状与标准的椭圆不同，需要在建模中考虑弹性恢复力和黏弹性阻尼力的共同作用。弹性恢复力即 KX，用 F_s 表示。

试验结果表明，最初假设系统只受黏弹性阻尼力影响的假设是不正确的。实际情况下，除了黏弹性阻尼力外，还存在弹性恢复力的作用，即弹簧单元。因此需要考虑弹簧单元与Bingham模型的组合。

橡胶阻尼器被视为一个抗冲元件，其中金属橡胶阻尼器主要由橡胶或者铅芯和橡胶组

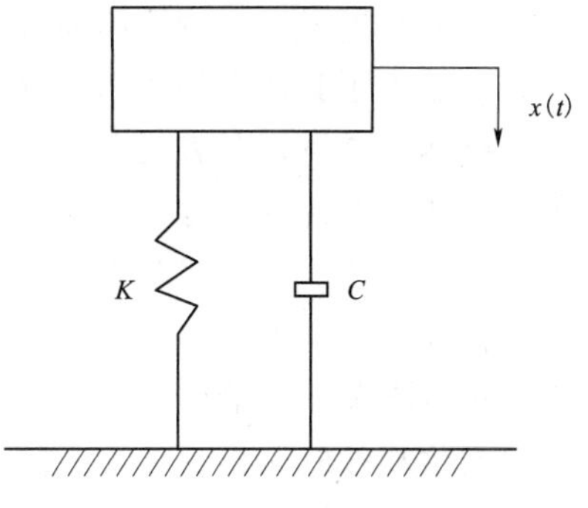

图 3-29　阻尼器力学模型

成。在建模中，将橡胶块视为弹簧，其刚度设为 K，而阻尼器的阻尼系数设为 C。外界激励力 F 作用于该模型。忽略垂直方向的振动，并假设输入减震系统的激励为 $x(t)$。据此建立单自由度系统的力学模型，如图 3-29 所示。

加载过程中橡胶阻尼器的变形大致分为 3 个阶段。屈服前阶段即为弹性阶段，此时加载力会导致橡胶产生弹性变形，而且变形随加载力的增加是可逆的。其次是屈服阶段，在这个阶段，加载力达到橡胶的变形极限，橡胶开始发生非弹性变形。最后是屈服后阶段，在该阶段中，橡胶的变形继续增加，但加载力的增加对变形的影响较小。阻尼的作用是耗散能量，因此会使系统的振动衰减，并影响振幅和相位。

假设输入减震系统的激励为 $X(t)=B\sin(\omega t)$

对于所建立的力学模型，可以观察到橡胶阻尼器的回滞力 F 包括弹性力和黏性阻尼力两部分。其数学表达式为

$$F=F_s+F_d \tag{3-12}$$

式中　F_s——弹性力，其表达式为 $F_s=KX$，kN；

F_d——黏性阻尼力，$F_d=C\dot{X}$，kN。

所以 F 有如下表达式：

$$F=KX(t)+C\dot{X}(t)=KB\sin(\omega t)+CB\omega\cos(\omega t) \tag{3-13}$$

3.2.3　阻尼器力学模型可靠性的验证

为了验证阻尼器力学模型的可靠性，振幅取 $B=12.6$ mm，频率取 $f=0.05$ Hz，循环剪切速度为 200mm/min，根据上述表格内试验测得的阻尼支座的水平等效刚度 K_h、等效阻尼比 h_{eq}、屈服后刚度 K_d、阻尼力 F_d 等各项参数套入 F 的表达式用 MATLAB 画出试验滞回曲线和理论的滞回曲线对比图，如图 3-30 所示。

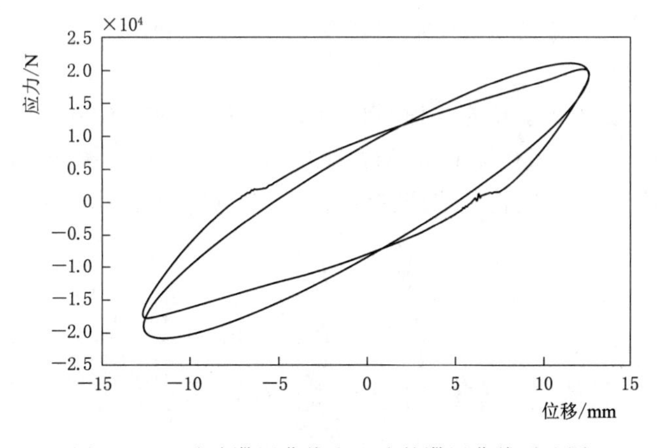

图 3-30　试验滞回曲线和理论的滞回曲线对比图

通过对比观察试验获得的滞回曲线与力学模型所画出的理论滞回曲线，可以发现两者

之间存在一些差异。理论滞回曲线通常更加平滑，没有设备误差和环境干扰导致的曲线段落曲折。是由于其他力的作用或操作系统误差等因素导致的。

从整体上来讲，两者的图形形状基本吻合，数值上的差别也很微小。阻尼器具备良好的使用性能。系统的恢复力大体上可以分为两部分，即黏性阻尼力和弹性力。

通过对试验滞回曲线和理论滞回曲线的对比，可以得出结论：所建立的力学模型基本上能够描述铜缝与橡胶多功能复合阻尼器支座的基本特性。尽管存在一些微小差异，但模型仍能提供有关系统响应和性能的重要信息。这种对比分析可以帮助更好地理解和优化铜缝与橡胶多功能复合阻尼器支座的工作原理和性能。

3.2.4　小结

本节为多功能复合阻尼器支座的力学模型建立与可靠性验证，依据振动力学的相关理论进行建模，并根据试验情况对力学模型进行优化调整。优化的模型基于 Bingham 模型来进行建模，在摩擦和黏弹性单元基础上增加了弹簧单元建立力学模型。同时，本节对建立的阻尼器力学模型进行了可靠性验证。本节通过 MATLAB 绘制出模型优化后的理论滞回曲线，并与试验滞回曲线进行对比。结果表明，所建立的力学模型可以较为准确地描述铜缝与橡胶多功能复合阻尼器支座的基本特性。

3.3　装配多功能复合阻尼器支座的大型渡槽地震动响应分析

3.3.1　工程概况

董家村槽总长 238.943m，设计为简支梁式结构，用于跨越董家村箐沟。设计流量为 $120\text{m}^3/\text{s}$，共计 8 个跨，每个跨的跨度为 30m。渡槽采用预应力 C50 混凝土材料，具有三箱矩型断面型式。

为确保董家村渡槽在地震发生时的抗震安全性，需要进行专门的研究和论证。渡槽承受的结构荷载较大，因此需要进行全面的动力反应计算和分析研究，以评估其抗震安全性。墩身采用实心重力墩，并采用桩基加固处理方式。这些措施将有助于科学评估渡槽在地震情况下的反应情况，并提供科学依据来指导工程设计和施工，以确保渡槽的正常运行和抗震能力。

董家村渡槽槽身、槽墩上墩台、渡槽墩身分别采用 C50、C30、C25 混凝土。材料参数如下，其中，密度均为 2500kg/m^3，泊松比均为 0.167，弹性模量为静弹模。

渡槽结构为铜筋混凝土结构，依据弹性力学可知线弹性结构的应变应力关系如下：

$$\begin{Bmatrix}\varepsilon_x\\ \varepsilon_y\\ \varepsilon_z\end{Bmatrix}=\begin{bmatrix}\dfrac{1}{E} & -\dfrac{\mu}{E} & -\dfrac{\mu}{E}\\ -\dfrac{\mu}{E} & \dfrac{1}{E} & -\dfrac{\mu}{E}\\ -\dfrac{\mu}{E} & -\dfrac{\mu}{E} & \dfrac{1}{E}\end{bmatrix}\begin{Bmatrix}\sigma_x\\ \sigma_y\\ \sigma_z\end{Bmatrix};\begin{Bmatrix}\gamma_x\\ \gamma_y\\ \gamma_z\end{Bmatrix}=\frac{1}{G}\begin{Bmatrix}\tau_{xy}\\ \tau_{yz}\\ \tau_{zx}\end{Bmatrix} \tag{3-14}$$

式中　E——弹性模量，Pa；

　　μ——泊松比；

G——剪切模量，Pa。

其中 $G=\dfrac{E}{2(1+\mu)}$，所以式（3-14）只有两个参数。

依据应力应变关系式，通过对式（3-14）求逆就可以得到应力应变关系，如下：

$$\{\sigma\}=K[D]\{\varepsilon\} \tag{3-15}$$

式中 $\{\sigma\}$——应力矩阵；

K——弹性系数；

$[D]$——弹性矩阵；

$\{\varepsilon\}$——应变矩阵。

其中：

$$\{\sigma\}=\begin{Bmatrix}\sigma_x\\ \sigma_y\\ \sigma_z\\ \tau_{xy}\\ \tau_{yz}\\ \tau_{zx}\end{Bmatrix},\quad \{\varepsilon\}=\begin{Bmatrix}\varepsilon_x\\ \varepsilon_y\\ \varepsilon_z\\ \gamma_{xy}\\ \gamma_{yz}\\ \gamma_{zx}\end{Bmatrix} \tag{3-16}$$

$$K=\frac{E}{(1+\mu)(1-2\mu)} \tag{3-17}$$

$$[D]=\begin{bmatrix}1-\mu & \mu & \mu & 0 & 0 & 0\\ \mu & 1-\mu & \mu & 0 & 0 & 0\\ \mu & \mu & 1-\mu & 0 & 0 & 0\\ 0 & 0 & 0 & \dfrac{1-2\mu}{2} & 0 & 0\\ 0 & 0 & 0 & 0 & \dfrac{1-2\mu}{2} & 0\\ 0 & 0 & 0 & 0 & 0 & \dfrac{1-2\mu}{2}\end{bmatrix} \tag{3-18}$$

对槽内水体的作用具体的处理方式选择参考 NB 35047—2015《水电工程水工建筑物抗震设计规范》和 GB 51247—2018《水工建筑物抗震设计标准》。在渡槽抗震计算中，作用在矩型渡槽的顺槽向各截面槽体内的动水压力可分为冲击压力和对流压力两部分，其计算方法如图 3-31 所示。

3.3.2 支座参数

在本研究中，采用了两种不同类型的支座：普通盆式橡胶支座和铜缝与黏弹性复合减隔震支座。前者 3 个方向的刚度参数见表 3-11。

表 3-11　　普通橡胶支座三个方向刚度参数

方向	x 方向	z 方向	y 方向
参数值/(N/mm)	2.72×10^8	2.72×10^8	6×10^8

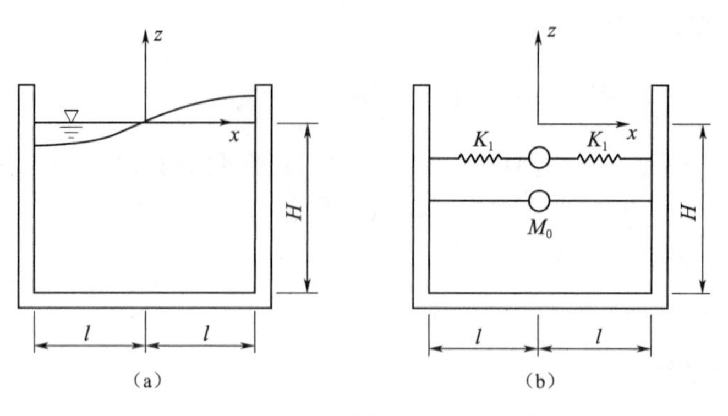

图 3-31　动水压力计算模型示意图

复合减隔震支座的参数，在上一节已经计算得出了试验数据，可以直接用于弹簧单元。多功能复合支座参数见表 3-12。

表 3-12　多功能复合支座参数

支座参数	取值	支座参数	取值
水平屈服力 Q/kN	8849	屈服后水平刚度 K_d/(kN/mm)	1620.4761
屈服前刚度 K_u/(kN/mm)	1512.5396	等效阻尼比 ζ/%	5.6957

在 ANSYS 中实现隔震支座的模拟，可以采用以下几种单元：竖直方向刚度的模拟可以使用 combin 14 单元。在两个水平方向上，可以采用 combin 40 单元，两种单元的力学模型图分别如图 2-12 和图 2-13 所示。

隔震支座的基本参数包括：屈服前刚度 K_u、屈服后刚度 K_d、屈服力 Q_d 和阻尼比。通过 combin 40 单元的力学原理图，可以选择以下参数：$K_2=K_d$，$K_1=K_u-K_d$，FSLIDE$=Q_d$，GAP$=0$。

3.3.3　动力分析模型

进行地震响应分析时，确定渡槽结构的模型范围至关重要。本研究中渡槽单跨长度为 30m，是三槽一联的多跨简支结构，且墩柱高度相近。为了避免边界选取对结构动力计算的影响，本研究将渡槽作为一个计算单元进行分析。考虑到整体长度不大且地基条件件相似，因此选择了部分跨段进行动力响应分析。由于董家村渡槽工程采用多个单跨简支梁结构且跨度较小各部分相对比较独立，因此采用一致激励分析。

本研究不关注多点激励问题，重点关注槽内水体与槽体的动力相互关系，以及减隔震支座对渡槽地震响应的影响分析。研究建立了董家村渡槽全段 8 跨中的三跨三维有限元模型，其中槽体、槽墩和地基有限土体均采用三维实体单元进行模拟。普通支座和多功能复合阻尼器支座则采用弹簧单元进行组合模拟。针对如何选择能够近似代替无限远实际情况的土体，著者依据相关研究成果，拟建立三维有限元模型如图 3-32 所示。

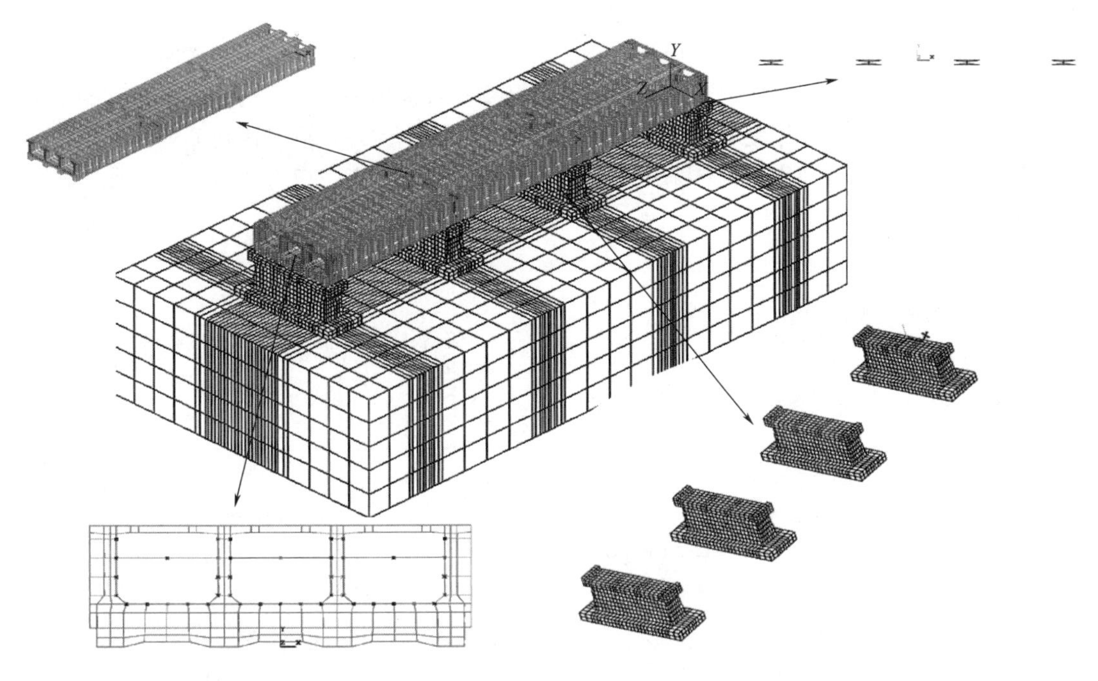

图 3-32 三维有限元模型

3.4 不同工况下渡槽结构地震动响应分析

本节分析了不同水深对渡槽在地震波下的地震响应的影响，我国水工建筑物抗震设计标准中明确规定在对渡槽结构进行时程分析时，应选择 3 组或 3 组以上的地震波分别作用于结构。本节中旨在考虑对不同工况下渡槽结构的地震动响应，因此在太平洋地震工程研究中心 PEER 地震波数据库中只选取一条经典的 EI-Centro 地震波进行分析，EI-Centro 地震波选择其具有代表性的前 20s 时程记录进行分析研究，并把其峰值加速度调整至 0.2g，以满足要求。变量为空槽、1/2 槽、3/4 槽和设计流量水位的不同水深。在探讨水深影响的同时，对采用普通盆式橡胶支座和复合减隔震两种支座的地震响应差别进行对比。研究选取渡槽结构的跨中断面上的若干特征点来分析地震响应。特征点位置如图 3-33 所示。

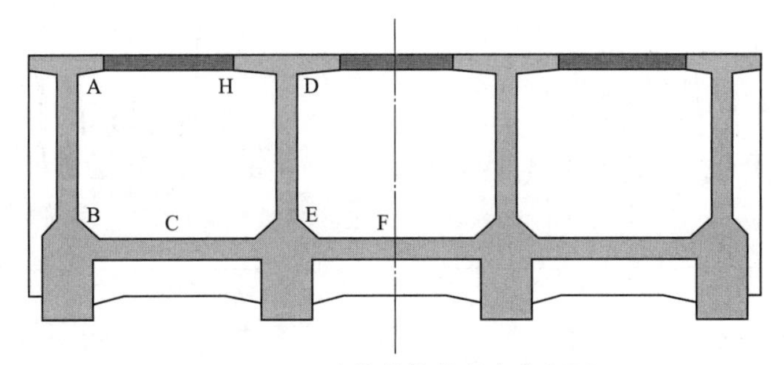

图 3-33 渡槽结构特征点位置图

3.4.1 工况 1（空槽）渡槽结构地震响应

工况 1 为（空槽）渡槽结构，应用时程分析法，可以绘制出大型渡槽的横向变形、边槽底板竖向变形、中槽底板竖向变形的变形时程，其中虚线被用来表示采用普通支座时的变形情况，实线被用来表示采用复合减隔震支座时的变形情况。此外，可以得到 7 个特征点的应力时程，复合支座和普通支座同样采用不同线条进行区分，各点主应力如图 3-34 所示。

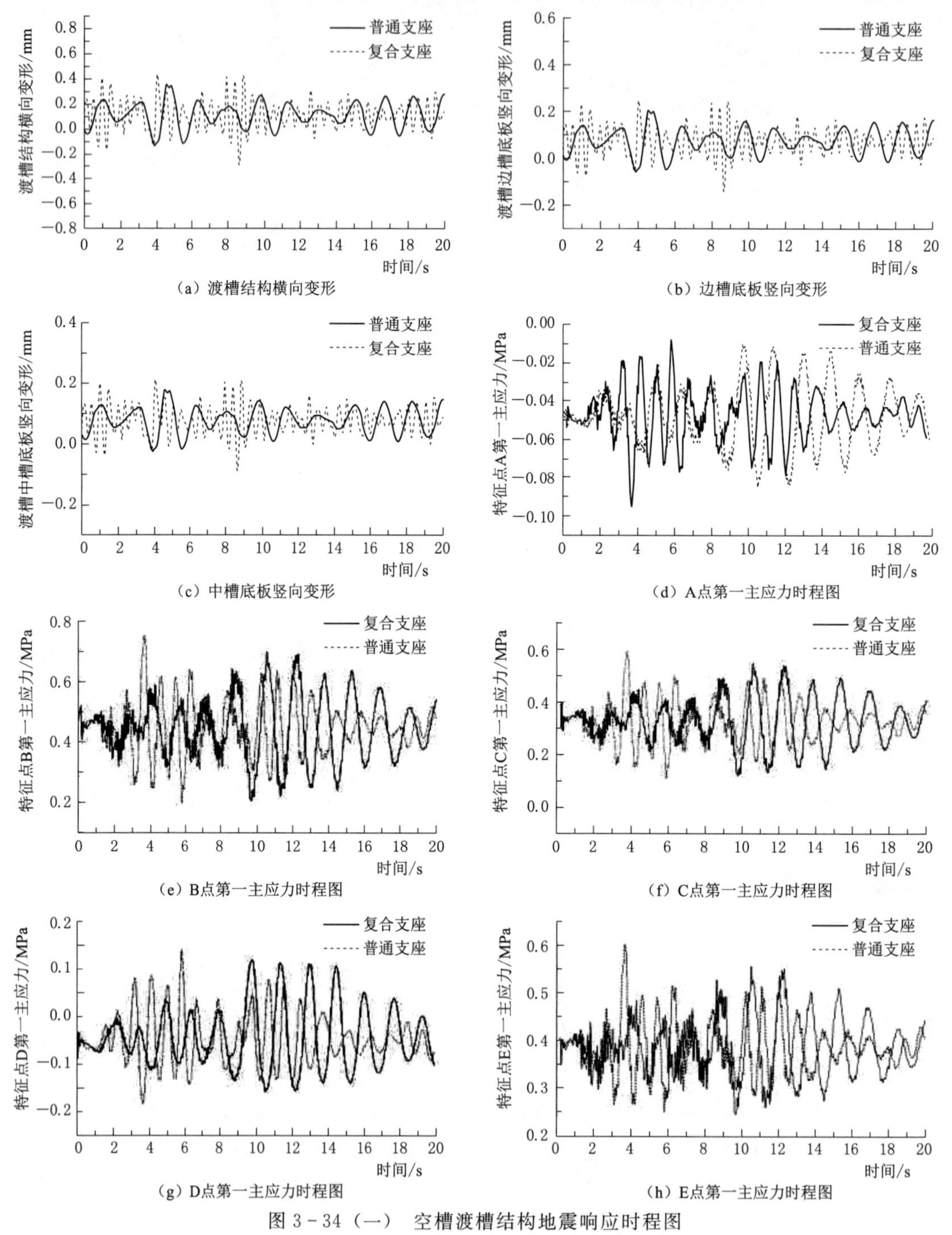

图 3-34（一） 空槽渡槽结构地震响应时程图

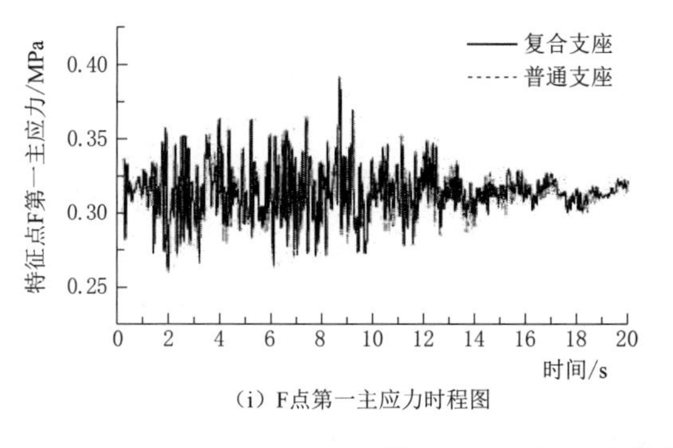

（i）F点第一主应力时程图

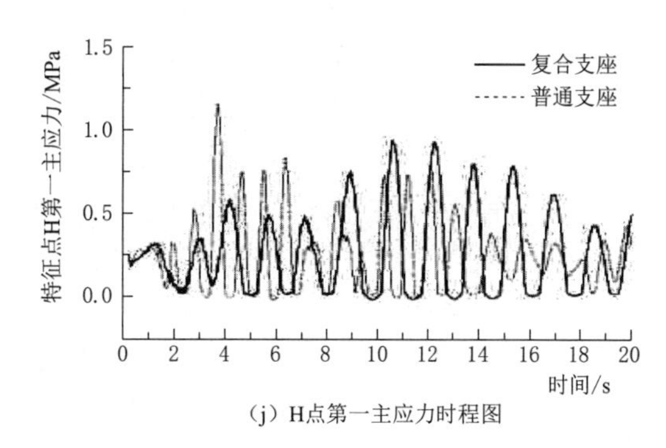

（j）H点第一主应力时程图

图 3-34（二） 空槽渡槽结构地震响应时程图

表 3-13　　不同支座地震响应对比

位　置	工况 1（空槽）		响应降低百分比/%
	普通盆式橡胶支座	铜缝与黏弹性复合减隔震支座	
渡槽竖墙横向变形/mm	0.76	0.29	61.84
边槽底板竖向变形/mm	0.26	0.21	19.23
中槽底板竖向变形/mm	0.22	0.18	18.18
特征点 A 第一主应力/MPa	−0.09	−0.21	133.33
特征点 B 第一主应力/MPa	0.75	0.69	8.00
特征点 C 第一主应力/MPa	0.61	0.53	13.11
特征点 D 第一主应力/MPa	0.16	0.06	62.50
特征点 E 第一主应力/MPa	0.63	0.49	22.23
特征点 F 第一主应力/MPa	0.39	0.33	15.39
特征点 H 第一主应力/MPa	1.44	0.87	39.58

在地震作用下使得渡槽产生了结构横向变形以及渡槽地板的竖向变形，从表 3-13 可知：在普通支座的作用下渡槽结构的最大变形量为 0.76mm，将普通支座换为铜缝与黏弹性复合支座时渡槽结构的横向变形量减小为 0.29mm，变形量降低了 61.84%。

通过观察图 3-34 和表 3-13，可以得出以下结论：

（1）特征点 A 的第一主应力在 2.54s 时达到最大值，最大值为 0.21MPa，A 点为受压状态，所以第一主应力一直为负。

（2）特征点 B 位于边槽底板与竖墙相交位置处，B 的第一主应力在 2.42s 时达到最大值，最大值为 0.75MPa。当采用复合支座时，B 的应力峰值降低至 0.69MPa，降低了 8%。

（3）特征点 C 位于边槽底板中部位置，C 的第一主应力在 2.42s 时达到最大值，最大值为 0.61MPa。当采用复合支座时，特征点 C 的应力峰值降低至 0.53MPa，降低了 13.11%。

（4）特征点 D 的第一主应力在 2.54s 时达到最大值为 0.16MPa，当采用复合支座时，该点的应力峰值降低至0.06MPa，降低了62.5%。

（5）特征点E的第一主应力在2.42s时达到最大值为0.63MPa，当采用复合支座时，该点的应力峰值降低至0.49MPa，降低了22.23%。

（6）特征点F的第一主应力在2.42s时达到最大值为0.39MPa，当采用铜缝与黏弹性复合减隔震支座时，该点的应力峰值降低至0.33MPa，降低了15.39%。

（7）特征点H的第一主应力在2.42s时达到最大值为1.44MPa，当采用铜缝与黏弹性复合减隔震支座时，该点的应力峰值降低至0.87MPa，降低了39.58%。

通过上述的对比，可以得出以下结论：当采用铜缝与黏弹性复合减隔震支座时，渡槽相应的变形和7个特征点的应力值都有显著降低。最大变形量的降低比例达到了61.84%，最大应力值降低了133.33%。这些结果表明，采用复合减隔震支座能够大幅度减小渡槽结构的响应，从而保证渡槽结构的安全性。且复合减隔震支座的滞回曲线充实饱满，表明该支座具有较好的耗能和减震效果。进一步验证了多功能复合阻尼器支座的有效性。

3.4.2　工况2（1/2槽水位）渡槽结构地震响应

工况2为（1/2槽水位）渡槽结构，应用时程分析法，可以绘制出大型渡槽的横向变形、边槽底板竖向变形、中槽底板竖向变形的变形时程，与工况1相同，其中虚线和实线被用来表示采用普通支座和复合减隔震支座时的变形情况。此外，可以得到7个特征点的应力时程，复合支座和普通支座同样采用不同线条进行区分，各点主应力如图3-35所示。

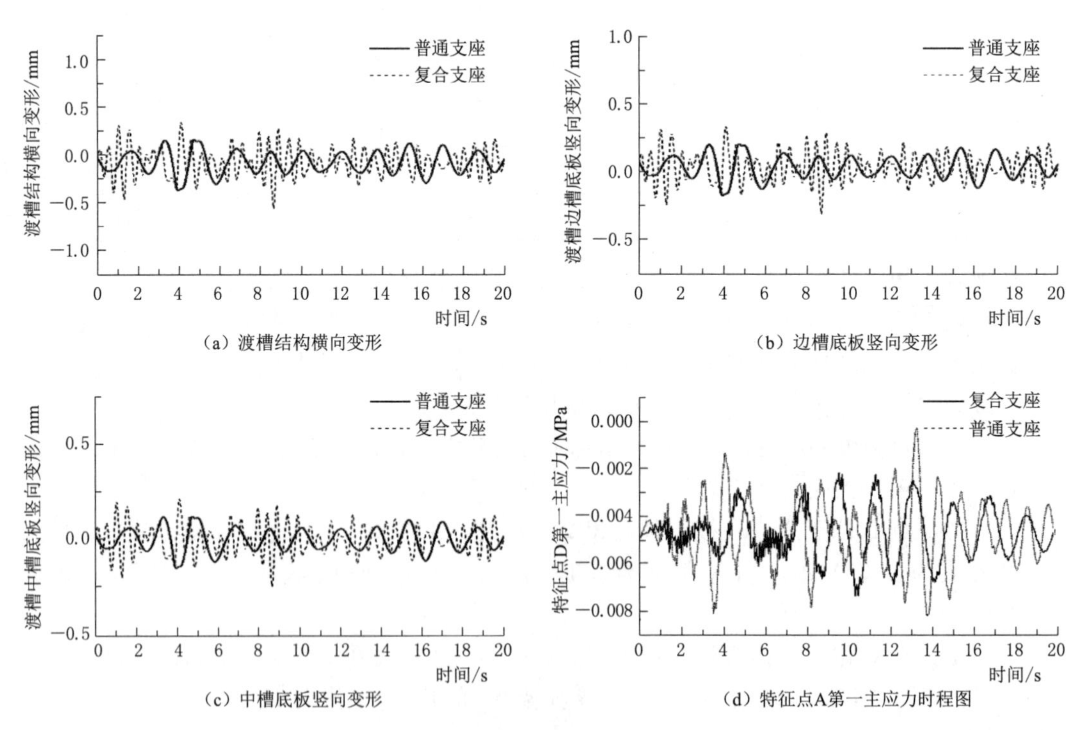

图3-35（一）　1/2槽水位渡槽结构地震响应时程图

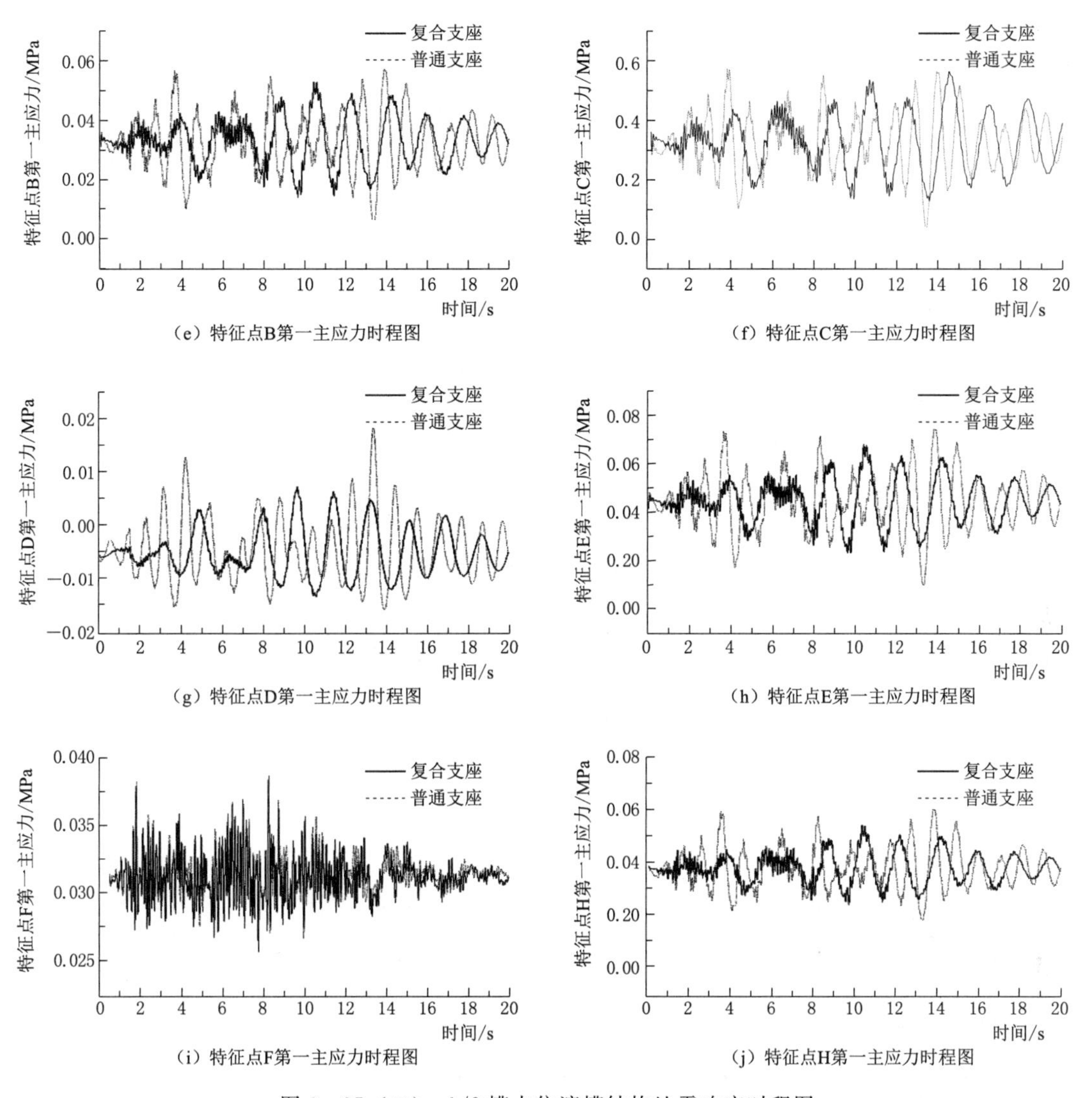

（e）特征点B第一主应力时程图

（f）特征点C第一主应力时程图

（g）特征点D第一主应力时程图

（h）特征点E第一主应力时程图

（i）特征点F第一主应力时程图

（j）特征点H第一主应力时程图

图 3-35（二） 1/2 槽水位渡槽结构地震响应时程图

表 3-14　　不同支座地震响应对比

位　　置	工况 2（1/2 槽水深）		响应降低百分比/%
	普通盆式橡胶支座	铜缝与黏弹性复合减隔震支座	
渡槽竖墙横向变形/mm	0.490	0.240	51.02
边槽底板竖向变形/mm	0.310	0.190	38.71
中槽底板竖向变形/mm	0.260	0.130	50.00
特征点 A 第一主应力/MPa	0.012	−0.019	225.00
特征点 B 第一主应力/MPa	0.580	0.420	27.59
特征点 C 第一主应力/MPa	0.610	0.430	29.51

续表

位　置	工况 2（1/2 槽水深）		响应降低百分比/%
	普通盆式橡胶支座	铜缝与黏弹性复合减隔震支座	
特征点 D 第一主应力/MPa	0.190	0.070	63.16
特征点 E 第一主应力/MPa	0.730	0.610	16.44
特征点 F 第一主应力/MPa	0.380	0.350	7.89
特征点 H 第一主应力/MPa	0.620	0.530	14.52

在地震作用下使得渡槽产生了结构横向变形以及渡槽地板的竖向变形，从表 3-14 可知：在普通支座的作用下渡槽结构的最大变形量为 0.49mm。将普通支座换为铜缝与黏弹性复合支座时渡槽结构的横向变形量减小为 0.24mm，变形量降低了 51.02%。

从图 3-35 和表 3-14 中可以得到以下信息：

（1）特征点 A 的第一主应力在 2.56s 时达到最大值，最大值为 0.012MPa，A 为受压状态，所以第一主应力一直为负。且即使采用铜缝与黏弹性复合减隔震支座，A 点的应力峰值也为负。

（2）特征点 B 的第一主应力在 2.44s 时达到最大值，最大值为 0.58MPa。当采用复合减隔震支座时，B 的应力峰值降低至 0.42MPa，降低了 27.59%。

（3）特征点 C 的第一主应力在 2.44s 时达到最大值，最大值为 0.61MPa。当采用复合减隔震支座时，特征点 C 的应力峰值降低至 0.43MPa，降低了 29.51%。

（4）特征点 D 的第一主应力在 2.56s 时达到最大值为 0.19MPa。当采用复合支座时，该点的应力峰值降低至 0.07MPa，降低了 63.16%。

（5）特征点 E 的第一主应力在 2.44s 时达到最大值为 0.73MPa。当采用复合支座时，该点的应力峰值降低至 0.61MPa，降低了 16.44%。

（6）特征点 F 的第一主应力在 2.42s 时达到最大值为 0.38MPa。当采用复合支座时，该点的应力峰值降低至 0.35MPa，降低了 7.89%。

（7）特征点 H 的第一主应力在 2.44s 时达到最大值为 0.62MPa。当采用复合支座时，该点的应力峰值降低至 0.53MPa，降低了 14.52%。

通过上述的对比，可以得出以下结论：当采用铜缝与黏弹性复合减隔震支座时，渡槽相应的变形和 7 个特征点的应力值都有显著降低。最大变形量的降低比例达到了 51.02%，最大应力值降低了 225%。这些结果表明，采用复合减隔震支座能够大幅度减小渡槽结构的响应，从而保证渡槽结构的安全性。且复合减隔震支座的滞回曲线充实饱满，进一步验证了多功能复合阻尼器支座的有效性。

3.4.3　工况 3（3/4 槽水位）渡槽结构地震响应

工况 3 为（3/4 槽水位）渡槽结构，应用时程分析法，可以绘制出大型渡槽的横向变形、边槽底板竖向变形、中槽底板竖向变形的变形时程，与前两个工况相同，其中虚线和实线分别被用来表示采用普通支座和复合减隔震支座时的变形情况。此外，可以得到 7 个特征点的应力时程，两种支座同样采用不同线条进行区分，各点主应力如图 3-36 所示，见表 3-15。

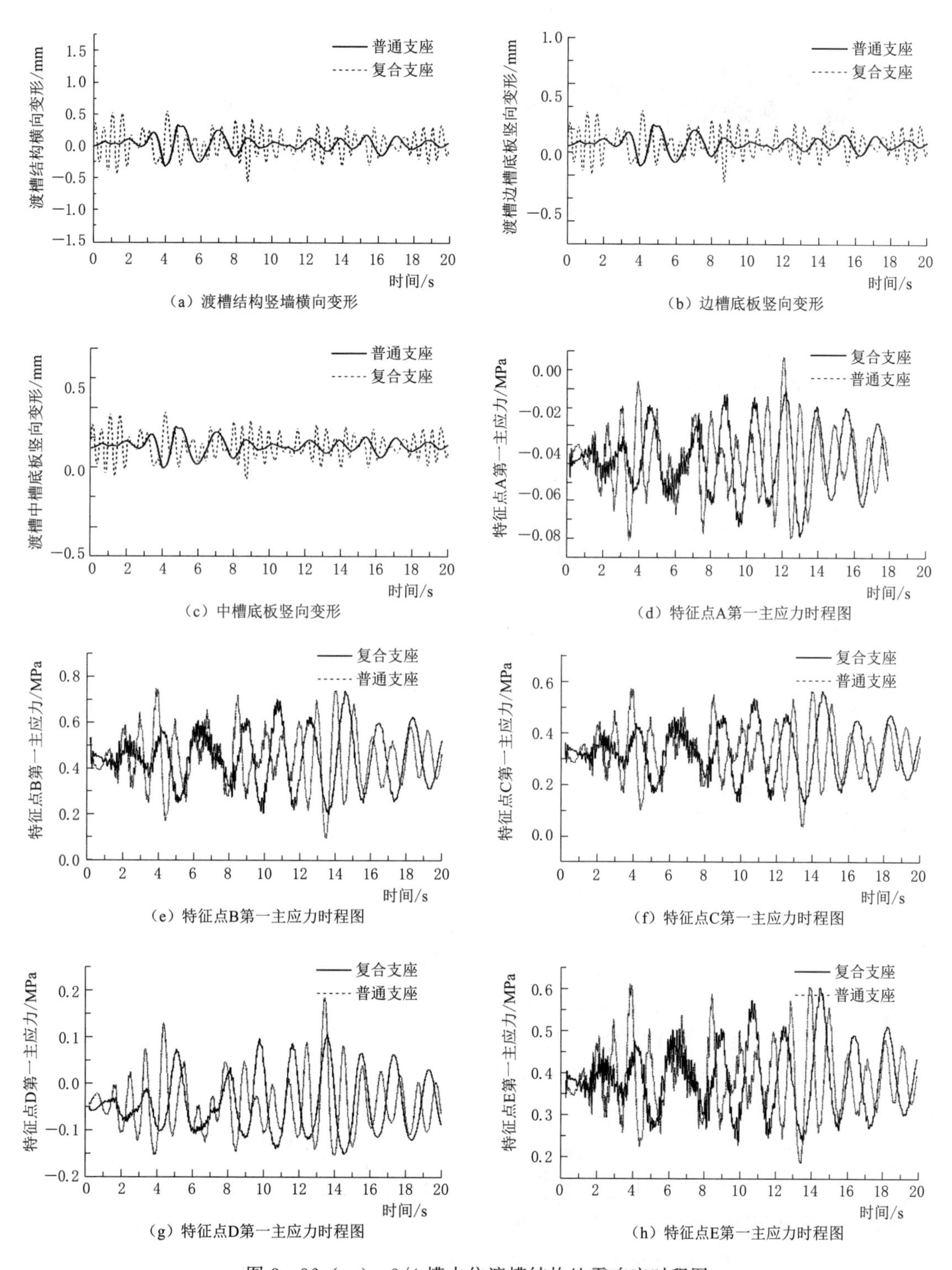

图 3-36（一） 3/4 槽水位渡槽结构地震响应时程图

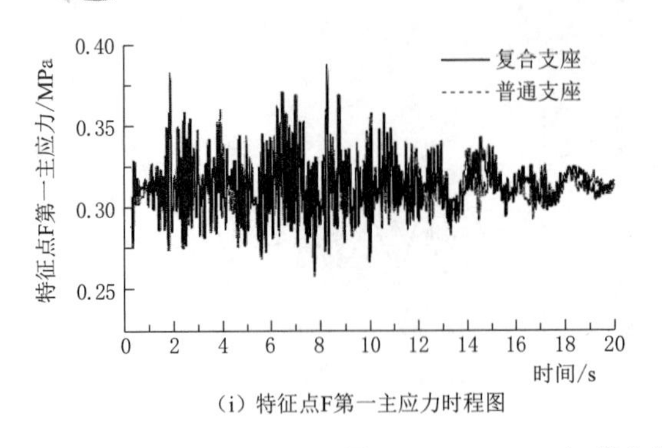

(i) 特征点F第一主应力时程图

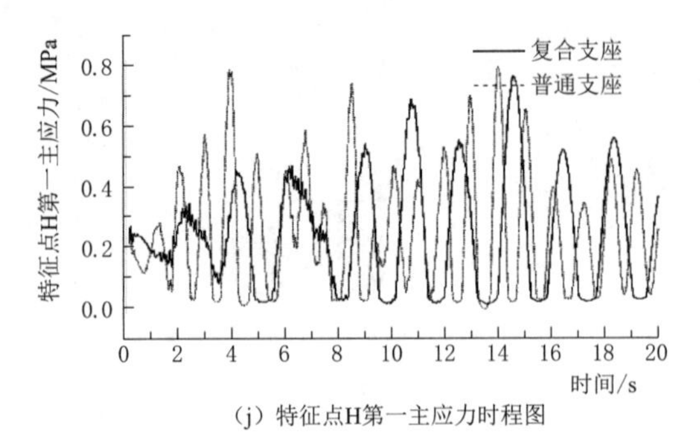

(j) 特征点H第一主应力时程图

图3-36(二) 3/4槽水位渡槽结构地震响应时程图

表3-15 不同支座地震响应对比

位置	工况3(3/4槽水深)		响应降低百分比/%
	普通盆式橡胶支座	铜缝与黏弹性复合减隔震支座	
渡槽竖墙横向变形/mm	0.64	0.27	57.81
边槽底板竖向变形/mm	0.42	0.25	40.48
中槽底板竖向变形/mm	0.29	0.23	20.69
特征点A第一主应力/MPa	−0.05	−0.15	200.00
特征点B第一主应力/MPa	0.77	0.62	19.48
特征点C第一主应力/MPa	0.59	0.51	13.56
特征点D第一主应力/MPa	0.19	0.08	57.89
特征点E第一主应力/MPa	0.63	0.51	19.05
特征点F第一主应力/MPa	0.38	0.34	10.53
特征点H第一主应力/MPa	0.79	0.63	20.25

从图3-36可知，使用普通盆式橡胶支座时，渡槽结构的最大变形量为0.64mm。而当采用多功能复合阻尼器支座时，渡槽结构的变形量减小到了0.27mm，降低了57.81%，进一步观察图表中的数据可得出如下结论：

(1) 特征点A的第一主应力在2.58s时达到最大值，最大值为0.05MPa，A为受压状态，所以第一主应力一直为负。且即使采用铜缝与黏弹性复合减隔震支座，A的应力峰值也为负。

(2) 特征点B位置与前两种工况相同。B点的第一主应力在2.46s时达到最大值，最大值为0.77MPa。当采用铜缝与黏弹性复合减隔震支座时，B的应力峰值降低至0.62MPa，降低了19.48%。

(3) 特征点C位置与前两种工况相同，位于边槽底板中部。C的第一主应力在2.46s时达到最大值，最大值为0.59MPa。当采用铜缝与黏弹性复合减隔震支座时，C的应力峰值降低至0.51MPa，相比降低13.56%。

（4）特征点D的第一主应力在2.58s达到最大值为0.19MPa。当采用铜缝与黏弹性复合减隔震支座时，该点的应力峰值降至0.08MPa，降低了57.89%。

（5）特征点E的第一主应力在2.46s达到最大值为0.63MPa。然而，在采用铜缝与黏弹性复合减隔震支座时，该点的应力峰值下降至0.51MPa，降低了19.05%。

（6）特征点F的第一主应力在2.42s达到最大值为0.8MPa。而在采用铜缝与黏弹性复合减隔震支座时，该点的应力峰值降至0.34MPa，降低了10.53%。

（7）特征点H的第一主应力在2.46s达到最大值为0.79MPa。在采用铜缝与黏弹性复合减隔震支座时，该点的应力峰值降至0.63MPa，降低了20.25%。

通过上述的对比可得：当采用铜缝与黏弹性复合减隔震支座时，渡槽相应的变形和7个特征点的应力值都有显著降低。最大变形量的降低比例达到了57.81%，最大应力值降低了200%。结果表明，采用铜缝与黏弹性复合减隔震支座能够大幅度减小渡槽结构的响应，从而保证渡槽结构的安全性。且铜缝与黏弹性复合减隔震支座的滞回曲线充实饱满，进一步验证了其减震的有效性。

3.4.4 工况4（满槽水位）渡槽结构地震响应

工况4为（满槽水位）渡槽结构，应用时程分析法，可以绘制出大型渡槽的横向变形、边槽底板竖向变形、中槽底板竖向变形的变形时程，与前面工况相同，其中虚线和实线分别被用来表示采用普通支座和复合减隔震支座时的变形情况。此外，可以得到7个特征点的应力时程，两种支座同样采用不同线条进行区分，各点主应力如图3-37所示，见表3-16。

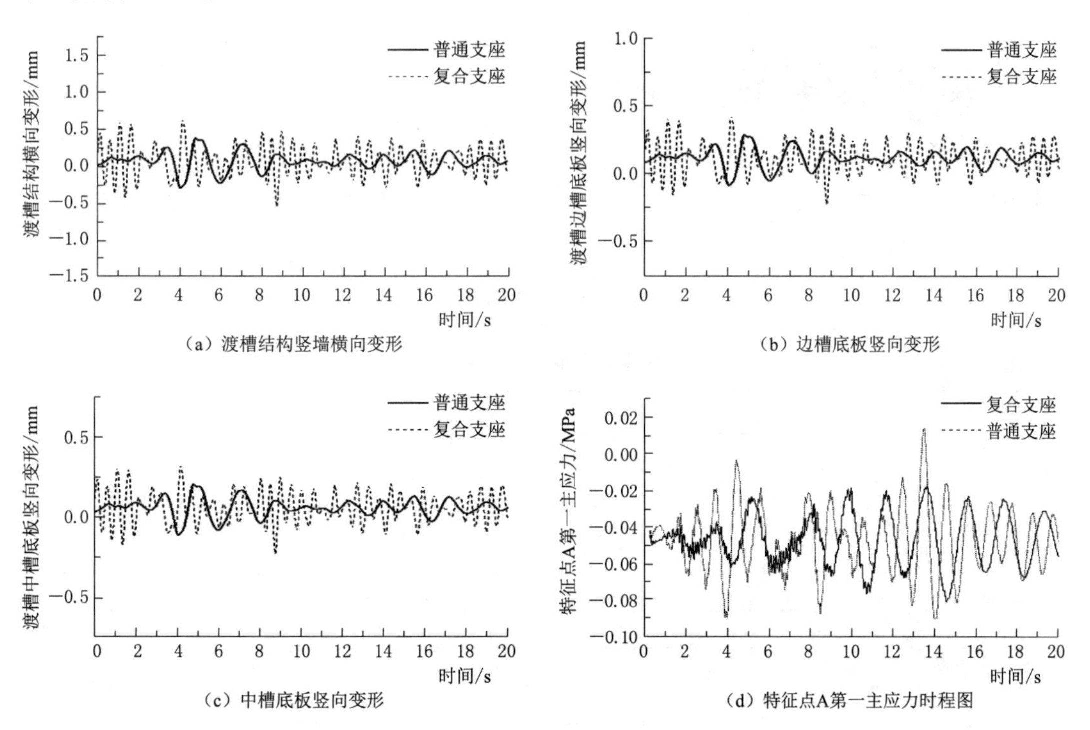

图3-37（一） 满槽水位渡槽结构地震响应时程图

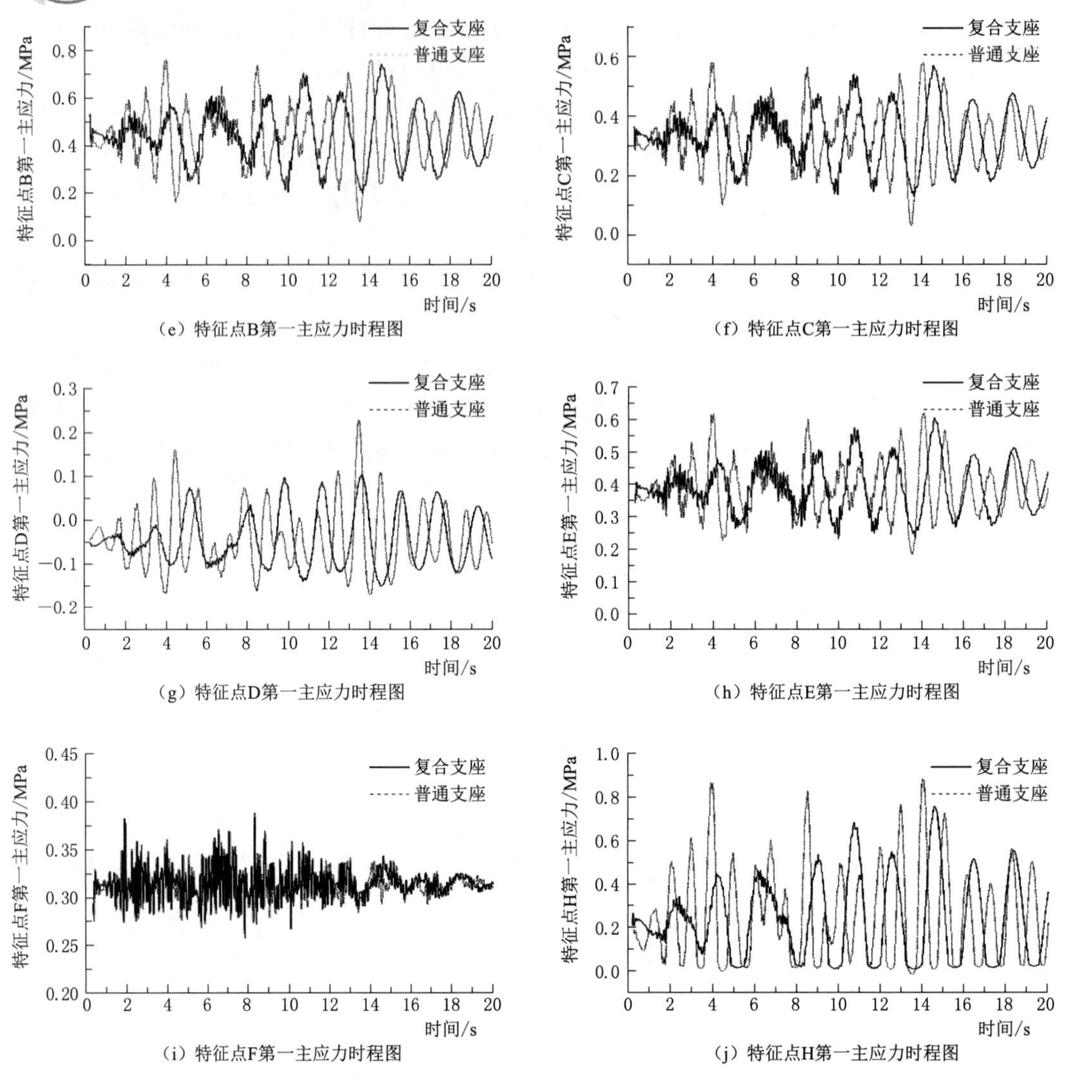

图 3-37 (二) 满槽水位渡槽结构地震响应时程图

表 3-16　　不同支座地震响应对比

位　　置	工况 4 (满槽水深)		响应降低百分比/%
	普通盆式橡胶支座	铜缝与黏弹性复合减隔震支座	
渡槽竖墙横向变形/mm	0.66	0.29	56.06
边槽底板竖向变形/mm	0.47	0.28	40.43
中槽底板竖向变形/mm	0.29	0.22	24.14
特征点 A 第一主应力/MPa	0.19	−0.15	178.95
特征点 B 第一主应力/MPa	0.78	0.69	11.54
特征点 C 第一主应力/MPa	0.57	0.53	7.02
特征点 D 第一主应力/MPa	0.24	0.11	54.17
特征点 E 第一主应力/MPa	0.62	0.55	11.29

续表

位　　置	工况 4（满槽水深）		响应降低百分比/%
	普通盆式橡胶支座	铜缝与黏弹性复合减隔震支座	
特征点 F 第一主应力/MPa	0.39	0.37	5.13
特征点 H 第一主应力/MPa	0.91	0.78	14.29

从图 3－37 可知，使用普通支座时最大变形量为 0.64mm。而当采用铜缝与黏弹性复合减震、隔震支座时，变形量减小至 0.27mm，降低了 57.81%。

进一步观察图表数据，A 点的第一主应力在 2.58s 时达到最大值，最大值为 0.19MPa，A 点为受压状态，所以第一主应力一直为负。且即使采用铜缝与黏弹性复合减隔震支座，A 点的应力峰值也为负。

B 点位置与前三种工况相同。B 点的第一主应力在 2.46s 时达到最大值，最大值为 0.78MPa。当采用铜缝与黏弹性复合减震、隔震支座时，B 点的应力峰值降低至 0.69MPa，降低了 11.54%。类似地，特征点 C、D、E、F 和 H 也显示出应力峰值的降低趋势，分别降低了 7.02%、54.17%、11.29%、5.13%和 14.29%。

通过上述的对比可得：当采用铜缝与黏弹性复合减隔震支座时，渡槽相应的变形和特征点的应力值都有显著降低。最大变形量的降低比例达到了 75%，最大应力值降低了 86%。这些结果表明，采用铜缝与黏弹性复合减隔震支座能够大幅度减小渡槽结构的响应，从而保证渡槽结构的安全性。且铜缝与黏弹性复合减隔震支座的滞回曲线充实饱满，进一步验证了其减震的有效性。

3.4.5　小结

本节在前文的基础上，对不同水位工况下的大型渡槽地震响应情况进行计算分析，并总结不同水深工况下的地震响应。

由图 3－38 可得，大型渡槽应用普通支座时，在工况 4 时地震响应最大，即满槽水位。相应的工况 4 时的特征点主应力最大值为 1.44MPa，该应力值接近 C50 混凝土的抗拉强度设计值。然而，大型渡槽应用铜缝与黏弹性复合减隔震支座时，相应的工况 4 时的特征点主应力最大值为 0.71MPa，在这种情况下，渡槽的安全性得到了保障。

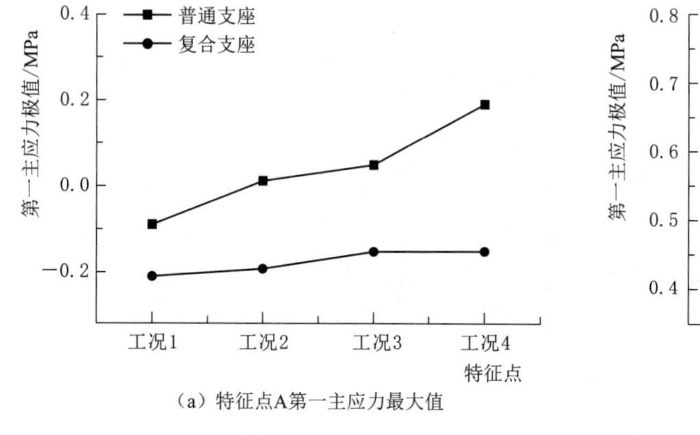

(a) 特征点A第一主应力最大值

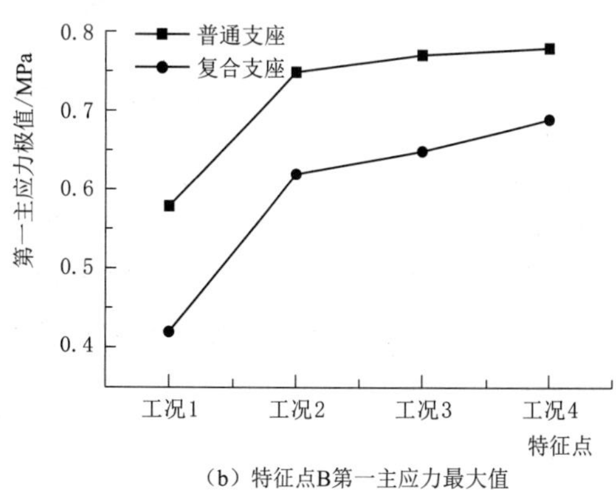

(b) 特征点B第一主应力最大值

图 3－38（一）　7 个特征点在不同工况的地震响应及横向变形

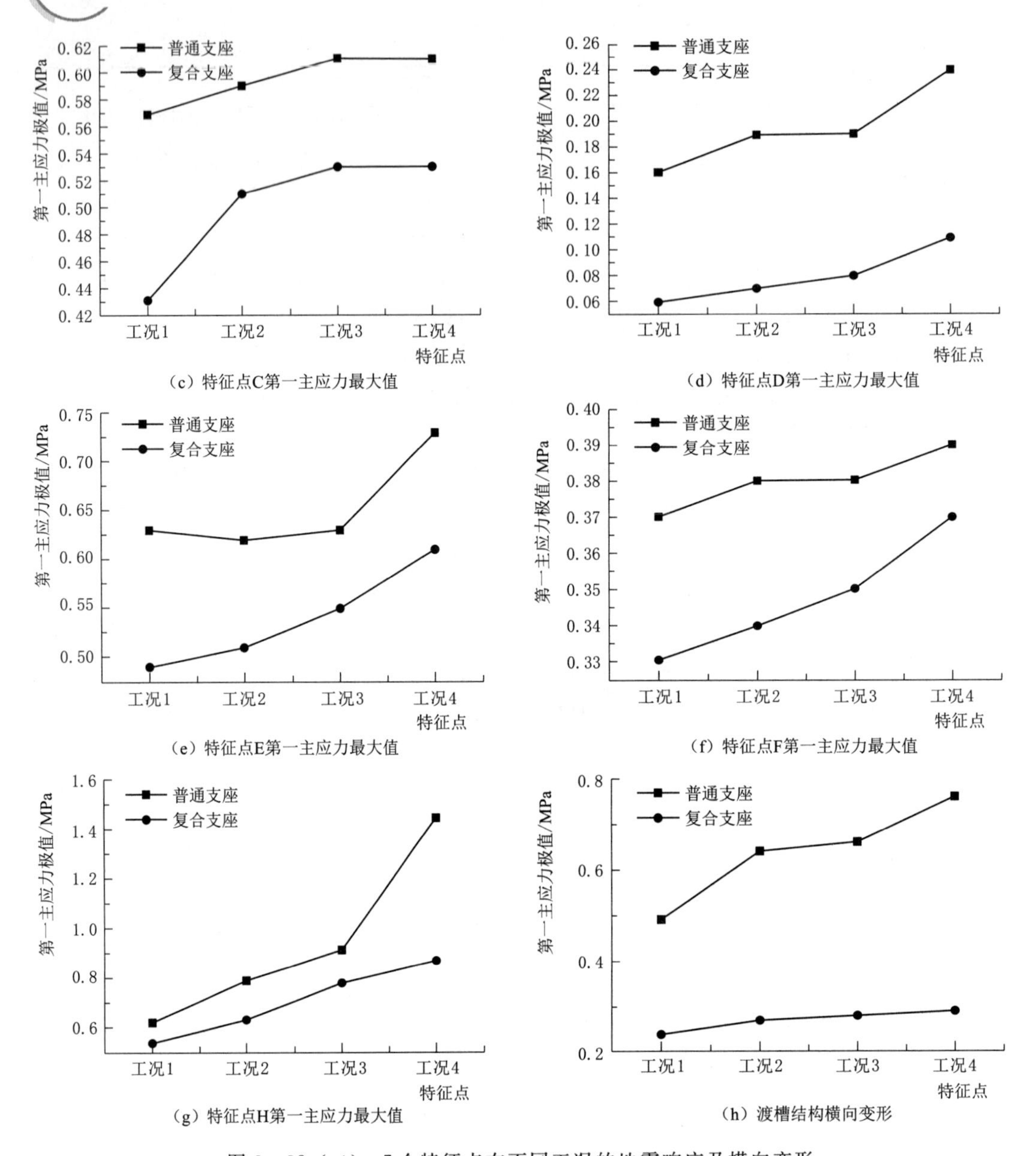

（c）特征点C第一主应力最大值

（d）特征点D第一主应力最大值

（e）特征点E第一主应力最大值

（f）特征点F第一主应力最大值

（g）特征点H第一主应力最大值

（h）渡槽结构横向变形

图 3-38（二）　7 个特征点在不同工况的地震响应及横向变形

通过观察上述 4 种不同水深工况可以发现，采用铜缝与黏弹性复合减隔震支座的渡槽结构的地震响应都会大幅降低。此外，从工况 1 到工况 4 渡槽水位不断增加，采用铜缝与黏弹性复合减隔震支座的响应值增量也相对缓慢。由此得知，采用铜缝与黏弹性复合减隔震支座后，渡槽结构整体的地震响应都显著降低，并且水深越大，降低比例越大。

3.5　小　　结

本章对不同水位工况下的渡槽地震响应情况进行计算分析，并总结了渡槽结构在不同水深工况下的响应。地震响应分析研究聚焦于大型渡槽结构，这项研究的关键目标是深入研究不同水深（空槽、1/2 槽、3/4 槽和满槽水位）对渡槽地震响应的影响。通过有限元分析得到相关结论，这些结论将有助于渡槽结构的地震安全性和性能的提升。这项研究的结果将为未来的工程设计和抗震措施提供重要参考，有望在大型渡槽结构的设计和运行中发挥关键作用。渡槽结构在地震作用下的响应是一个重要的研究领域，关键观点包括响应与槽内水位之间存在着正相关关系，地震响应随水位的增加而增加。满槽水位的地震响应最大，显示出水位对地震响应的显著影响。

此外，进行了针对不同支座类型的比较研究，结果显示，采用铜缝与黏弹性复合减隔震支座相对于使用传统的普通盆式橡胶支座，能够显著降低渡槽结构的地震响应。尤其值得注意的是，复合减隔震支座的结构响应随水位升高增加的速度较为缓慢，这表明了其在高水位条件下的出色抗震性能。

这些关键发现对于提高渡槽结构的地震抗性和性能具有重要意义，为工程设计和抗震措施提供了有力的指导，并为渡槽结构在地震条件下的可靠运行提供了有益的参考。

第4章　多点地震激励下渡槽结构易损性分析

4.1　多点激励地震反应分析概况

4.1.1　多点地震激励基本概念

对于多点支撑的结构来讲，地震波在结构基础面上的传播需要经历一定的时间，同一时刻结构各支撑点所承受的地震动是不同的，必须考虑各支撑点间的相对运动所引起的结构内的拟静力应力。地震动的空间变化特性导致各支撑点处存在明显不同的地震动输入，一致激励输入模式会产生不可忽略的误差。地震动多点激励的空间变化特性主要体现在以下几个方面：行波效应、部分相干效应、局部场地效应和衰减效应。经过大量的研究发现，行波效应和部分相干效应对结构的影响较大，场地效应需要视情况而定，场地条件变化不大的可不考虑，差异明显的则需要考虑。衰减效应主要针对的是超长结构，一般长度和小跨的结构可忽略不计。

4.1.2　多点地震激励研究进展

目前，动力时程分析中所输入的地震波主要来源于实测地震记录和人工地震波合成。1972年Hadjian AH首次提出通过选取符合建筑物所在实际场地的地震记录进行结构动力响应分析的方法，获得了广泛的认可，实测地震记录在结构安全性分析过程中起着不可或缺的作用。但是相对于考虑多点激励的地震动来讲，由于行波效应、场地效应以及相干效应的影响，必须考虑地震动的空间效应，而这就导致多点激励地震动很难找到符合特定场地、特定条件的多点地震动记录，为此，国内外研究学者往往采用人工方法进行多点地震动模拟。

1971年，Shinozuka等首次提出了多变量多维随机过程的模拟方法，该方法需要使用Cholesky分解和三角函数叠加，效率较低。

1972年，Yang等提出了一种包络函数法，显著提高了Shinozuka等提出的多变量多维随机过程的模拟方法的计算效率。

1989年，Hao等首次将多维随机过程的模拟方法用于模拟空间相关的多点地震动，此方法为多点地震动的模拟奠定了基础，并成为目前最常用的多点地震模拟方法。

1998年，屈铁军等在Hao的方法基础上，提出在模拟每一点的地震动时均考虑与其余各点的相关性。

2001年，范立础等以双塔五跨斜拉桥—南京长江二桥为分析对象，研究了地震空间效应变化对大跨斜拉桥地震响应的影响。研究表明，地震动空间效应可使斜拉桥地震响应改变高达40％。

2021 年，花雨萌等对地铁高架桥进行了多点非一致激励研究，主要根据地面振动衰减效应来分析高架桥结构的抗震性能，研究结果表明计算中考虑多点激励是必需的。

2022 年，李宁等针对非一致激励位移输入方式存在的误差开展研究，提出了一种改进的位移输入法，并对此方法进行验证，结果表明改进的位移法精度好、算法可靠。

通过上述对于多点激励的研究可知，目前大跨结构进行多点激励分析时主要考虑行波效应、相干效应等，多点激励的输入方式主要有直接求解法、大质量法、位移法和大刚度法等。通过分析得出结果，多点激励对结构纵向响应的影响较大，对横向的影响较小，且对于大跨结构多点激励不可忽略。

4.1.3 多点地震激励输入下的动力方程

多点激励下结构的运动方程与一致激励有较大区别，多点激励的计算方法主要包括直接求解法、大质量法、大刚度法以及位移输入法。本书采用的是大质量法。据相关研究表明，大质量法存在附加阻尼项所带来的影响，需要通过改进减小误差，因此详细介绍一下大质量法。

由结构动力学基本知识可知，一个与地面刚性连接的离散单元结构体系，其在地震激励下的动力学平衡方程可以用增量法表示，根据达朗贝尔原理，在外荷载 $P(t)$ 作用下多自由度体系的动力方程为

$$[M]\{\ddot{U}\}+[C]\{\dot{U}\}+[K]\{U\}=\{P\} \tag{4-1}$$

式中 M——结构的总体质量矩阵；

C——结构总体阻尼矩阵；

K——结构总体刚度矩阵；

$\ddot{U}$——结构的加速度向量；

$\dot{U}$——速度向量；

U——绝对位移向量。

矩阵形式可以表示成：

$$\begin{bmatrix} M_{aa} & M_{ab} \\ M_{ba} & M_{bb} \end{bmatrix}\begin{Bmatrix} \ddot{U}_a \\ \ddot{U}_b \end{Bmatrix}+\begin{bmatrix} C_{aa} & C_{ab} \\ C_{ba} & C_{bb} \end{bmatrix}\begin{Bmatrix} \dot{U}_a \\ \dot{U}_b \end{Bmatrix}+\begin{bmatrix} K_{aa} & K_{ab} \\ K_{ba} & K_{bb} \end{bmatrix}\begin{Bmatrix} U_a \\ U_b \end{Bmatrix}=\begin{Bmatrix} 0 \\ P_b \end{Bmatrix} \tag{4-2}$$

式中 下标 a 和 b——上部结构和下部基础支座部分；

ab——上下结构的耦合项；

$\ddot{U}_a$、$\dot{U}_a$ 和 U_a——在地震动作用下上部结构的绝对加速度、速度和位移；

$\ddot{U}_b$、$\dot{U}_b$ 和 U_b——在地震动作用下下部基础支座的绝对加速度、速度和位移；

P_b——下部基础支座所受到的约束力。

1. 直接求解法

直接求解法即 Direct Solving Method（DSM），是根据动力方程直接求解，易于理解，没有其他的误差项，是一种理论上的精确解。缺点是不能通过通用有限元软件直接求解，需要另外编程实现。其表达式如下：

$$M_{aa}\ddot{U}_a+C_{aa}\dot{U}_a+K_{aa}U_a=-M_{ab}\ddot{U}_b-C_{ab}\dot{U}_b-K_{ab}U_b \tag{4-3}$$

式中：$\ddot{U}_b$ 通过实际的地震测出或者人工合成得到，$\dot{U}_b$，U_b 可通过对 $\ddot{U}_b$ 积分求得。

2. 大质量法

大质量法 Large Mass Method，LMM，首先将地震激励方向的约束释放，然后在支座处模拟一巨大的质量块 m_b，最后将地震位移时程输入，通过 $P(t)=m_b\ddot{U}_b$ 转换为力的时程施加在大质量块上。计算方法示意图如图 4－1 所示，结构运动方程为

$$\begin{bmatrix} M_{aa} & 0 \\ 0 & m_b I \end{bmatrix}\begin{Bmatrix} \ddot{U}_a \\ \ddot{U}_b \end{Bmatrix}+\begin{bmatrix} C_{aa} & C_{ab} \\ C_{ba} & C_{bb} \end{bmatrix}\begin{Bmatrix} \dot{U}_a \\ \dot{U}_b \end{Bmatrix}+\begin{bmatrix} K_{aa} & K_{ab} \\ K_{ba} & K_{bb} \end{bmatrix}\begin{Bmatrix} U_a \\ U_b \end{Bmatrix}=\begin{Bmatrix} 0 \\ m_b\ddot{U}_b \end{Bmatrix} \tag{4-4}$$

将式（4－4）展开可以得到：

$$m_b\ddot{U}_b+C_{ba}\dot{U}_a+C_{bb}\dot{U}_b+C_{bc}\dot{U}_c+K_{ba}U_a+K_{bb}U_b=m_b\ddot{U}_b \tag{4-5}$$

两边同时除以 m_b 可以得到：

$$\ddot{U}_b+(C_{ba}\dot{U}_a+C_{bb}\dot{U}_b+C_{bc}\dot{U}_c+K_{ba}U_a+K_{bb}U_b)/m_b=\ddot{U}_b \tag{4-6}$$

式中　c——支座支承点。

通过观察式（4－6）可知，想要等式成立，必须使 $m_b\rightarrow\infty$，一般取大质量的取值为结构模型的 $10^6\sim10^8$，才能使 $(C_{ba}\dot{U}_a+C_{bb}\dot{U}_b+C_{bc}\dot{U}_c+K_{ba}U_a+K_{bb}U_b)/m_b\rightarrow0$，等式成立。在有限元软件中就能直接加载实现。所以求解结构响应的计算式为

$$M_{aa}\ddot{U}_a+C_{aa}\dot{U}_a+K_{aa}U_a\approx-C_{ab}\dot{U}_b-K_{ab}U_b \tag{4-7}$$

3. 大刚度法

大刚度法即 Large Stiffness Method，LSM，其计算思想与大质量法相同，只是与大质量法的实现方式不同。大刚度法是在基础释放的运动方向施加一个刚度特别大的单元，然后施加等价作用力 $P(t)=k_bU_b$ 模拟地面的运动情况。图 4－2 为大刚度法计算示意图，其运动方程为

$$\begin{bmatrix} M_{aa} & & \\ & M_{bb} & \\ & & M_{cc} \end{bmatrix}\begin{bmatrix} \ddot{U}_a \\ \ddot{U}_b \\ \ddot{U}_c \end{bmatrix}+\begin{bmatrix} C_{aa} & C_{ba} & \\ C_{ab} & C_{bb} & C_{ba} \\ & C_{ab} & C_{cc} \end{bmatrix}\begin{bmatrix} \dot{U}_a \\ \dot{U}_b \\ \dot{U}_c \end{bmatrix}+\begin{bmatrix} K_{aa} & K_{ba} & \\ K_{ab} & K_{bb} & K_{ba} \\ & K_{ab} & K_{cc} \end{bmatrix}\begin{bmatrix} U_a \\ U_b \\ U_c \end{bmatrix}=\begin{bmatrix} 0 \\ k_bU_b \\ R_a \end{bmatrix} \tag{4-8}$$

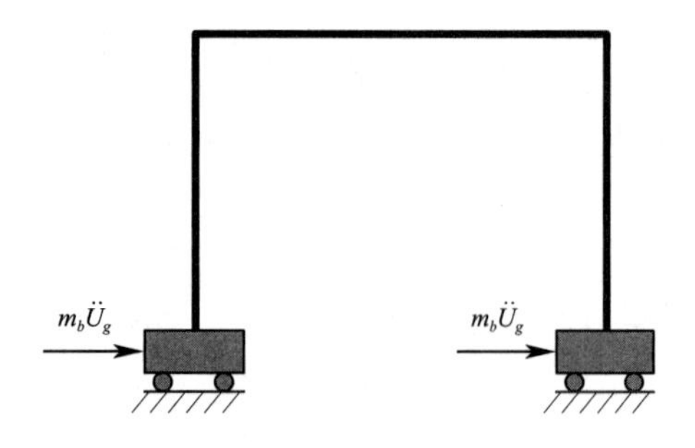

图 4－1　LMM 计算方法

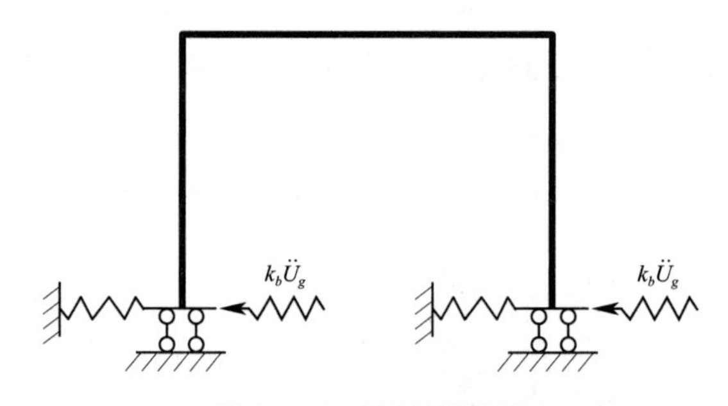

图 4－2　LSM 计算方法

式（4－8）展开可得：

$$M_{bb}\ddot{U}_b+C_{ba}\dot{U}_a+C_{bb}\dot{U}_b+C_{bc}\dot{U}_c+K_{ba}U_a+K_{bb}U_b=k_b\ddot{U}_b \tag{4-9}$$

两边同时除以 k_b 可以得到：

$$\frac{M_{bb}\ddot{U}_b+C_{ba}\dot{U}_a+C_{bb}\dot{U}_b+C_{bc}\dot{U}_c+K_{ba}U_a+K_{bb}U_b}{k_b}=\ddot{U}_b \tag{4-10}$$

若式（4－10）要成立，则需要满足

$$\frac{M_{bb}\ddot{U}_b+C_{ba}\dot{U}_a+C_{bb}\dot{U}_b+C_{bc}\dot{U}_c+K_{ba}U_a}{k_b}=0,\frac{K_{bb}}{k_b}=I \tag{4-11}$$

即只需要满足 $k_b\rightarrow\infty$，因此计算过程中需要将弹簧的刚度 k_b 尽量取极大值，一般为总体刚度的 $10^6\sim10^8$ 倍。最终的求解方程转化为

$$\begin{bmatrix}M_{aa} & 0\\ 0 & M_{bb}\end{bmatrix}\begin{bmatrix}\ddot{U}_a\\ \ddot{U}_b\end{bmatrix}+\begin{bmatrix}C_{aa} & C_{ab}\\ C_{ba} & C_{bb}\end{bmatrix}\begin{bmatrix}\dot{U}_a\\ \dot{U}_b\end{bmatrix}+\begin{bmatrix}K_{aa} & K_{ab}\\ K_{ba} & k_bI\end{bmatrix}\begin{bmatrix}U_a\\ U_b\end{bmatrix}=\begin{bmatrix}0\\ k_bU_b\end{bmatrix} \tag{4-12}$$

4. 位移输入法

位移输入法 Displacement Input Method，DIM，其本身容易在现行的诸多通用有限元软件中实现，例如 OpenSees 等，因此成为了目前最通用最简便的计算方法。其原理为直接将 DSM 中的阻尼项 $-C_{ab}\dot{U}_b$ 忽略，即：

$$M_{aa}\ddot{U}_a+C_{aa}\dot{U}_a+K_{aa}U_a\approx-K_{ab}U_b \tag{4-13}$$

本书的计算分析采用的是大型有限元分析软件 ANSYS，无法直接输入地震动的加速度的时程，且无法直接进行多点激励输入，因此通过上述几种方法，选取了大质量法进行的多点激励输入方式，把加速度时程转换为力的时程输入。但大质量法存在致命的缺陷，其大质量所带来的附加阻尼项的影响不可忽略，甚至会导致结果严重偏差，为了保证计算准确性，后续对大质量进行了修正，采用改进的大质量法进行多点激励输入方式。

4.2 地震易损性研究概述

4.2.1 地震易损性基本概念

地震易损性是建立地震动参数与其所对应的结构失效概率之间的关系，也可称灾害预测。目前大多数学者都是基于易损性曲线来进行易损性分析的，即在某一特定地震动强度作用下，结构构件或系统超过某一损伤状态的超越概率所形成的一条曲线，这种方法的优点是清晰明了。在地震工程中，易损性可以用条件概率表示：

$$P_f=P[DI\geqslant C|IM] \tag{4-14}$$

式（4－14）可以定义为在给定的地震动参数（IM）下，结构、构件或系统失效的概率，即对于结构或构件的地震损伤指标（DI）超过结构或构件能力（C）的概率（P_f）。

易损性分析的概念最早是由 1970 年美国专家在研究核电站地震响应分析时提出来的，受到广泛的关注和认可，并迅速得到发展。此方法在桥梁工程中发展迅速，得到了广泛的应用，现如今有众多分析方法。

4.2.2　地震易损性研究方法

目前地震易损性的分析理论方法有很多种，根据分析数据来源可以分为经验地震易损性分析和理论地震易损性分析。

1. 极大或然估计法

Shinozuka 等采用极大或然估计法得到结构的易损性曲线。

2. 传统的可靠度法

在用传统的可靠度分析方法建立桥梁结构的易损性曲线的方法中，一般用 H Wang 在考虑了震级和震中距影响的合成的人工地面运动时程作为地震动输入，然后得到整个系统在不同极限状态下的失效概率。

3. 全概率方法

Mackie 和 Stojadinovic 在全概率理论的基础上引入了工程需求参数，采用式（4－15）建立结构的易损性曲线。

$$P_f[DM \geqslant dm \mid IM = im] = \int P[DM \geqslant dm \mid EDP = edp]dP[EDP < edp \mid IM = im]dedp \tag{4-15}$$

4.2.3　地震易损性研究进展

地震易损性分析最早于 20 世纪 70 年代自 Whitman 等应用于核电站的抗震风险评估，得到了广大的专家学者的高度关注，于 20 世纪 90 年代引入到桥梁领域。现如今桥梁领域的易损性研究已十分成熟，但是对于渡槽结构易损性的研究几乎没有。渡槽结构与桥梁结构十分相似，本书梳理了桥梁领域近些年的易损性研究进展，主要从一致激励和多点激励的角度进行总结。

1. 一致性激励下易损性研究

国外对地震动原始记录的关注较早，Shinozuka 基于实际地震动记录数据，假定易损性函数服从 0～1 的正态分布，采用极大似然估计的统计学办法得到了桥梁结构的易损性曲线。Nina Serdar 等对一弯曲斜拉 RC 桥进行易损性分析，寻求出最优的概率地震需求模。Murat S K 等采用人工合成的地震动通过增量动力法（IDA）得到了多层框架的易损性曲线，进而通过回归分析得到了结构层数和易损性之间的关系，最后估算出最大层间位移比和谱位移值。H Wang 等通过人工合成的地震波，以加速度反应谱为地震需求参数，总结了一致激励下桥梁结构的系统性易损性分析方法。2004 年刘晶波首次将地震易损性的相关理论引入到国内，确定了数值模拟桥梁易损性的基本方法。陈立波等基于 2008 年汶川地震桥梁的受害情况，通过统计回归分析，建立了桥梁地震易损性模型。李立峰等采用天然波并以谱加速度为地震动强度指标对钢筋混凝土桥梁进行易损性分析，研究指出桥梁支座是最易损的构件。李宁等研究指出，矢量地震动强度指标优于标量地震动强度指标。

2. 多点激励下易损性研究

2002 年 Kim 等首次指出，考虑空间效应的多点激励输入方式比一致激励输入方式的易损性更大，忽略空间效应会使桥梁结构偏于不安全的状态。Zhong 等指出，相干效应和场地效应会显著增大大跨桥梁的易损性。李吉涛等综合考虑了行波效应、不相干效应和场地效应等，得出了一致激励和多点激励下的桥梁易损性曲线。马凯等以斜拉桥为分析对象，综合考虑一致激励和多点激励的易损性进行对比分析，研究指出，行波效应对漂浮体系斜拉桥的影响较小，仅考虑一致激励会高估结构的抗震性能。2019 年李立峰等对高墩多塔斜拉桥进行了行波效应下的地震易损性分析，结果表明支座是高墩多塔斜拉桥结构最易损的构件，行波效应对支座的抗震是有利的。

通过上述研究现状可知，多点激励易损性分析主要是考虑行波效应、相干效应和场地效应等对结构构件和系统的失效概率的影响，考虑多点激励的结构易损性分析起步较晚，相关的研究成果较少，还需要继续深入的研究，而关于渡槽方面的多点激励易损性研究更是少之又少，因此很有必要进行探究，把在桥梁领域相对成熟的易损性理论借鉴于渡槽结构中，为实际的工程提供可靠的依据，保证渡槽结构在地震中安全运行。

4.2.4 技术路线

为了使本书的脉络和逻辑更加清晰明了，制作了技术路线框图，如图 4－3 所示。

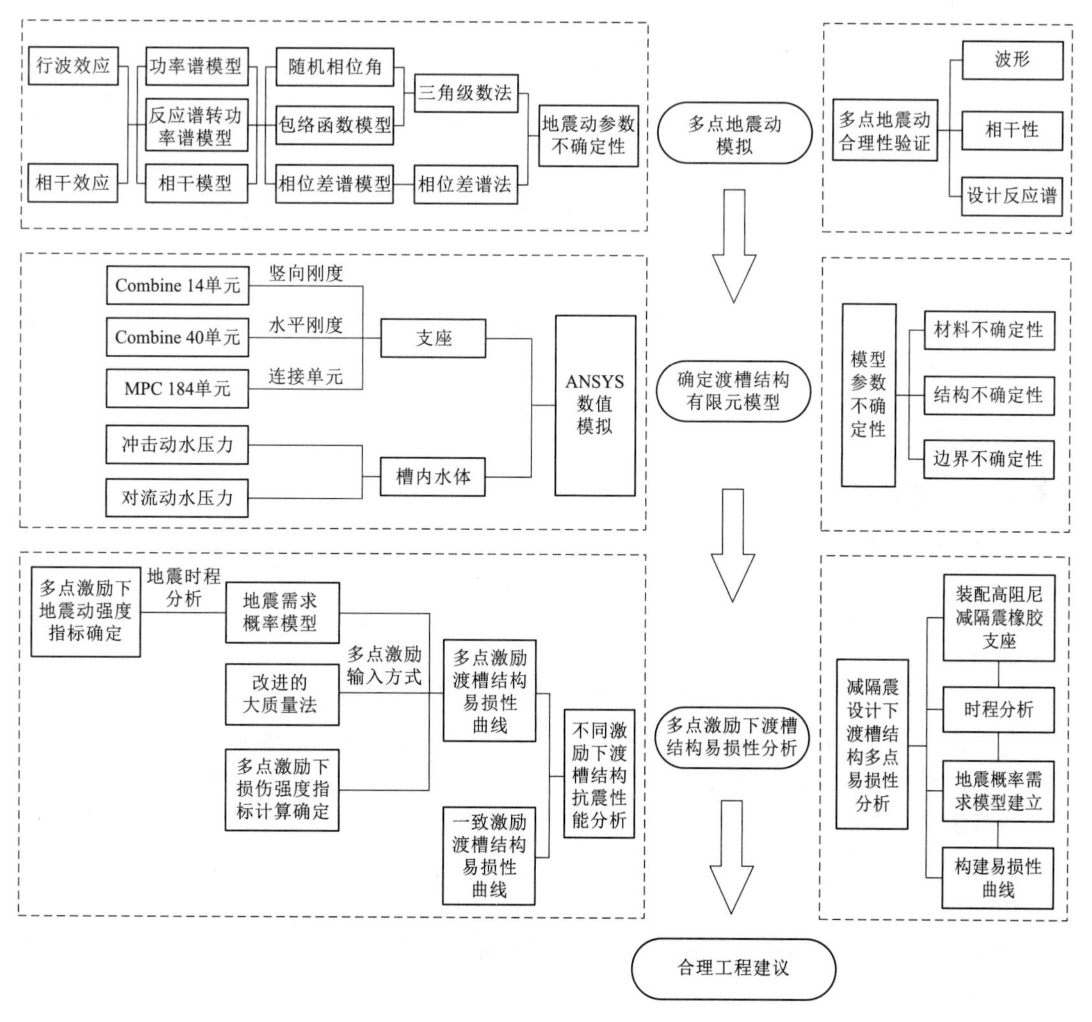

图 4－3　多点地震激励下渡槽结构易损性分析技术路线图

4.3　多点激励地震动的模拟

4.3.1　多点激励地震动模拟概述

多点激励地震波的选取是一个重大的问题，它关系抗震分析的结果对错，选择一组合适的地震动进行结构抗震分析很关键。强震观测记录局限性太大，无法满足多点激励的空间特异性要求，尤其是一些大跨多跨的结构，所处地形复杂、支承点多，实测地震记录无法使用。为此，众多专家学者开始研究人工合成满足多点激励各种要求的地震动的模拟方法。例如基于功率谱的三角级数合成法、小波变换法和相位差谱法等。实际的地震动是一种随机过程，空间特异性通过相干函数进行表现，非平稳性则通过包络函数或相位差谱来表现。

4.3.2　地震动的特性

地震动的主要特性可以通过地震动的幅值、地震动的频谱和地震动的持续时间3个基本要素来表示，地震动的振幅决定了地震动的强度，地震动的频谱决定了地震动的放大效果，地震动的持续时间决定了地震动的整个过程能量的大小。因此，模拟多点激励地震动首先需要了解目标地震波的各种特性。

4.3.2.1　地震动的幅值

地震动的幅值可以指地震动的加速度、速度或位移中的峰值。峰值即为地震过程中的最大值——峰值加速度（PGA）、峰值速度（PGV）和峰值位移（PGD），其中应用最广泛、使用最方便的是PGA。最早提出来的也是最直观的地震动幅值定义，但是存在一些局限性。首先，PGA主要反映的是地振动高频成分的振幅，是一种局部特性而不能代表震源整体的特性。加速度最大值往往存在严重的失真现象。因此，一般采用有效峰值加速度（EPA）来描述地震动的振幅，如式（4-16）所示。

$$EPA = S_a / 2.5 \tag{4-16}$$

4.3.2.2　地震动的频谱

仅依靠地震动的幅值大小很难全面地反映地震现象。而有一些地震的峰值加速度达到了$0.5g$却基本没有危害。这些实际例子说明，除了幅值以外还有其他一些对结构破坏起主导作用的因素。地震动的频谱特性就是一个不容忽视的方面，主要包括功率谱、傅里叶谱和反应谱。

1. *功率谱*

功率谱是随机过程在频域内的物理量，反映了地震动能量在频域内的分布情况，地震动时程$a(t)$的功率谱密度函数为

$$S_a(\omega) = \lim_{T\to\infty} \frac{1}{2\pi T}\int_{-\infty}^{+\infty} \left| A(i\omega) \right|^2 \mathrm{d}\omega \tag{4-17}$$

2. *傅里叶谱*

假设$a(t)$是一个地震动加速度时程，可以把$a(t)$采用离散傅里叶变换技术展开为N个不同频率的集合：

$$a(t) = \sum_{i=1}^{N} A_i(\omega_i)\sin(\omega_i t + \varphi_i(\omega_i)) \tag{4-18}$$

式中 $A_i(\omega_i)$——傅里叶幅值谱；

$\varphi_i(\omega_i)$——傅里叶相位谱。

3. 反应谱

反应谱是指单自由度弹性体系对特定地震激励的最大响应值与体系动力特性（自振周期或频率和阻尼比）的函数关系。反应谱能够建立地震动特性和结构动力特性之间的联系，目前规范采用的均为设计反应谱如图 4-4 所示。

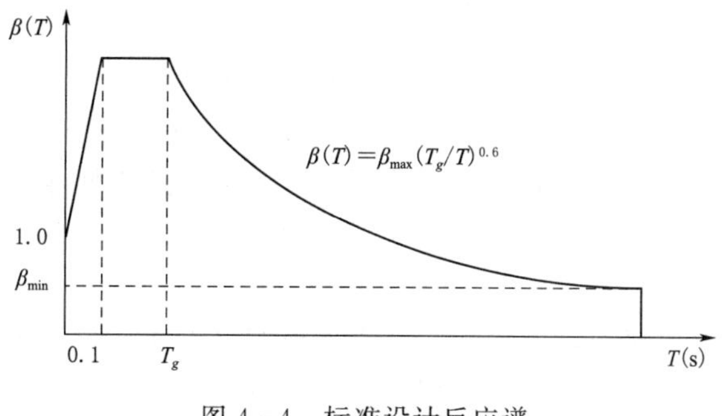

图 4-4 标准设计反应谱

按照我国《水工建筑物抗震设计标准》，加速度反应谱由式（4-19）确定：

$$\beta=\begin{cases}\beta_{\max}(2.5T+0.45) & T<0.1\\ \beta_{\max} & 0.1\leqslant T\leqslant T_g\\ \beta_{\max}(T_g/T)^{0.6} & T>T_g\end{cases}\tag{4-19}$$

式中 T_g——特征周期，m；

$\beta_{\max}$——标准设计反应谱的最大值；

T——结构自振周期，s。

4.3.2.3 地震动的持时

地震动的持时即为强震持续的时间，主要表现在结构的非线性反应阶段，结构从局部破坏到完全倒塌一般是需要一个过程的。关于地震动持时的表示方法有很多，常见的有以下几种：以地震动的绝对幅值定义、以地震动的相对幅值定义、以地震动的总能量定义和以地震动的等效持时定义。

$$T_d=\frac{1}{a_m^2}\int_0^T a^2(t)\mathrm{d}t\tag{4-20}$$

式中 a_m——地震过程中强震的平稳区间标准差。

4.4 多点地震动模拟参数模型

4.4.1 地震动场的相干函数模型

多点地震激励主要考虑了部分相干效应、行波效应、局部场地效应和衰减效应，而这几个因素主要通过相干函数模型来表示。当地震波传播到地面不同的点时，由于经过不同的介质传播或者地震波震源位置差异引起地震波的不同频率分量的幅值、相位角等的差异，进而导致不同点地面运动相干程度的降低，称为部分相干效应。

假设存在 2 个支承点 m 和 n，它们的地震加速度记录分别是 $a_m(t)$ 和 $a_n(t)$，其相干函数可以定义为

$$\rho_{mn}(\omega)=\begin{cases}\dfrac{S_{a_ma_n}(\omega)}{\sqrt{S_{a_ma_m}(\omega)S_{a_na_n}(\omega)}} & S_{a_ma_m}(\omega)S_{a_na_n}(\omega)\neq 0\\ 0 & S_{a_ma_m}(\omega)S_{a_na_n}(\omega)\neq 0\end{cases}\tag{4-21}$$

式中　$S_{a_m a_m}(\omega)$——$a_m(t)$ 的自功率谱；

$S_{a_n a_n}(\omega)$——$a_n(t)$ 的自功率谱；

$S_{a_m a_n}(\omega)$——$a_m(t)$ 和 $a_n(t)$ 的互功率谱；

$\rho_{mn}(\omega)$——反映了两点间地震动线性相关关系。

$\rho_{mn}(\omega)=1$ 表示 m、n 两点完全相关，$\rho_{mn}(\omega)=0$ 表示 m、n 两点相互独立不受对方影响。

多年来，国内外专家学者根据地震动空间变化效应因素提出了若干实用的相干函数模型，主要分为3类：相干函数理论模型、相干函数经验模型以及半理论半经验模型。

1. 相干函数理论模型

相干函数的理论模型也称为Kiureghian模型，是由Kiureghian根据随机振动理论提出来的其表达式为

$$\rho_{mn}(\omega,d_{mn})=\rho_{mn}(\omega,d_{mn})^{\text{wave}}\rho_{mn}(\omega,d_{mn})^{\text{incoh}}\rho_{mn}(\omega,d_{mn})v^{\text{site}}\rho_{mn}(\omega,d_{mn})^{\text{attenu}}$$

（1）$\rho_{mn}(\omega,\ d_{mn})^{\text{wave}}$ 表示由行波效应引起的相干函数，表达式为

$$\rho_{mn}(\omega,d_{mn})^{\text{wave}}=\exp[i\theta(\omega)^{\text{wave}}]=\exp\left[-i\frac{wd_{mnd}}{v_a(\omega)}\right] \tag{4-22}$$

式中　$v_a(\omega)=v(\omega)/\sin\varphi$——视波速，m/s；

φ——地震波到达 m、n 两支承点的倾角，rad；

d_{mnd}——m、n 两支承点沿波传播方向的间距在地面的投影长度，m。

（2）$\rho_{mn}(\omega,\ d_{mn})^{\text{incoh}}$ 表示由部分相干效应引起的相干函数，表达式为

$$\rho_{mn}(\omega,d_{mn})^{\text{incoh}}=\cos[\beta(\omega,d_{mn})]\exp\left[-\frac{1}{2}\alpha^2(\omega,d_{mn})\right] \tag{4-23}$$

（3）$\rho_{mn}(\omega,\ d_{mn})v^{\text{site}}$ 表示由局部场地效应引起的相干函数，表达式为

$$\rho_{mn}(\omega,d_{mn})v^{\text{site}}=\exp\{i[\theta_m(\omega)-\theta_n]\}=\exp[i\theta_{mn}(\omega)^{\text{site}}] \tag{4-24}$$

$$\theta_{mn}(\omega)^{\text{site}}=\tan^{-1}\frac{I[H_m(\omega)H_n(-\omega)]}{R[H_m(\omega)H_n(-\omega)]} \tag{4-25}$$

$$H_x(\omega)=\frac{\omega_x{}^2+2i\zeta_x\omega_x\omega}{\omega_x{}^2-\omega^2+2i\zeta_x\omega_x\omega}(x=m,n) \tag{4-26}$$

式中：$\theta_{mn}(\omega)^{\text{site}}$——局部场地效应引起的 m、n 两支承点的相位差，$\theta_{mn}(\omega)^{\text{site}}=\theta_m(\omega)-\theta_n(\omega)$。

（4）$\rho_{mn}(\omega,\ d_{mn})^{\text{attenu}}$ 表示由衰减效应引起的相干函数，影响较小，一般近似取1。

2. 相干函数经验模型

（1）Harichandran模型。Harichandran对SMART-1台阵测得的地震记录进行了三向的相关性分析，针对径向平动分量提出了一个相干函数模型，表达式为

$$\rho(\omega,d)=|\sigma(\omega,d)|e^{i\varphi(\omega,d)} \tag{4-27}$$

$$|\sigma(\omega,d)|=A\exp\left[-\frac{2d}{\alpha\theta(\omega)}(1-A+\alpha A)\right]+(1-A)\exp\left[-\frac{2d}{\theta(\omega)}(1-A+\alpha A)\right] \tag{4-28}$$

$$\theta(\omega)=k\left[1+\left(\frac{\omega}{2\pi f_0}\right)^b\right]^{-1/2} \tag{4-29}$$

式中 d——两点间距；

A、α、k、f_0、b——回归系数。

Harichandran 建议回归系数取值为

$$A=0.736, \alpha=0.147, k=5210, f_0=1.09, b=2.78 \tag{4-30}$$

（2）Abrahamson 模型。Abrahamson 通过 SMART-1 记录的地震动记录进行分析，提出了一种相干函数模型如下：

$$ar\tanh|\rho(f,d)|=(a_1+a_2d)\left\{\exp[(b_1+b_2d)f]+\frac{1}{3}f^c\right\}+k \tag{4-31}$$

式中 d——两点间的距离；

a_1、a_2、b_1、b_2、c、k——模型参数。

经非线性回归分析可得：

$$a_1=2.54, a_2=-0.012, b_1=-0.115, b_2=-0.00084, c=-0.878, k=0.35$$

（3）屈铁军-王君杰-王前信模型。屈铁军等在对原有的模型进行分析后指出：原有的相干函数模型的参数回归值只能针对该模型的单次地震，并不具备普遍性，因此实用性不强。依据我国抗震设计的设计反应谱提出了一种相干函数模型如下：

$$\rho(\omega,d)=\exp[-a(\omega)d^{b(\omega)}] \tag{4-32}$$

其中，$a(\omega)=a_1\omega^2+a_2$，$b(\omega)=b_1\omega^2+b_2$，$a_1$、$a_2$、$b_1$、$b_2$ 分别为：$a_1=0.00001678$，$a_2=0.001219$，$b_1=-0.0055$，$b_2=0.7674$。

该模型仅适用于我国Ⅱ类、Ⅲ类场地和 10.5Hz 以下的频率成分。

（4）Yang 模型如下：

$$|\rho(d_{mn},\omega)|=[1+a_1d_{mn}^{0.25}+a_2(d_{mn}f)^{0.5}]^{\frac{1}{2}}\exp\left[-\frac{1}{2}(a_3d_{mn}^{a_4}f^{a_5})^2\right] \tag{4-33}$$

式中 a_1、a_2、a_3、a_4 和 a_5——相干参数；

d_{mn}——沿地震波传播方向的 m、n 两点之间的距离。

（5）Hao-Oliveira-Penzien 模型。Hao 等考虑了相关两点与视波速的相对位置之间的关系，得出来一种相干函数模型如下：

$$\rho(\omega,d)=|\sigma(\omega,d)|\exp(-i\omega d_L/\nu) \tag{4-34}$$

$$|\sigma(\omega,d)|=\exp(-\beta_1d_L-\beta_2d_T)\exp[(-\alpha_1d_L^{1/2}-\alpha_2d_L^{1/2})f^2] \tag{4-35}$$

式中 d——相干两点之间的距离，m；

d_L、d_T——沿地震波传播方向和垂直地震波传播方向的投影距离，km；

f——频率，Hz；

β_1，β_2，α_1，α_2——回归系数；

ν——地震在地面的视波速，m/s。

（6）冯启民-胡聿贤模型。该模型根据台阵记录，假设地震动是平稳的各向同性的，仅考虑两点之间的互功率谱密度随距离呈指数衰退，其相干函数模型为

$$\rho(\omega,d)=\exp\left[\left(\rho_1\omega+\frac{\rho_2}{\sigma}\right)\rho_3d+i\frac{\omega d}{\nu}\right] \tag{4-36}$$

式中 ω——地震动频率，Hz；

d——两点之间的距离，m；

σ——台阵记录标准差；

ν——地震波视波速，m/s；

ρ_1、ρ_2 和 ρ_3——待定系数。

（7）刘先明模型。刘先明根据 SMART-1 台阵记录研究了地震动竖向分量的相干函数模型，并将相干函数相位和模分开考虑，分别研究相关性和行波效应，得到的相干函数模型表达式为

$$\rho_{mn}(\omega,d)=|\rho(\omega,d^l_{mn},d^t_{mn})|e^{-i\varphi(\omega,d)} \tag{4-37}$$

式中　$\varphi(\omega, d)$——相位函数。

假定波速是一个常数，所以相位函数可以表示成：

$$\varphi(\omega,d)=\frac{\omega d^l_{mn}}{\nu_{app}} \tag{4-38}$$

$|\rho(\omega,d^l_{mn},d^t_{mn})|$为迟滞相干函数，定义如下：

$$|\rho(\omega,d^l_{mn},d^t_{mn})|=\exp(-\beta_1|d^l_{mn}|-\beta_2|d^t_{mn}|)\exp\left\{-\left[\alpha_1(\omega)\sqrt{|d^l_{mn}|}+\alpha_2(\omega)\sqrt{|d^t_{mn}|}\right]\left(\frac{\omega}{2\pi}\right)^2\right\} \tag{4-39}$$

$$\alpha_1(\omega)=2\pi a_1/\omega+a_2\omega/2\pi+a_3 \tag{4-40}$$

$$\alpha_2(\omega)=2\pi a_4/\omega+a_5\omega/2\pi+a_6 \tag{4-41}$$

其中，$a_1=0.0686$，$a_2=0.0026$，$a_3=0.0316$，$a_4=0.0015$，$a_5=0.001$，$a_6=0.0018$，$\beta_1=0.00014$，$\beta_2=0.0001951$。

3. 半理论半经验模型

经验模型一般是根据实测地震记录统计回归所得，模型之间的形态都是相似的。经验模型没有把相干函数的各影响因素分开考虑拟合，取值都是依赖于地震动样本的记录数据。总而言之，经验相干函数模型对于空间效应的考虑并不充分，无法直接用于实际工程场地。因此国内外专家学者提出了一些更实用的半理论半经验相干函数模型。

（1）Luco-Wong 模型。Luco-Wong 模型以随机介质中波的传播理论为基础，提出了一种相干函数模型，表达式为

$$|\rho(\omega,d)|=\exp\{-l[1-\exp(-|d|^2/\rho_0^2)]\} \tag{4-42}$$

$$l=\omega^2\rho_0 H\mu^2/\beta^2 \tag{4-43}$$

式中　ρ_0——剪切波传播途径的随机频散性系数；

H——剪切波在随机介质中的传播距离，m；

μ^2——弹性介质的相对变化量；

β——弹性波速估计值。

当$|d|^2<\rho_0$时，式（4-39）可简化为

$$|\rho(\omega,d)|=\exp\{-(\rho\omega|d|/\beta)^2\} \tag{4-44}$$

其中，$\rho=\mu(H/\rho_0)^{1/2}$；ρ/β 的取值范围为 $2\times10^{-4}\sim3\times10^{-4}$m/s。

（2）Somerville 模型。Somerville 模型把地震动空间变化特性总结为 4 个因素，分别是行波效应、震源尺度、波的频散和场地条件。得到的相干函数模型表达式为

$$\rho_{total}=\rho_{source}(\omega,d)\rho_{path}(\omega,d) \tag{4-45}$$

$$\rho_{source}(\omega,d)=\text{avctan}[(a-b\ln d)\exp(-c\omega)+d] \tag{4-46}$$

$$\rho_{path}(\omega,d)=\text{avctan}[\exp(-m\omega-nd)+p] \tag{4-47}$$

式中 a、b、c、d、m、n、p——待定系数。

(3) Yang－Chen 模型。Yang－Chen 模型假定地震动的频散效应对于所有的场地都具有相同的统计特征，再根据实测地震记录数据集合的相干函数样本得到样本的均值和方差函数。得到的相干函数模型表达式如下：

$$|\rho(\omega,d)|=|\overline{\rho}(\omega,d)|\pm\mu\sigma_p(\omega,d) \tag{4-48}$$

$$|\overline{\rho}(\omega,d)|=\{1+[a_1 d^{0.25}+a_2(df)^{0.5}]\}^{-0.5}\exp(-0.5a_3 d^{a_4} f^{a_5}) \tag{4-49}$$

$$\sigma_p(\omega,d)=0.2\sin(b_1 f+b_2)+b_3 d+b_4 f+b_5/(3f)+b_6 \tag{4-50}$$

式中 μ——峰值因子；

f——频率，$f=\omega/2\pi$。

系数 $a_1\sim a_5$ 和系数 $b_1\sim b_6$ 通过最小二乘法回归而得。随着样本的增加，相关的系数会不断调整，更加符合实际情况，因此需要足够多的样本。

4.4.2 地震动场的功率谱模型

人工合成地震波的过程中，其幅值谱需要通过功率谱模型得到。有些专家学者将地震动看作一个平稳的随机过程，提出了一些平稳的功率谱模型，总体来讲有以下几种。

4.4.2.1 白噪声模型

Housner 提出了地震动能量分布于整个频率范围并且其能量随着时间无限增大的白噪声模型，其功率谱密度模型为

$$S(\omega)=S_0(-\infty\leqslant\omega\leqslant+\infty) \tag{4-51}$$

式中 S_0——白噪声过程的谱强度因子，是一个常数。

式 (4－51) 假定功率谱是一个定值，易于求解，因此应用范围较为广泛。

4.4.2.2 有限带宽白噪声模型

实际地震动的频率是在一定范围内分布的，白噪声模型与实际并不相符，因此又有专家学者提出了修正定义域的有限带宽白噪声模型，其功率谱函数模型为

$$S(\omega)\begin{cases}S_0 & (-\omega_0\leqslant\omega\leqslant\omega_0)\\ 0 & \text{其他}\end{cases} \tag{4-52}$$

式中 ω_0——截止频率，Hz。

式 (4－52) 避免了白噪声模型中不合理的无限方差现象。

4.4.2.3 Kanai－Tajimi 模型

日本学者 Kanai 和 Tajimi 提出了单重过滤白噪声模型来模拟地震动的加速度时程。经土层滤波器过滤后的绝对加速度地震动功率谱密度函数为

$$S_a(\omega)=|H_{\ddot{x}_{\omega(t)\to a(t)}}(\omega)|^2 S_0=\frac{\omega_g^4+4\xi_g^2\omega_g^2\omega^2}{(\omega_g^2-\omega^2)^2+(2\xi_g\omega_g\omega)^2}\times S_0 \tag{4-53}$$

式中 $H_{\ddot{x}_{\omega(t)\to a(t)}}(\omega)$——结构绝对加速度响应 $a(t)$ 相对于基岩绝对加速度激励 $\ddot{x}_\omega(t)$ 的频率响应函数；

S_0——白噪声过程的谱强度因子，表示基岩上白噪声干扰强度，是一个常数；

ω_g，ξ_g——单自由度土体的自振频率和阻尼比。

4.4.2.4　双重过滤白噪声模型

1. Markov 模型

Markov 模型假定基岩地震动为白噪声过程，但是将基岩与土体分别设定为一次滤波器和二次滤波器，结构经过滤波后的绝对加速度为

$$a(t)=\ddot{x}_g(t)+J(t) \tag{4-54}$$

经过两次滤波后的地震动加速度功率谱密度函数为

$$S_a(\omega)=\frac{\omega_g^4+4\xi_g^2\omega_g^2\omega^2}{(\omega_g^2-\omega^2)^2+(2\xi_g\omega_g\omega)^2}\times\frac{\omega_h^2}{\omega_h^2+\omega^2}S_0 \tag{4-55}$$

式中　ω_h——基岩固有频率，Hz。

2. Clough - Penzien 模型

Clough - Penzien 模型将基岩与土体均设定为二次滤波器，滤波后地震动加速度：

$$a(t)=\ddot{x}_g(t)+\ddot{x}_h(t) \tag{4-56}$$

此时的功率谱密度函数：

$$S_a(\omega)=S_{CP}(\omega)S_0=\frac{\omega_g^4+4\xi_g^2\omega_g^2\omega^2}{(\omega_g^2-\omega^2)^2+(2\xi_g\omega_g\omega)^2}\cdot\frac{\omega_h^4}{(\omega_h^2-\omega^2)+(2\xi_h\omega_h\omega)^2}S_0 \tag{4-57}$$

式中　$S_{CP}(\omega)$——标准化 Clough - Penzien 功率谱；

ξ_h——基岩的阻尼比。

3. 赖明模型

赖明模型在 Clough - Penzien 模型的基础上，进一步推出了一种功率谱模型。该模型中设定地震加速度为

$$a(t)=\ddot{x}_g(t)+\ddot{x}_h(t)+\ddot{x}_w(t) \tag{4-58}$$

对应的功率谱密度函数为

$$S_a(\omega)=\frac{\omega_g^4+4\xi_g^2\omega_g^2\omega^2}{(\omega_g^2-\omega^2)^2+(2\xi_g\omega_g\omega)^2}\cdot\frac{\omega_h^4+4\xi_h^2\omega_h^2\omega^2}{(\omega_h^2-\omega^2)+(2\xi_h\omega_h\omega)^2}S_0 \tag{4-59}$$

4.4.3　地震动的相位差谱模型

采用三角级数合成法模拟人工地震场时，地震动的相位角一般是区间 [0，2π]，且服从均匀分布，但是无法确定幅值谱与震级、场地等参数之间的相互关系，因此 Ohsaki 等提出采用相位差谱表示相位角之间的相互关系，可以使人工模拟的地震动时程更加贴合实际。

相位差是指相位谱中相邻两频率分量对应的相位之差，即为

$$\Delta\varphi_k=\begin{cases}\varphi_{k+1}-\varphi_k & 0\leqslant\varphi_{k+1}-\varphi_k\leqslant 2\pi\\ \varphi_{k+1}-\varphi_k & -2\pi\leqslant\varphi_{k+1}-\varphi_k\leqslant 0\end{cases} \tag{4-60}$$

式中　$\Delta\varphi_k$——定义域为 [0，2π]。

研究出相位差谱模型表达式如下：

$$\varphi_{k+1}(f)=\varphi_k(f)+\Delta\overline{\varphi}(f)+\varepsilon \tag{4-61}$$

式中　ε——脉动相位差谱，$\varepsilon=2\pi-\mathrm{e}^{\varepsilon_b}$。

1. 朱昱—冯启明模型

朱昱—冯启明模型通过大量实测地震动记录数据计算出每条加速度记录相位差分布的均值 λ_i 和标准差 ξ_i，之后再统计其在不同震级和震中距下的平均均值 $\bar{\lambda}$ 和平均标准差 $\bar{\xi}$，假设其服从对数正态分布。令 $\Delta\varphi_k=\ln x_k$，则相位差谱服从正态分布，则其表达式为

$$\mu=\ln\bar{\lambda}-0.5\ln(1+c^2) \tag{4-62}$$

$$\sigma=\sqrt{\ln(1+c^2)} \tag{4-63}$$

$$c=\frac{\bar{\xi}}{\bar{\lambda}} \tag{4-64}$$

式中　c——变异系数，反映的是随机变量的离散度。

表 4-1 给出了不同震级下的统计参数。

表 4-1　　不同震级和震中距下的统计参数表

场地	震级	震中距 R/km	$\bar{\lambda}$	$\bar{\xi}$	c	μ	σ
基岩	4.2～5.2	<50	1.399	0.977	0.69	0.137	0.63
	5.3～6.2	<50	1.63	1.42	0.87	0.206	0.751
		<50	2.001	1529	0.76	0.463	0.678
	6.3～7.0	50～100	2.079	1.942	0.93	0.418	0.792
		>100	2.515	1.654	0.65	0.742	0.599

2. Thrainsson - Kiremidjian 模型

Thrainsson 和 Kiremidjian 对美国加利福尼亚州震中距 0～100km、震级 6.0～7.5 范围内的 300 多条地震动统计分析，给出了相位差谱的概率密度函数和其均值方差公式。

根据统计分析结果，大组、中间组两组的相位差谱服从 Beta 分布，其概率密度函数为

$$f_{AB}(x)=\begin{cases}\dfrac{x^{p-1}(1-x)^{q-1}}{\beta(p,q)} & 0\leqslant x\leqslant 1\\ 0 & \text{其他}\end{cases} \tag{4-65}$$

$\beta(p,q)$ 为 Beta 分布函数，表达式为

$$\beta(p,q)=\frac{\Gamma(p)\Gamma(q)}{\Gamma(p+q)}\int_0^1 t^{p-1}(1-t)^{q-1}\mathrm{d}t \tag{4-66}$$

$$\Gamma(x)=\int_0^{+\infty} t^{x-1}\mathrm{e}^{-t}\mathrm{d}t \tag{4-67}$$

Beta 分布函数参数 p、q 与其均值 μ、方差 σ^2 的关系为

$$\begin{cases}\mu=\dfrac{p}{p+q}\\ \sigma^2=\dfrac{pq}{(p+q)^2(1+p+q)}\end{cases}\quad\text{或}\quad\begin{cases}p=\dfrac{\mu(\mu-\mu^2-\sigma^2)}{\sigma^2}\\ q=\left(\dfrac{1}{\mu}-1\right)p\end{cases} \tag{4-68}$$

统计显示，小组的相位差谱服从 Beta 分布和 [0，1] 上的均匀分布的组合分布，其

概率密度函数的表达式为

$$f_c(x)\begin{cases} w+(1-w)\dfrac{x^{p-1}(1-x)^{q-1}}{\beta(p,q)} & 0\leqslant x\leqslant 1 \\ 0 & 其他 \end{cases} \tag{4-69}$$

式中　w——[0，1] 上均匀分布的加权系数。

小组的均值 μ_c 和方差 σ_c^2 为

$$\begin{cases} \mu_c=\dfrac{w}{2}+(1-w)\dfrac{p}{p+q} \\ \sigma_c^2=\dfrac{w^2}{12}+(1-w)^2\dfrac{pq}{(p+q)^2(1+p+q)} \end{cases} \tag{4-70}$$

以上 μ_A、μ_B、μ_C、$\sigma_A^2\sigma_B^2\sigma_c^2$、$w$ 这几个参数相互之间有一定的联系，将 μ_A、σ_c^2 作为基本参数，其他几个参数可以根据基本参数导出。μ_A、σ_c^2 的统计公式为

$$\mu_A=\frac{c_1+c_2R}{q_1+q_2M} \tag{4-71}$$

$$\ln\sigma_c^2=\frac{c_1+c_2\exp(c_3R^{c_4})}{q_1+q_2M} \tag{4-72}$$

式中　M、R——震级和震中距。

另外几个参数与基本参数 μ_A，σ_c^2，见表 4-2、表 4-3 且关系为

$$\mu_B=0.11+0.81\mu_A \tag{4-73}$$

$$\mu_C=0.20+0.60\mu_A \tag{4-74}$$

$$\ln(\sigma_A^2)=-0.617+1.078\ln\sigma_C^2 \tag{4-75}$$

$$\ln(\sigma_B^2)=-0.549+0.897\ln\sigma_C^2 \tag{4-76}$$

$$w=\begin{cases} 0 & \sigma_C^2\leqslant 0.00453 \\ -0.068+15.0\sigma_C^2 & 其他 \end{cases} \tag{4-77}$$

表 4-2　μ_A 的回归系数取值表

场地类别	c_1	c_2	q_1	q_2
所有场地	0.56	−0.0023	0.41	0.092
A、B类	0.60	−0.0023	−0.67	0.259
C类	0.55	−0.0021	0.40	0.094
D类	0.55	−0.0027	0.51	0.077

表 4-3　σ_C^2 的回归系数取值表

场地类别	c_1	c_2	c_3	c_4	q_1	q_2
所有场地	−1.67	−0.726	−0.0142	1.14	0.43	0.009
A、B类	−1.46	−0.528	−0.0150	1.23	0.14	0.054
C类	−2.10	−0.973	−0.0555	1.14	0.47	0.002
D类	−2.04	−0.476	−0.0039	1.74	0.51	−0.003

4.4.4 地震动包络函数模型

地震动包络函数主要是对地震动强度非平稳性的模拟，以及对地震动的总持时的控制作用。假设 $x(t)$ 为平稳的地震动时程，强度包线函数为 $\Phi(t)$，则非平稳地震动的时程为

$$a(t)=x(t)\Phi(t) \tag{4-78}$$

目前常用的强度包络线函数主要有连续型强度包络线函数和分段型强度包络线函数，即：

(1) 连续性强度包线函数有以下几种：

$$\Phi(t)=I_0(e^{-at}-e^{bt}) \tag{4-79}$$

$$\Phi(t)=\left[\frac{t}{a}\exp\left(1-\frac{t}{a}\right)\right]^b \tag{4-80}$$

$$\Phi(t)=(a+bt)e^{-ct} \tag{4-81}$$

$$\Phi(t)=I_0t^a e^{-bt} \tag{4-82}$$

式中 I_0、a、b、c——待定系数。

(2) 分段型强度包线函数。目前使用的分段型强度包络线函数是三段式的，具体表达式为

$$\Phi(t)\begin{cases}\left(\dfrac{t}{t_1}\right)^2 & 0\leqslant t\leqslant t_1\\ 1 & t_1\leqslant t\leqslant t_2\\ e^{-\alpha(t-t_2)} & t_2\leqslant t\leqslant t_d\end{cases} \tag{4-83}$$

式中 t_d——持续时间，s；

α——峰值衰减系数。

$$\ln t_d=0.19+0.15M+0.35\ln R \tag{4-84}$$

$$\lg t_g=-2.268+0.3262M+0.5815\lg(R+R_0)+\varepsilon \tag{4-85}$$

$$\lg t_s=-1.074+1.0051g(R+R_0)+\varepsilon \tag{4-86}$$

$$\alpha=\frac{\ln 0.05}{t_2-t_d} \tag{4-87}$$

式中 M、R——震级和震中距；

R_0——常数实际震源影响系数；

t_s——峰值平稳段持时。

对于多点激励的情况来说，第一点的取值可根据表 4-4 取。

表 4-4　分段型强度包络线函数取值表

持续时间/s			衰减系数 α
t_d	t_1	t_2	
5	0.5	4	1.5
10	1	7	1.15
20	2	16	0.8
30	3	25	0.64

4.4.5 视波速的取值

通常情况下视波速都假定为常数。屈铁军根据文献拟合了关于频率 ω 的视波速表达式：

$$\nu_a(\omega)=c_1+c_2\ln\frac{\omega}{2\pi} \tag{4-88}$$

式中：ν_a 的单位为 m/s；ω 的单位为 rad/s；系数 c_1、c_2 的取值见表 4-5。

表 4-5　SMART 台阵视波速系数拟合值

地震编号	39	43	45
c_1	3978	3645	2401
c_2	969	1105	1211

4.5 多点激励地震动模拟的方法及 MATLAB 程序

4.5.1 多点地震动模拟公式

假设有一组平稳随机地震场，$X=[x_1(t),x_2(t),\cdots,x_n(t)]^T$，其傅里叶向量 $F=[f_1(\omega),f_2(\omega),\cdots,f_n(\omega)]^T$，时程 $x_m(t)$ 与傅里叶谱 $f_m(\omega)$ 之间的关系式为

$$f_m(\omega_j)=\frac{1}{N}\sum_{k=1}^{N}[x_m(t_k)\exp(-i\omega_j t_k)] \qquad \left(m=1,2,\cdots,n;j=-\frac{N}{2},\cdots,\frac{N}{2}-1\right) \tag{4-89}$$

其中

$$t_k=k\Delta t$$

$$w_j=j\Delta\omega$$

式中　N——傅里叶变换的阶数；

Δt——时间步长；

$\Delta\omega$——频率步长，$\Delta\omega=2\pi/(N\Delta t)$。

时程 $x_m(t)$ 的功率谱计算式为

$$S_m(\omega_j)=\frac{f_\omega(\omega_j)f_\omega^*(\omega_j)}{\Delta\omega} \qquad \left(m=1,2,\cdots,n;j=-\frac{N}{2},\cdots,\frac{N}{2}-1\right) \tag{4-90}$$

式中：上标“*”——共轭复数。

时程 $x_m(t)$ 的功率谱矩阵为

$$S(\omega)=\frac{FF^{T^*}}{\Delta\omega}=\begin{bmatrix} S_{11}(\omega) & S_{12}(\omega) & \cdots & S_{1n}(\omega) \\ S_{21}(\omega) & S_{22}(\omega) & \cdots & S_{2n}(\omega) \\ \vdots & \vdots & \vdots & \vdots \\ S_{n1}(\omega) & S_{n2}(\omega) & \cdots & S_{nn}(\omega) \end{bmatrix} \tag{4-91}$$

式中　$S_{ii}(\omega)$——自功率谱；

$S_{ij}(\omega)$——互功率谱。

互功率谱 $S_{ij}(\omega)$ 的表达式为

$$S_{ij}(\omega)=\sqrt{S_{ii}(\omega)+S_{jj}(\omega)}\rho_{ij}(\omega,d_{ij}^{L})\exp(-i\omega d_{ij}^{L}/\nu_{app}) \tag{4-92}$$

式中 $\rho_{ij}(\omega,d_{ij}^{L})$——$i$、$j$ 两点的迟滞相干函数。

$S(\omega)$ 为 Hermitian 矩阵，有：

$$S(\omega)=S^{T^*}(\omega) \tag{4-93}$$

将 $S(\omega)$ 进行乔利斯基分解（Cholesky 分解），如下：

$$S(\omega)=L(\omega)\cdot L^{T^*}(\omega) \tag{4-94}$$

$$L(\omega)\begin{bmatrix} L_{11}(\omega) & 0 & \cdots & 0 \\ L_{21}(\omega) & L_{22}(\omega) & \cdots & 0 \\ \vdots & \vdots & \vdots & \vdots \\ L_{n1}(\omega) & L_{n1}(\omega) & \cdots & L_{nn}(\omega) \end{bmatrix} \tag{4-95}$$

$$\left.\begin{aligned} L_{ii}(\omega)&=\left[S_{ii}(\omega)-\sum_{k=1}^{i-1}L_{ik}(\omega)L_{ik}^{*}(\omega)\right]^{1/2} \\ L_{ij}(\omega)&=\frac{S_{ij}(\omega)-\sum_{k=1}^{i-1}L_{ik}(\omega)L_{ik}^{*}(\omega)}{L_{jj}(\omega)} \end{aligned}\right\} \tag{4-96}$$

$$FF^{T^*}=\Delta\omega S(\omega)=\Delta\omega L(\omega)L^{T^*}(\omega)=[\sqrt{\Delta\omega}L(\omega)E^{i\varphi(\omega)}][\sqrt{\Delta\omega}L(\omega)E^{i\varphi(\omega)}]^{T^*} \tag{4-97}$$

其中，$E^{i\varphi(\omega)}=[\mathrm{e}^{i\varphi_1(\omega)},\mathrm{e}^{i\varphi_1(\omega)},\cdots,\mathrm{e}^{i\varphi_n(\omega)}]^{T}$。$\varphi_i(\omega)$（$i=1$，2，…，$n$）是在 $[0, 2\pi]$ 上根据相位差谱统计模型得出的相位谱。由此可得平稳地震动场 X 的傅里叶谱矩阵为

$$F=\sqrt{\Delta\omega}L(\omega)E^{i\varphi(\omega)} \tag{4-98}$$

式（4-98）的显式表达式：

$$f_m(\omega_j)=\sum_{r=1}^{m}\sqrt{\Delta\omega}L_{mr}(\omega_j)\mathrm{e}^{i\varphi_r(\omega_j)} \qquad \left(m=1,2,\cdots,n;j=-\frac{N}{2},\cdots,\frac{N}{2}-1\right) \tag{4-99}$$

对式（4-99）进行快速傅里叶逆变换可以生成 m 点的时程 $x_m(t)$，其表达式如下：

$$x_m(t_k)=\sum_{j=-N/2}^{N/2-1}f_m(\omega_j)\exp(i\omega_j t_k)=\sum_{j=-N/2}^{N/2-1}\sum_{r=1}^{m}\sqrt{\Delta\omega}L_{mr}(\omega_j)\exp\{i[\varphi_r(\omega_j)+\omega_j t_k]\} \tag{4-100}$$

式中，$m=1$，2，…，n；$k=1$，2，…，N。

基于相位差谱生成的时程 $x_m(t)$ 考虑了地震波频域的非平稳性，再将 $x_m(t)$ 与强度包络线函数 $\Phi(t)$ 相乘可以考虑时域非平稳性，从而得到同时满足时域-频域非平稳性的时程 $a_m(t)$，表达式为

$$a_m(t_k)=\Phi_m(t_k)RE[x_m(t_k)] \tag{4-101}$$

4.5.2 多点地震动反应谱合成

在对渡槽等复杂结构进行抗震分析时，反应谱的合成对于生成多点地震动场至关重要。反应谱的生成主要有时域调整和频域调整，本书采用的是频域调整进行多点地震动场

的反应谱拟合。

假定 $S_a^T(\omega_i)$ 为在频率控制点 ω_i 处的目标反应谱，$S_a(\omega_i)$ 为人工模拟地震动过程的反应谱，$F(\omega_i)$ 为傅里叶幅值谱，$R(\omega_i)$ 为构造误差函数，其表达式为

$$R(\omega_i)=S_a^T(\omega_i)/S_a(\omega_i) \tag{4-102}$$

如果人工模拟的地震动时程反应谱 $S_a(\omega_i)$ 并未达到精度要求，继续对幅值谱调整：

$$F^{j+1}(\omega_i)=R(\omega_i)F^j(\omega_i) \tag{4-103}$$

式中 F^{j+1}——第 $j+1$ 次计算所采用的傅里叶幅值谱。

4.5.3 滤波操作和基线调整

上述人工合成地震加速度时程的操作过程中可能会参杂少量长周期谐波成分，会导致直接积分得到的速度和位移时程曲线产生极大的偏差，所以必须进行滤波操作和基线调整，防止出现基线漂移现象

假定模拟生成的人工加速度时程为 $\ddot{x}(t_i)$，则基线调整的表达式为

$$a(t_i)=a_0+a_1t_i+a_2t_i^2 \qquad (i=0,1,2,\cdots,N) \tag{4-104}$$

各离散点的偏差及其平方和分别是：

$$u(t_i)=\ddot{x}(t_i)-a(t_i) \qquad (i=0,1,2,\cdots,N) \tag{4-105}$$

$$\sum_{i=0}^{N}[u(t_i)]^2=\sum_{i=0}^{N}[\ddot{x}(t_i)-a(t_i)]^2=\sum_{i=0}^{N}[\ddot{x}(t_i)-(a_0+a_it_i+a_2t_i^2)]^2=\varphi(a_0,a_1,a_2) \tag{4-106}$$

根据最小二乘法原理，求 $\varphi(a_0, a_1, a_2)$ 取得最小值时的各项系数，即为

$$\frac{\partial\varphi}{\partial a_j}=2\sum_{i=0}^{N}t_i^j[\ddot{x}(t_i)-(a_0+a_it_i+a_2t_i^2)]=0 \qquad (j=0,1,2) \tag{4-107}$$

整理变形后式（4-107）为

$$S_ja_0+S_{j+1}a_1+S_{j+2}a_2=f_j \qquad (j=0,1,2) \tag{4-108}$$

$$S_k=\sum_{i=0}^{N}t_i^k \qquad (k=0,1,2,3,4) \tag{4-109}$$

$$f_i=\sum_{i=0}^{N}\ddot{x}(t_i)t_i^j \qquad (j=0,1,2) \tag{4-110}$$

求解以上各式可以得到 a_0、a_1、a_2 的值，即可得到基线调整表达式，从而得到基线调整狗的加速度时程，最后通过积分可以得到校正后的速度时程和位移时程。

4.5.4 多点激励地震动模拟 MATLAB 程序

本书采用 MATLAB 进行多点激励地震动场的人工模拟，编写生成反应谱拟合的多点地震动非平稳加速度时程的程序，再嵌入滤波操作和基线调整，生成符合要求的多点速度时程和位移时程，具体的流程图如图 4-5 所示。

4.5.5 多点激励地震动模拟的合理性验证

为了确定所编写的 MATLAB 程序合成的多点激励地震动的合理性，取某单跨渡槽结构为对象进行验证，如图 4-6 所示，该渡槽结构处于高烈度区域，抗震设防烈度为Ⅷ度，场地条件为Ⅱ类，反应谱特征周期为 0.45s，设计地震加速度峰值为 0.2g，取相距 90m 的 A1、A2 两点进行多点激励地震动合成。如图 4-7、图 4-8 所示为两点地震动时程模

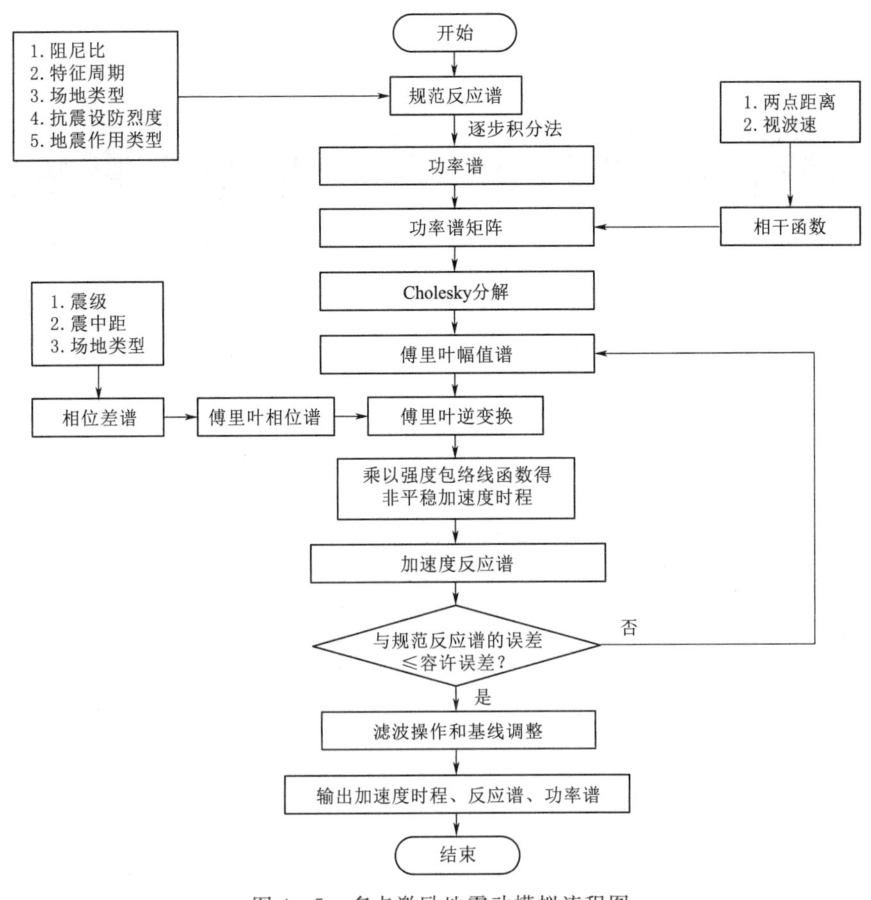

图 4-5　多点激励地震动模拟流程图

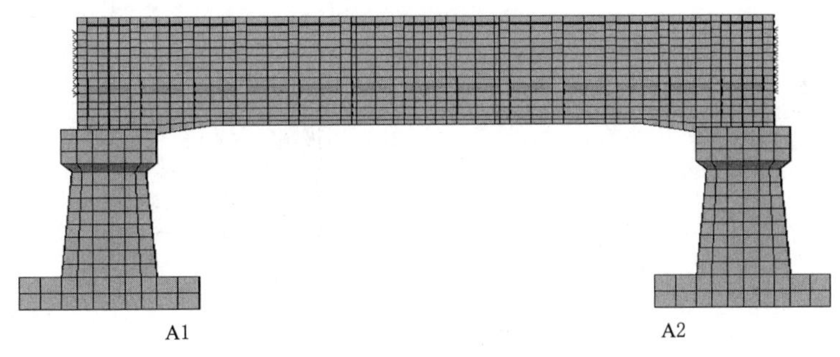

图 4-6　单跨渡槽结构有限元模型示意图

拟的结果，由图可知，两点的地震波都符合上升、平稳和下降的基本规律。

如图 4-9 和图 4-10 所示，为第 1 次迭代和第 10 次迭代后目标反应谱和计算反应谱的对比图，由图可知，迭代第 1 次时的目标反应谱和计算反应谱差异明显，迭代 10 次时得目标反应谱与计算反应谱契合度很高，误差在 5%以内，因此为了保证精确度应该尽可能多次迭代。图 4-11 为人工合成多点地震动两点之间的相干系数图与目标相干函数图的对比，可以看出合成的地震波相干性较好，图 4-7 和图 4-8 为 A1、A2 点加速度反应谱与设计反应谱的对比图，由图可知多点激励地震波合成的效果尚可，基本能达到要求，如图 4-12 所示。

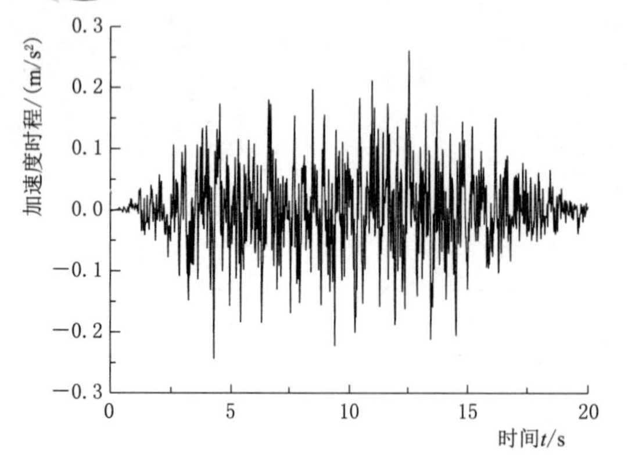

图 4-7　A1 点加速度时程

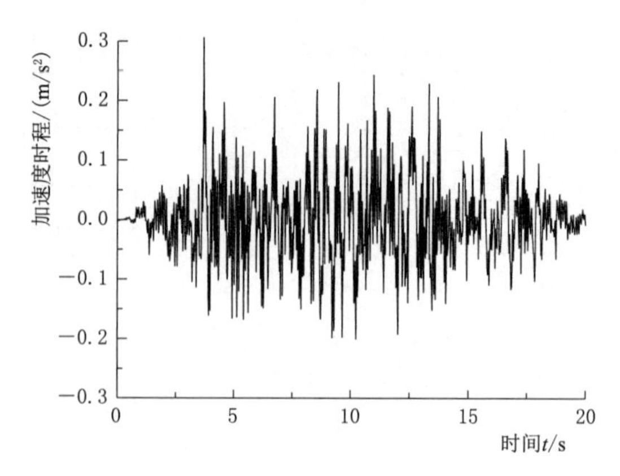

图 4-8　A2 点加速度时程

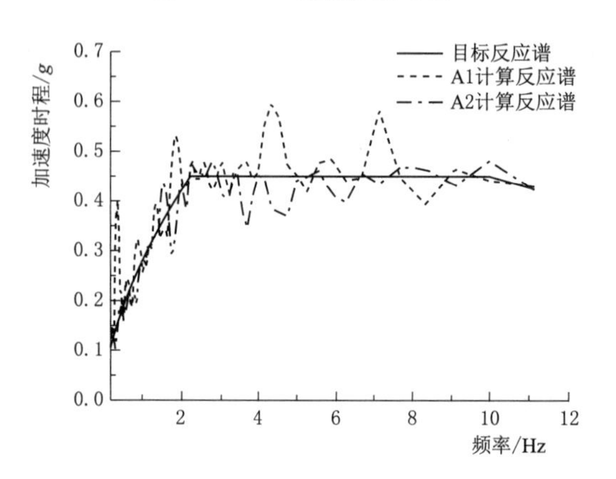

图 4-9　迭代 1 次目标反应谱和计算反应谱

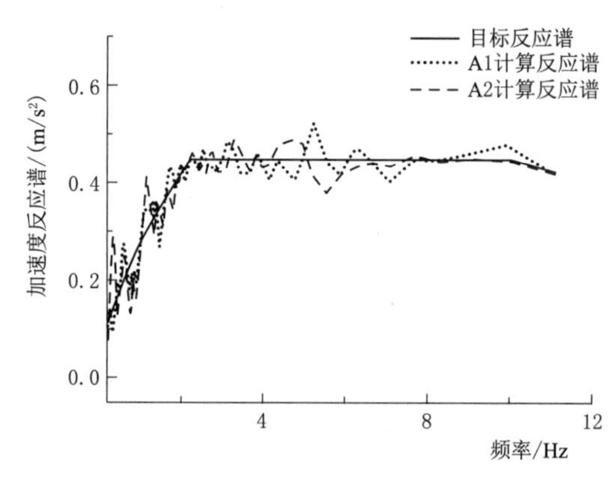

图 4-10　迭代 10 次目标反应谱和计算反应谱

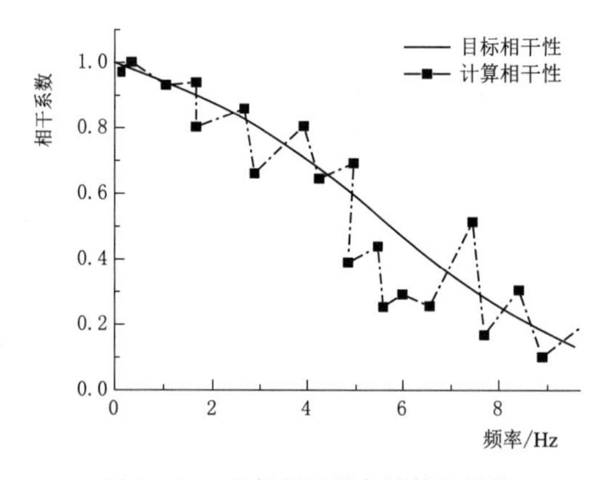

图 4-11　目标相干性与计算相干性

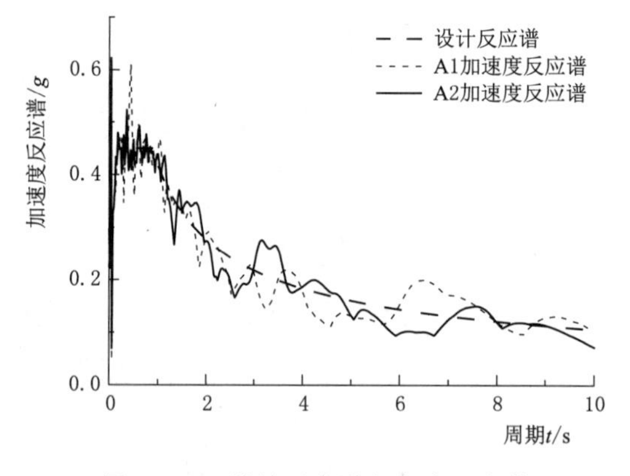

图 4-12　设计反应谱与合成反应谱

4.5.6　小结

本节主要介绍多点激励地震动模拟的相关理论和过程，并编写 MATLAB 程序模拟，最后进行合理性验证，主要内容有：

（1）对人工合成多点激励地震动的必要性做了简要说明，同时介绍了多点地震动人工合成的三种方法，并就三角级数合成法进行了详细的介绍。介绍了影响地震动特性的三个基本要素，分别是地震动的振幅、地震动的频谱和地震动的持时。

（2）详细介绍了多点激励地震动模拟过程中涉及的众多参数模型，分别是相干函数模型、相位差谱模型、功率谱模型和包络函数模型。

（3）推导介绍了有关多点激励地震动模拟的流程，给出了推导流程图以及使用MATLAB编写人工合成多点地震动的程序，其中，相位差谱统计模型使用的是Thrainsson－Kiremidjian模型，相干函数模型采用的是Hao and Oliverra模型，强度包络函数模型采用的是分段式强度包络函数模型。

（4）从波形、相干性和反应谱三个方面验证人工合成的多点激励地震动的合理性，结果表明，所合成的多点激励地震动满足各项要求，精度较高，但需要注意的是计算反应谱的迭代应该尽可能多，10次以上迭代以后精确高。

4.6 地震易损性分析基本理论及方法

地震易损性分析目前已经成为了评估结构抗震性能的有效手段，获得了广大工程师和学者的认可，逐渐被各国的抗震设计规范所采纳。地震易损性分析的关键是建立合理的易损性曲线，易损性曲线又称为破坏曲线，即在某一地震动作用下，构件或系统超过某一破坏状态的超越概率所生成的一条光滑的曲线，如图4－13所示。它的弯曲程度越高说明这种结构越易损伤，弯曲程度越低说明结构越安全可靠，通过易损性曲线分析可对结构在地震的作用下的损伤状态做出准确的评估。本书渡槽结构易损性分析采用理论地震易损性分析方法中的传统可靠度法，对于结构构件的易损性分析其拥有很强的适应性，缺点是该方法计算量大，处理数据比较烦琐。

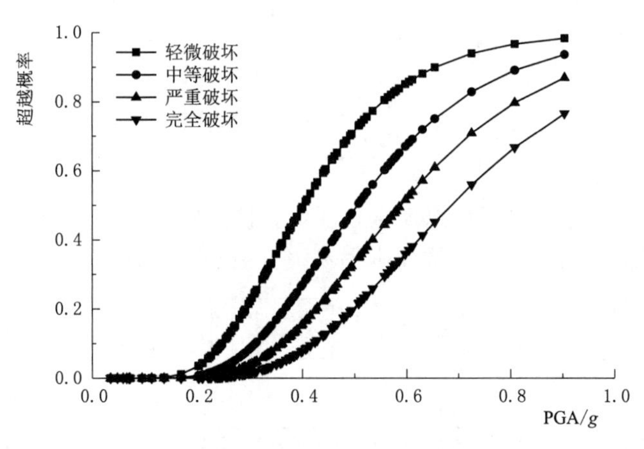

图4－13 地震易损性曲线

4.6.1 易损性分析理论

4.6.1.1 构件易损性

渡槽结构是由槽身、槽墩、支座和桩基等多个基础构件所组成的复杂整体，构件的易损性是分析是渡槽整体系统易损性分析的前提。传统的可靠度法可以描述为结构或构件在不同地震动强度下超过某一性能目标的超越概率，其中直接拟合回归法又称为基本可靠度法。

$$P_f = P[S_D \geqslant S_C \mid IM] \tag{4-111}$$

式中　IM——地震动强度指标（Intensity Measures）；

S_D——结构 D 的地震需求参数；

S_C——结构在特定损伤状态下的损伤指标。

当样本数量足够多的时候，S_D 可以认为服从对数正态分布，由中心极限定理可知，在某一极限状态下，达到或超过某一状态时的概率也服从对数正态分布，所以理论易损性曲线也满足对数正态分布规律。式（4-111）可以表示为

$$P_f = \Phi\left(\frac{\ln\overline{S_D} - \ln S_C}{\sqrt{\beta_D^2 + \beta_C^2}} \mid IM\right) \tag{4-112}$$

式中　$\Phi(\cdot)$——标准的正态分布；

$\overline{S_D}$——结构地震平均需求参数；

β_D——概率地震需求模型对数标准差；

β_C——抗震能力对数标准差。

从式（4-112）可以看出，在确定构建的超越概率之前，首先需要确定地震概率需求模型，进而确定 $\overline{S_D}$ 和 IM 之间的关系，然后通过结构在不同损伤状态下的损伤指标，进一步确定构件的超越概率。据相关研究，$\overline{S_D}$ 和 IM 之间存在指数函数关系：

$$\ln\overline{S_D} = b\ln(IM) + \ln a \tag{4-113}$$

式中　a、b——对数拟合系数。

确定地震概率需求模型以后，式（4-111）可以进一步表示成：

$$P_f = \Phi\left[\frac{b\ln(IM) + \ln a - \ln S_C}{\sqrt{\beta_D^2 + \beta_C^2}} \mid IM\right] \tag{4-114}$$

对数标准差 β_D 可以由式（4-115）获得：

$$\beta_D = \sqrt{\frac{\sum_{i=1}^{N}[\ln(S_{Di} - \overline{S_C})]^2}{N-2}} \tag{4-115}$$

著者采用 ANSYS 进行数值模拟计算分析，直接回归拟合法的分析过程较简单，所需地震波的数量也不多，因此被选作构建本书易损性曲线的方法，如图 4-14 所示。

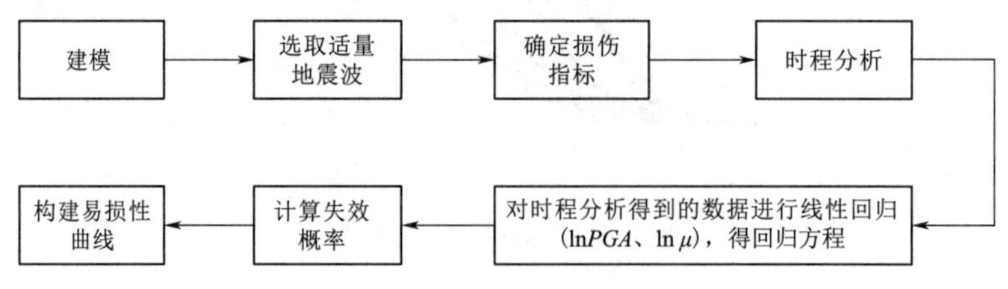

图 4-14　直接回归拟合法

4.6.1.2　系统易损性

1. 一阶界限法

渡槽结构系统的易损性是在构件的易损性基础上建立起来的，渡槽结构是一种由不同构件串联或者并联组成的复杂系统结构，目前大多数采用串联的方式分析系统的易损性与

主要构件易损性的关系，结构系统损伤概率可以表示为

$$\max_{i=1}^{m}[P_i] \leqslant P_{sys} \leqslant 1-\prod_{i=1}^{m}[1-P_i] \tag{4-116}$$

式中 P_{sys}——渡槽结构系统的超越概率；

P_i——第 i 个结构构件的超越概率；

M——所考虑渡槽结构构件的数量。

式（4-116）即一阶界限法。目前计算系统易损性的方法主要有一阶界限法、二阶界限法和联合概率密度法，一阶界限法概念简单计算方便，能够粗略估算渡槽结构系统的地震易损性。

2. 二阶界限法

一阶界限法主要考虑的是各构件单独失效的概率，而并未考虑其中的相关性，得到的界限较宽，所以又称宽界限法。而二阶界限法则充分考虑了失效模式之间的相关性，得到的界限较窄，又称窄界限法，其基本表达式为

$$P_{f1}+\sum_{i=2}^{m}\max\left(P_{fi}-\sum_{j=1}^{t-1}P_{fij},0\right) \leqslant P_{sys} \leqslant \sum_{i=1}^{m}P_{fi}-\sum_{i=2}^{m}\max_{j\not\subset(f_{ij})} \tag{4-117}$$

式中 P_{f1}——单个构件的失效概率；

P_{fij}——第 i，j 个构件共同失效的概率。

近似计算式为：

$$\begin{cases}\max[P_A,P_B]\leqslant P_{fij}\leqslant P_A+P_B & P_{fij}\geqslant 0\\ 0\leqslant P_{fij}\leqslant \min[P_A,P_B] & P_{fij}\leqslant 0\end{cases} \tag{4-118}$$

4.6.2 渡槽结构易损性曲线构建流程

本书选择采用基本可靠度法直接二次回归拟合构建渡槽结构地震易损性曲线，具体的流程如图 4-15 所示。

（1）结合工程概况，采用 ANSYS 建立渡槽结构三维有限元计算模型。考虑渡槽结构材料参数和边界的不确定性，采用拉丁超立方抽样法生成渡槽结构有限元模型样本。

（2）考虑地震波的随机性，人工合成 100 条满足相应要求的地震波。

（3）将生成的渡槽结构样本模型与合成的地震波随机组合，生成计算样本。

（4）对生成的样本进行动力时程分析，提取所需的位移、曲率等地震响应结果。

（5）选取合适的地震需求参数，将时程分析得到的相对应的地震响应进行二次回归拟合，得到地震概率需求模型。

（6）选取合适的损伤指标，划分对应的损伤等级，计算得到损伤界限值。

（7）以地震动强度指标为横坐标，超越概率为纵坐标建立构件易损性曲线。

（8）根据单独构件的易损性曲线，采用界限法得到整个渡槽系统的易损性曲线。

4.6.3 地震动强度指标初选

4.6.3.1 地震波选取的原则

地震动具有随机性和不可预测性，为了尽可能使计算结果满足要求，样本必须达到一定的数量，否则无法保证计算精度。本书主要考虑多点激励地震动对渡槽结构的影响，所需地震波要满足特定的场地条件、相干效应和行波效应等的要求，一般的实测地震记录不

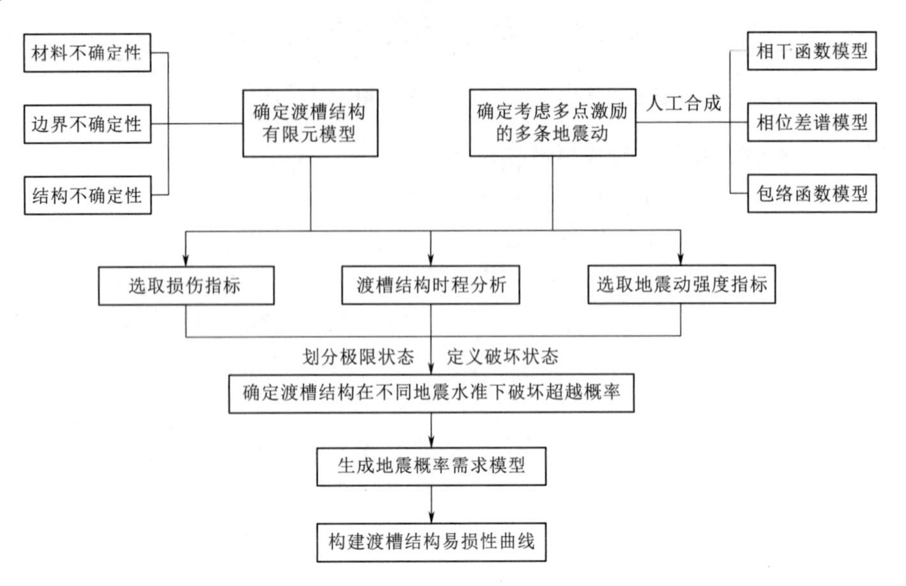

图 4-15　多点激励易损性分析流程图

一定能满足所有要求，因此决定采用 MATLAB 编写程序来人工合成满足相应要求的多点激励地震动。

4.6.3.2　地震动强度指标的分类

地震动强度指标（*IM*）的选择对于地震概率需求模型的建立至关重要，*IM* 建立了地震动强度和结构响应之间的关系，选择合适的 *IM* 能够更加准确预测结构的损伤概率。影响地震动的 4 个主要因素分别是：地震动的幅值、地震动的频谱特性以及地震动的持续时间。常用的 *IM* 主要是来源于这 4 个因素，分别是：

（1）地震动峰值型。如 PGA、PGV、PGD；其中 PGA 应用最为广泛。

（2）反应谱峰值型。如 PSA、PSV、PSD；反应谱峰值反映了反应谱幅值的大小。

（3）特定周期谱值型。如谱加速度 S_a（T_1）、S_a（T_2）。

（4）混合型。此类指标考虑两个或两个以上的组合，计算较为困难。如 PGV/PGA。

还有许多地震动强度指标指标，如 CAV、EDA、I_A、I_C、I_F、I_d、E_a、E_v、E_d、SMA、SMV、P_a、P_v 等，见表 4-6。众多专家学者提出了各种不同的地震强度指标，这些指标都有各自的特点和适用的范围，如何选取最合适结构本身的指标仍然是一个需要重点研究的问题。由于地震动的复杂性和不规律性，同一指标在不同结构中的效果可能天差地别，因此为了保证分析结果的准确性，要根据自身结构的特点选取最合适的地震动强度指标。

表 4-6　　各种地震动强度指标

类　型	名　称	简　称	单　位
地震动峰值型	地震峰值加速度	PGA	m/s^2
	地震峰值速度	PGV	m/s
	地震峰值位移	PGD	m

续表

类　型	名　称	简　称	单　位
反应谱峰值型	加速度反应谱峰值	PSA	m/s^2
	速度反应谱峰值	PSV	m/s
	位移反应谱峰值	PSD	m
特定周期谱值型	一阶周期对应谱加速度	$S_a(T_1)$	m/s^2
	一阶周期对应谱加速度	$S_a(T_2)$	m/s^2
其他型	累积绝对加速度	CAV	m/s
	Park - Ang 指标	I_C	m/s
	Fajfar 指标	I_F	m/s
	Riddell 指标	I_d	m/s
	Nau - Hall 指标	E_a、E_v、E_d	—
		a_{rs}、v_{rs}、d_{rs}	—
	Housner 强度指标	P_a、P_v、P_d	—
		a_{ms}、v_{ms}、d_{ms}	—
	Arias 强度指标	I_A	m/s^2
	有效设计加速度	EDA	m/s^2
	持续最大加速度	SMA	m/s^2

4.6.3.3　地震动强度指标初步选取

Riddell 对常用的地震动强度指标进行研究后发现，已有的单一强度指标都无法在各个周期内的适用性达到最好状态，在针对不同的结构进行抗震分析时需要根据结构的周期范围进行选取，从而选择最合适的 *IM*，主要分为短周期结构、中等周期结构和长周期结构。

本书研究的渡槽结构其周期在短周期和中等周期之间，具体适用哪种指标还有待商榷，因此，首先选取以 PGA、PGV、PGD 这三类为代表的指标进行下一步选取，总共选取有 8 个常用的地震动强度指标，分别是：PGA、PGV、PGD、PSA、PSV、PSD、$S_a(T_1)$、$S_a(T_2)$。在下文中以这 8 个 *IM* 为基础，进行详细的计算分析，选出最适合研究的渡槽结构的 *IM*。

4.6.4　多点输入方式实现——改进的大质量法

在 ANSYS 中，多点激励无法采用位移波和加速度波直接输入实现，因此本书采用大质量法来实现多点激励输入。然而根据周国良等的相关研究，大质量法（LMM）实现过程中引入的大质量会带来附加阻尼的影响，该影响可能会给分析结果带来不可忽略的误差。雷虎军等指出，该误差产生的根本原因在于 LMM 改变了结构的边界条件，使得结构的固定约束变成了滑动约束，因此提出了一种改进的大质量法。

首先，由第一章绪论中大质量法的求解运动方程（4－4）可知，大质量法表达式为

$$\begin{bmatrix} M_{aa} & 0 \\ 0 & m_b \end{bmatrix}\begin{bmatrix} \ddot{U}_a \\ \ddot{U}_b \end{bmatrix}+\begin{bmatrix} C_{aa} & C_{ab} \\ C_{ba} & C_{bb} \end{bmatrix}\begin{bmatrix} \dot{U}_a \\ \dot{U}_b \end{bmatrix}+\begin{bmatrix} K_{aa} & K_{ab} \\ K_{ba} & K_{bb} \end{bmatrix}\begin{bmatrix} U_a \\ U_b \end{bmatrix}=\begin{bmatrix} 0 \\ m_b\ddot{U}_g \end{bmatrix} \tag{4-119}$$

改进的大质量法则需要添加一个弹性约束，刚度为 k_b，则改进的大质量法表达式为

$$\begin{bmatrix} M_{aa} & 0 \\ 0 & m_b \end{bmatrix}\begin{bmatrix} \ddot{U}_a \\ \ddot{U}_b \end{bmatrix}+\begin{bmatrix} C_{aa} & C_{ab} \\ C_{ba} & C_{bb} \end{bmatrix}\begin{bmatrix} \dot{U}_a \\ \dot{U}_b \end{bmatrix}+\begin{bmatrix} K_{aa} & K_{ab} \\ K_{ba} & K_{bb}+k_b \end{bmatrix}\begin{bmatrix} U_a \\ U_b \end{bmatrix}=\begin{bmatrix} 0 \\ m_b\ddot{U}_g \end{bmatrix} \tag{4-120}$$

式中 m_b——大质量的质量；

k_b——新增弹性约束的刚度。

将式（4-120）中的阻尼矩阵通过瑞利阻尼代替，化简可得：

$$\ddot{U}_b+m_b{}^{-1}(\alpha m_b+\beta K_{bb})\dot{U}_b+m_b{}^{-1}k_bU_b\approx\ddot{U}_g \tag{4-121}$$

令 $\dfrac{k}{m}=\lambda$ 则有：

$$\ddot{U}_b+\alpha\dot{U}_b+\lambda U_b\approx\ddot{U}_g \tag{4-122}$$

由式（4-122）可知，当从支承点输入地震动加速度为 $\ddot{U}_g$ 时，支承点获得的加速度并非 $\ddot{U}_g$，因此需要修正输入的地震动时程，将输入的地震动加速度改为

$$\ddot{U}_{g,r}=\ddot{U}_g+\alpha\dot{U}_g+\lambda U_g \tag{4-123}$$

式中 $\ddot{U}_{g,r}$——改进后需要输入的加速度时程；

λ——刚度系数和大质量系数的比值，一般情况下取1；

α——瑞利阻尼中的质量阻尼系数，通过自振频率分析和阻尼比确定。

$$\alpha=\frac{2(\xi_j\omega_i-\xi_i\omega_j)}{\omega_i^2-\omega_j^2}\omega_i\omega_j \tag{4-124}$$

一般情况下，$\xi_i=\xi_j=\xi=0.05$，$\omega_i=\omega_1$，$\omega_j=\omega_2$，则有

$$\alpha=\frac{4\pi\xi\gamma}{T_1(1+\gamma)} \tag{4-125}$$

式中 T_1——结构自振周期，$\gamma=\omega_2/\omega_1$。

结构自振周期越小误差越大，越需要修正。

改进的大质量法即在原大质量法的基础上再添加一个弹性约束，如图4-16、图4-17所示，该弹性约束的刚度 k_b 可与大质量系数 m_b 取同一值，同时输入的地震波需要按照公式 $\ddot{U}_g+\alpha\dot{U}_g+U_g$ 来修正。

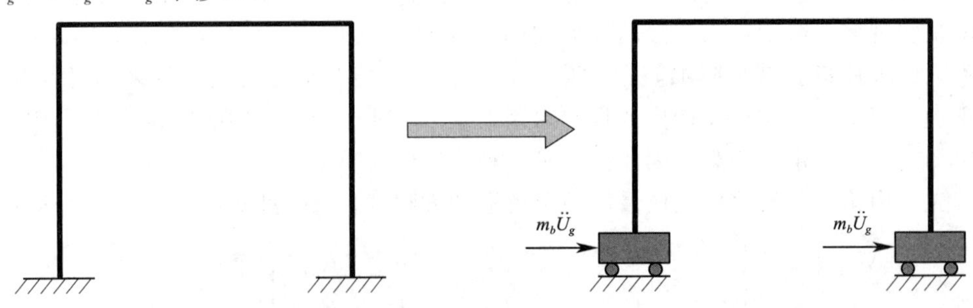

图4-16 大质量法LMM模型

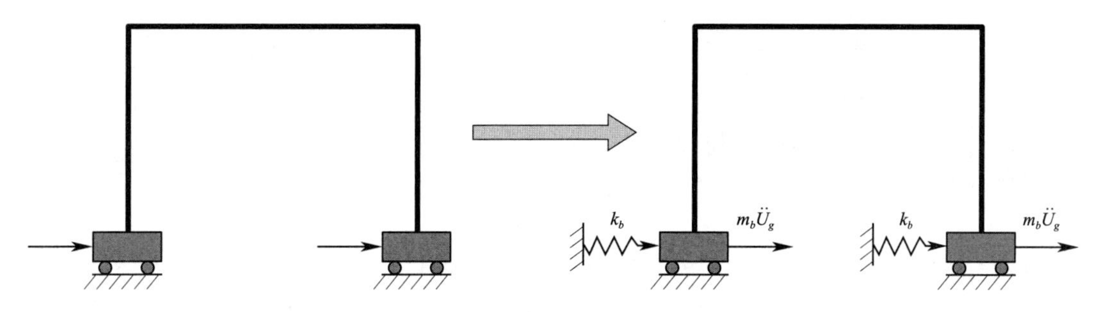

图 4-17　改进的大质量法模型

4.6.5　损伤指标的选取

渡槽结构主要由槽墩、槽身和支座组成，其中槽墩和支座这 2 个构件也是渡槽结构在地震作用下最容易被破坏的部位，因此主要分析槽墩和支座的损伤状态。针对这 2 种构件要选取合适的损伤指标，根据目前桥梁结构易损性分析的研究成果可知，结构损伤状态可以分为 4 种：轻微破坏、中等破坏、严重破坏以及完全破坏。

4.6.5.1　槽墩损伤指标

槽墩主要承担支撑上部槽身和水体结构的作用，在地震作用下受到轴力和弯矩的作用，选择采用位移延性比 $\mu_d=\dfrac{\Delta}{\Delta_{cy1}}$ 来作为槽墩损伤指标，其中 Δ 为槽墩墩顶的最大位移，Δ_{cy1} 为槽墩钢筋达到屈服时墩顶的位移。位移延性比实际上是通过关键截面的曲率推导出来的，而截面曲率的取值可根据钢筋混凝土截面的弯矩-曲率关系（$P-M-\varphi$）获得，通过 XTRACT 软件进行槽墩弯矩曲率分析得到，双折线图如图 4-18 所示。φ 表示地震作用下槽墩结构的最大曲率，φ_y 表示槽墩结构首次屈服对应的曲率，见表 4-7。

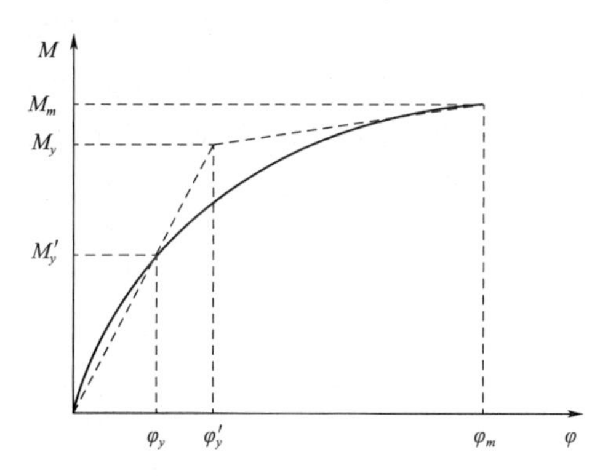

图 4-18　槽墩截面 $M-\varphi$ 图

表 4-7　位移延性比损伤指标

损伤状态	损　伤　状　态	判断准则
轻微损伤	混凝土轻微脱落，产生微小裂缝	$\mu_{cy1}<\mu_d<\mu_{cy}$
中度损伤	混凝土产生较大范围脱落，核心区域产生开裂	$\mu_{cy}<\mu_d<\mu_{cy2}$
严重损伤	产生较大的变形和裂缝	$\mu_{cy2}<\mu_d<\mu_{c\max}$
完全损伤	混凝土被压碎，发生倒塌	$\mu_d>\mu_{c\max}$

注：μ_{cy1} 为纵向受拉钢筋首次屈服时构件的位移延性比，μ_{cy} 为构件等效屈服时的位移延性比，μ_{cy2} 为边缘混凝土压应变达到 0.04 时的位移延性比，$\mu_{c\max}$ 为最大位移延性比。

上述指标参数的计算方法如下：

（1）纵向受拉钢筋首次屈服时，渡槽槽墩顶部的位移为 Δ_{cy1}，则有：

$$\Delta_{cy1}=\frac{1}{3}\varphi_1 h^2=\frac{1}{3}\times 2.12\times 10^{-3}\times 10.5^2=0.0775(\mathrm{m})$$

式中　h——渡槽槽墩的高度，m；

φ_1——受拉钢筋首次屈服时的曲率，m^{-1}。

纵向钢筋首次屈服时槽墩的位移延性比为

$$\mu_{cy1}=1$$

（2）槽墩等效屈服时，槽墩墩顶的位移为 Δ_{cy}，则有

$$\Delta_{cy}=\frac{1}{3}\varphi_y h^2=\frac{1}{3}\times 2.46\times 10^{-3}\times 10.5^2=0.1209(\mathrm{m})$$

式中　φ_y——渡槽槽墩等效屈服时的曲率，此时位移延性比为

$$\mu_{cy}=\frac{\Delta_{cy}}{\Delta_{cy1}}=\frac{0.1209}{0.0775}=1.56$$

（3）当边缘混凝土压应变达到 0.04 时，即 $\varepsilon_c=0.04$，等效塑性铰的长度为

$$\begin{aligned}L_p&=0.08h+0.022d_b f_y\\&=0.08\times 10.5+0.022\times 0.03\times 340=1.0644\end{aligned}$$

塑性转角、塑性位移和总位移分别为

$$\theta_{p4}=(\phi_{c4}-\phi_y)L_p=(1.963\times 10^{-2}-2.46\times 10^{-3})\times 1.0644=0.0183$$

$$\Delta_{p4}=\theta_p\left(L-\frac{L_p}{2}\right)=0.0183\times\left(10.5-\frac{1.0644}{2}\right)=0.182\mathrm{m}$$

$$\Delta_{c4}=\Delta_{cy}+\Delta_{p4}=0.0904+0.182=0.2724\mathrm{m}$$

当边缘混凝土压应变达到 0.04 时，位移延性比为

$$\mu_{c4}=\frac{\Delta_{c4}}{\Delta_{c1}}=\frac{0.2724}{0.0775}=3.515$$

（4）最大位移延性比根据相关研究可得

$$\mu_{c\max}=\mu_{c4}+3=6.515$$

4.6.5.2　支座损伤指标

使用的支座为盆式橡胶支座，选取支座上下两端的剪切位移作为损伤指标，见表 4－8。

表 4－8　　支座损伤指标

损伤状态	无损伤	轻微损伤	中等损伤	严重损伤	完全损伤
剪切位移/mm	$d<50$	$50\leqslant d<100$	$100\leqslant d<150$	$150\leqslant d<225$	$d\geqslant 225$

4.6.5.3　损伤指标取值表

综上所述，渡槽槽墩和支座的损伤指标取值见表 4－9。

表 4－9　　损伤指标取值

需求参数	轻微损伤	中等损伤	严重损伤	完全损伤
μ	1	1.56	3.515	6.515
d/mm	50	100	150	225

4.6.6 小结

本节主要介绍了地震易损性分析的基本理论和详细分析流程，并补充入考虑多点激励的情形，对地震动强度指标进行了初选，对多点激励输入方式大质量法进行了修正，最后通过计算分析得到槽墩和支座的损伤指标。主要结论如下：

（1）对渡槽结构进行易损性分析时，单独构件的易损性并不能代替整个系统结构的易损性。所以，进行地震易损性分析时，构件的易损性只能用来和其他构件相对比，系统的易损性需要另行分析。

（2）地震动强度指标的种类颇多，不同的指标有不一样的适用场景，针对自身结构选取最合适的指标才是最有效的，并且，如今主要根据结构自身周期来选取合适的指标。初步选取 PGA、PGV、PGD、PSA、PSV、PSD、$S_a(T_1)$、$S_a(T_2)$ 这 8 个 IM 作为后续选取最佳 IM 的基础。

（3）改进的大质量法通过引进的弹性约束来消除大质量附加阻尼带来的误差，比一般的大质量法更接近多点激励的理论值，适用性更强，能够满足基本的数值分析要求。

4.7 多点地震激励下渡槽结构易损性分析

前面章节详细介绍了地震易损性分析的基本流程，主要是围绕构建易损性曲线开展的，多点激励下渡槽结构的易损性分析流程也是如此，只不过地震波的合成和输入有一定的区别。主要步骤有考虑模型不确定性确定渡槽结构的三维有限元模型，人工合成考虑多点激励的地震动并通过改进的大质量法输入到模型底部，对渡槽结构进行动力时程分析，提取所需地震响应结果并根据选取好的地震动强度指标构建地震需求概率模型，最后得到基于概率的多点激励下渡槽结构易损性曲线，通过易损性曲线对渡槽结构的进行地震风险评估。因此，本节将对多点激励渡槽易损性分析进行详细介绍和分析。

4.7.1 渡槽结构有限元模型的建立

4.7.1.1 工程概况

滇中引水工程某一跨越河谷大型渡槽，设计流量 $120m^3/s$，该渡槽属于梁式渡槽结构，共计 8 跨，每跨 30m，全长 240m。该工程所在地基本烈度为Ⅷ度，场地条件为Ⅱ类，设计地震水平峰值加速度为 $0.2g$。特征周期为 0.45s，阻尼比取 0.05。

该渡槽结构是滇中引水工程的核心水工建筑物之一，其在地震作用下的能否安全运行对整个引水工程的正常运行有着巨大的影响，因此很有必要对该渡槽进行易损性分析，从而对其安全性作出科学的评价。该渡槽结构虽然单跨只有 30m，但是属于多跨结构，全长 240m，土层剪切波速是 250～500m/s，考虑地震波存在入射角度，视波速为 300～600m/s，地震波到达各支承点是有时间差的，因此本书以该渡槽为分析对象，考虑多点地震激励下的结构易损性分析，如图 4-19～图 4-22 所示。

4.7.1.2 槽内水体模拟

在地震的作用下，渡槽结构会产生振动，该振动会引起渡槽槽身内部的水体晃动，此时槽内水体的动水压力就已经发生了变化，进而传递给渡槽系统，最后导致渡槽结构的地震响应发生改变，这属于流固耦合系统的动力学问题。近期研究表明，要客观地认识大型

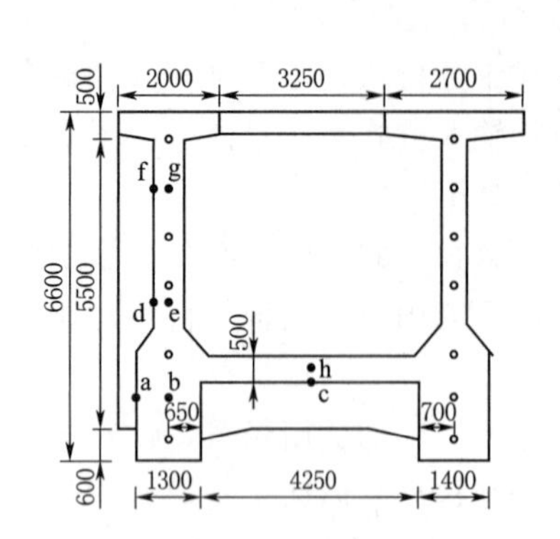

图 4-19　渡槽跨中断面图（单位：mm）

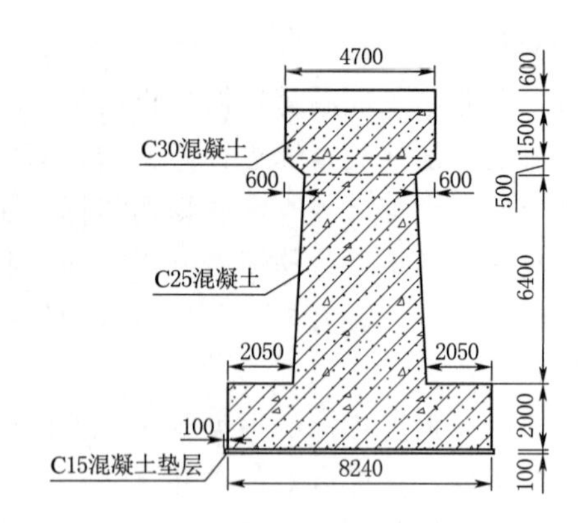

图 4-20　渡槽槽墩断面图（单位：mm）

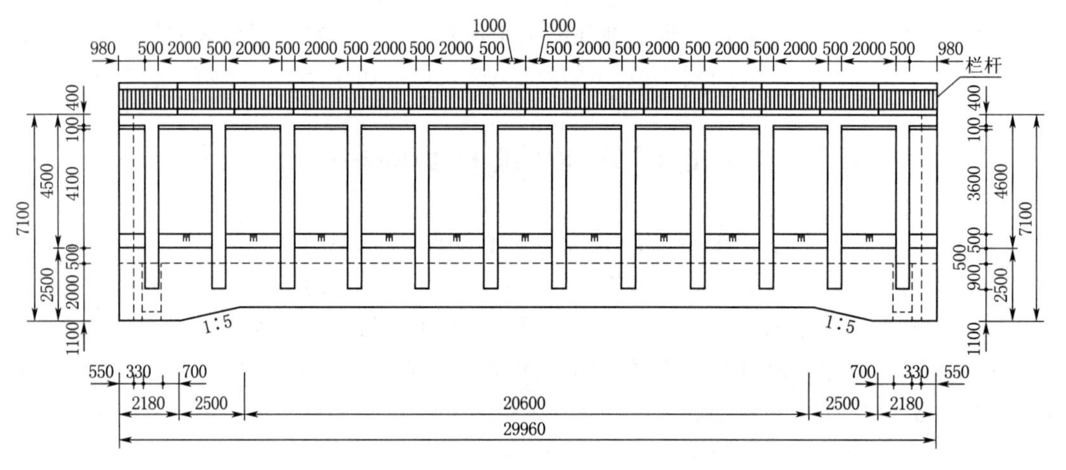

图 4-21　渡槽结构纵向示意图（单位：mm）

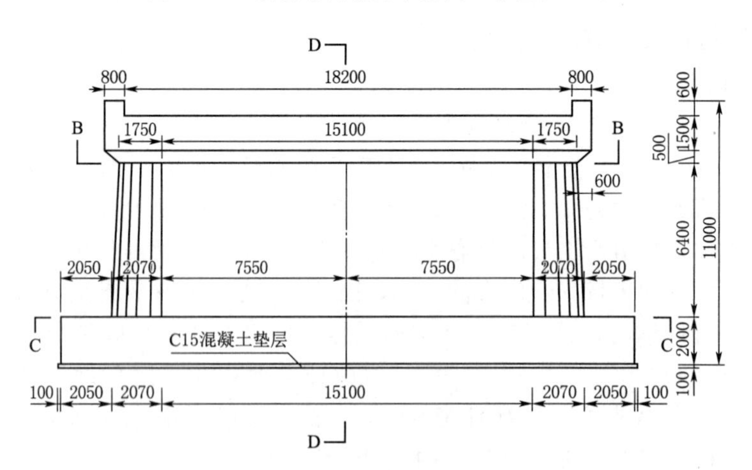

图 4-22　渡槽槽墩结构立面图（单位：mm）

渡槽地震响应，有必要考虑整个渡槽结构与槽内水体间的 FSI 作用。

1933 年 Westergard 首次提出了附加质量的理论，从此以后，流固耦合相关理论研究成为了众多专家学者研究的热点。1957 年，Housner 提出了一种用于计算液体晃动和结

构相互作用的简化模型。采用附加质量法解决这个问题，可推得作用在槽壁上动水压力为

$$p(x,z,t)=-\rho\frac{\partial\Phi(x,z,t)}{\partial t}-x\rho\ddot{X}_0(t) \tag{4-126}$$

在渡槽抗震计算中，作用在矩型渡槽的顺槽向各截面槽体内的动水压力可分为冲击压力和对流压力两部分，其计算方法如图 4-23 所示。

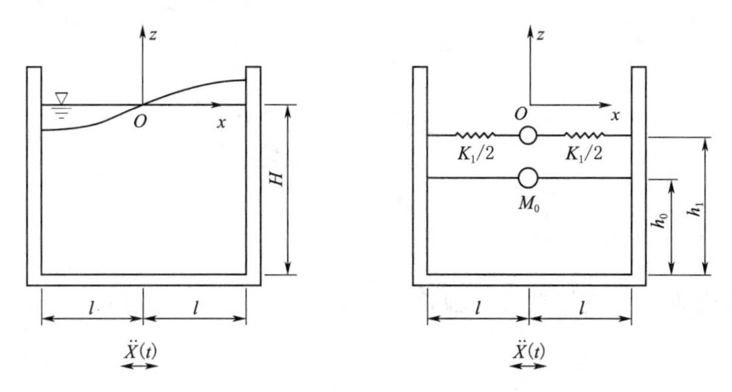

图 4-23　动水压力计算模型示意图

分析计算时水位都取设计水位，不重点考虑水深的影响，所模拟的水体模型如图 4-24、图 4-25 所示。

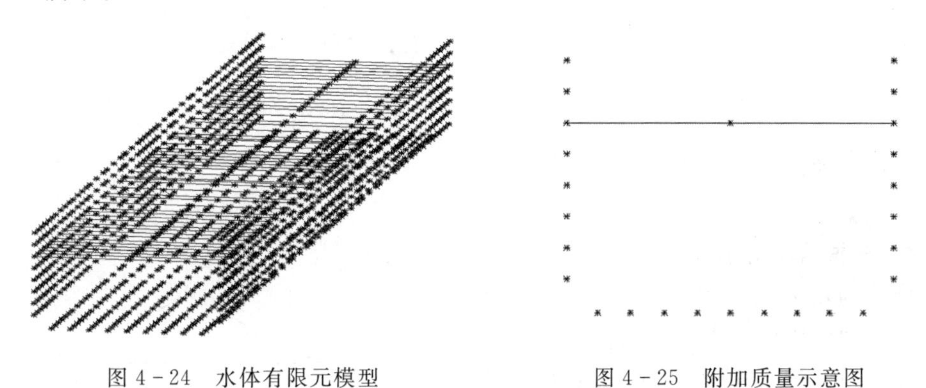

图 4-24　水体有限元模型　　　　图 4-25　附加质量示意图

4.7.1.3　支座模拟

主要用到两种支座：一种是普通橡胶支座；另一种是高阻尼减隔震支座。大型渡槽中设置的减、隔震装置，主要有 RB、LRB、FPB、SDB、HDRB 等支座及 MRD 阻尼器和智能隔震结构，隔减震装置的力学模型有 Spencer 模型，Bouc-Wen 恢复力模型、等效双线型模型。选取 HDRB 为隔减震支座，基于如图 4-26 所示的支座的水平等效刚度和阻尼力，采用式（4-125）可得到其等效阻尼比。在对支座建模时，采用如图 4-27 所示的双线性阻尼弹簧单元来模拟顺槽向和横槽向的刚度—阻尼作用，阻尼随刚度的变化而改变，这从原理上实现了阻尼的可变性，在计算时可通过双线性阻尼弹簧单元阻尼参数的设置实现这种可变性。

$$\xi=\frac{1}{2\pi}\frac{W_d}{W}=\frac{1}{2\pi}\frac{W_d}{K_hX^2} \tag{4-127}$$

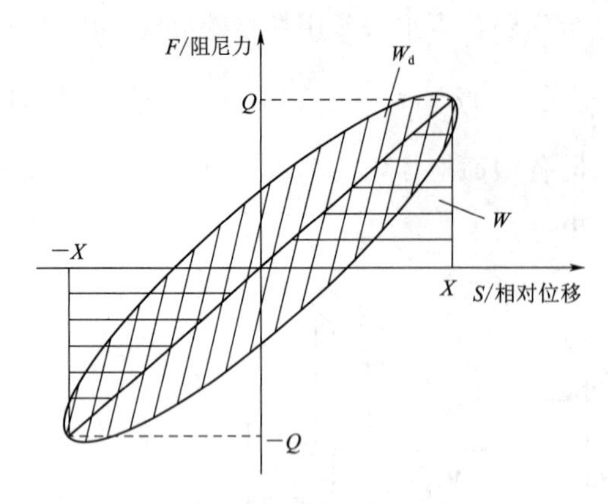

图4-26 支座水平等效刚度和等效阻尼比

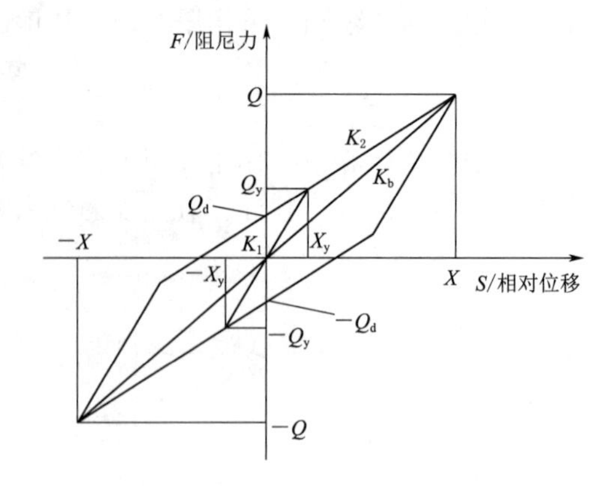

图4-27 支座的等效双线性恢复力模型

支座采用板壳单元—刚体单元—弹簧单元的组合来模拟，见图4-28、图4-29。

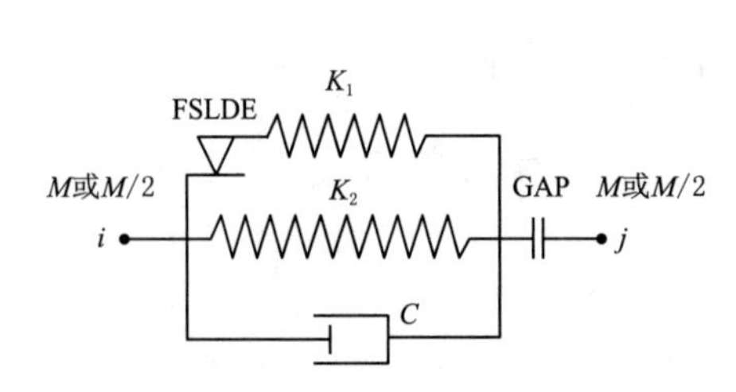

图4-28 combin40单元力学模型图

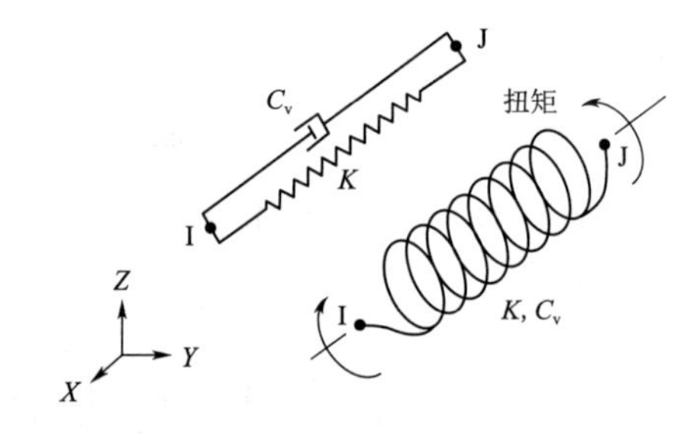

图4-29 combin14单元力学模型图

最后得到的支座构件有限元模型，见图4-30。

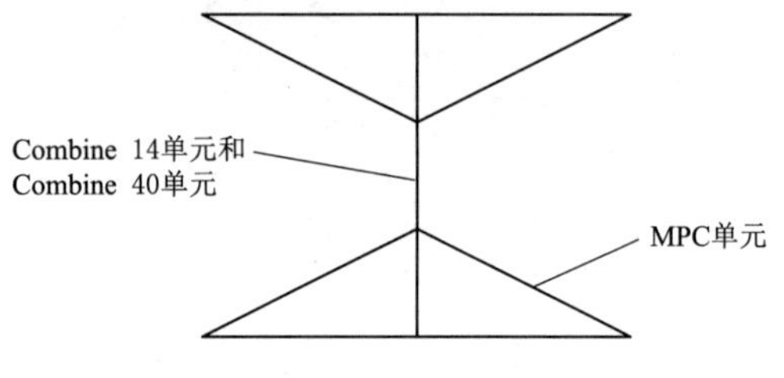

图4-30 支座有限元模型

4.7.1.4 渡槽结构有限元模型

渡槽结构模型采用的是ANSYS有限元软件建立，动水压力采用附加质量MASS 21单元和弹簧单元combin 14模拟。如图4-31所示分别为渡槽结构有限元模型整体图以及单跨局部细节放大图。

在本书的渡槽有限元模型中，共计52372个单元。另外，为了简化模型，钢筋混凝土的弹性模量和密度采用等效替换法进行折算。可得其等效密度为2512kg/m^3，等效弹性模量为3.1×10^4MPa。

4.7.1.5 自振频率分析

渡槽结构的模态分析是渡槽结构地震反应计算分析和抗震减震的基础，是研究渡槽结构动力特性的一种常用方法，本节针对渡槽结构装配普通支座和减隔震支座后的自振频率进行对比，结果如图4-32所示。

由图4-32可知，随着阶次的增加，渡槽结构的自振频率不断增大；采用高阻尼橡胶支座后，渡槽结构的自振频率明显减小，且前三阶主频率降幅最大。由此可知，装配减隔

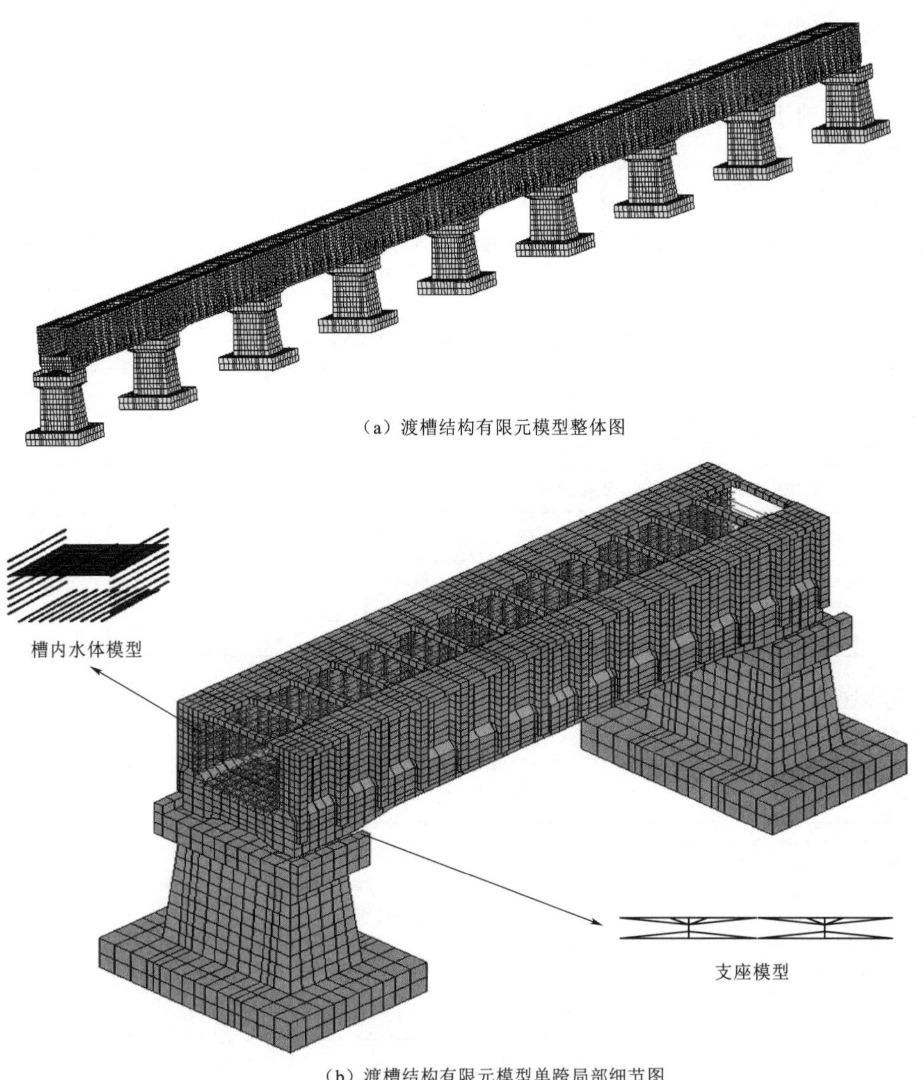

（a）渡槽结构有限元模型整体图

（b）渡槽结构有限元模型单跨局部细节图

图 4-31　渡槽结构有限元模型图

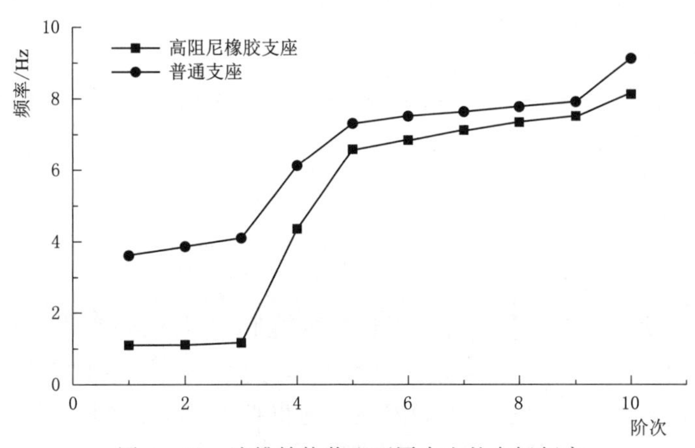

图 4-32　渡槽结构装配不同支座的自振频率

震支座后能够降低渡槽结构的自振频率，延长结构自振周期，从而提升渡槽结构的抗震性能。

4.7.1.6 参数的不确定性

1. 有限元模型参数的不确定性

渡槽结构在实际的施工过程中会受到众多不确定性的因素干扰，进行渡槽结构多点激励地震动下的易损性分析需要考虑渡槽结构的不确定性，渡槽结构模型考虑的不确定因素及其分布见表 4-10。

表 4-10　　渡槽结构参数不确定性及其分布

参数名称	分布形式	均值	变异系数	方差
槽身混凝土（C50）容重	正态分布	25.75kN/m^3	0.1	6.09
槽墩混凝土（C30）容重	正态分布	24.8kN/m^3	0.1	6.28
支座弹性模量	正态分布	3.98MPa	0.16	0.36
阻尼比	正态分布	0.05	0.01	0.00000025
伸缩缝宽度	正态分布	100mm	0.2	9

为考虑模型不确定性带来的影响，根据结构参数的分布特征，采用拉丁超立方抽样抽取 10 组渡槽样本，结果见表 4-11。

表 4-11　　拉丁超立方抽样结果

渡槽模型	槽身凝土容重 /(kN/m^3)	槽墩混凝土容重 /(kN/m^3)	支座弹模量 /MPa	阻尼比	伸缩缝宽度 /mm
1	26.251	25.451	3.821	0.05054	111.3
2	25.352	26.175	4.014	0.05025	106.3
3	25.921	24.784	4.512	0.05024	95.5
4	23.496	29.154	4.217	0.04987	100.9
5	27.514	23.174	3.155	0.05048	108.6
6	24.164	27.496	3.745	0.04978	96.8
7	26.213	22.124	4.447	0.04975	95.1
8	22.124	28.147	3.645	0.05016	102.5
9	25.781	20.632	3.971	0.04905	106.4
10	29.154	22.214	3.097	0.05074	98.8

2. 地震动参数的不确定性

多点激励地震动一般无法从实际地震记录中获取，因此通过 MATLAB 程序人工模拟多点激励地震动。为了考虑多点地震动的不确定性，在合成地震波的程序中考虑相干函数、相位差谱函数、视波速的不确定性。随机抽取不同的参数组成 10 套合成地震动的程序，再由这 10 套不同的程序，每套程序合成 10 组、每组 9 条地震动（分别对应

9个输入位置），总计合成了900条考虑多点激励的地震动，参数模型选取情况见表4－12。

表4－12 地震动参数模型的不确定性

编号	相位差谱模型	相干函数模型	视波速/(m/s)
1	Thrainsson	Hao and Oliverra	500
2	朱昱一冯启民	Harichandran－Vanmarcke	300
3	朱昱一冯启民	Hao and Oliverra	400
4	Thrainsson	Harichandran－Vanmarcke	500
5	朱昱一冯启民	Hao and Oliverra	500
6	Thrainsson	Yang	400
7	朱昱一冯启民	Yang	200
8	Thrainsson	Harichandran－Vanmarcke	300
9	朱昱一冯启民	Hao and Oliverra	200
10	Thrainsson	Hao and Oliverra	400

4.7.2 多点地震动的输入

4.7.2.1 多点地震动选取

本书主要考虑多点激励地震动对渡槽结构的影响，所需地震波要满足特定的场地条件、相干效应和行波效应等的要求，一般的实测地震记录不一定能满足所有要求，因此采用MATLAB编写程序来人工合成满足相应要求的多点激励地震动。

以GB 51247—2018《水工建筑物抗震设计标准》中规定的规范设计反应谱为基础，综合考虑行波效应和相干效应等合成多点人工地震波，合成过程如下：

（1）由规范反应谱转换获得自功率谱。

（2）地震波持续时间 $T=20s$，时间间隔为 $d=0.02s$，总计1000个数据点。

（3）相干函数模型采用Harichandran－Vanmarcke模型、Yang模型和Hao－Oliverra模型。

（4）强度包络线函数采用分段式模型。

（5）相位差谱模型采用朱昱一冯启民模型和Thrainsson模型。

（6）视波速选取200～500m/s。

（7）本书研究的渡槽结构处于Ⅱ类场地类型，抗震设防8度，特征周期根据《水工建筑物规范》取0.45s。

由上述步骤可知，参数选取不同，模型不同可以生成不同的加速度时程曲线。

著者采用10套MATLAB程序各生成10组共生成了100组考虑多点激励的地震动时程，其中每组有9条地震波，分别对应渡槽结构输入地震动的9个支承点（从左至右分别为 T_1～T_9）。选取的100组地震动时程详情信息见附录3，其各支承点加速度反应谱曲线如图4－33所示。

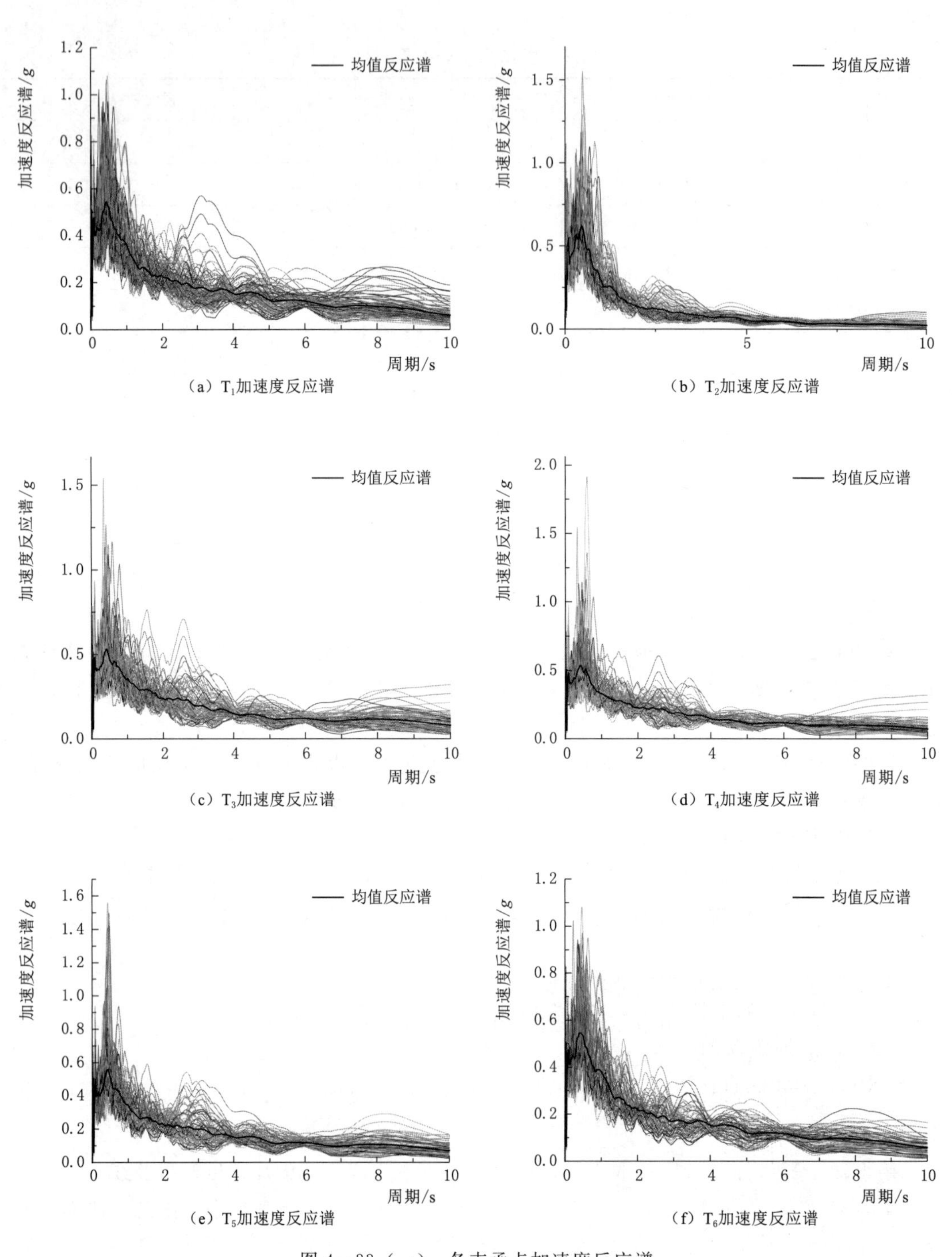

图 4-33（一）　各支承点加速度反应谱

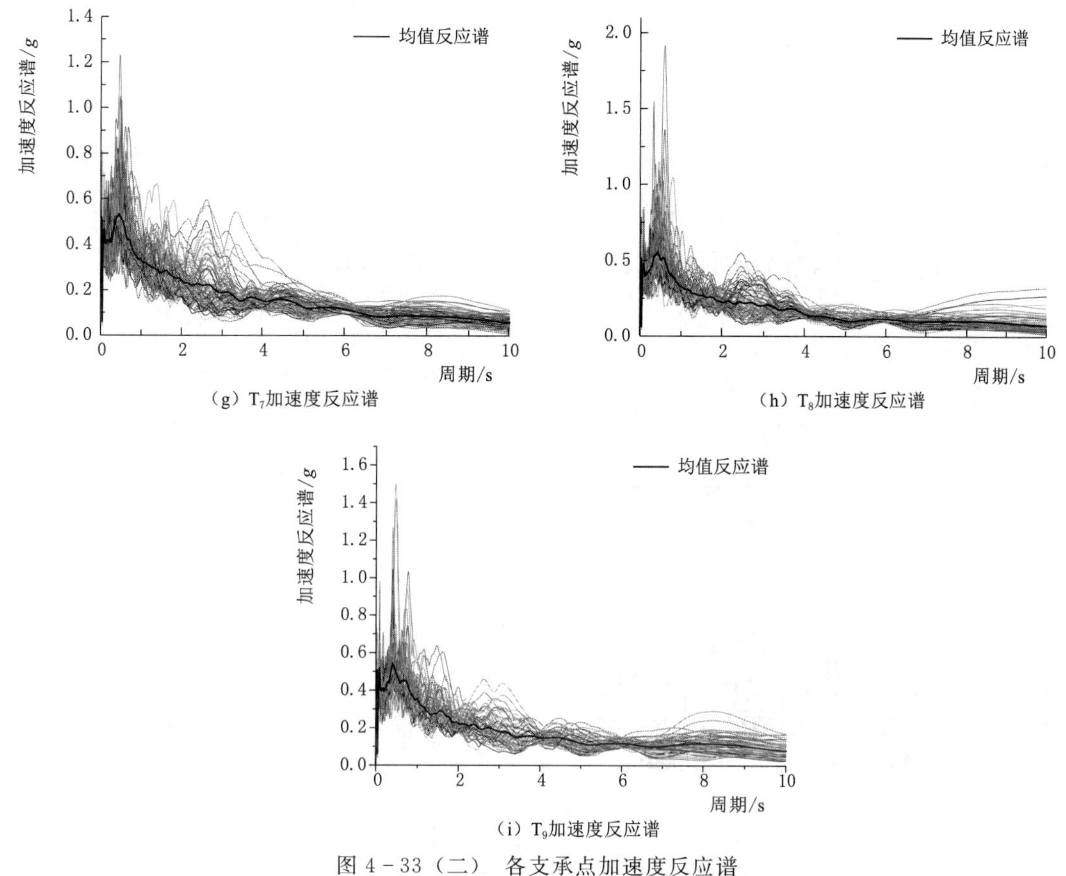

(g) T_7加速度反应谱

(h) T_8加速度反应谱

(i) T_9加速度反应谱

图 4-33（二） 各支承点加速度反应谱

从各支承点处的加速度反应谱可以看出，该程序人工模拟的多点激励地震动基本能满足要求，均值反应谱曲线与设计反应谱曲线相差不大，基本误差控制在10%以内。任选一组加速度时程曲线如图 4-34 所示，各支承点 T_1～T_9 处的加速度时程分别为：

通过各点的加速度时程可以看出，考虑多点激励时，相邻支承点处的地震波差异较小，相距较远的支承点处地震波差异明显，这主要是本书所研究的渡槽结构相邻支承点的距离只有 30m，而所处场地条件为Ⅱ类，视波速能达到 300m/s 以上，因此相距较远的支撑点间地震波差异会更大。从图 4-34（j）可以看出，所合成的多点激励地震波能够看出明显的行波效应和相干效应，能够符合后文所需要求。

4.7.2.2 多点地震动的输入

ANSYS 中无法直接输入地震波的加速度时程，在 4.6.3 节中介绍的多点激励地震动的输入方式中，选取了大质量法作为多点输入方式。但大质量法中引进的大质量会带来阻尼项的误差，这个误差随着结构质量的增大会变得不可忽略，会对计算结果产生严重的影响。因此对大质量法进行研究和改进，得到了一种修正的大质量法作为多点输入方式，引入一个弹性约束用来消除阻尼项的误差，这个弹性约束的刚度为 k_b，取值与大质量系数 m_b 相同。首先把槽墩底部纵向（顺槽向）的自由度释放，下部通过弹簧单元连接一个大质量 m_b，大质量单元的纵向通过一个刚度为 k_b 的弹性约束连接，最后把修正后的加速度时程转化为力的时程加载在大质量点处，通过这种方式在 ANSYS 中实现多点激励输入。

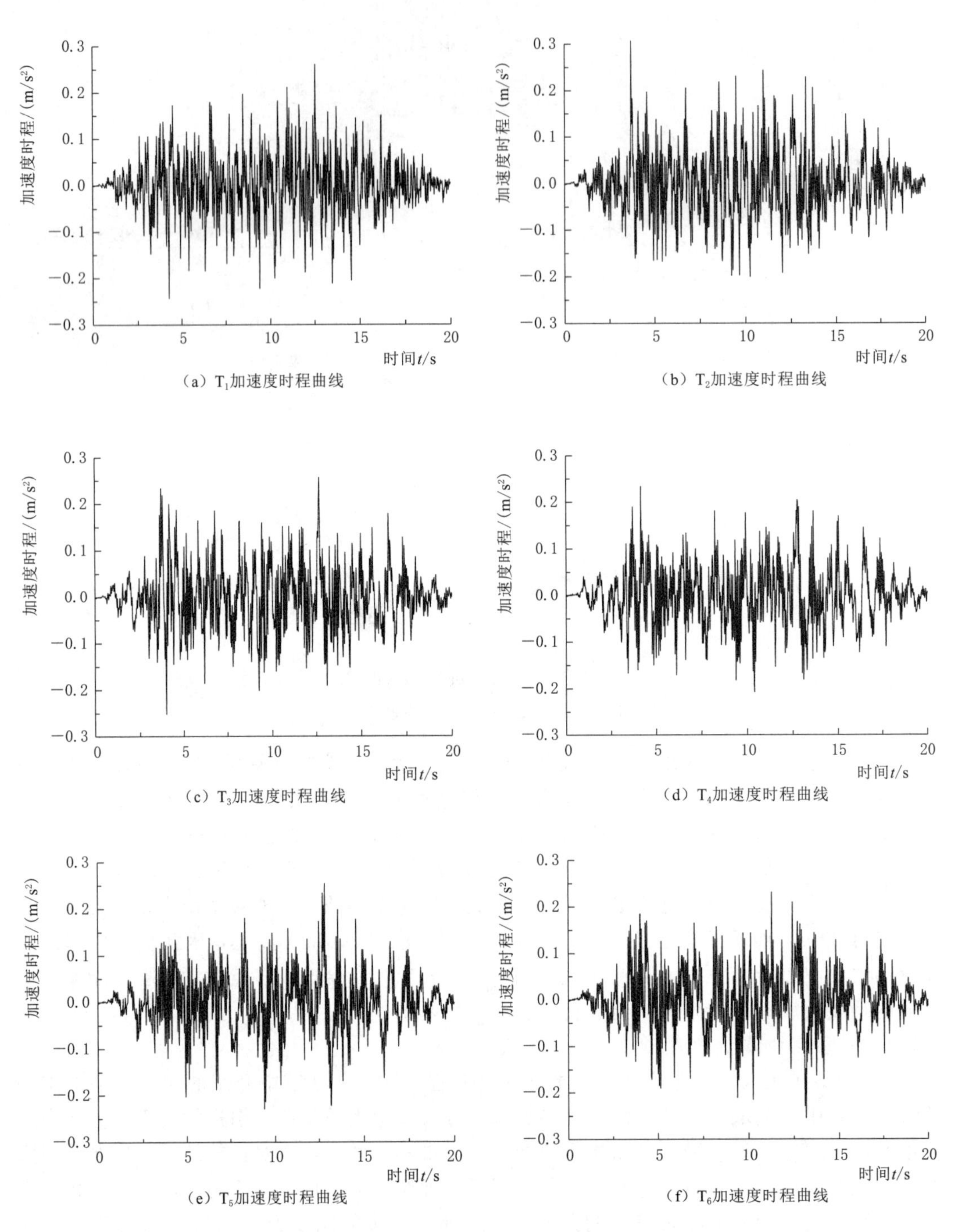

（a）T_1加速度时程曲线

（b）T_2加速度时程曲线

（c）T_3加速度时程曲线

（d）T_4加速度时程曲线

（e）T_5加速度时程曲线

（f）T_6加速度时程曲线

图4-34（一）　各支承点处加速度时程曲线

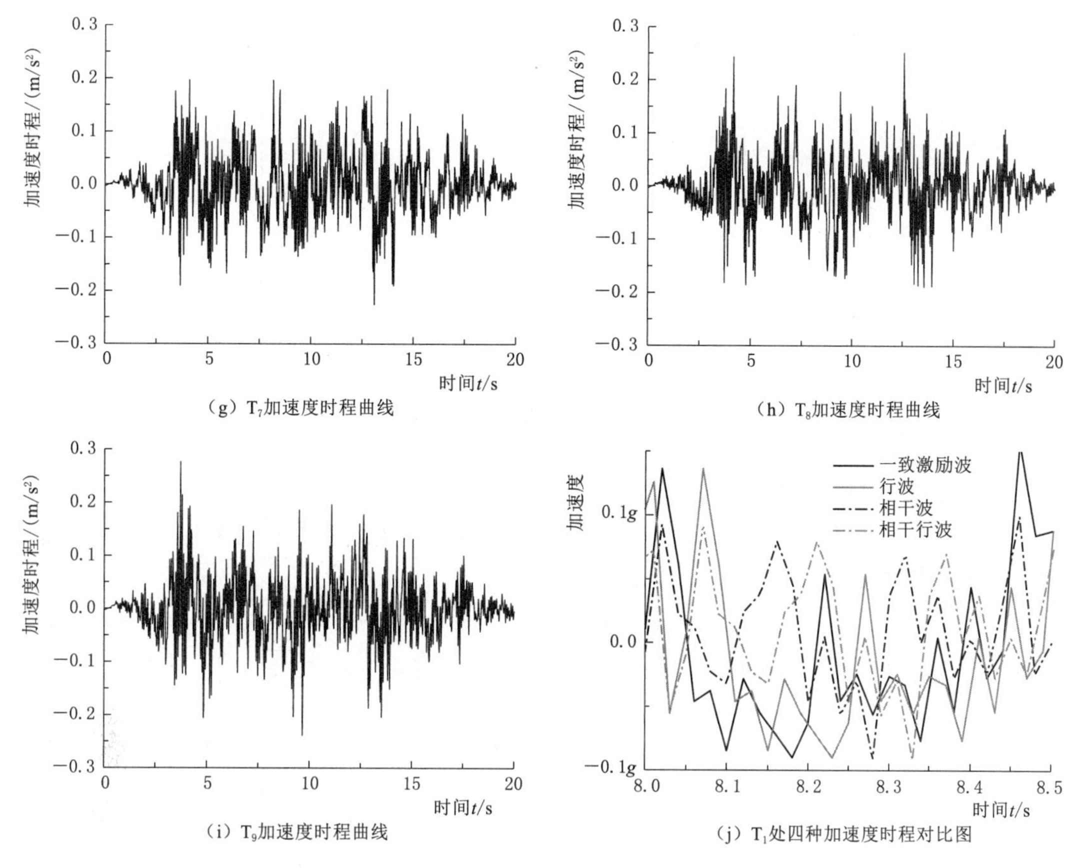

(g) T_7加速度时程曲线

(h) T_8加速度时程曲线

(i) T_9加速度时程曲线

(j) T_1处四种加速度时程对比图

图 4-34(二) 各支承点处加速度时程曲线

4.7.3 地震动强度指标分析

4.7.3.1 地震动强度指标的分类

根据相关研究成果，渡槽结构不管是形态方面还是受力方面都与桥梁结构相似，通用性最好的三个地震动强度指标是 PGA、PGV 和 PSV，而 PGV 从一定程度来讲更好。另一方面，*IM* 建立的是地震动强度和结构响应之间的关系，结构不同指标的效果也不尽相同，为了选取最适合本书所研究渡槽结构的地震动强度指标，在研究的基础上，综合评价 PGA、PGV 和 PSV 3 个指标的效果，最后选取一个最合适指标继续进行下文的研究。

地震动强度指标 *IM* 的选取有很多种方式，主要的评价方式就是其效果性和适用性。Padgett 曾提出了一种地震动强度指标 *IM* 的评价标准，主要包括有效性、实用性和通用性等。有效性体现的是结构地震需求的不确定性，一般通过对数标准差（β_D）来衡量，且 β_D 与 *IM* 的有效性呈反比关系，模型的适用性通过概率地震需求模型的回归系数 R^2 来评价，R^2 越大适用性越强。实用性反映的是结构与 *IM* 之间的敏感程度，主要通过概率地震需求模型中的参数 b 反映，b 越大实用性越强。通用性其实是有效性和实用性的综合体现，主要由 ξ 来衡量，且 $\xi=\beta/b$，ξ 越小通用性越好，上述参数都是基于概率下的地震需求模型的拟合参数。具体的评价流程如图 4-35 所示。

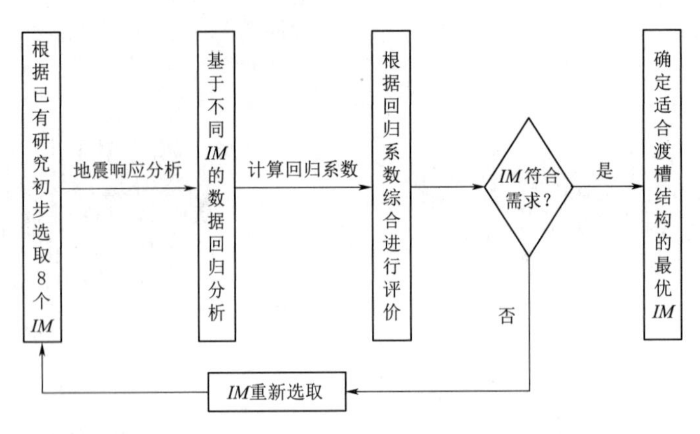

图 4-35　*IM* 选取流程

4.7.3.2　地震动强度指标的评价及选取

针对常见的 8 种 *IM*，选取渡槽结构相对敏感的构件支座和槽墩来作为评判对象，把支座的剪切位移、槽墩曲率和槽墩顶部位移作为工程需求参数，建立基于地震响应的概率需求模型，综合考虑有效性、实用性和通用性对这 3 种指标进行评价。选取 T_5 处支座的剪切位移和槽墩的墩底曲率、墩顶位移作为地震需求进行回归分析，如图 4-36 所示，给出了槽墩曲率作为需求参数的回归分析结果，所有回归参数总结见表 4-13。从图中可以看出 PGA、PGV 和 PSV 作为 *IM* 的效果最佳，特定周期谱值作为 *IM* 的效果最差。

从图 4-36 中可以明显看出加速度型和速度型的指标离散性更低，拟合效果更好，尤其是 PGA、PGV 以及 PSV。上述仅给出了曲率作为工程需求参数时的回归拟合直线，不能说明全部的需求参数的情况，因此表 4-13～表 4-15 给出了槽墩的曲率、弯矩还有支座的剪切位移作为工程需求参数时的回归拟合参数。

表 4-13　槽墩曲率为地震需求下不同 *IM* 的回归参数

IM	渡槽 T_1 处槽墩墩底曲率				
	$\ln a$	b	β_D	ξ	R^2
PGA	−2.711	0.513	0.301	0.326	0.826
PGV	−2.705	0.509	0.285	0.311	0.812
PGD	−2.813	0.415	0.386	0.412	0.756
PSA	−2.563	0.457	0.326	0.355	0.816
PSV	−2.753	0.506	0.311	0.324	0.725
PSD	−2.615	0.431	0.335	0.421	0.734
$S_a(T_1)$	−2.512	0.345	0.357	0.512	0.751
$S_a(T_2)$	−2.564	0.424	0.412	0.612	0.742

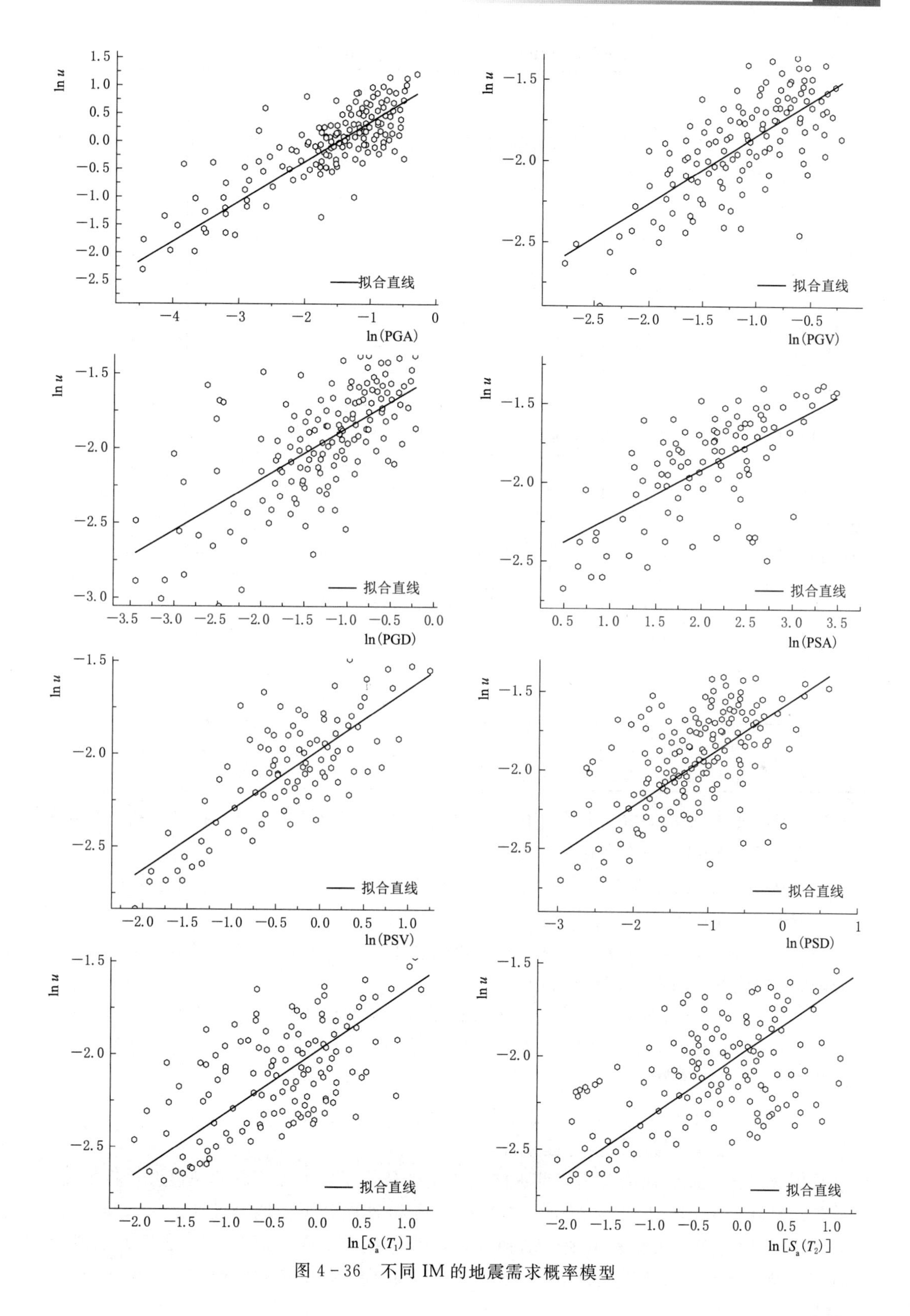

图 4-36 不同 IM 的地震需求概率模型

表4-14　　槽墩弯矩为地震需求下不同 *IM* 的回归参数

IM	渡槽 T_1 处槽墩墩底弯矩				
	ln*a*	*b*	β_D	ξ	R^2
PGA	6.724	0.312	0.214	0.247	0.735
PGV	6.842	0.214	0.245	0.286	0.742
PGD	7.135	0.258	0.296	0.342	0.783
PSA	7.254	0.265	0.274	0.327	0.801
PSV	6.214	0.314	0.214	0.317	0.775
PSD	6.842	0.321	0.225	0.452	0.736
$S_a(T_1)$	6.897	0.268	0.341	0.657	0.771
$S_a(T_2)$	7.124	0.276	0.312	0.552	0.852

表4-15　　支座剪切位移为地震需求下不同 *IM* 的回归参数

IM	渡槽 T_1 处支座剪切位移				
	ln*a*	*b*	β_D	ξ	R^2
PGA	−3.252	1.024	0.261	0.311	0.816
PGV	−1.613	1.015	0.273	0.324	0.813
PGD	−1.826	0.958	0.312	0.423	0.774
PSA	−4.657	0.998	0.365	0.401	0.820
PSV	−1.852	1.011	0.389	0.321	0.716
PSD	−1.734	0.854	0.336	0.461	0.754
$S_a(T_1)$	−2.687	0.869	0.385	0.576	0.795
$S_a(T_2)$	−2.538	0.841	0.401	0.632	0.731

（1）从回归参数 b 来看，曲率和位移更适合作为损伤指标来进行易损性分析，弯矩的效果一般，实用性最好的3个指标为PGA、PGV和PSV。

（2）从回归参数 β_D 来看，采用位移为需求参数时离散型最低，有效性最好的3个指标为PGV、PGA和PSV。

（3）从回归参数 R^2 来看，弯矩、曲率和位移作为需求参数的适用性相差不大，适用性最好的3个指标为PGA、PGV和PSV。

综上所述，位移和曲率均可作为本书渡槽结构的工程需求参数，最优的3个地震动强度指标分别是PGA、PGV和PSV。其中PGV与PGA效果相近，因此为了便于计算分析，选取PGA作为地震动强度指标。

4.7.4　一致激励下渡槽结构易损性分析

4.7.4.1　一致激励下渡槽结构时程分析

采用改进的大质量法沿渡槽底部纵向输入100条修正后人工合成的地震波，将加速度时程等效转化为力的时程再对渡槽结构进行地震动时程分析，地震波步长0.02s，总共20s，模型的阻尼形式为瑞利阻尼，动弹模取静弹摩的1.3倍。时程分析结果如下所示，所研究渡槽结构实则多跨简支结构，一致激励下各相同构件的地震响应相似，由于篇幅原因，任取一处的槽墩顶部位移时程和支座的剪切位移时程结果，如图 4-37、图 4-38 所示。

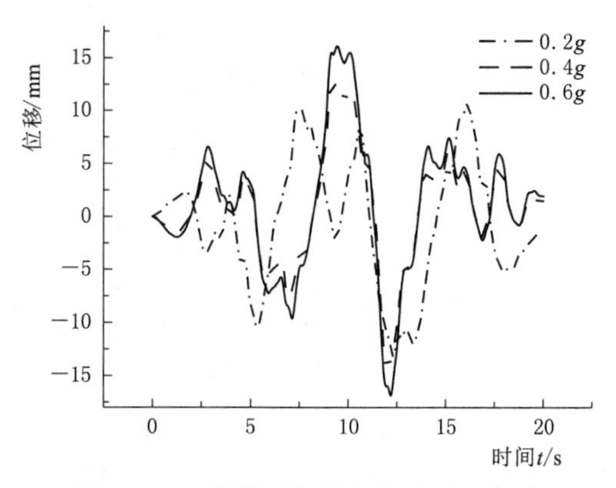

图 4-37 槽墩顶部纵向位移时程曲线

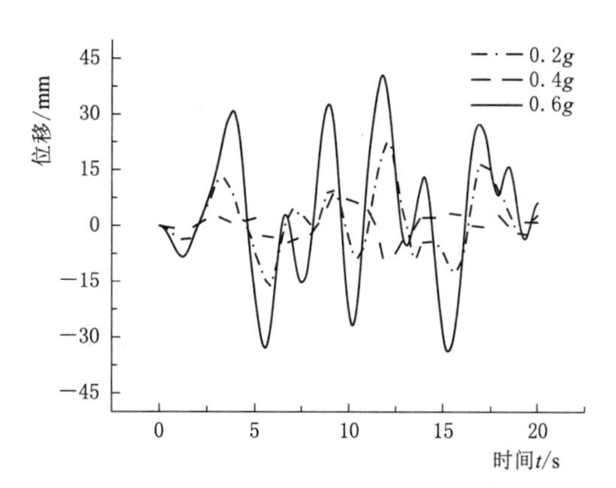

图 4-38 支座纵向剪切位移时程曲线

4.7.4.2 地震概率需求模型

根据 4.6.1 节时程分析所得数据，提取每组计算结果中槽墩顶端最大位移和支座的纵向剪切位移，采用最小二乘法对渡槽损伤构件的地震动参数进行地震需求线性回归。

由图 4-39 可知，对 100 个数据点样本拟合的精确度较高，根据拟合曲线能够得到任意地震动强度指标 PGA 下渡槽构件的响应值。由表 4-16 可知，在一致地震动激励的情况下，各槽墩之间的地震需求模型相当，所拟合的回归方程基本一致，各支座的情况也是如此，这主要是所研究的渡槽结构为多跨简支结构，在一致激励下各槽墩处的响应值相差不大。根据上述地震需求模型，可以得到各构件的易损性曲线。

表 4-16 渡槽构件地震需求模型

需求参数	回归方程	需求参数	回归方程
$\ln\mu_1$	$\ln\mu_1=0.842\ln(\mathrm{PGA})+1.0353$	$\ln d_1$	$\ln d_1=1.028\ln(\mathrm{PGA})-3.199$
$\ln\mu_5$	$\ln\mu_5=0.811\ln(\mathrm{PGA})+0.982$	$\ln d_5$	$\ln d_5=1.018\ln(\mathrm{PGA})-3.250$
$\ln\mu_9$	$\ln\mu_9=0.798\ln(\mathrm{PGA})+0.988$	$\ln d_9$	$\ln d_9=1.020\ln(\mathrm{PGA})-3.252$

4.7.4.3 构建易损性曲线

一致激励下渡槽结构易损性曲线见图 4-40。

通过上述分析得到各状态下的超越概率，总结见表 4-17 和表 4-18。

表 4-17 一致激励下渡槽支座各破坏状态的超越概率

PGA	轻微破坏	中等破坏	严重破坏	完全破坏
0.2g	2.31%	0.63%	0.00%	0.00%
0.4g	38.23%	19.41%	10.24%	5.02%
0.6g	79.24%	61.56%	38.03%	31.47%
0.8g	91.87%	84.24%	64.60%	59.55%
0.9g	98.96%	92.71%	85.87%	68.72%

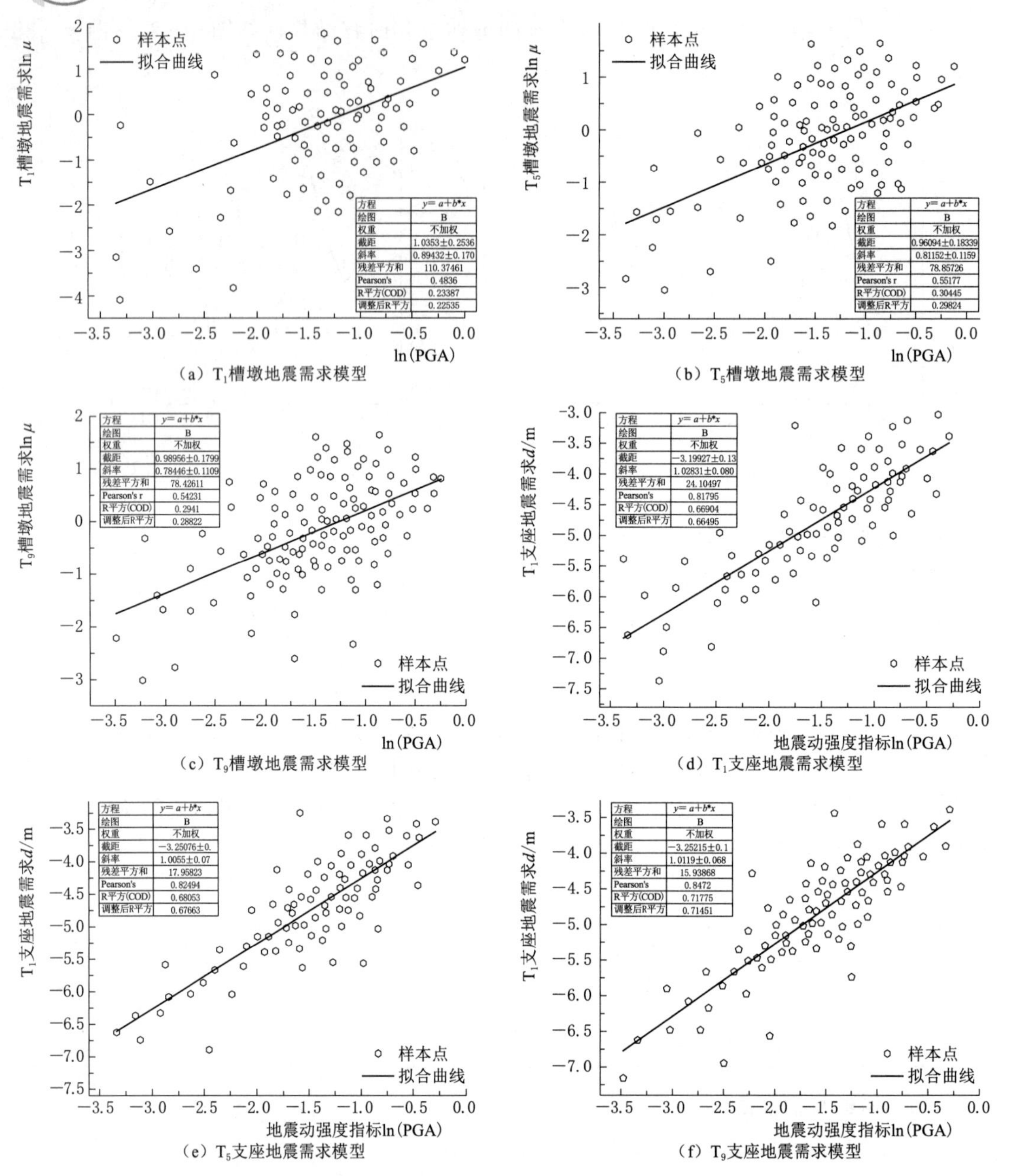

(a) T_1槽墩地震需求模型　(b) T_5槽墩地震需求模型

(c) T_9槽墩地震需求模型　(d) T_1支座地震需求模型

(e) T_5支座地震需求模型　(f) T_9支座地震需求模型

图 4-39　一致激励渡槽构件地震需求模型

表 4-18　一致激励下渡槽槽墩各破坏状态的超越概率

PGA	轻微破坏	中等破坏	严重破坏	完全破坏
0.2g	0.00%	0.00%	0.00%	0.00%
0.4g	8.13%	2.64%	0.00%	0.00%
0.6g	41.03%	20.16%	4.83%	0.00%
0.8g	81.74%	64.54%	13.71%	0.00%
0.9g	86.28%	78.41%	25.71%	3.52%

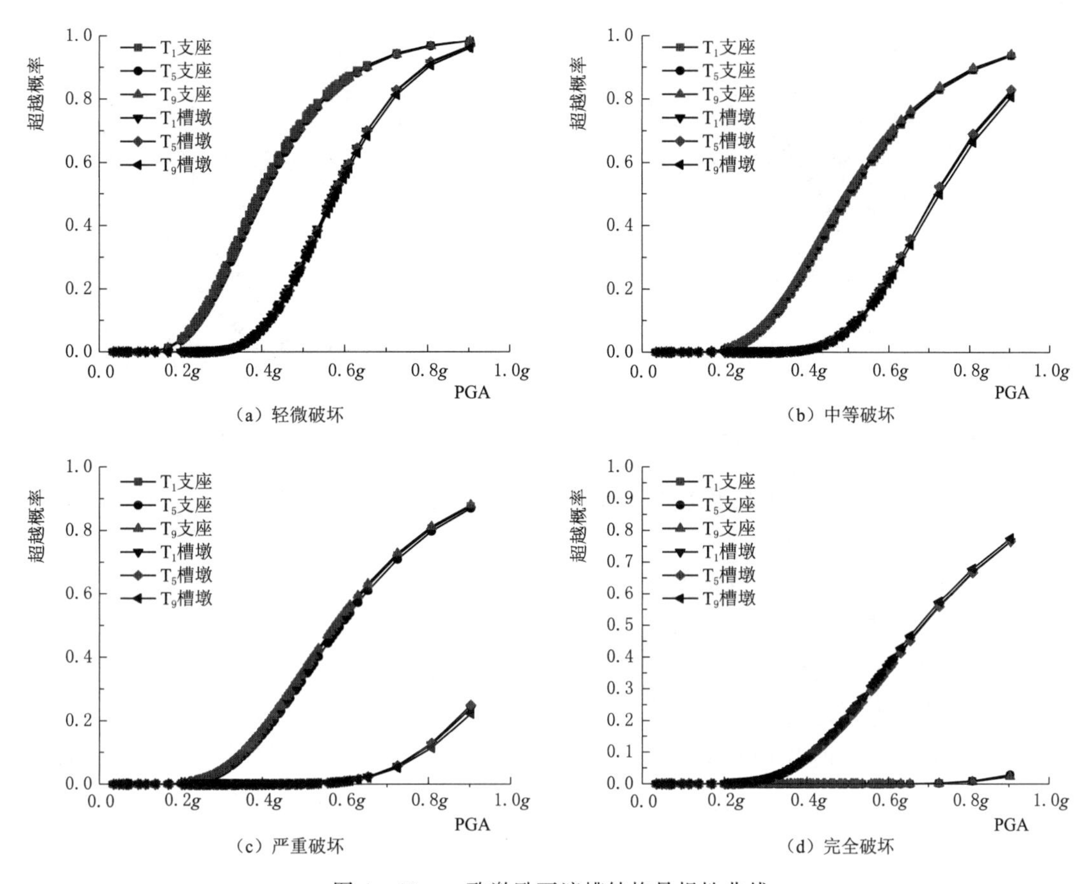

(a) 轻微破坏
(b) 中等破坏
(c) 严重破坏
(d) 完全破坏

图 4-40　一致激励下渡槽结构易损性曲线

由图 4-40 可知，随着 PGA 的不断增大，渡槽槽墩和支座的失效概率均不断增加。

4 种损伤状态下，最容易发生损伤的构件都是支座，且 T_1、T_5 和 T_9 处槽墩发生损伤的概率相当，T_1、T_5 和 T_9 处支座发生损伤的概率也相当。究其缘由，主要是本书研究的渡槽结构是多跨简支结构，在一致地震激励下，各支承点施加的地震波时程一致，地震动响应相似，地震需求模型也一致，因此得出的易损性曲线高度重合。这种情况下，分析渡槽构件的易损性曲线只需要选取某一个槽墩和支座，由此进一步得到渡槽各构件的地震易损性曲线如图 4-41、图 4-42 所示。

由图 4-41 和图 4-42 可知，在 0.1g～0.2g 时，支座和槽墩发生破坏的概率均较小，支座最高损伤概率约 20%，槽墩的损伤概率均不超过 5%。

支座在一致地震激励下失效概率从轻微破坏到完全破坏呈均匀变化趋势，槽墩在一致地震激励下从轻微破坏到中等破坏损伤状态的失效概率变化幅度较小，但是在严重破坏的损伤状态下发生破坏的概率急剧变小，当地震动为 0.4g 时，槽墩在轻微破坏状态和中等破坏状态下的损伤概率分别达 41%和 20%，而严重破坏状态时的损伤概率只有 2%。这主要是因为槽墩属于支撑结构，发生严重或者完全破坏后修复难度极高、危害极大，因此对于槽墩的安全性和稳定性要求较高。

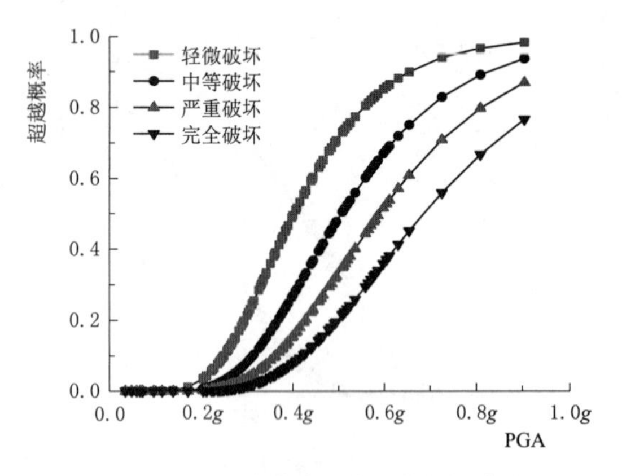

图 4-41　一致激励下支座易损性曲线

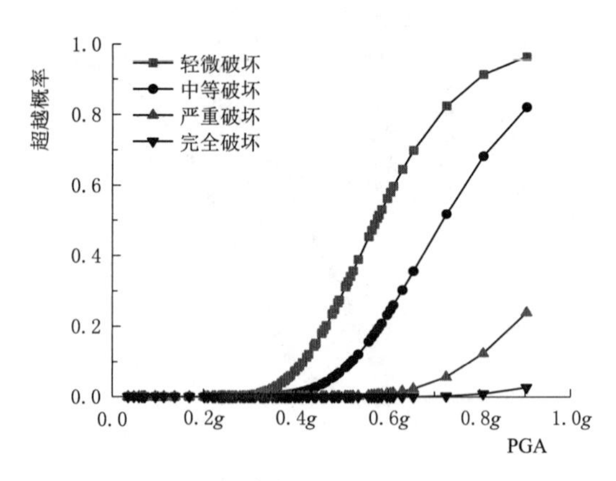

图 4-42　一致激励下槽墩易损性曲线

盆式橡胶支座在 4 种损伤状态下的失效概率都比渡槽槽墩大，与相关研究相符合，支座是渡槽结构最易发生损伤的构件。

4.7.5　多点激励下渡槽结构易损性分析

4.7.5.1　多点激励下渡槽结构时程分析

本书考虑了多点地震动激励的影响，通过 MATLAB 程序人工合成了 100 组考虑空间效应的地震动时程，每组共有 9 条地震动加速度时程，分别对应 9 个支承点输入。考虑到各支承点处的地震动时程均有差别，损伤指标 PGA 也会不同，为了统一进行易损性分析，选取各支承点 PGA 的均值作为地震动强度指标，对渡槽结构进行多点激励下的地震时程分析，由于篇幅有限，部分时程分析结果如图 4-43、图 4-44 所示。

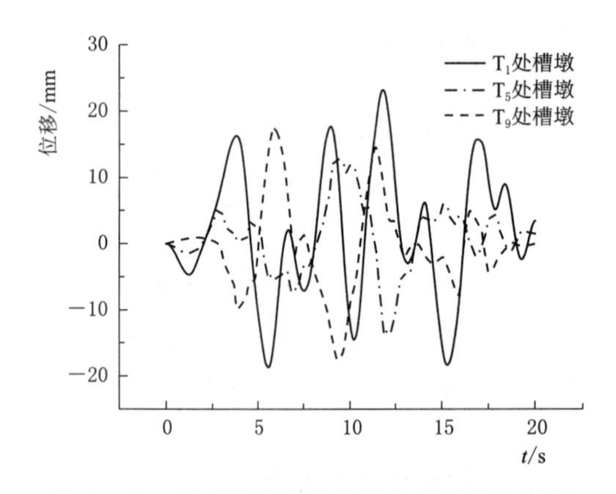

图 4-43　多点激励部分槽墩位移时程曲线图

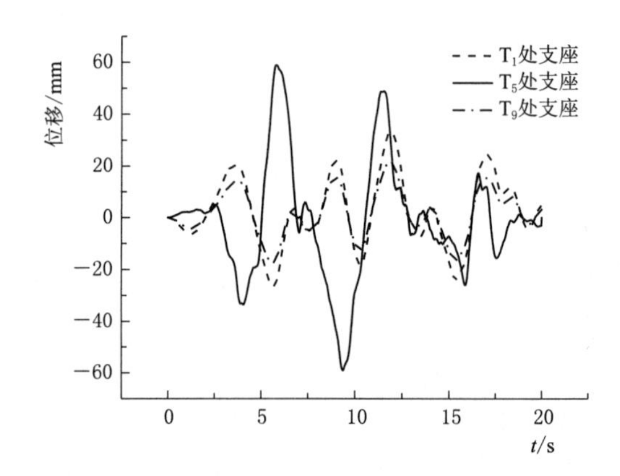

图 4-44　多点激励部分支座位移时程曲线图

从图 4-43 和图 4-44 可以看出，多点激励与一致激励下的时程分析结果有很大的不同，各槽墩之间的位移响应差异明显，支座的相对剪切位移时程也是如此，且多点激励下结构的地震响应更大，这充分说明了多点激励对渡槽结构有着不可忽略的影响。

4.7.5.2　地震概率需求模型

通过时程分析结果，采用线性拟合可以得到渡槽结构各损伤构件的地震需求模型，如图 4-45 所示。

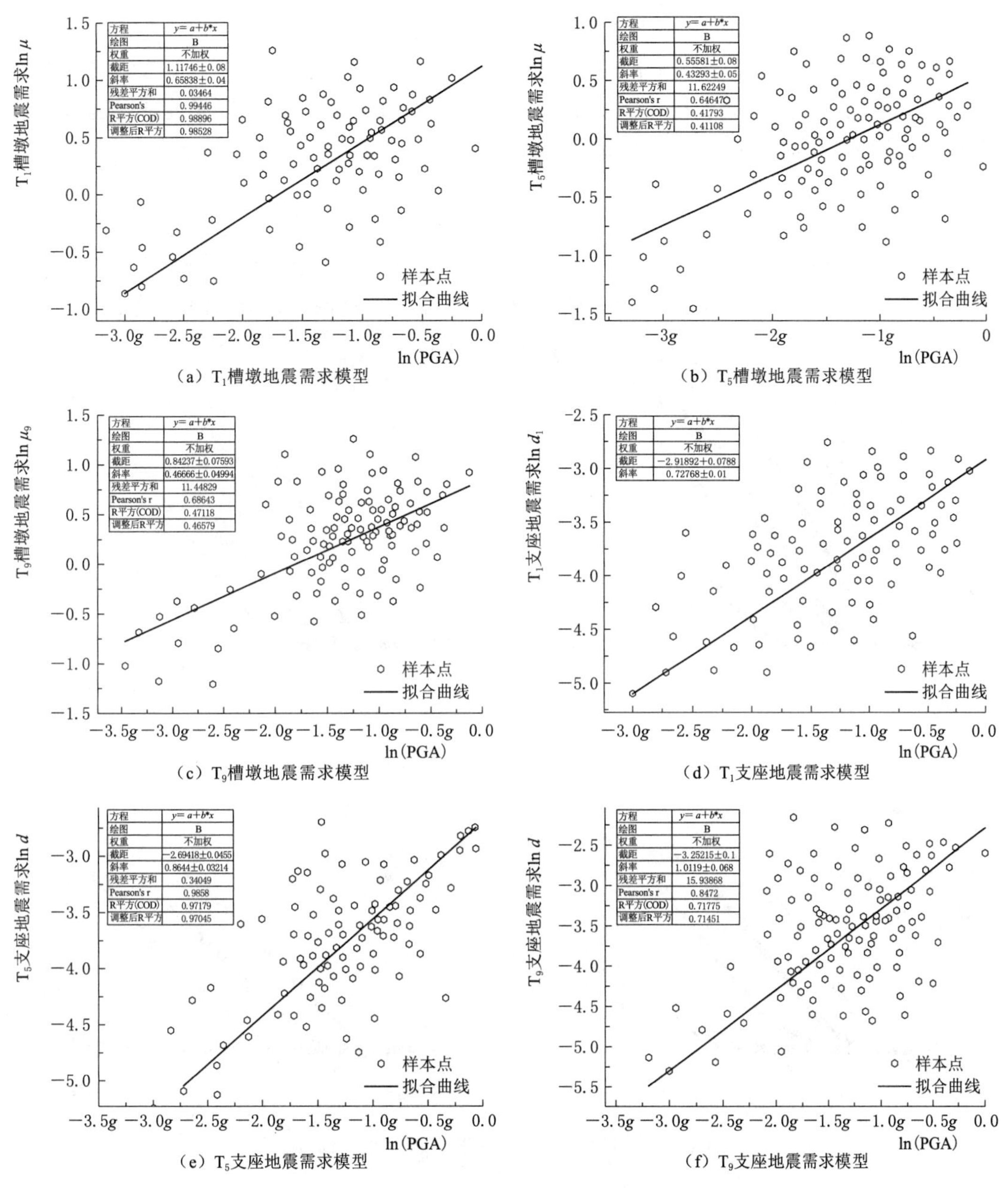

(a) T_1槽墩地震需求模型　(b) T_5槽墩地震需求模型

(c) T_9槽墩地震需求模型　(d) T_1支座地震需求模型

(e) T_5支座地震需求模型　(f) T_9支座地震需求模型

图 4-45　多点激励下渡槽构件地震需求模型

总结见表 4-19。

表 4-19　渡槽构件地震需求模型

需求参数	回归方程	需求参数	回归方程
$\ln\mu_1$	$\ln\mu_1=0.658\ln(PGA)+1.1173$	$\ln d_1$	$\ln d_1=0.727\ln(PGA)-2.9152$
$\ln\mu_5$	$\ln\mu_5=0.483\ln(PGA)+0.5558$	$\ln d_5$	$\ln d_5=0.861\ln(PGA)-2.6481$
$\ln\mu_9$	$\ln\mu_9=0.401\ln(PGA)+0.8423$	$\ln d_9$	$\ln d_9=0.933\ln(PGA)-2.2133$

由图 4-45 可知，考虑多点地震激励下的构件地震概率需求模型拟合精度相较于一致激励输入的情况有所降低，明显看出样本点更分散，好在样本数量够多，能够满足本书的精度要求，主要是因为考虑多点地震动激励后各支承点的地震动强度存在差别，选取的地震动强度指标是均值 PGA，有一定的误差。

4.7.5.3　构建易损性曲线

构建渡槽构件多点激励易损性曲线，以均值 PGA 为横坐标，纵坐标为超越概率，共建立了 3 个支座构件 T_1、T_5 和 T_9，3 个槽墩构件 T_1、T_5 和 T_9 分别在 4 种损伤状态下的易损性曲线，如图 4-46 所示，首先比较同一损伤状态下各构件的损伤概率差别，见表 4-20。

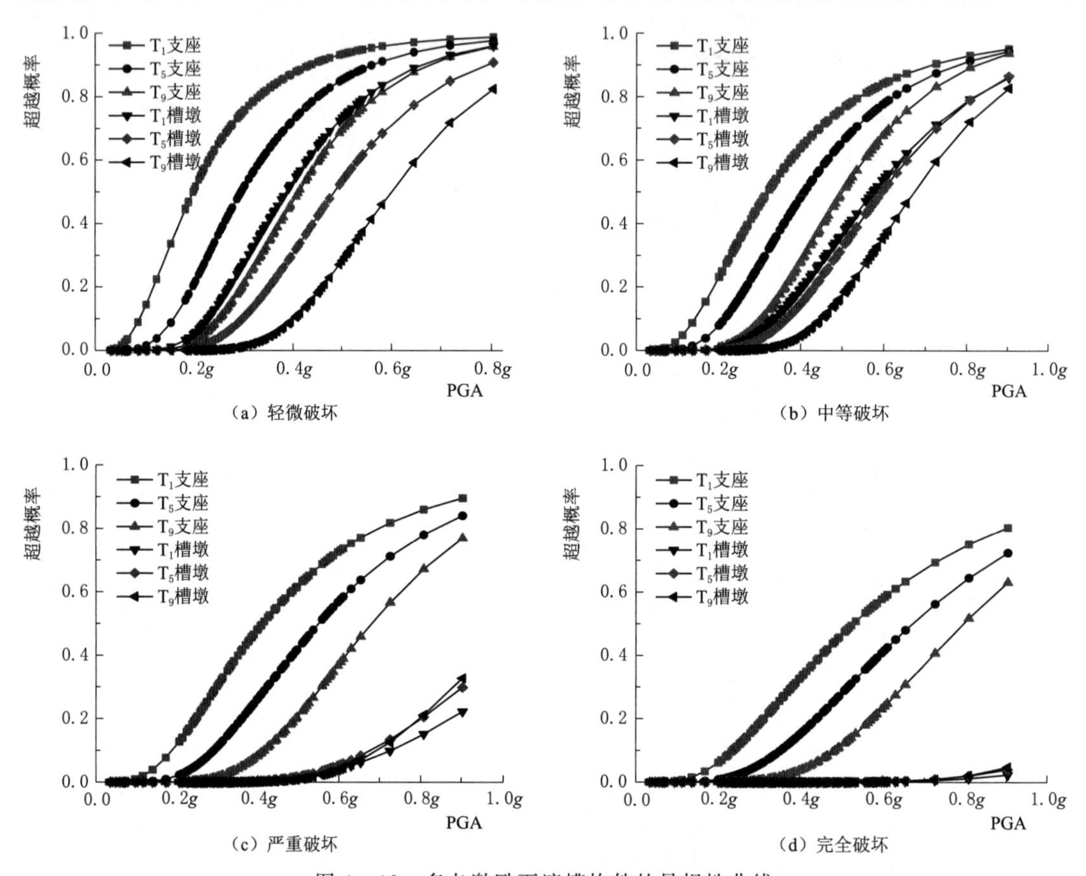

图 4-46　多点激励下渡槽构件的易损性曲线

表 4-20　　多点激励下渡槽构件各状态超越概率

PGA	T_1 支座				T_5 支座			
	轻微破坏	中等破坏	严重破坏	完全破坏	轻微破坏	中等破坏	严重破坏	完全破坏
0.2g	41.31%	26.21%	13.72%	6.36%	5.47%	3.63%	0.00%	0.00%
0.4g	78.23%	62.58%	42.73%	28.02%	38.71%	24.35%	10.82%	3.93%
0.6g	89.56%	78.14%	69.03%	56.12%	68.38%	59.25%	35.72%	24.14%
0.8g	94.37%	86.72%	78.60%	64.55%	86.43%	81.14%	60.85%	52.17%
0.9g	99.96%	96.75%	90.14%	78.72%	93.73%	86.21%	71.73%	58.63%

表 4-21 多点激励下渡槽构件各状态超越概率

PGA	T_9 支座				T_1 槽墩			
	轻微破坏	中等破坏	严重破坏	完全破坏	轻微破坏	中等破坏	严重破坏	完全破坏
0.2*g*	18.86%	9.63%	3.04%	0.00%	5.53%	1.65%	0.00%	0.00%
0.4*g*	61.73%	51.41%	28.13%	11.35%	38.75%	19.71%	1.38%	0.00%
0.6*g*	79.24%	40.58%	52.72%	0.00%	63.43%	31.79%	4.03%	0.00%
0.8*g*	81.56%	74.78%	18.46%	2.75%	71.46%	63.81%	17.91%	1.68%
0.9*g*	96.73%	92.71%	31.74%	68.91%	88.46%	76.79%	30.18%	6.43%

表 4-22 多点激励下渡槽构件各状态超越概率

PGA	T_5 槽墩				T_9 槽墩			
	轻微破坏	中等破坏	严重破坏	完全破坏	轻微破坏	中等破坏	严重破坏	完全破坏
0.2*g*	0.00%	0.00%	0.00%	0.00%	0.00%	0.00%	0.00%	0.00%
0.4*g*	18.73%	11.14%	0.00%	0.00%	8.35%	5.14%	0.00%	0.00%
0.6*g*	78.17%	8.76%	8.76%	31.47%	38.86%	6.25%	6.25%	31.47%
0.8*g*	91.87%	84.24%	64.60%	59.55%	91.87%	84.24%	64.60%	59.55%
0.9*g*	94.96%	79.45%	39.14%	5.16%	98.96%	76.38%	36.25%	6.04%

由图 4-46 和表 4-21、表 4-22 可知：

（1）多点地震激励下，渡槽结构各构件的易损性均随着 PGA 的增大而增大，四种损伤状态下，均是支座最易损伤，如当 PGA 为 0.6*g* 时，T_1 支座发生轻微破坏、中等破坏、严重破坏和完全破坏的概率分别为 89.56%、78.14%、69.03%、56.12%。而 T_1 槽墩相对应的超越概率分别为 63.43%、31.79%、4.03%、0.00%，支座比槽墩损伤性更高。当 PGA 为 0.8*g* 时，T_1 支座发生轻微破坏、中等破坏、严重破坏和完全破坏的概率分别为 94.37%、86.72%、78.60%、64.55%。而 T_1 槽墩相对应的超越概率分别为 71.46%、63.81%、17.91%、1.68%，支座比槽墩损伤性更高。

（2）4 种损伤状态下，T_1、T_5 和 T_9 处的支座损伤概率均各不相同，主要是因为考虑了多点地震激励的影响，各支承点间输入的地震动时程有较大差距。如在轻微损伤状态下，当 PGA 为 0.4*g* 时，T_1 支座的损伤概率约为 78.23%，而 T_9 支座的损伤概率却仅有 38.71%，两者相差约 40%。如在中等损伤状态下，当 PGA 为 0.4*g* 时，T_1 支座的损伤概率约为 68.1%，而 T_9 支座的损伤概率却仅有 27.4%，两者相差约 41%。

（3）图 4-46（a）给出的是轻微损伤状态下 3 个支座和 3 个槽墩的易损性曲线，从中可以看出在 PGA 较小时支座的破坏概率较大，由于多点激励的影响，3 个支座中 T_1 最易损伤，T_5 损伤性最小，T_1 槽墩损伤性最大，T_9 槽墩损伤性最小。

（4）图 4-46（b）给出的是中等破坏损伤状态下的易损性曲线，从中可以看出各支座和槽墩的损伤概率均有所降低，例如在 PGA 为 0.4*g* 时，支座 T_1 的损伤概率从 75.2% 下降到了 58.6%，T_1 处槽墩的损伤概率从 41.2%下降到了 18.6%。在 PGA 为 0.6*g* 时，支座 T_1 的损伤概率从 75.2%下降到了 58.6%，T_1 处槽墩的损伤概率从 41.2%下降到了 18.6%。而且中等破坏时的损伤曲线分布和轻微破坏下的曲线分布基本一致。

(5) 图 4-46 (c) 给出的是严重破坏状态下的易损性曲线，此时各槽墩的损伤概率急剧变低，当 PGA 为 0.8g 时的超越概率也只有不到 20%，这是因为槽墩为主要支撑构件，发生破坏的后果太严重，一般都是比较稳定、安全的构件，不易发生损伤。

进一步可以得到 T_1、T_5 和 T_9 处各支座和槽墩构件的易损性曲线，如图 4-47 所示。

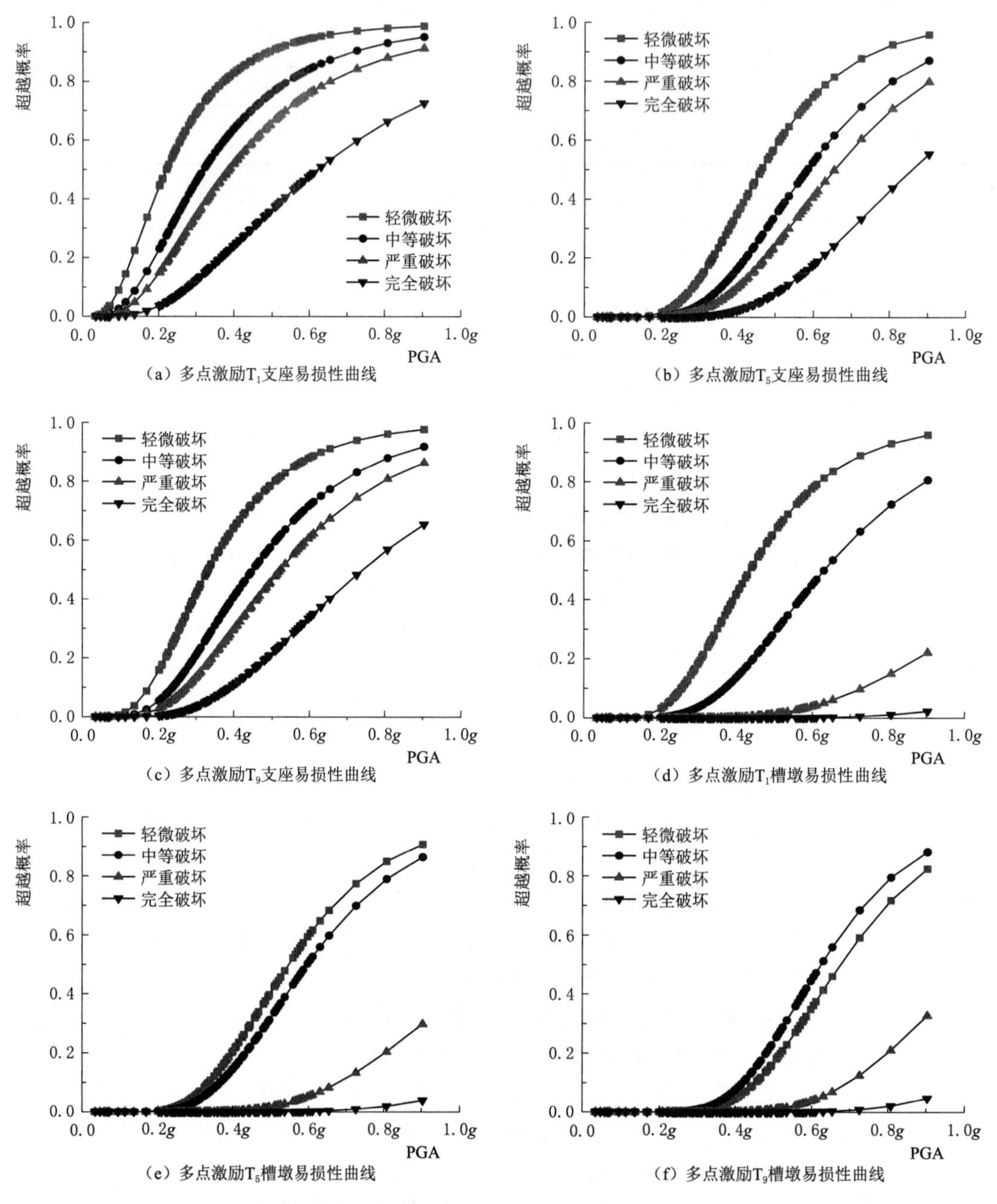

图 4-47　多点激励下各支座和槽墩易损性曲线

4.7.6 多点激励和一致激励方式结果对比分析

4.6节分析了一致激励和多点激励下渡槽结构支座和槽墩构件的易损性，为了更明显地对比一致激励与多点激励的差异，本节把一致激励和多点激励易损性分析的结果放在一起对比，通过图4-28和图4-33可以得知：

(1) 对于最易损伤的支座来讲，在四种破坏状态下考虑多点激励后其超越概率均明显增大，当PGA=0.4g时，T_1处支座考虑多点激励后轻微破坏超越概率从39.3%增大到了81.2%，中等破坏超越概率从23.2%增大到了61.2%，严重破坏超越概率从16.3%增大到了41.2%，完全破坏超越概率从5%增加到了17.7%。同时，在一致激励情况下，T_1、T_5和T_9处的支座易损性曲线基本重合，而在考虑多点激励后各支座的损伤概率各不相同，差异明显，如当PGA=0.4g时，T_1处支座的轻微破坏超越概率为81.2%，T_5处支座的轻微破坏超越概率为68.8%，T_9处支座的轻微破坏超越概率为41.2%。主要是因为考虑多点激励后，到达各支承点处的地震动不同，导致各支承点处的运动不同步性显著提高，各支座需要承受更大更多变的约束力。

(2) 对于相较安全的槽墩来说，在4种破坏状态下考虑多点激励后其超越概率均有所增大，但不同于支座那么显著。当PGA=0.4g时，T_1处槽墩考虑多点激励后轻微破坏超越概率从11.2%增大到了31.2%，中等破坏超越概率从5.2%增大到了11.6%，而严重破坏和完全破坏的超越概率一致激励和多点激励相差不大，均接近于0，是由于槽墩的损伤性较支座更小，发生严重破坏和完全破坏的概率极低，与实际情况相符，槽墩属于关键支撑构件，一旦发生破坏修复难度高，产生的影响大，因此槽墩需要更安全更稳定。

(3) 支座和槽墩在考虑多点激励时易损性均有所提高，其中支座受多点激励影响更大，且随着损伤程度的增大，其易损性增加幅度更大，因此在渡槽结构设计时应该加强对支座的关注。在各构件的各状态下，多点地震激励下的易损性均大于一致地震激励，倘若只考虑一致激励会使构件偏于安全，考虑多点激励才符合实际情况，总而言之，对大型多跨渡槽结构不能忽略多点激励的影响，应该考虑多点地震激励以保证渡槽结构设计安全。

上述分析均为渡槽单个构件的易损性分析，其并不能代表整个渡槽结构的损伤状态，为了更好地表现出多点地震激励方式对渡槽整体结构的影响，采用一阶界限法建立了两种激励方式下渡槽系统的易损性曲线，如图4-48所示。

(1) 由图4-48可知，4种损伤状态下，考虑多点激励的渡槽结构系统损伤超越概率均大于一致激励的情况，且损伤程度越高差距越明显。如当PGA=0.4g时，在轻微破坏状态下，多点激励下渡槽系统的超越概率为88.3%，一致激励下渡槽系统的超越概率为76.4%；中等破坏状态下，多点激励下渡槽系统的超越概率为81.6%，一致激励下渡槽系统的超越概率为58.3%；严重破坏状态下，多点激励下渡槽系统的超越概率为67.6%，一致激励下渡槽系统的超越概率为38.4%；完全破坏状态下，多点激励下渡槽系统的超越概率为45.6%，一致激励下渡槽系统的超越概率为8.3%。如当PGA=0.8g时，在轻微破坏状态下，多点激励下渡槽系统的超越概率为46.2%，一致激励下渡槽系统的超越概率为35.1%；中等破坏状态下，多点激励下渡槽系统的超越概率为51.2%，一致激励下渡槽系统的超越概率为41.6%；严重破坏状态下，多点激励下渡槽系统的超越概率为

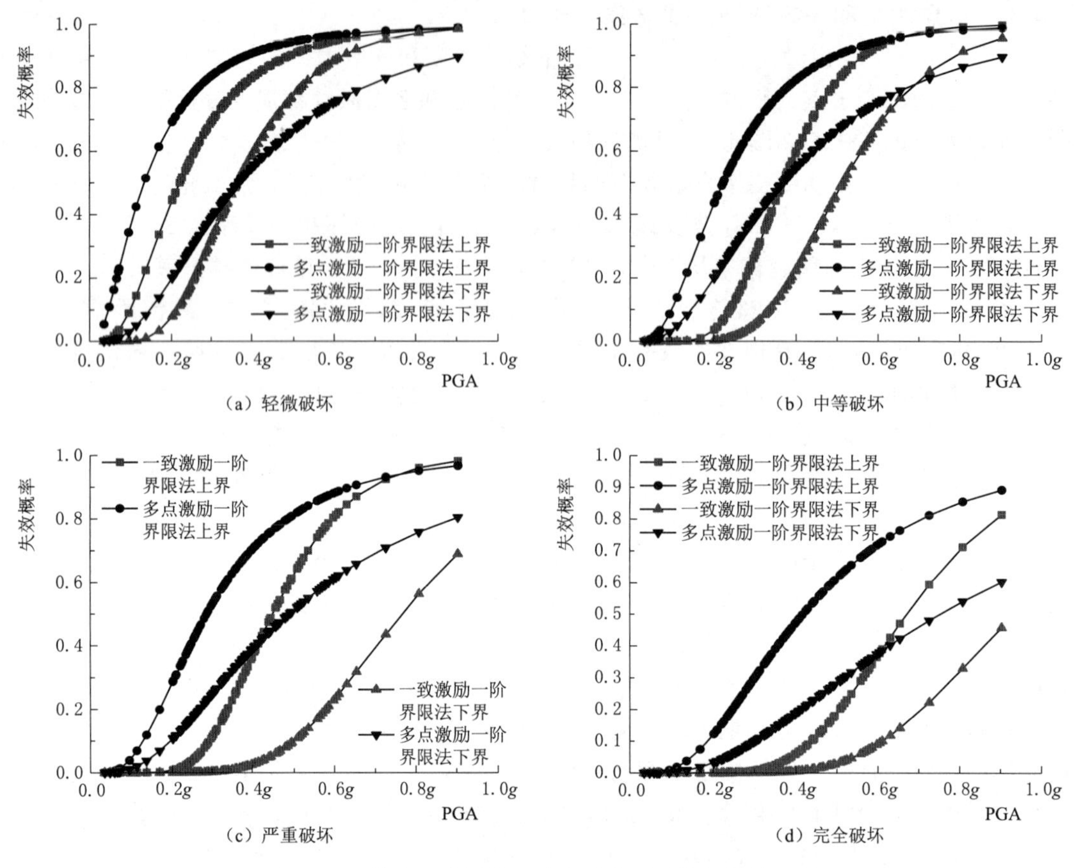

图 4-48　渡槽一致激励与多点激励下系统易损性曲线

59.7%，一致激励下渡槽系统的超越概率为 36.1%；完全破坏状态下，多点激励下渡槽系统的超越概率为 41.3%，一致激励下渡槽系统的超越概率为 5%。因此，如果仅考虑一致激励的情况，渡槽结构会偏不安全，应该对大型多跨渡槽结构系统考虑多点激励的影响。

(2) 由图 4-47 和图 4-48 可知，渡槽系统的易损性大于单独构件的易损性，所以不能仅凭单个构件的易损性来分析整体结构的易损性，且渡槽系统易损性主要受支座控制，所以必须加强对支座的关注。

4.7.7　小结

本节首先介绍了地震易损性分析的基本方法，给出了易损性分析的详细流程，同时考虑了有限元模型结构和材料的不确定性、地震动参数的不确定性，根据标准反应谱拟合生成了考虑多点激励的人工多点地震动时程并选取了 100 组地震动时程，推导并使用了改进的大质量法作为多点输入的方式，从 8 个常用 IM 中计算分析选取了合适的 IM，最后对一致激励和多点激励下渡槽基本构件和系统进行易损性分析。可以得出以下结论：

(1) 进行地震易损性分析时，地震动强度指标和损伤指标的选取十分关键，会影响到整体易损性分析的结果。从 8 个常用 IM 中计算分析发现，渡槽结构最合适的 IM 为 PGA 或者 PGV。

（2）无论是一致激励还是多点激励，各损伤状态下支座的易损性均比槽墩更大，在抗震设计时应该着重关注支座安全。

（3）在一致激励下，渡槽的各支座在不同损伤状态下超越概率基本一致，各槽墩也遵循这样的规律。而在考虑多点激励时，各支座的破坏超越概率有巨大差异，各槽墩的破坏超越概率也有差异，但较支座更小。

（4）渡槽系统的易损性要高于单独构件的易损性，且受支座影响很大。只考虑一致激励会使渡槽结构偏于不安全状态。

综上所述，目前对渡槽结构采用一致激励进行抗震分析会使结构偏于安全，应该采用考虑空间效应的多点激励输入方式才更符合实际，才能保证结构更安全，并且我们应该加强对支座的关注。

4.8 基于减隔震支座的渡槽结构地震易损性分析

从 4.7 节的分析结果可以得知，支座是渡槽结构极易损伤的构件，而且在考虑多点激励时破坏概率更是显著增大。为了提高渡槽结构的抗震性能，本节决定对渡槽结构装配减隔震支座—高阻尼橡胶支座后的易损性情况进行研究，并与装配普通橡胶支座的渡槽结构进行易损性对比。

4.8.1 渡槽结构减隔震设计

4.8.1.1 概述

随着我国滇中引水、黔中引水、引汉济渭、南水北调西线等工程的逐步实施，人们进一步认识渡槽工程的动力学性能，因此研发隔减震设计方法及相应配套技术，提高大型渡槽的抗震性能、确保渡槽工程在强震下的安全，成为一个亟须解决的问题。近几十年来，世界地震工程学最显著的创新成果——隔震、消能减震、结构控制技术体系，为提高大型渡槽的抗震性能提供了基础。大型渡槽虽然在减隔震方面的研究起步晚，但发展速度快，理论与实践表明，采用减隔震技术能很好地降低大型渡槽的地震响应，提高渡槽的整体抗震性能。

4.8.1.2 减隔震设计基本原理

减隔震设计主要是通过延长结构的基本自振周期，避开地震动能量集中的区域即卓越周期，从而来降低结构的地震响应。装配减隔震支座的渡槽结构在地震动作用时，随着变形的增大，耗能减震装置进入耗能状态，把大部分的地震能量耗散，迅速减小渡槽结构的地震响应，使结构延迟甚至避免进入明显的塑性变形，从而确保渡槽结构在地震作用下保持安全运行。

隔震支座需要在竖向具有足够的刚度以承受结构的自重，在水平方向应具有适当的阻尼和刚度，保证渡槽结构的地震响应在一个安全的范围内。

4.8.1.3 减隔震装置的布置

总体来讲，减隔震装置主要布置在渡槽槽墩顶部和槽墩底部：

（1）当减隔震装置布置在渡槽槽墩顶部时，能有效降低上部槽身和水体的惯性力、延长渡槽结构自振周期、调节渡槽结构的刚度，最重要的是耗散地震动带来的巨大能量。

（2）当设置在渡槽槽墩底部时，能够对地震动的作用产生迅速的反应，从而降低结构的地震响应。

从现已建成的渡槽结构来看，减隔震装置大多数设置在渡槽槽墩顶部，连接上下部结构，即设置一个减隔震支座。

4.8.2　高阻尼橡胶支座

4.8.2.1　高阻尼橡胶支座的构造

高阻尼橡胶支座（Hight - damping Rubber Bearing，简称 HDRB），是一种新型的耗能型减隔震支座，其具有隔震效果好、耗能能力强和绿色无污染等优点，被广泛应用于减隔震渡槽工程和桥梁工程中。HDRB 是由高阻尼橡胶（Hight - damping Rubber，简称 HDR）和钢板硫化黏结而成的，其构造图如图 4 - 49 所示，HDR 作为 HDRB 的重要组成部分，能够提供水平柔度，是一种黏弹性材料，其本身能够对结构振动进行约束，吸收能量，从而减小地震响应；同时 HDR 具有较大的延性，能有效延长结构的自振周期，避开地震峰值荷载的影响，其应力-应变随时间的变化曲线如图 4 - 51 所示，应变随时间的变化滞后于应力随时间的变化，存在一个相位差如图 4 - 50 所示。

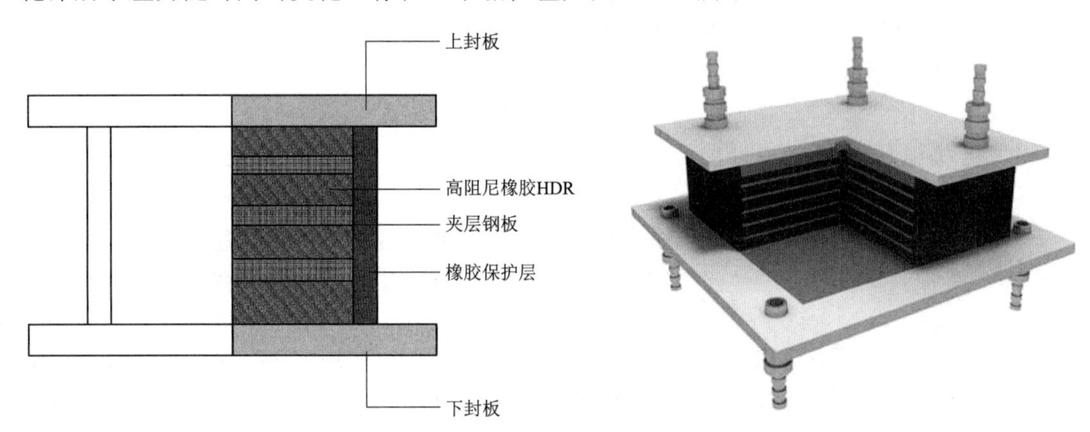

图 4 - 49　高阻尼橡胶支座构造图　　　图 4 - 50　高阻尼橡胶支座实物图

4.8.2.2　高阻尼橡胶支座的本构模型

HDRB 的力学性能复杂，简单的模型无法准确的描述其力学行为，在公路桥梁高阻尼隔震橡胶支座中，采用双线性恢复力模型来简化 HDRB 的本构关系，如图 4 - 52 所示。还有一种三线性模型，其主要用于支座在大变形的情况下出现刚度退化的情形，实际上三线性模型从本质上来讲是更符合真实状态下的 HDRB，如图 4 - 53 所示，但是目前国内外的专家学者对于三线性模型的相关研究还不够深入，相关的参数较少，因此，目前研究和实际工程项目中都是采用双线性模型。高阻尼橡胶支座的等效刚度与支座变形大小有关，在地震动较小时，支座的初始刚度能限制结构的移；当地

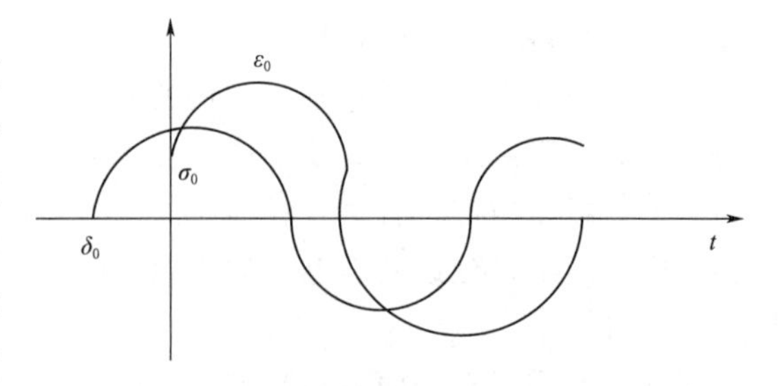

图 4 - 51　HDR 的应力-应变时间曲线

震动较大时，支座的变形增大，刚度反而会变小，有较好的隔震性能。

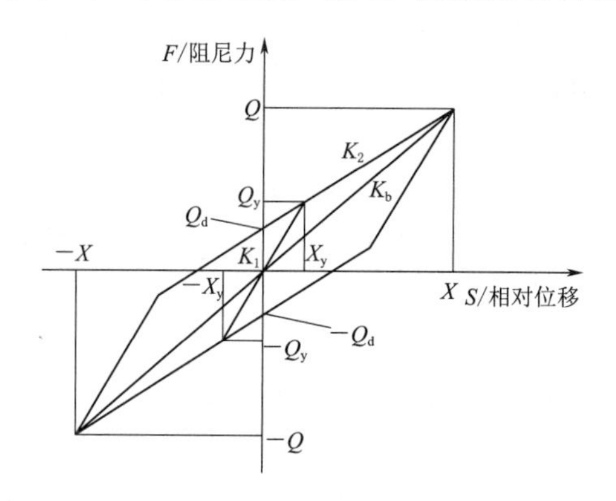

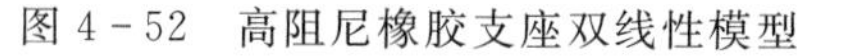
图 4-52　高阻尼橡胶支座双线性模型

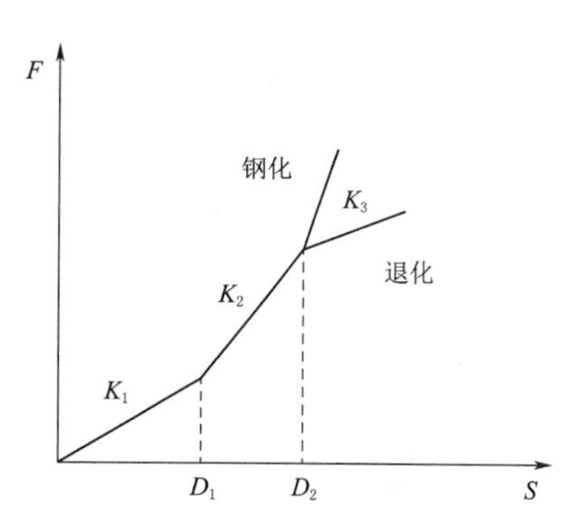

图 4-53　高阻尼橡胶支座三线性模型

图 4-52 中，Q_y 表示屈服力，X_y 表示对应的屈服位移；Q 表示最大屈服力，X 表示最大屈服位移；K_1、K_2、K_b 分别表示屈服前刚度、屈服后刚度和水平等效刚度。

K_1 阶段处于弹性阶段，由图可知屈服前刚度可以由 $K_1=Q_y/X_y$ 计算，这一阶段力与位移的关系属于线性关系，满足胡克定律。则该阶段任意一点的恢复力方程为

$$Q_x=K_1x, \qquad x\leqslant X_y$$

K_2 阶段处于弹塑性阶段，$K_2=(Q_m-Q_y)/(X_m-X_y)$，任一点的恢复力方程为

$$Q_x=Q_y+K_2(x-X_y), \qquad X_y\leqslant x\leqslant X_m$$

4.8.3　基于高阻尼橡胶支座的渡槽结构易损性分析

4.8.3.1　高阻尼橡胶支座参数选取

在渡槽槽墩顶部设置高阻尼支座，型号选取 HDR（Ⅰ）- D970369 - G1.2，每个槽墩顶部与槽身连接的部位各设置两个。参数设置见表 4-23，在 ANSYS 中模拟高阻尼橡胶支座的具体方法见 4.6.1 节。水平隔震相关的主要参数有承载力、水平等效刚度、初始刚度和等效阻尼比等，支座要求能够承担上部结构的荷载，有一定的初始刚度使结构保持相对稳定，有一定的阻尼耗散地震带来的能量，还有水平刚度保证水平面的移动。

表 4-23　高阻尼橡胶隔震支座参数

支座参数	取值	支座参数	取值
设计剪切位移 X_0/mm	209	竖向压缩刚度 K_v/(kN/mm)	1642
容许剪切位移 X_1/mm	522	初始水平刚度 K_1/(kN/mm)	24.79
极限剪切位移 X_2/mm	731	屈服后水平刚度 K_2/(kN/mm)	2.92
水平屈服力 Q_v/kN	474	等效阻尼比 ξ/%	17

4.8.3.2　地震需求模型

本节的分析过程与 4.7 节的易损性分析过程相同，只是将支座从普通橡胶支座换成了高阻尼隔震支座。从第 4 章得出结论，考虑多点激励地震动后渡槽结构的损伤性增加，表明多点激励下的渡槽结构更易损伤，因此本节只考虑多点激励的情况。考虑纵向多点输入，采用均值 PGA 作为地震强度指标，通过时程分析得到渡槽结构的地震响应，如

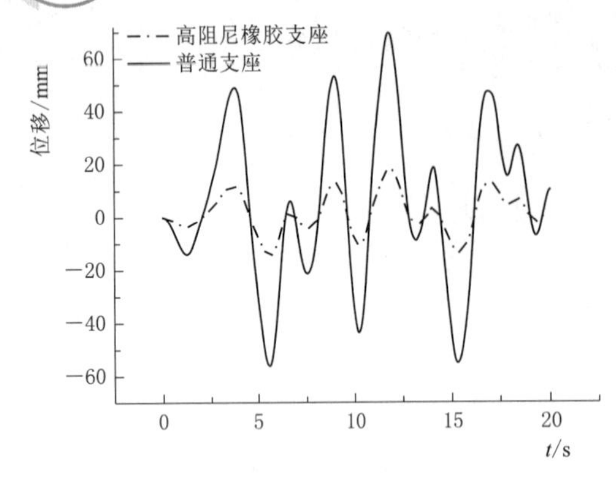

图 4-54　支座相对剪切位移时程曲线

图 4-54 所示为高阻尼橡胶支座装配前后结构位移时程曲线对比图，可以看出，装配高阻尼橡胶支座以后，支座的相对剪切位移明显降低。

对装配高阻尼橡胶支座后的渡槽结构进行动力时程分析后，得到地震概率需求模型，如图 4-55 所示。

总结见表 4-24。

4.8.3.3　构建易损性曲线

由图 4-56 可知：

（1）4 种破坏状态下，支座均为破坏超越概率最大的构件。

表 4-24　　渡槽构件地震需求模型

需求参数	回归方程	需求参数	回归方程
$\ln\mu_1$	$\ln\mu_1=0.608\ln(PGA)-0.157$	$\ln d_1$	$\ln d_1=0.676\ln(PGA)-3.815$
$\ln\mu_5$	$\ln\mu_5=0.423\ln(PGA)-0.537$	$\ln d_5$	$\ln d_5=0.7961\ln(PGA)-3.715$
$\ln\mu_9$	$\ln\mu_9=0.381\ln(PGA)-0.3423$	$\ln d_9$	$\ln d_9=0.735\ln(PGA)-3.5133$

（2）3 个槽墩在 4 种破坏状态下的破坏超越概率均很低。

通过图 4-56 和图 4-31 对比可知，采用高阻尼橡胶支座后，各构件的损伤超越概率均急剧降低，如当 PGA=0.4g 时，在轻微破坏状态下，多点激励下渡槽系统的超越概率为 88.3%，一致激励下渡槽系统的超越概率为 76.4%；中等破坏状态下，多点激励下渡槽系统的超越概率为 81.6%，一致激励下渡槽系统的超越概率为 58.3%；严重破坏状态下，多点激励下渡槽系统的超越概率为 67.6%，一致激励下渡槽系统的超越概率为 38.4%；完全破坏状态下，多点激励下渡槽系统的超越概率为 45.6%，一致激励下渡槽系统的超越概率为 8.3%；

4.8.3.4　高阻尼橡胶减隔震支座对渡槽结构系统易损性的影响

从上一小节可知，采用高阻尼橡胶支座以后的渡槽结构各构件的易损性均大幅降低，为了继续研究高阻尼支座对渡槽系统的易损性影响，建立了采用高阻尼支座后的渡槽系统易损性曲线，如图 4-57 所示。

由图 4-57 可知，采用高阻尼橡胶支座以后，渡槽系统的损伤超越概率大大降低，以一阶界限的上界来说，当 PGA=0.4g 时，轻微破坏状态下渡槽系统的损伤超越概率从 89.6%下降到 61.2%；中等破坏状态下渡槽系统的损伤超越概率从 80%下降到 20%；严重破坏和完全破坏状态下，采用减隔震支座后渡槽系统损伤超越概率基本下降到 1%。当 PGA=0.5g 时，轻微破坏状态下渡槽系统的损伤超越概率从 83.5%下降到 56.2%；中等破坏状态下渡槽系统的损伤超越概率从 78%下降到 16%；严重破坏和完全破坏状态下，采用减隔震支座后渡槽系统损伤超越概率基本下降到 1%。当 PGA=0.8g 时，轻微破坏

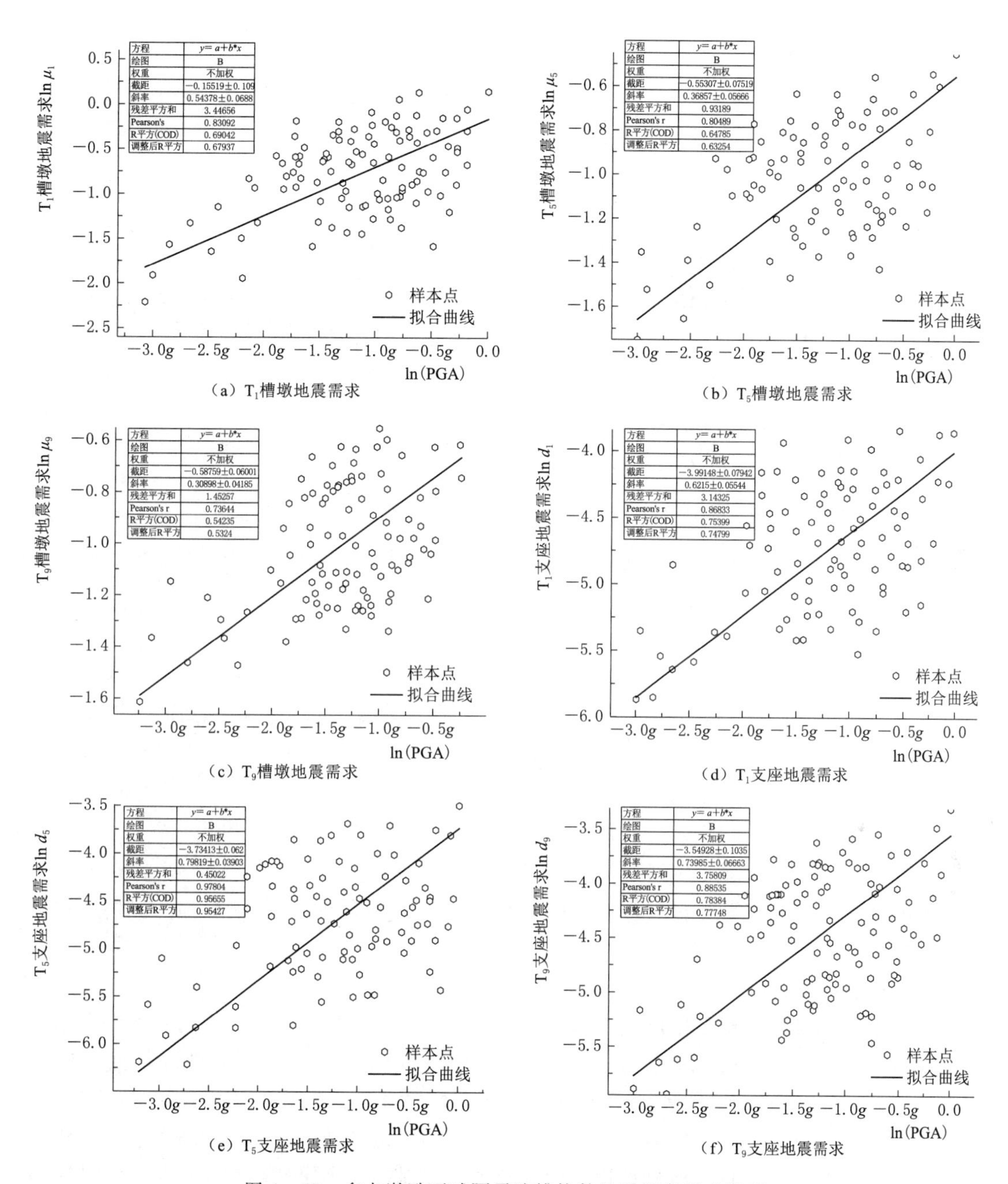

（a）T_1槽墩地震需求　（b）T_5槽墩地震需求

（c）T_9槽墩地震需求　（d）T_1支座地震需求

（e）T_5支座地震需求　（f）T_9支座地震需求

图 4-55　多点激励下减隔震渡槽构件地震概率需求模型

状态下渡槽系统的损伤超越概率从 83.1%下降到 51.2%；中等破坏状态下渡槽系统的损伤超越概率从 68%下降到 14%；严重破坏和完全破坏状态下，采用减隔震支座后渡槽系统损伤超越概率基本下降到 1%。

综上所述，采用减隔震设计不仅可以有效降低渡槽单个基本构件的易损性，还能使渡

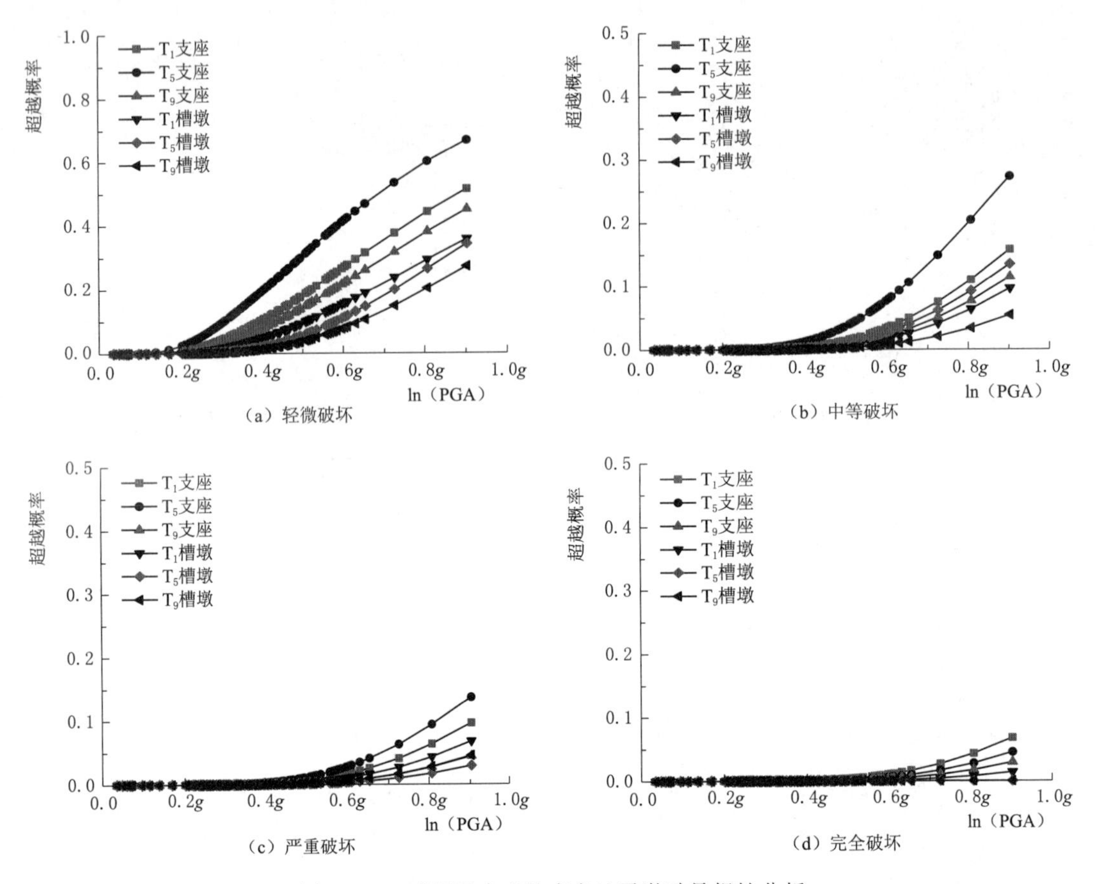

图 4-56　减隔震支座的多点地震激励易损性分析

槽系统整体的易损性显著降低，甚至可以忽略多点激励空间效应的影响，保证渡槽结构稳定安全运行。

4.8.4　小结

本节对渡槽结构装配了减隔震支座—高阻尼橡胶支座后进行易损性分析。首先介绍了减隔震设计的相关原理和方法，详细介绍了高阻尼橡胶支座的工作原理和样式，选取 HDR（Ⅰ）- D970369 - G1.2 型高阻尼支座装配在槽墩顶部。然后在 ANSYS 中采用弹簧单元模拟高阻尼支座的力学性能，采用人工合成的 100 组考虑多点激励的地震动对渡槽结构进行动力时程分析，得到渡槽结构单构件和系统的地震需求模型和易损性曲线，最后与装配普通支座的情况进行对比分析，得到以下结论：

（1）4 种损伤状态下，采用高阻尼橡胶支座进行减隔震设计后渡槽结构的易损性明显降低，各构件的抗震性能提升显著。

（2）采用高阻尼橡胶支座对渡槽结构进行减隔震设计后，渡槽系统的易损性大大降低，降幅最大的是中等破坏的超越概率，达 60%。因此，减隔震设计能够有效降低多点激励给渡槽结构纵向响应带来的影响，建议高烈度区域尽量采用减隔震支座。

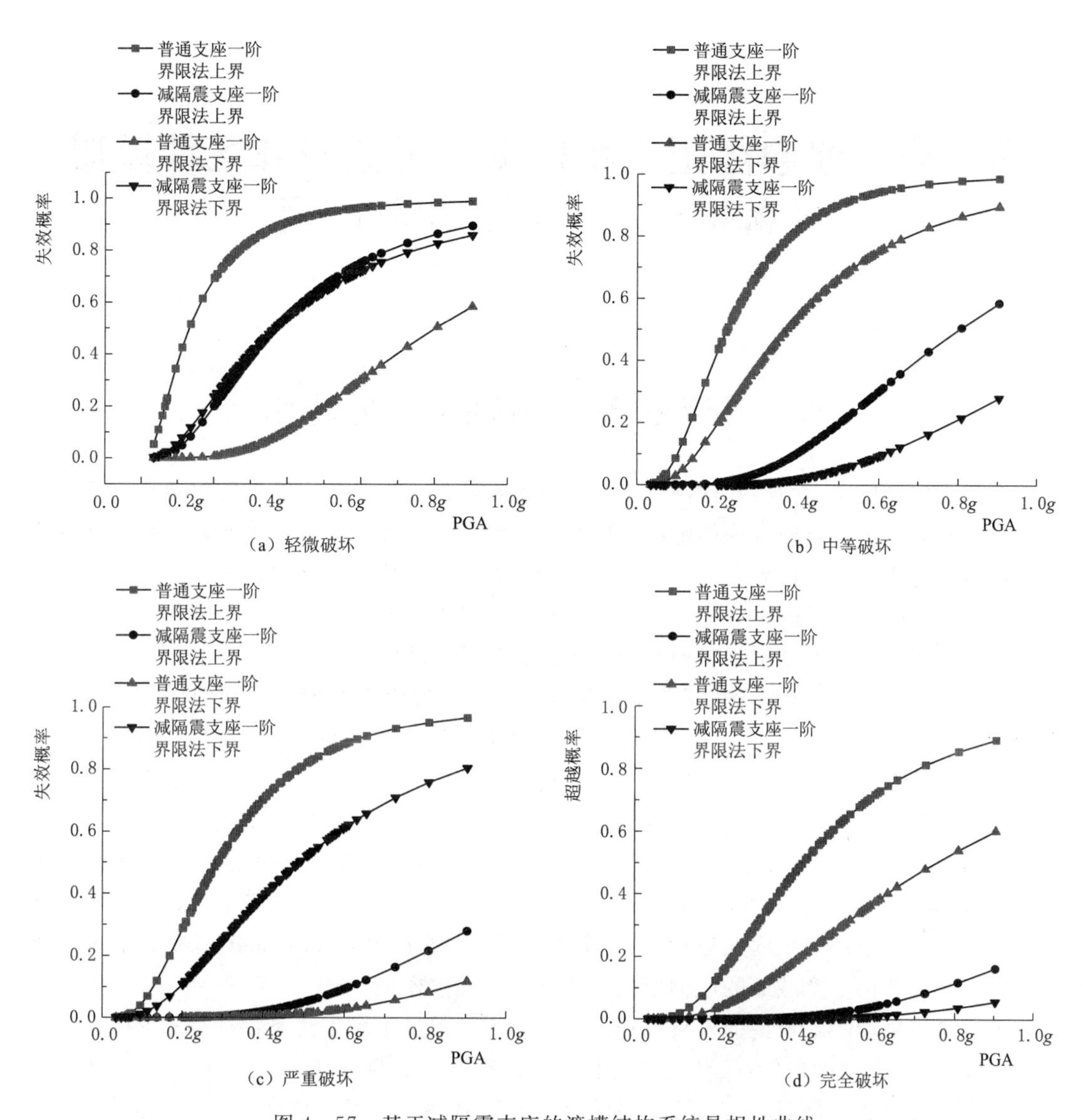

(a) 轻微破坏

(b) 中等破坏

(c) 严重破坏

(d) 完全破坏

图 4-57 基于减隔震支座的渡槽结构系统易损性曲线

第5章　地震作用下槽内水体晃动的非线性模拟及标准推荐方法适用性研究

5.1　标准推荐方法适用性研究进展

考虑水体与槽体间的相互作用进行渡槽结构系统的动力学分析及抗震（风）设计，已取得共识。对于实际渡槽结构的地震响应分析，结构工程师通常对水在渡槽中的晃动不感兴趣，他们主要关注流体晃动对支撑结构的影响。此时，槽内水体与槽身之间的相互作用可以做出适当的简化。采用简化后的水体晃动等效模型，能够使复杂的流固耦合问题得到更简单的表述，这就促使了学者们开展动水压力计算方法的研究。

最早，Westergaard推导出了附加质量模型。该模型假定大坝是刚性的，用来求解垂直于大坝面的动水压力。高兑现等在此基础上给出了渡槽单侧单位面积的附加质量公式，该公式用来计算渡槽自振特性。Westergarrd附加质量模型仅考虑单槽槽身结构，尽管丁晓唐拟合出包含下部排架高度参数的动水压力公式，但已经很少再使用此模型。

Graham首次提出了弹簧—质量等效模型。该模型是基于势流理论推导的，简化了矩型槽内水体小幅晃动的问题。在此基础上，Housner简化了该模型的表达式，赋予了物理含义，并被广泛应用于工程问题中。Li等对Graham的模型及Housner模型做了大量研究工作，并拟合出任意截面的渡槽槽内流体晃动的等效模型。

槽内水体晃动等效模型的发展取得的重要成果，促进了水工建筑物抗震标准的完善与实施。GB 51247—2018《水工建筑物抗震设计标准》正式确定了应用于渡槽抗震计算的动水压力计算方法，规定："1级、2级渡槽抗震计算中，应考虑槽体内动水压力的作用，动水压力的计算公式可按本标准附录B执行"。

标准推荐方法用冲击动水压力和对流动水压力，表述矩型和U形渡槽顺槽向各横截面槽内水体动水压力。标准推荐方法的来源及其基本假定见表5-1。

在横槽向地震作用下，矩型渡槽槽内水体的动水压力采用了Housner模型。Housner模型是根据物理直观现象得到的等效模型。因其形式简单，在土木工程中得到了广泛应用。在槽壁上，冲击动水压力是用水平向附加质量表示$m_{wh}(z)$的，沿槽壁的高程分布；在槽底，冲击动水压力是随x变化的动水压力$p_{bh}(x, t)$。用等效弹簧和等效质量点，表示对流动水压力。

在横槽向地震作用下，U形渡槽槽内水体的动水压力结合了不同模型。冲击动水压力采用Housner模型的相应部分（同上述矩型）；对流动水压力采用李遇春模型的相应部分（等效弹簧和等效质量点）。李遇春模型根据最小二乘法拟合出的等效模型。

表 5-1　　标准推荐的动水压力计算公式的来源及基本假定

荷载	动水压类型	位置	等效参数	应用条件	标准推荐方法中公式编号	来源	基本假定
横槽向水平地震	冲击动水压力	槽壁	$m_{wh}(z)$	$H/l \leqslant 1.5$	(B.0.1-1)	Housner模型	流体是不可压缩且流体位移很小，刚性矩型容器受水平加速度荷载
			m_{wh}	$H/l > 1.5$	(B.0.1-2)		
		槽底	$p_{bh}(x, t)$	$H/l \leqslant 1.5$	(B.0.1-3)		
				$H/l > 1.5$	—		
	对流动水压力	h_1高度处槽壁	M_1	矩形	(B.0.1-4)		
			K_1		(B.0.1-5)		
			h_1		(B.0.1-6)		
			M_1	U形	(B.0.1-7)	李遇春模型	基于水体无粘、可压缩、线性以及刚性壁与流体相互作用假定
			K_1		(B.0.1-8) (B.0.1-9)		
			h_1		(B.0.1-10)		
竖向地震	冲击动水压力	槽底	m_{wv}	—	(B.0.1-11)	李遇春模型	水为不可压缩、无旋的理想流体；简支梁看成弹性体，以弯曲振动为主。竖向地震激起的水面晃动幅度为零
		槽壁	$p_{wv}(z, t)$	—	(B.0.1-12)		
横槽向水平地震	冲击动水压力	h_0高度处槽壁	M_0	$H/l < 1.5$	(B.0.1-13)	Housner模型	流体是不可压缩且流体位移很小，刚性矩型容器受水平加速度荷载
			h_0		(B.0.1-14)		

注：h_0—M_0 的作用位置；H—槽内水深；l—半槽宽；R—底部半圆内半径；h—U形渡槽底部半圆之上的水深；K_1—等效弹簧刚度；M_1—等效质量；h_1—M_1 的作用位置；$p_{wv}(z, t)$—对槽壁的动水压力；m_{wv}—竖向附加质量。

在竖向地震作用下，只计入冲击动水压力的作用。

可见，标准推荐方法是Housner模型、李遇春模型。在渡槽结构的抗震计算方面，与单个模型不同的是，标准推荐方法能够考虑横槽向和竖向地震荷载共同作用。标准推荐方法把Housner模型、李遇春模型引入到1级、2级的渡槽抗震计算中，三个模型的基本假定是标准推荐方法的基本假定的前提：①将渡槽槽身视为刚性体；②槽内水体小幅晃动；③忽略下部结构（槽墩和基础），如图5-1所示。

实际上，根据已有研究成果，与标准推荐方法的适用性相关的讨论有迹可循。关于水体—渡槽间冲击动水压力作用的试验研究，发现等效质量对试验U形渡槽槽身刚度较为敏感。关于水体—渡槽间对流动水压力作用的试验研究，支持了将试验U形渡槽槽身视为流体的刚性边界的假定。

从渡槽抗震安全设计上看，槽内水体小幅晃动时，冲击动水压力的作用是决定渡槽结构地震响应的关键要素。①满槽工况。标准推荐方法给出了水平向附加质量的施加方法：

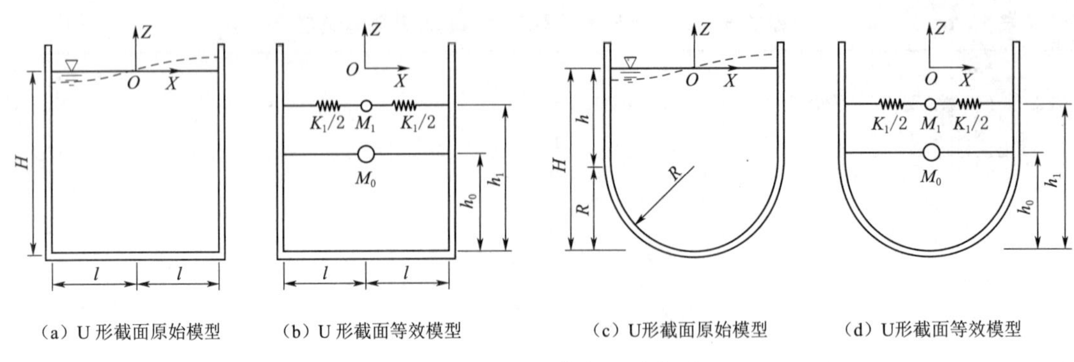

(a) U形截面原始模型 (b) U形截面等效模型 (c) U形截面原始模型 (d) U形截面等效模型

图5-1 标准推荐方法示意图

在渡槽槽体的内侧槽壁上沿高程分布，研究结论支持了这种施加方法。试验对象中横槽向等效附加质量与水体总质量的比值 M_0/M 约为65%，小于标准推荐方法中的计算结果100%，该差异为大型薄壁渡槽的柔性对流固耦合产生的影响；竖向等效附加质量与水体总质量的比值 M_{wv}/M 约为100%，大于标准推荐方法中的计算结果80%，且槽内水体对渡槽竖向振型影响较小。②半槽工况。渡槽槽内水体的水位 H 小于渡槽圆弧形槽底半径 R（$H/R<1$）且出现较大晃动的情况下，不能用简单的等效附加质量形式来描述槽内水体与渡槽之间的相互作用。此前推导时给出了半圆形等效模型计算公式，该公式的使用条件是 $0.3\leqslant H/R\leqslant 1$。

槽内水体较大液面晃动时，对流动水压力的作用是决定渡槽结构地震响应的主要因素。①满槽工况。式（B.0.1-7）～式（B.0.1-10）是U形渡槽的对流动水压力计算公式，在标准推荐方法未说明该公式的应用范围，而推导该公式时给出了公式中中参数 K_1、M_1 及 h_1 的应用条件为 $0\leqslant h/R\leqslant 2$（即 $1\leqslant H/R\leqslant 3$）。$H/R=1.56$ 时，关于 K_1、M_1 和 h_1 的试验研究结果，支撑了刚性渡槽槽身假定。②半槽工况。若给出适用范围，则此时标准推荐方法仅存在冲击动水压力作用，而相应的对流压力计算公式。在槽内水体较大液面晃动时，缺少对流动水压力的渡槽结构地震响应结果是否安全尚未可知。此时，建议使用半圆形对流压力计算公式。

将Housner模型应用于单墩矩型渡槽，得到的柔性墩时程响应小于该文献中流固动力耦合水体模型的计算结果，原因可以归结为Housner模型不能真实反映流固耦合效应，结论是Housner模型在柔性墩抗震计算时的结果偏危险。计算了在横槽向地震作用下弹性渡槽结构的地震响应，其中槽内水体采用的是Housner模型。结果表明：试验得到的渡槽槽壁上的动水压力远远大于弹性渡槽槽壁的动水压力。因此也得到了类似的结论：在采用Housner模型模拟渡槽槽内水体进而进行渡槽结构的计算时，渡槽结构的抗震计算结果是偏危险的。由于标准推荐方法吸收了Housner模型，故渡槽下部结构的刚度可能对标准推荐方法有影响。对于实际的渡槽结构而言，下部结构有柔性和刚性之分。该模型可能适用于某一刚度范围内。超出这个范围，需对该模型进行修正。

上述的分析表明，标准推荐方法应用在渡槽工程时，存在局限性，情况说明见表5-2。忽略下部结构的假定，可能造成在柔性下部结构条件下应用标准推荐方法得到计算结果偏危险。基于标准推荐方法，对某三箱一联大型渡槽的动力响应分析结果表明：由于标准推荐方法不能吸收能量，导致渡槽结构在地震作用后期的动响应放大。对矩型渡槽槽段的地震响应分析结果表明，标准推荐方法不能体现出来渡槽槽内水体的 TLD 效应。这些研究均未讨论下部结构对标准推荐方法适用性的影响。种种研究进展表明，需要讨论标准推荐方法的适用性，能够进一步完善设计标准及推动工程实践的发展。

表 5-2　　情 况 说 明

工况	条　件	占主导地位的动水压力	等效参数	假设在工程中是否成立	建　议
满槽	槽内水体小幅晃动	冲击动水压力	冲击动水压力公式得到的水平等效附加质量偏大，竖向等效附加质量偏小		
	槽内水体较大液面晃动	对流动水压力	对流动水压力公式是准确的	说明将渡槽槽身视为刚性体的假定是成立的	
半槽	槽内水体小幅晃动	冲击动水压力	不能用简单的等效附加质量描述		建议使用李遇春模型半圆形等效模型
	槽内水体较大液面晃动	对流动水压力		对流动水压力公式不适用于 $h/R<0$	

5.2　渡槽槽内水体晃动的模拟方法

5.2.1　标准推荐方法公式介绍

基于工程实用的观点，结合已有研究成果，GB 51247—2018《水工建筑物抗震设计标准》给出了求解大型渡槽槽内水体地震响应的工程实用方法，该方法将矩型和U型渡槽顺槽向各横截面槽内水体动水压力计算公式分为冲击动水压力和对流动水压力两部分。

5.2.1.1　理论基础

当渡槽受到横向水平向地震加速度 $\ddot{X}(t)$ 作用时，槽内水体将产生两维的侧向晃动，在水体无黏、无旋、不可压缩和自由液面小幅晃动的假定条件下，根据线性势流理论，流体的运动可由 Laplace 方程确定：

$$\frac{\partial^2 \Phi(x,z,t)}{\partial x^2}+\frac{\partial^2 \Phi(x,z,t)}{\partial z^2}=0 \tag{5-1}$$

$$\left.\frac{\partial \Phi(x,z,t)}{\partial x}\right|_{x=\pm l}=0 \tag{5-2}$$

$$\left.\frac{\partial \Phi(x,z,t)}{\partial z}\right|_{z=-H}=0 \tag{5-3}$$

$$\left.\frac{\partial \Phi(x,z,t)}{\partial z}\right|_{z=0}=\left.\frac{\partial h(x,z,t)}{\partial t}\right|_{z=0} \tag{5-4}$$

$$\left[\frac{\partial \Phi(x,z,t)}{\partial t}+gh(x,z,t)\right]\Bigg|_{z=0}+x\ddot{X}_0(t)=0 \tag{5-5}$$

$$p(x,z,t)=-\rho\frac{\partial \Phi(x,z,t)}{\partial t}-x\rho\ddot{X}_0(t) \tag{5-6}$$

式中　t——时间，s；

$\Phi(x,z,t)$——速度势，m/s；

$h(x,z,t)$——自由液面的小幅晃动位移函数；

$p(x,z,t)$——静水压力，Pa；

ρ——水体密度，kg/m^3；

g——重力加速度，m/s^2。

5.2.1.2　标准公式

矩形和 U 形渡槽各横截面的槽内水体等效模型可分为冲击压力和对流压力两部分。图 5-1（a）、图 5-1（c）为矩形和 U 形渡槽原始模型，其中 l 为半槽宽，R 为底部半圆内半径，$H=h+R=$水深。等效系统如图 5-1（b）、图 5-1（d）所示。根据标准推荐方法附录 B，本书仅列出 1 级渡槽槽体内动水压力计算公式。

横槽向水平地震动作用下，槽内水体对槽壁的冲击动水压力作用，等效为沿着槽壁高程分布的水平向附加质量。当 $H/l\leqslant 1.5$ 时按式（5-7）计算，当 $H/l>1.5$ 时按式（5-8）计算：

$$m_{wh}(z)=\frac{M}{2l}\left|\frac{z}{H}+\frac{1}{2}\left(\frac{z}{H}\right)^2\right|\sqrt{3}\tanh\left(\sqrt{3}\frac{l}{H}\right) \tag{5-7}$$

$$m_{wh}(z)=\frac{M}{2H} \tag{5-8}$$

对槽底，当 $H/l\leqslant 1.5$ 时，等效为随 x 变化的动水压力，按式（5-9）计算；当……$H/l>1.5$ 时，槽底的冲击动水压力按线性分布。即

$$p_{bh}(x,t)=\frac{M}{2l}a_{wh}(t)\frac{\sqrt{3}}{2}\sinh\left(\sqrt{3}\frac{x}{H}\right)/\cosh\left(\sqrt{3}\frac{l}{H}\right) \tag{5-9}$$

式中　M——沿槽轴向单宽长度的水体总质量，矩形渡槽取 $M=2\rho_w Hl$，U 形渡槽取 $M=\rho_w(2hR+0.5\pi R^2)$，m^3；

$a_{wh}(t)$——各截面槽底中心处的水平向加速度响应值，m/s^2；

ρ_w——水体质量密度，kg/m^3；

H——槽内水深，m；

$2l$ 或 $2R$——槽内宽度，m。

横槽向水平地震动作用下，槽内水体对槽壁的对流动水压力作用，等效为在 h_1 高度处与槽壁相连的弹簧-质量体系。等效质量 M_1、等效弹簧刚度为 K_1、高度 h_1 分别按以下公式计算。

矩形渡槽：

$$M_1=2\rho_w Hl\left[\frac{1}{3}\sqrt{\frac{5}{2}}\frac{l}{H}\tanh\left(\sqrt{\frac{5}{2}}\frac{H}{l}\right)\right] \tag{5-10}$$

$$K_1=M_1\frac{g}{l}\sqrt{\frac{5}{2}}\tanh\left(\sqrt{\frac{5}{2}}\frac{H}{l}\right) \tag{5-11}$$

$$h_1=H\left\{1-\left[\frac{\cosh\left(\sqrt{\frac{5}{2}}\frac{H}{l}\right)}{\sqrt{\frac{5}{2}}\frac{H}{l}\sinh\left(\sqrt{\frac{5}{2}}\frac{H}{l}\right)}\right]\right\} \tag{5-12}$$

U 形渡槽：

$$M_1=M\left\{0.571-\frac{1.276}{(1+h/R)^{0.627}}[\tanh(0.331h/R)]^{0.932}\right\} \tag{5-13}$$

$$K_1=M_1\omega_1^2 \tag{5-14}$$

$$\frac{R}{g}\omega_1^2=1.323+0.228\times\left[\tanh\left(1.505\frac{h}{R}\right)\right]^{0.768}-0.105\times\left[\tanh\left(1.505\frac{h}{R}\right)\right]^{4.659} \tag{5-15}$$

$$h_1=H\left\{1-(h/R)^{0.664}\frac{0.394+0.097\sinh(1.534h/R)}{\cosh(1.534h/R)}\right\} \tag{5-16}$$

在标准中并给出相应描述，但值得注意的是：在拟合出式（5-13）～式（5-16）时，给出的适用范围为 $0\leqslant h/R\leqslant 2$（或 $1\leqslant h/R\leqslant 3$）；当 $0.3\leqslant H/R\leqslant 1$ 时，U 形湿润边界退化为半圆形边界。

在竖向地震作用下，只考虑冲击动水压力的作用。对槽底，等效为均布于槽底的竖向附加质量，按式（5-17）计算；对槽壁，等效为沿高程分布的水平向压力，按式（5-18）计算。注意的是，各时刻作用在相对槽壁上的动水压力指向同一方向。

$$m_{wv}=0.4\frac{M}{l} \tag{5-17}$$

$$p_{wv}(z,t)=0.4\frac{M}{l}a_{wv}(t)\cos\left(\frac{\pi}{2}\frac{H+z}{H}\right) \tag{5-18}$$

式中　$a_{wv}(t)$——各截面槽底中心处的竖向加速度响应值。

5.2.1.3 公式推导

水平向附加质量公式（5-7）、式（5-8）及竖向附加质量公式（5-17），其质量总值与面积有关。本节给出的矩形和 U 形渡槽水平向及竖向附加质量总值公式，可以作为评价指标来验证有限元程序模拟的准确性。

U 形渡槽沿槽轴向单宽长度的水体总质量公式 $M=\rho_w(2hR+0.5\pi R^2)$，只能准确描述 $H/R>1$ 时槽内水体的实际总质量，本节提出了适用于任意 H/R 的 M 的修正公式。

1. 矩型渡槽附加质量总值

将 H 水深状态下的水平向附加质量点均分为 n 层，水深 z 处的 z_i 值为

$$z_i=i\frac{H}{n},\quad 0\leqslant i\leqslant n \tag{5-19}$$

水深 z 处附加质量点的控制面积 A_i 为

$$A_i=\begin{cases}\dfrac{H}{2n}, & i=0,i=n\\ \dfrac{H}{n}, & 1\leqslant i\leqslant n-1\end{cases}\tag{5-20}$$

矩形渡槽水平向附加质量在 $H/l\leqslant 1.5$ 时，采用标准公式（5-7），附加质量沿着壁面随水深 z 变化。则该状态下水平向附加质量总值 M_0 为

$$M_0=\sum_{i=0}^{n}m_{wh}(z_i)\times A_i=\frac{\sqrt{3}}{4}\frac{H}{l}M\tanh\left(\sqrt{3}\frac{l}{H}\right)\left(\frac{3}{2n}+\sum_{i=0}^{n-1}\frac{2ni+i^2}{n^3}\right)\tag{5-21}$$

矩型渡槽水平向附加质量在 $H/R>1.5$ 时，采用标准公式（5-8），附加质量沿着壁面均匀分布。该状态下水平向附加质量总值 M_0：

$$M_0=m_{wh}\sum_{i=0}^{n}A_i\tag{5-22}$$

式（5-21）及式（5-22）表明，有限元模拟时，矩型渡槽水平向附加质量总值受层数 n 的影响，该影响在 5.3.1.1 节进行讨论。

矩型渡槽竖向附加质量采用标准公式（B.0.1-11），其总值 M_{wv} 为

$$M_{wv}=\frac{0.4M}{l}\times A=\frac{0.4M}{l}\times 2l\times 1=0.8M\tag{5-23}$$

式（5-23）表明，矩型渡槽竖向附加质量总值为槽内水体理论质量的 0.8 倍。

2. U 型渡槽附加质量总值

同上节，将 H 水深状态下的水平向附加质量均分为 n 层。$H/R\leqslant 1$ 时，水深 z 处的 z_i 值为

$$z_i=R\sin\left(\beta+i\frac{\alpha}{2n}\right),\quad 0\leqslant i\leqslant n\tag{5-24}$$

$$\alpha=\pi-2\beta\tag{5-25}$$

$$\beta=\arcsin\left(\frac{R-H}{R}\right)\tag{5-26}$$

式中　α——水体自由液面和左右槽壁的交线与圆心形成的夹角，rad；

β——水体自由液面和单侧槽壁的交线与圆心形成的夹角，rad。

水深 z 处附加质量点的控制面积 A_i 为

$$A_i=\begin{cases}\dfrac{\alpha R}{4n}, & i=0,i=n\\ \dfrac{\alpha R}{2n}, & 1\leqslant i\leqslant n-1\end{cases}\tag{5-27}$$

$1\leqslant H/R\leqslant 1.5$ 时，水深 z 处的值为

$$z_j=j\frac{H-R}{m},\quad 0\leqslant j\leqslant m\tag{5-28}$$

$$z_i=H-R+R\sin\left(i\frac{\pi}{2n}\right),\quad 0\leqslant i\leqslant n\tag{5-29}$$

水深 z 处附加质量点的控制面积为

$$A_j=\begin{cases}\dfrac{H-R}{2m}, & j=0,j=m\\ \dfrac{H-R}{m}, & 1\leqslant j\leqslant m-1\end{cases} \tag{5-30}$$

$$A_i=\begin{cases}\dfrac{\pi R}{4n}, & i=0,i=n\\ \dfrac{\pi R}{2n}, & 1\leqslant i\leqslant n-1\end{cases} \tag{5-31}$$

$H/R\leqslant 1.5$ 时，U 形渡槽水平向附加质量采用标准公式（5-7），附加质量沿着壁面随水深 z 变化。U 形容器在该状态下的水平附加质量总值 M_0 为

$$M_0=\begin{cases}\sum_{i=0}^{n}m_{wh}(z_i)\times A_i, & H/R\leqslant 1\\ \sum_{j=0}^{m}m_{wh}(z_j)\times A_j+\sum_{i=0}^{n}m_{wh}(z_i)\times A_i, & 1\leqslant H/R\leqslant 1.5\end{cases} \tag{5-32}$$

U 型水平向附加质量在 $H/R>1.5$ 时，采用标准公式（5-8），附加质量沿着壁面均匀分布。水平向附加质量总值 M_0 为

$$M_0=m_{wh}\left(\sum_{j=0}^{m}A_j+\sum_{i=0}^{n}A_i\right) \tag{5-33}$$

U 型竖向附加质量采用标准公式（5-17），总值 M_{wv} 为

$$M_{wv}=\frac{0.4M}{R}\times A \tag{5-34}$$

式中，$H/R\geqslant 1$ 时，$A=\pi/2$；$H/R<1$ 时，$A=\alpha R$；
根据上述公式，有：

$$M_{wv}=\begin{cases}0.8M\times\left[\dfrac{\pi}{2}-\sin\left(\dfrac{R-H}{R}\right)\right], & H\leqslant R\\ 0.8M\times\dfrac{\pi}{2}, & H>R\end{cases} \tag{5-35}$$

根据上述推导过程及结果，判断附加质量点的层数 n 会对程序中模拟的 M_0 产生影响，标准中关于槽内水体附加质量的公式有待深入讨论。

3. U 型渡槽水体总质量 M 的调整公式

标准推荐方法中给出的水体总质量 M 表达式在 $H/R<1$ 时，将导致水平向附加质量总值 M_0 偏大，应修正为

$$M=\begin{cases}\rho_w(2hR+0.5\pi R^2), & H/R\geqslant 1\\ \rho_w\left[\dfrac{\pi R^2-\beta R^2-(R-H)R\cos(\beta)}{2}\right], & H/R<1\end{cases} \tag{5-36}$$

5.2.2 小结

本节主要介绍了水体晃动的模拟方法，分别为 ALE 方法、标准推荐方法。ALE 方法

能够模拟水体晃动的非线性现象，标准推荐方法能够简化渡槽结构抗震计算。此外，还对标准推荐方法做出了一定的推导，以便检验在有限元软件中实现的准确性。主要包括以下内容：

（1）介绍了流体力学的 3 大方程，这是水体晃动问题的理论基础。

（2）介绍了 LS－DYNA 中 ALE 方法的理论基础，主要包括控制方程以及软件中流固耦合的处理方法。为后续采用 ALE 方法提供理论基础。

（3）介绍了标准推荐方法的中 1 级渡槽的计算公式，并做了一些推导工作。根据标准推荐方法，推导了矩形和 U 型渡槽附加质量总值公式。提出将此公式作为评价指标，验证基于标准推荐方法编写的程序的准确性。此外，给出了 U 型渡槽水体总质量的修正公式。

5.3　水体晃动的非线性模拟及数值模型评析

本节对数值模拟的基本步骤及编写的标准推荐方法的实现程序所模拟的准确性、ALE 方法流固耦合实现的可靠性、桩土相互作用模型实现的准确性进行验证，并对水体晃动的非线性现象进行模拟。基于前文的 ALE 方法，研究了三维刚性水箱在谐振和非谐振简谐运动作用下的晃动问题。用数值方法计算得到了自由液面轮廓，并与已有的实验结果进行了比较。

5.3.1　数值模拟基本步骤及设置

（1）基本步骤。基于 LS－DYNA 进行非线性动力分析的步骤主要有 3 步。①前处理。先使用 ANSYS 的 APDL 参数化语言建立有限元模型，后使用文本编辑器 Ultra-Edit，修改 K 文件。②求解和过程控制。先使用 LS－DYNA Manager 进行求解过程控制，再使用 LS－DYNA Solver 递交 K 文件进行求解。③后处理。使用 LS－PREPOST 提取结果文件，再用 Matlab 处理计算结果并绘图。在分析的全过程中，采用国际单位制。

（2）单元选择。对渡槽流固耦合分析中使用到的实体单元、流体单元、质量单元和弹簧阻尼单元进行介绍，明确如何选择单元公式。采用实体单元模拟结构域的混凝土，在关键字＊SECTION_SOLID 中对应的是 ELFORM＝1。需要说明的是，ELFORM＝11，是单点 ALE 多材料单元公式，常用流体单元的算法选择。采用的是 MASS166 质点质量单元模拟标准推荐方法中的水体模型的质量。采用的是 COMBI165 弹簧阻尼单元模拟标准推荐方法中的水体模型的弹簧。

（3）材料模型。在 LS－DYNA 中，对于流体域，标准推荐的水体模型可以用质量单元和弹簧阻尼器单元来模拟。弹簧阻尼器选择＊MAT_SPRING_ELASTIC 材料模型。该模型中定义了弹性刚度值。而 ALE 方法水体模型的流体域选择算法为 11 号的单点 ALE 多物质实体单元建模，并赋予材料和状态方程来共同表征流体域的属性。材料模型＊MAT_NULL 可以用来防止接触穿透，该模型中没有剪切刚度和屈服强度，符合流体的行为，流体可使用此模型来模拟。在此材料模型中定义密度，其余物理量由状态方程定义。状态方程（EOS）必须用来定义流体状材料压力。

著者中水体采用 * EOS_GRUNEISEN 状态方程定义。该方程定义的压缩和膨胀材料的压力如式（5-37）、式（5-38）。

$$P=\frac{\rho_0 C^2\mu\left[1+\left(1-\frac{\gamma_0}{2}\right)\mu-\frac{a}{2}\mu^2\right]}{\left[1-(S_1-1)\mu-S_2\frac{\mu^2}{\mu+1}-S_3\frac{\mu^3}{(\mu+1)^2}\right]^2}+(\gamma_0+a\mu)E \tag{5-37}$$

对于膨胀的材料：

$$P=\rho_0 C^2\mu+(\gamma_0+a\mu)E \tag{5-38}$$

式中　C、S_i（$i=1$，2，3）、γ_0 和 a——无量纲系数；

C——V_s-V_p 曲线的截距（V_s 冲击波速度，V_p 质点速度），即声音在水中的传播速度；

S_i——V_s-V_p 曲线斜率的系数；

γ_0——Gruneisen 常数；

a——γ_0 的一阶体积修正系数；

E——单位体积初始内能，J/m^3。

$$\mu=\frac{\rho}{\rho_0}-1 \tag{5-39}$$

式中　ρ/ρ_0——介质的当前密度与参考密度之比；

ρ_0——在材料模型中定义的密度。

空气的状态方程由 * EOS_LINEAR_POLYNOMIAL 模型定义。该模型定义的压力如线性多项式（5-40），该多项式方程在内能上是线性的，是一种零剪切强度的完美气体模型。

$$P=C_0+C_1\mu+C_2\mu^2+C_3\mu^3+(C_4+C_5\mu+C_6\mu^2)E \tag{5-40}$$

$$\mu=\frac{\rho}{\rho_0}-1 \tag{5-41}$$

式中　C_i——多项式方程的系数，（$i=1\sim6$）。

线性多项式状态方程可以用伽马定律状态方程来模拟气体。可以通过设置

$$C_0=C_1=C_2=C_3=C_6=0,\qquad C_4=C_5=\gamma-1$$

其中，$\gamma=C_p/C_v$ 是比热容比。理想气体的压强为：

$$p=(\gamma-1)\frac{\rho}{\rho_0}E \tag{5-42}$$

流体的材料模型参数见 5-3。

渡槽是由钢筋和混凝土组成，选择 * MAT_PLASTIC_KINEMATIC 钢筋材料模型来模拟渡槽的钢筋混凝土材料。该模型用来模拟各向同性弹塑性材料，使用理想塑性或双线性曲线来近似材料响应，可以选择等向硬化或随动硬化或混合硬化。采用 Cowper-Symonds 方式考虑应变率影响。混凝土的材料参数见表 5-4。

表5-3 流体材料模型参数

参数		材料类型	参数		材料类型
空气	密度，ρ_0/(kg/m³)	1.225	水	密度，ρ_0/(kg/m³)	1000
	C_0/MPa	0.0		流体声速，C/(m/s)	1480
	C_1/MPa	0.0		S_1 [−]	1.921
	C_2/MPa	0.0		S_2 [−]	−0.096
	C_3/MPa	0.0		S_3 [−]	0.0
	C_4 [−]	0.4		γ_0 [−]	0.35
	C_5 [−]	0.4		一阶体积修正系数，a [−]	0.0
	C_6 [−]	0.0		初始内能，E_0/MPa	0.2895
	初始内能，E_0/MPa	0.25		初始相对，V_0 [−]	1.0
	初始相对体积，V_0 [−]	1.0			

表5-4 混凝土材料参数

位置	材料	密度/(kg/m³)	泊松比	弹性模量 Pa /(N/m²)	屈服应力/Pa
槽身	C50	2500	0.3	$3.45e^{10}$	$3.55e^{8}$
槽墩	C40F15	2500	0.3	$3.25e^{10}$	$3.55e^{8}$

注：动力分析时，需对弹性模量乘以系数1.3。

屈服应力：

$$\sigma_y=\left[1+\left(\frac{C}{\dot{\varepsilon}}\right)^{1/p}\right](\sigma_0+\beta E_p\varepsilon_{eff}^p) \tag{5-43}$$

式中 δ_0——初始屈服应力；

ε——应变率；

C、P——Cowper-Symonds 应变率参数；

ε_{eff}^p——有效塑性应变；

E_p——塑性硬化模量。

运动学、各向同性硬化或运动学和各向同性硬化的组合可以通过在0～1之间变化β'来指定。对于β'分别等于0和1，得到运动硬化和各向同性硬化，如图5-2所示。

图5-2中，l_0和l为未变形和单轴拉伸试样的变形长度，E_t为双线性应力应变曲线的斜率。应变率是用Coper和Symonds模型来解释的，该模型用此因子来衡量屈服应力：

$$1+\left(\frac{\dot{\varepsilon}}{C}\right)^{\frac{1}{p}} \tag{5-44}$$

式中 $\dot{\varepsilon}$——应变速率。

刚性体选择 *MAT_RIGID 材料模型。由这种材料制成的部件被认为属于一个刚体（对于每个部件 ID）。其杨氏模量不能任意大，LS-DYNA 用杨氏模量计算接触罚刚度，而接触刚度决定了接触穿透。定义为刚性材料后，同时也约束了刚体的运动特性，且任何属于这种材料的单元必须属于同一刚体。质量中心的全局和局部约束也可以被任意定义。

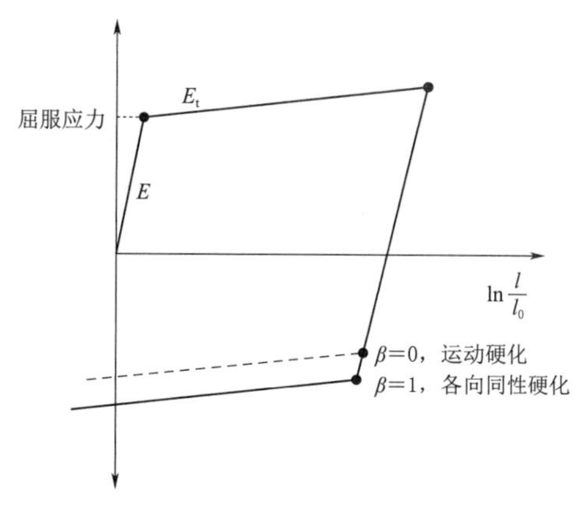

图 5-2 具有运动和各向同性硬化的弹塑性行为

（4）结果输出与处理方法。LS-DYNA 有专用的前后处理软件 LS-POST，能够通过读取 LS-DYNA 计算过程中生成的二进制的数据结果计算文件 d3plot 以及 ASCII，显示整个构件或者任一节点和单元位移时程曲线、冲击力时程曲线、应力应变等各种计算结果，也能够动态地显示结构或者构件的变形、应力应变云图，并对结果数据进行处理，如微积分、快速傅里叶变换等。采取 LS-PREPOST 对计算结果进行提取，再使用 MATLAB 统一绘制获取所需的位移时程曲线、冲击力时程曲线以及其他所需要的图形。

5.3.2 基于标准公式的程序验证

以矩型和 U 型渡槽为研究对象，根据标准中的公式编写了矩型和 U 型渡槽槽内水体模型施加程序，实现该模型在 LS-DYNA 仿真软件中的模拟。但模拟结果的准确性需要探讨。将程序模拟值与标准公式解答对比，验证该建模程序在有限元中实现的准确性。本节选取 M_0/M，M_{wv}/M、M_1/M 和 h_1 为评价指标，将模拟值与公式解答对比，验证了该程序模拟结果的准确性。

5.3.2.1 层数 n 对 M_0/M 的影响

根据第 5.2.1.3 节中矩形和 U 型渡槽附加质量总值式（5-21）、式（5-22）和式（5-32）、式（5-33），判断出水平附加质量点均分层数 n 影响矩形和 U 形的 M_0/M 大小。如图 5-3，当 $n>10$ 时，M_0/M 的值趋于稳定。

对于矩型渡槽，$H/R=1.5$ 时，M_0/M 为 70.95%；$H/R=1.0$ 时，M_0/M 为 54.29%；$H/R=0.5$ 时，M_0/M 为 28.81%。

对于 U 型渡槽，$H/R=1.5$ 时，M_0/M 为 113.12%。

5.3.2.2 U 型的 M 调整前后对比分析

李遇春模型是通过最小二乘法拟合出的等效简化模型。在推导时，给出 U 型渡槽计算公式的适用范围为 $0\leqslant h/R\leqslant 2$（即 $1\leqslant H/R\leqslant 3$）；当 $0.3\leqslant H/R\leqslant 1$ 时，U 型湿边界退化为半圆形边界，此时应使用半圆形等效模型计算公式。

在标准推荐方法中未说明式（B.0.1-7）～式（B.0.1-10）的适用范围。标准中给出相应的 U 型渡槽水体总质量 M 的表达式，隐含着 $0\leqslant h/R$ 的条件。同时，标准推荐方法中给出的沿槽轴向单宽长度水体总质量 $M=\rho_w(2hR+0.5\pi R^2)$ 也未说明是否适用于

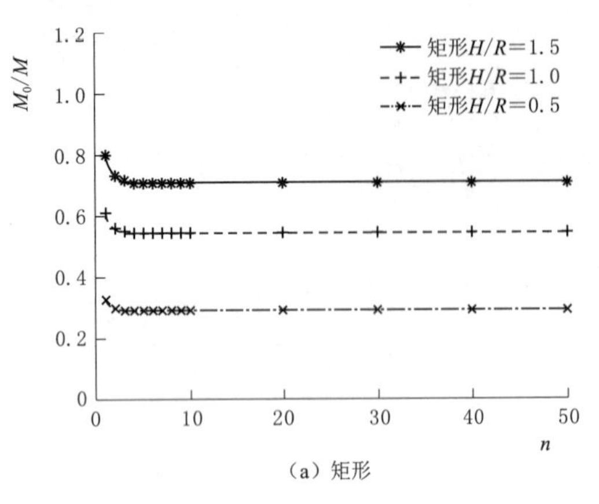

(a) 矩形

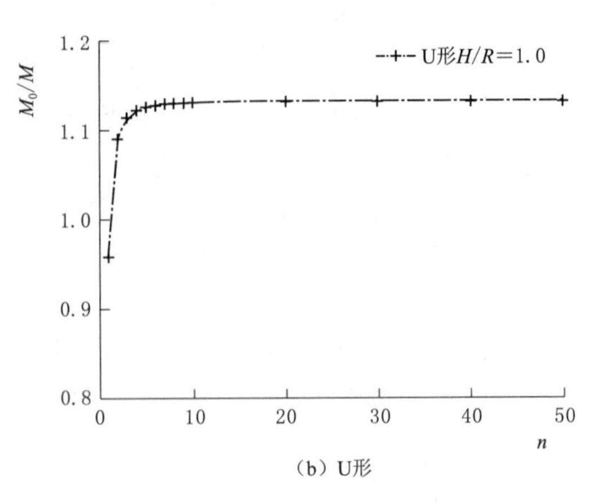

(b) U形

图 5-3 n 对 M_0/M 的影响趋势图

$h/R\leqslant0$（即 $H/R\leqslant1$）。某些U型渡槽的半槽水位存在 $H/R\leqslant1$ 的情况，若将标准推荐方法中U型渡槽槽内水体动水压力计算公式应用于这种渡槽半槽水位（$H/R\leqslant1$）的计算，则尚不明确计算结果是否偏安全。

$h/R<0$ 即 $H/R<1$ 时，若采用标准中的 M，将造成模拟生成的 M_0 值过大，如图5-4所示曲线"标准-M 修改前"在 $H/R=1$ 的左侧，进而影响渡槽动力分析的结果。根据结构动力学可以判断，结构的整体质量变大，会导致自振特性发生变化。

因此，假定标准中的公式不变，对于任意U型的 H/R，建议采用修正式（5-36）。

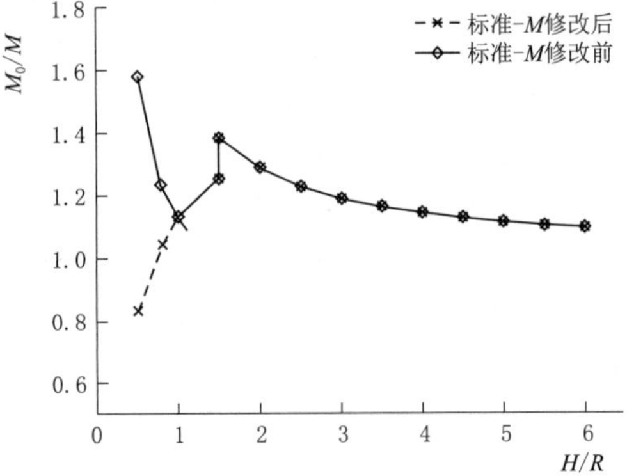

图 5-4 U形，M_0/M 随 H/R 的变化曲线，M 修正前后对比分析

5.3.2.3 矩形渡槽程序验证

图5-5～图5-12分别显示了标准推荐方法水体模型的参数 M_0/M、M_1/M、h_1/H 及 M_{wv}/M 随 H/R 的变化曲线。

标准中矩型渡槽的水平向附加质量 M_0/M 变化曲线分为2部分：$H/R\leqslant1.5$ 时为曲线，$H/R>1.5$ 时为值等于1的水平直线。$H/R=0.5$ 时，M_0/M 为28.81%；$H/R=1.0$ 时，M_0/M 为54.29%；$H/R=1.5$ 时，M_0/M 为70.95%；$H/R>1.5$ 时，M_0/M 为固定值，不随 H/R 变化而改变。而Housner水体等效模型的 M_0/M 变化曲线为随 H/R 的增大而逐渐趋向于1的曲线，如图5-5所示。

标准推荐方法中矩形渡槽的等效弹簧质量模型。从图5-7和图5-8可以看出，矩形渡槽水体模型自编程序在有限元软件中的模拟值与理论解的吻合情况：M_1/M 一致，h_1/H 吻合。h_1/H 的误差来源于划分网格生成的节点高度与理论解答 h_1 存在的较小相对距离，此误差可通过划分更为精细的网格来减少。H/R 在1.0～1.5区间的网格应更为精细，方能使模拟高度与理论值 h_1 一致。

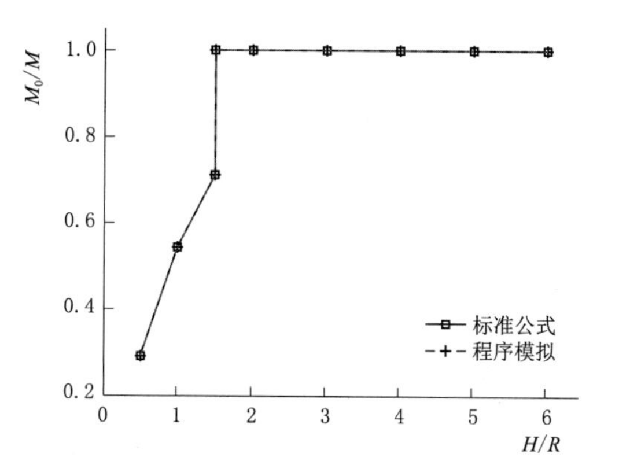

图 5-5 矩型，M_0/M 随 H/R 的变化曲线

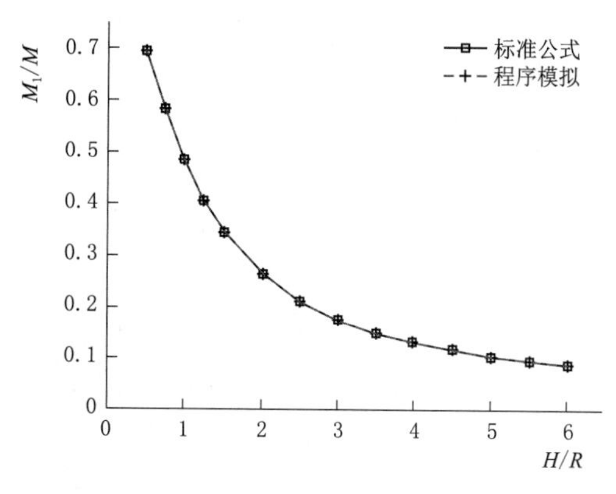

图 5-6 矩型，M_1/M 随 H/R 的变化曲线

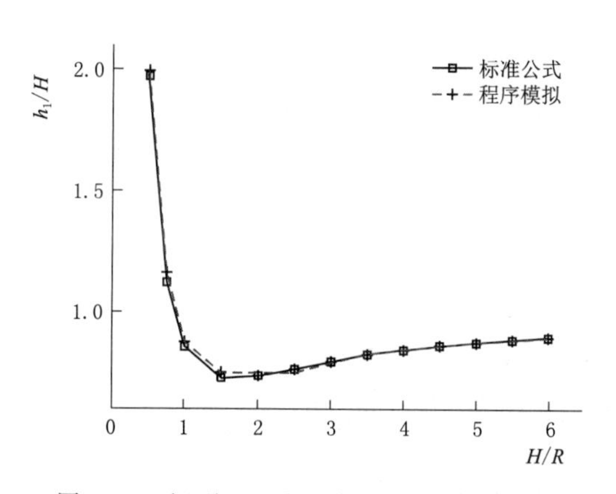

图 5-7 矩型，h_1/H 随 H/R 的变化曲线

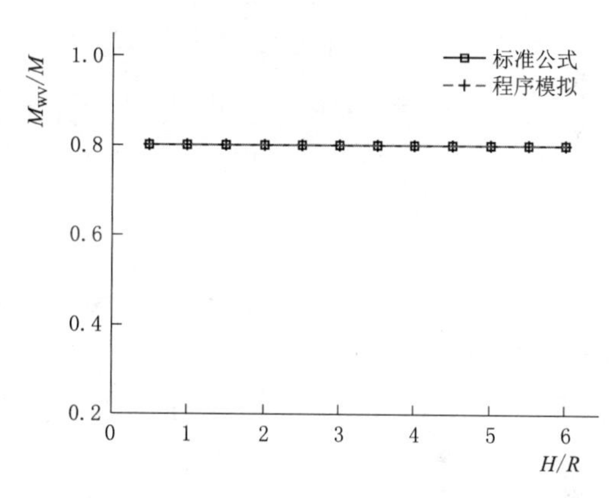

图 5-8 矩型，M_{wv}/M 随 H/R 的变化曲线

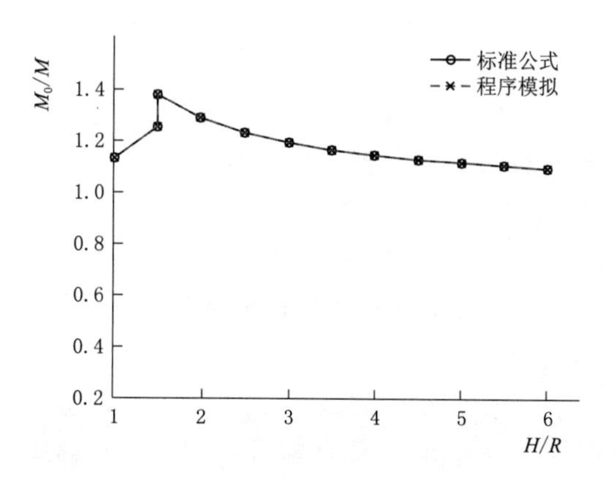

图 5-9 U 型，M_0/M 随 H/R 的变化曲线

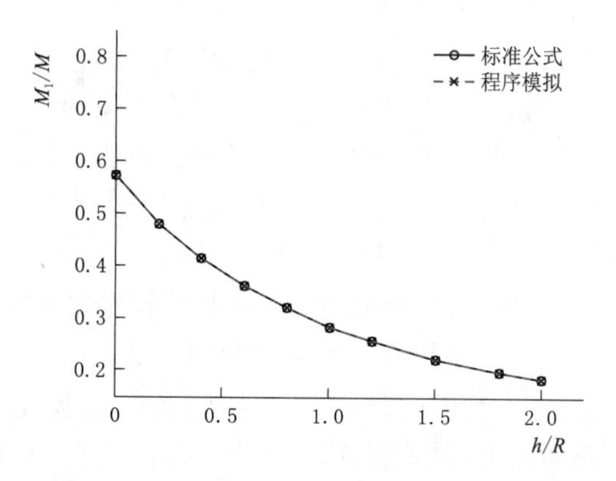

图 5-10 U 型，M_1/M 随 h/R 的变化曲线

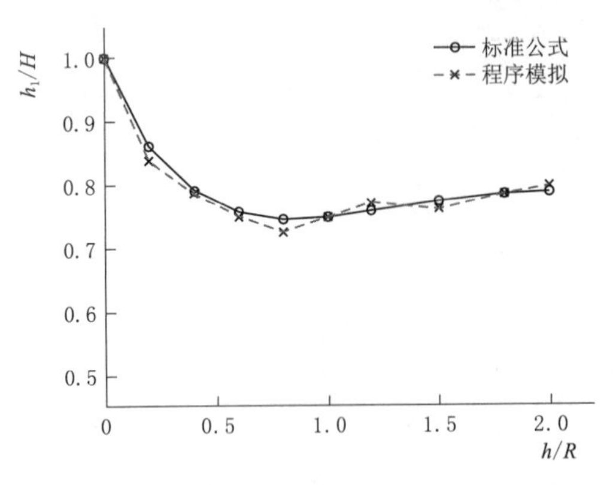

图5-11　U型，h_1/H 随 h/R 的变化曲线

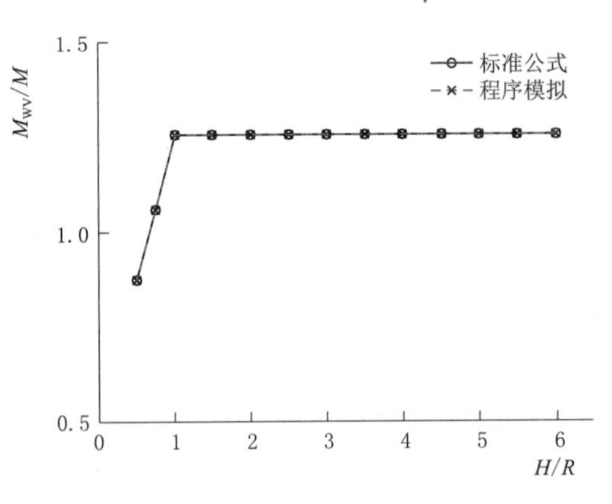

图5-12　U型，M_{wv} 随 H/R 的变化曲线

标准中矩型渡槽的竖向附加质量占水体总质量的80%，不随 H/R 发生变化。

5.3.2.4　U型渡槽程序验证

标准中U型渡槽水体总质量 M 的表达式，正确描述了 $H/R>1$ 时的情况，对于任意 H/R，应采用修正式（5-36），M_0/M 随 H/R 的变化曲线如图5-9所示。

$H/R=0.5$ 时，M_0/M 为82.55%；$H/R=1.0$ 时，M_0/M 为113.12%；$H/R=1.5$ 时，M_0/M 为125.24%；$H/R>1.5$ 时，随着 H/R 增大，M_0/M 从138.05%趋向于100%。

标准推荐方法中U型渡槽的等效弹簧质量模型为李遇春模型。U型渡槽水体模型自编程序在有限元软件中的 M_1/M 模拟值与理论解一致，h_1/H 模拟值与理论解吻合，如图5-10、图5-11所示。h_1/H 的误差原因与矩形相同，更为精细的网格能使 h_1 模拟值与理论值更吻合。

标准中U型渡槽的竖向附加质量总值占水体总质量的百分比：由式（5-35）知，在 $H/R<1$ 时，M_{wv}/M 随着 H/R 的增大而变大，在 $H/R=1$ 时达到最大值125.66%。$H/R\geqslant1$ 时，M_{wv}/M 不随 H/R 发生变化，如图5-12所示。

5.3.3　基于ALE方法的模型验证

由于液体具有黏性，这将使得晃动的液体受到壁面的阻力，从而产生明显的边界效应。二维水槽中水体晃动的解析解答，Faitinsen早已推导出，但二维模型不能复杂容器内的液体晃动，更难以模拟液体晃动的强非线性，故本节在三维中研究液体晃动问题。

ALE方法建立模拟的准确性，是正确模拟水体大幅晃动的前提。基于ALE方法建立的流固耦合分析模型，可以将其计算结果与解析解答或试验结果对比，来验证其准确性。评价指标可以有自由液面轮廓、波高时程、压力时程。本节选择自由液面轮廓为评价指标，以文献试验结果基准，验证了ALE方法建立的水体模型的准确性。

5.3.3.1　固有频率

拥有自由液面的充液容器，受重力荷载时，液体的表面张力远远小于其体积力，因此可以忽略表面张力的作用。根据Abramson线性理论公式，可以得到矩形水箱箱内水体晃动的固有频率估计值为

$$f_{n_a} = \frac{1}{2}\sqrt{\frac{n_a g \tanh\left(\frac{n\pi h}{L_a}\right)}{\pi L_a}} \tag{5-45}$$

式中 n_a——固有频率的阶数，

L_a——容器沿振动方向的宽度，m；

h——液体深度，m；

g——重力加速度，m/s^2。

液体在容器中晃动的过程中，高阶频率的能量成分很容易耗散掉，一阶固有频率的影响远大于其他阶的总和。因此，研究容器中的液体晃动问题时，只需要考虑液体晃动的一阶固有频率。

5.3.3.2 模型验证

ALE方法与标准推荐方法的不同之处在于水体的模拟。试验研究作为研究液体晃动的重要手段，其结果可用于理论分析和数值分析的正确性验证。

用于研究水箱内水体晃动问题的试验装置，如图5-13所示。水箱固定在直线导轨2号上，直线导轨1号固定在机架上，伺服电机匀速转动为曲柄做定速圆周运动提供动力，曲柄带动滑块沿着直线导轨1号和2号运动，从而使得正弦外部激励能够施加到水箱上，之后通过压力传感器采集目标位置处的压强大小，进而刻画出压强时程曲线。同时，透明材质的水箱，可能观察到自由液面的轮廓情况。

本节中矩形水箱的尺寸和材料特性是根据上述文献中的试验对象确定的。研究对象取矩形水箱尺寸为0.3m×0.2m×0.1m，在数值模型中复刻三维刚性矩形水箱，水箱材料设置为刚性，在0.15m的高度上充入水（$\rho=1000kg/m^3$），有限元模型如图5-14所示。

图5-13 水箱晃动试验平台

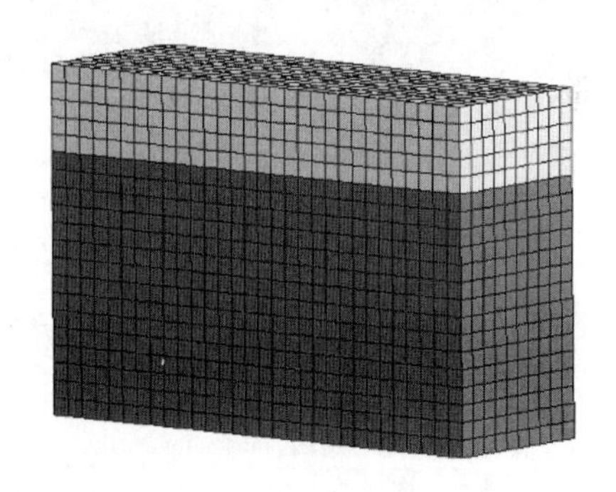

图5-14 基于ALE方法的水箱流固耦合模型

网格尺寸越小，模拟得到的液体自由面越光滑，但为了兼顾计算效率和精度，选取单元尺寸为0.01m。此时结构单元数量为2200个，流体单元数量为6000个。水箱与水体构成封闭系统，流体域和结构域通过共节点的方式连接。在箱体上沿长度方向将外部正弦速度激励荷载施加在水箱上：

$$v_x = 0.02 \times 2\pi f \sin(2\pi f t) \tag{5-46}$$

式中　$2\pi f$——曲柄的角速度 w，rad/s；

　　　f——外界激励频率，Hz。

根据线性理论式（5-45）可以得到，充液率为75%的矩形水箱（即水箱内的水位高度为0.15m）的一阶固有频率估计值 f_1 为1.544Hz。取外界激励频率 $f=0.8f_1$，则 f 为1.235Hz。

对于水箱晃动的流固耦合问题，一般可以选择自由液面轮廓和压强时程作为评价指标。以液体晃动试验验研究结果为依据，验证所建立的ALE方法水体模型是否能准确模拟水体晃动。水体受迫晃动后，数值模拟结果与试验结果的水体晃动形态如图5-15所示，将两者对比可发现，两者的自由液面轮廓基本相符。

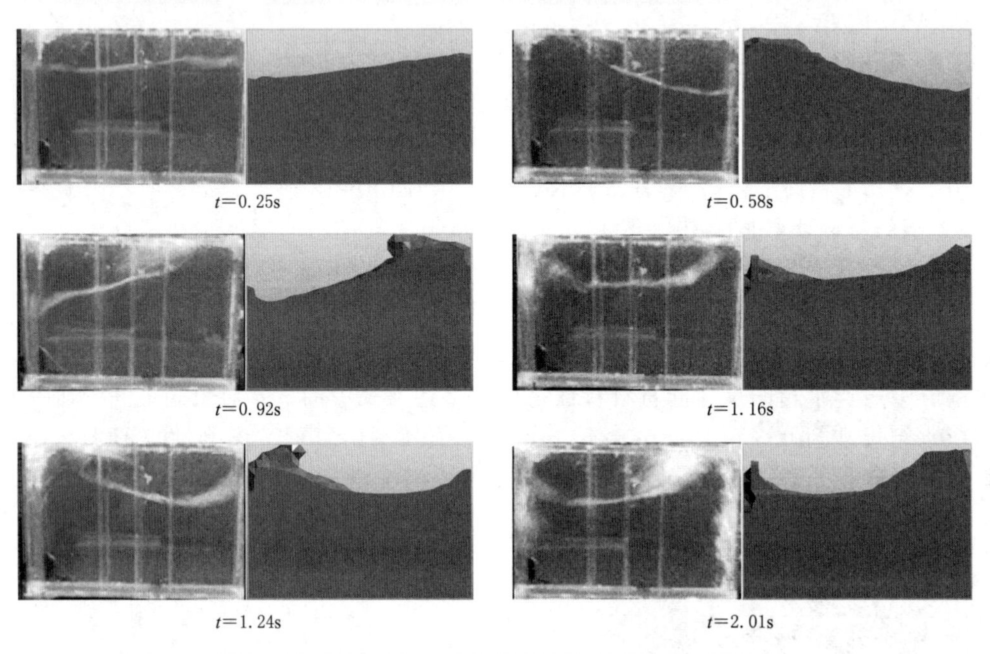

图5-15　试验与模拟的水体晃动自由液面轮廓对比图

取水箱侧壁距离下壁面0.05m处的压强为评价指标，得到的实验与数值模拟压强时程曲线如图5-16，可以看出实验结果与数值模拟结果比较接近。

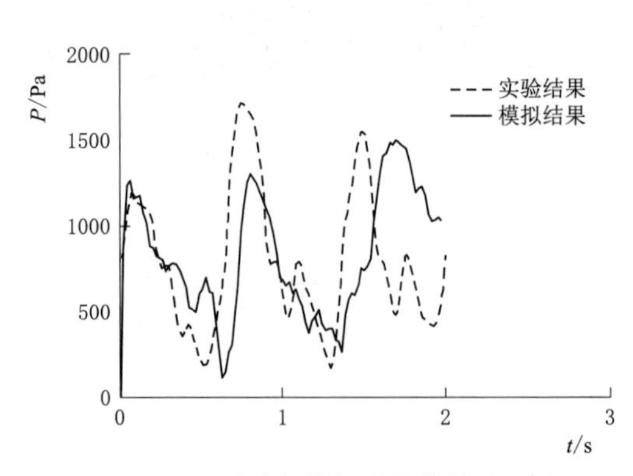

图5-16　试验与模拟压强结果对比图

除了与试验结果对比，本节还对不同激励频率下水体的晃动形态进行了分析。小于一阶固有频率时，液体的晃动幅度较小，晃动形态表现为规则性强的驻波。激励频率大于一阶固有频率时，液体的晃动幅度较小，晃动形态相对混乱。激励频率等于一阶固有频率时，此时为共振状态，液体的晃动幅度最大。随着频率增加，晃动幅度变大，这与理论值相符。如图5-17所示。

综上所述，数值计算模拟结果与试验结

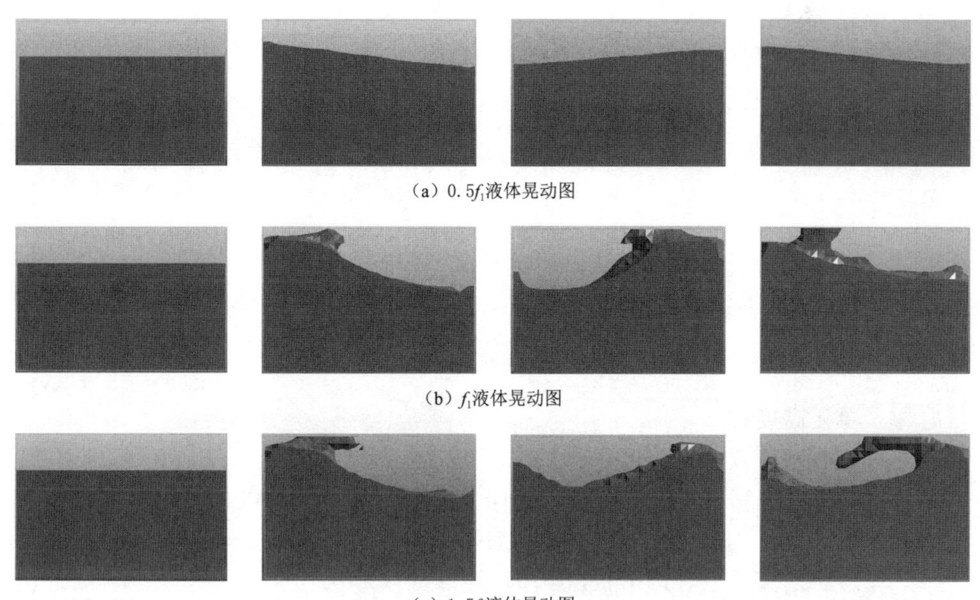

(a) $0.5f_1$液体晃动图

(b) f_1液体晃动图

(c) $1.5f_1$液体晃动图

图 5-17 不同激励频率下的箱内水体晃动现象的对比图

果基本相符，本节研究在一定程度上验证了 ALE 算法建立的流固耦合模型能解决水体大幅晃动问题，且计算结果是可靠的，充分说明了 ALE 算法能解决液体晃动的大幅晃动问题。因此，能够作为标准公式适用性分析的对比模型。

5.3.3.3 基于“m”法桩土相互作用的模型验证

通常采用实体单元法和土弹簧法模拟桥梁的桩土相互作用，但实体单元法计算成本大。桩土相互作用的简化模拟方法，普遍采用“m”法土弹簧。同时，GB 51247—2018《水工建筑物抗震设计标准》提出，使用“m”法模拟桩土相互作用。故采用非线性土弹簧进行模拟，并在本节中验证了土弹簧法的可行性。

基于“m”法，提出了使用有限元模型解决桩基计算的方法，桩侧土的等效弹簧刚度基本假定如下：

(1) 将土看作弹性变形介质，其地基系数在地面（或冲刷线）处为零，并随深度成正比例增长。

(2) 基础与土之间的黏着力和摩阻力均不予考虑。

(3) 在水平力和竖直力作用下，任何深度处土的压缩性均用地基系数表示。

由上述假定可知土的横向土抗力：

$$\sigma_z = Cx_z \tag{5-47}$$

式中 x_z——在土层深度 z 处桩柱水平位移量，m；

C——地基水平抗力系数，kN/m^3。

C 由“m”法计算：

$$C = mz \tag{5-48}$$

式中 z——桩基础的入土深度，地基水平抗力系数的比例系数 m 根据不同岩土类型取值有所不同。

将桩基础沿轴向切分为有限单元，桩侧土压力：

$$F=\sigma_z A_a \tag{5-49}$$

桩侧的受压面积：

$$A_a=b_1 h_a \tag{5-50}$$

同时有

$$F=K_s x_z \tag{5-51}$$

等效弹簧刚度 K_s 为

$$K_s=\frac{\sigma_z}{x_z}A_a=Cb_1 h_a=mzb_1 h_a \tag{5-52}$$

式中　h_a——单元高度；

　　b_1——桩基础等效计算宽度，m。

其多排桩的具体计算公式详见标准，对于本小节，采用单排桩计算，其公式为

$$b_1=k_\varphi(d+1) \tag{5-53}$$

式中　k_φ——形状换算系数，圆形桩取 0.9，矩形桩取 1.0；

　　d——桩径或垂直于水平力作用方向的桩宽度，m。

在三维空间中，桩侧土需要两个方向的弹簧刚度。假定土具有各向同性，即水平面上的两个方向的弹簧刚度是相同的。为了验证本书基于"m"法建立的土弹簧桩土模型在 LS-DYNA 有限元分析软件中模拟的准确性，本节做出了如下算例：

采用弹簧阻尼器单元模拟等效弹簧，使用 BEAM161 单元模拟桩基础。某圆截面桩直径 1m，桩长 15m，地面处水平荷载 150kN，弯矩值为零，混凝土弹性模量 $E=3.237e^{10}$ N/m，$m=8.3125e^{6}$ N/m^4。

根据标准法计算得到桩顶位移为 4.07mm，数值模拟得到的桩顶位移为 3.94mm，误差为 3.19%，说明建立的有限元模型能够实现标准中推荐的"m"法土弹簧，如图 5-18 所示。

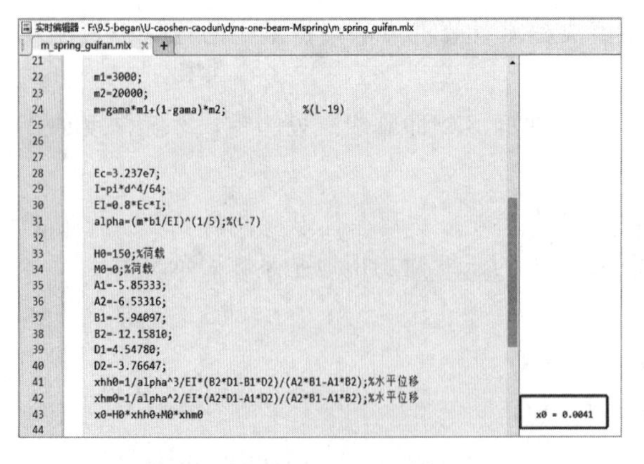

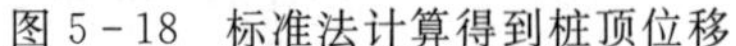

图 5-18　标准法计算得到桩顶位移

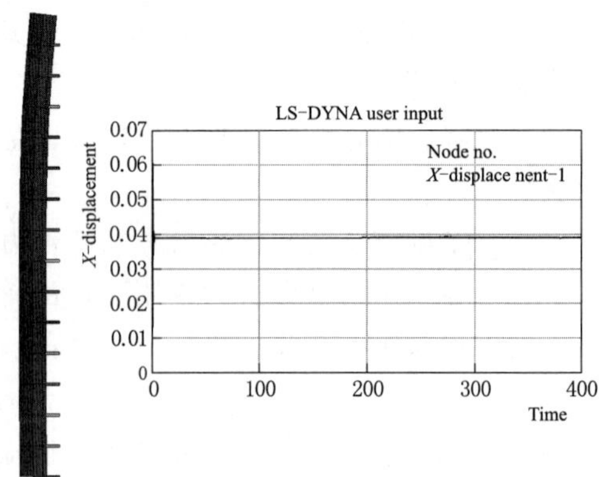

图 5-19　数值模拟结果

5.3.3.4　槽内水体晃动非线性模拟

槽内水体晃动是指，在外界激励或扰动作用下，槽内具有自由表面的水体发生运动的

现象。水体的质量等于甚至大于渡槽结构的整体质量，在地震荷载作用下，槽内水体的晃动会对渡槽槽身造成比较严重的冲击载荷，同时会改变渡槽的重心，进而影响渡槽的稳定运行。液体晃动受众多参数影响，同时晃动的液体表现出强烈的非线性，使液体晃动的研究极富挑战性。渡槽槽身断面的几何形状及槽内水体的水位高度都会影响水体晃动时的晃动特性。

1. 自由液面受迫晃动的形态

外部激励作用下，槽内水体会发生晃动现象。可能出现的晃动的形态有驻波、行进波、水跃以及三种波的任意组合。影响槽内水体晃动波形的因素有很多，例如渡槽槽身横截面形状、尺寸、材料参数，槽内水体的深度以及外界激励载荷的特征参数（频率、幅值）等的影响。

渡槽槽身受到的外部激励频率大大低于槽内水体的固有频率，同时槽内水体的深度比较大的时候，槽内水体的晃动形态主要表现为驻波。这种情况下，晃动波在垂直于外部激励的方向做周期性的上下震动，即流体质点竖向运动，但波形朝着四周扩散。随着外界激励的频率不断增大，槽内水体的晃动形态会随着外界激励频率的逐渐增大。而由驻波逐渐转变为行进波。行进波不发生上下振动，而是在沿着渡槽槽身受到外界载荷的方向上运动，这点与驻波的表现不同。当行进波撞击到渡槽侧壁时，渡槽侧壁受到的冲击压力会形成压力波峰。这是因为撞击导致侧壁的压力突然增大，撞击结束后压力会下降，一升一降从而形成压力波峰。随着外界激励频率持续变大，直至达到槽内水体一阶固有频率附近，或者与槽内水体的一阶固有频率时，槽内水体晃动的形态将会以水跃为主。由于较大的外界激励频率，一侧槽壁形成了向另一侧运动的行进波；另一侧也会以同样的规律形成一条行进波。两个行进波在同一方向上相对运动后相遇，发生了撞击，使得波面变化比较陡峭，从而形成了水跃现象。槽内存在较大的充液深度且施加的外界激励频率接近甚至与槽内水体的一阶频率相同时，水体的晃动会愈加剧烈。当水面沿着竖向上升触碰到渡槽的拉杆位置时，水体会发生翻卷、破碎等强非线性现象。同时，处于晃动状态的水体的重心，其变化幅值是比较大的，会造成整个过水渡槽的重心产生剧烈变化。这种情况下，渡槽内水体的晃动形态不再是单一波形，而是上述波形的任意组合。

由于液体材料和容器材料已选定，因此5.3.5.3节和5.3.5.4节对充液率、激励频率和幅值三种影响因素进行研究。

2. 空气网格高度的敏感性

对于渡槽，上部为敞口，水体之上存在无限空气域，通常在有限空气域上表面施加无反射边界条件来模拟无限空气域。无反射边界条件通过在边界上吸收膨胀波和剪切波，来避免边界处波的反射对求解域的影响。在该条件下，为了讨论水体自由液面晃动波高 η 与空气域网格高度 h_{air} 不同大小关系时，模拟结果的合理性，展开如下算例。

矩形敞口容器沿晃动长度为7m，水的高度 h_{water} 为2.73m，设置空气与水的高度比例 h_{air}/h_{water} 为1.0、0.6、0.2。施加横向位移简谐荷载，荷载满足位移函数：

$$X(t)=0.4\sin(2\pi ft) \tag{5-54}$$

式中 f——激励频率，Hz，分别取0.1515和0.3063。

结果表明：当 h_{air}/h_{water} 足够大时，η 未超出空气上表面，水体晃动现象表现出一致

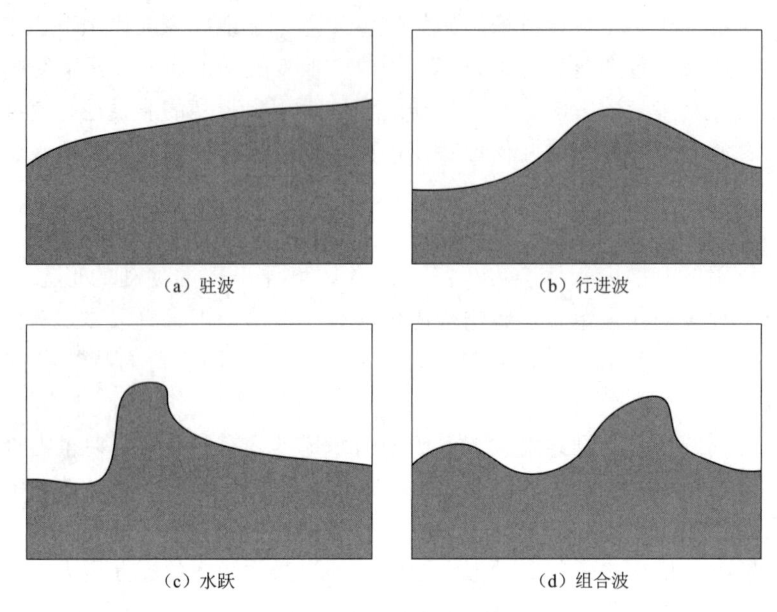

图 5-20　晃动波形图

性，如图 5-20、图 5-21 所示。弯矩响应基本一致，如图 5-23 所示。说明空气域网格高度 h_{air} 足够大时，采用无反射边界条件能够代表无限空气域。

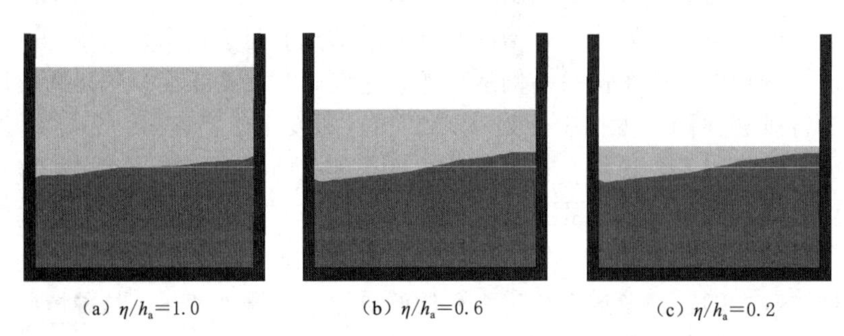

图 5-21　f=0.1515Hz 时第 3s 液体晃动现象

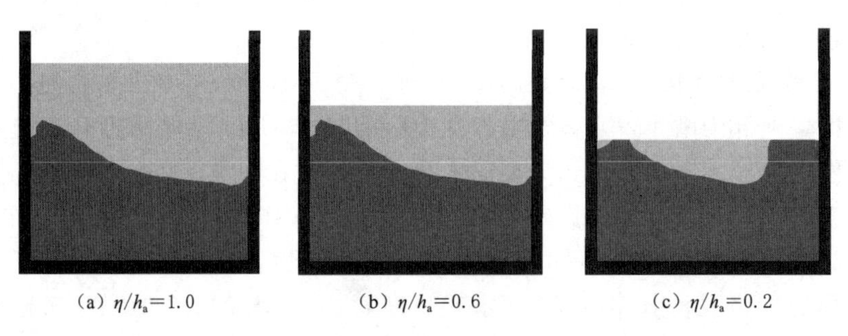

图 5-22　f=0.3063Hz 时第 3s 液体晃动现象

当 h_{air}/h_{water} 较小时，η 超出空气上表面，水体晃动现象与上述相比虽有差异，如图 5-22（c）所示，但弯矩响应基本一致，如图 5-24 所示。

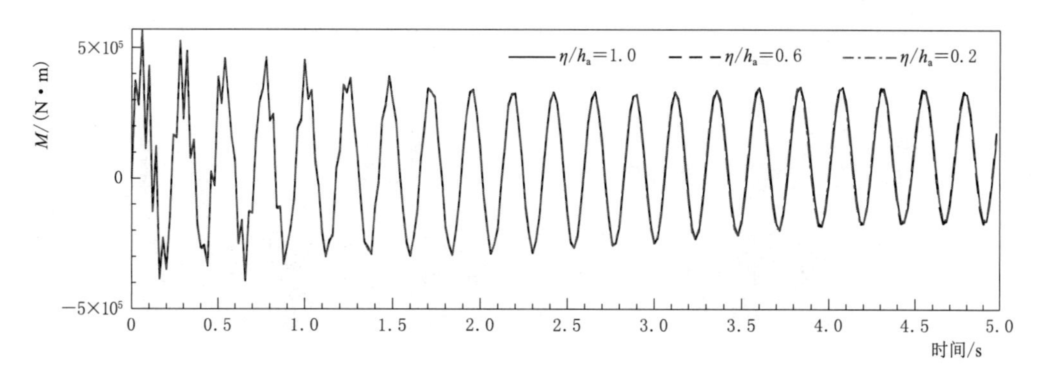

图 5-23　f=0.1515Hz 时槽壁根部弯矩时程

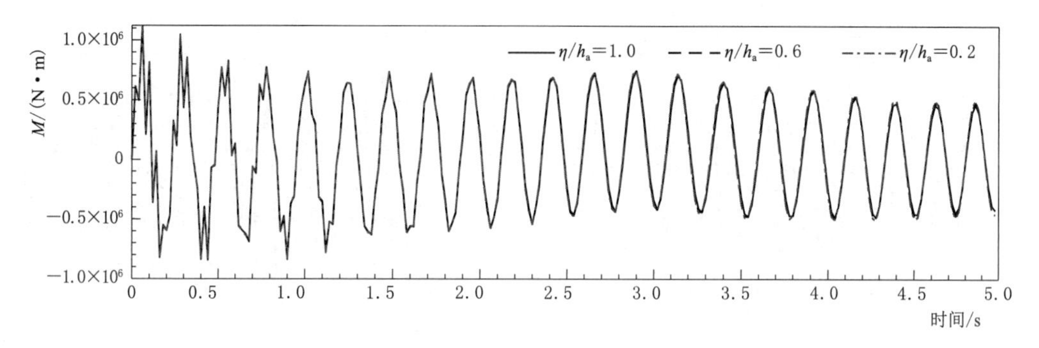

图 5-24　f=0.3063Hz 时槽壁根部弯矩时程曲线

综上所述，相同条件下，不同激励导致的波高有所不同，因而 η 与 h_{air} 的大小关系具有不确定性，但其关系不影响结果的合理性。据此，在模拟时，不关心 η 与 h_{air} 的关系，仅需在空气上表面设置无反射边界条件。同时表明，在使用等效模型进行工程结构分析时，不考虑上部空气的做法是合理的。

3. 矩型渡槽槽内水体受迫晃动

实际的渡槽属于薄壁结构。对于弹性薄壁结构的容器，流固耦合的效应是不可忽视的。在液体晃动过程中，液体对壁面的冲击使得壁面产生了明显的变形，而壁面的变形又影响了液体的晃动情况。说明流固耦合效应影响液体的晃动情况。

矩型和 U 型渡槽半槽宽 3.5m，高度为 6m，壁厚 0.35m。半槽水位为 2.73m，设计水位为 5.46m，一阶自振频率 f_1 分别为 0.3063 和 0.3315。沿渡槽槽宽方向施加位移简谐荷载，荷载满足水平简谐位移 d_e 的公式 $d_e = D\sin(\omega t)$。$\omega = 2\pi f$，分别取激励频率 f 为 0.5 倍、1.0 倍和 1.5 倍的一阶自振频率，位移幅值 D 为 0.1、0.2 和 0.3，评价指标选择槽壁左侧根部的弯矩。

半槽水位时，位移幅值 D 保持 0.1 不变，随着激励频率的增大，第 3s 的自由液面的形态发生了从驻波到组合波的变化（图 5-25），ALE 方法和标准推荐方法求解得到的弯矩时程响应值增大（图 5-26 和图 5-27）；激励频率保持 $0.5f_1$ 不变，随着幅值的增大，第 3s 的自由液面保持驻波形态的同时波高幅值逐渐增大（图 5-28），ALE 方法和标准推荐方法求解得到的弯矩时程响应值增大（图 5-29 和图 5-30）。通过对比弯矩响应值可以发现，ALE 方法得到的值偏向于正弯矩，标准推荐方法得到的值正负弯矩之间规律徘徊，这种差异是水体晃动对槽身的影响引起的。

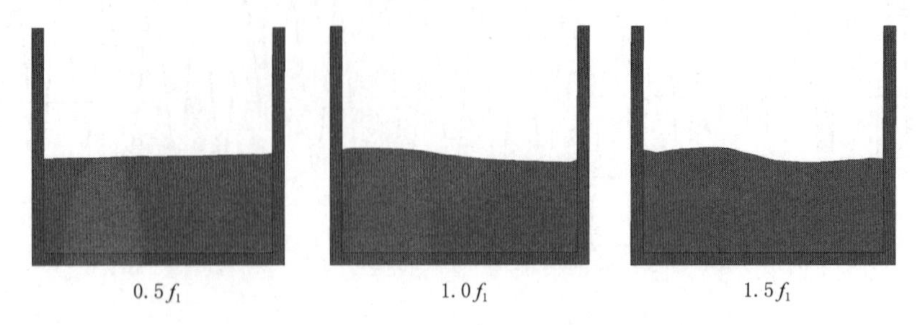

图 5-25　第 3s 时，不同频率下液体晃动形态

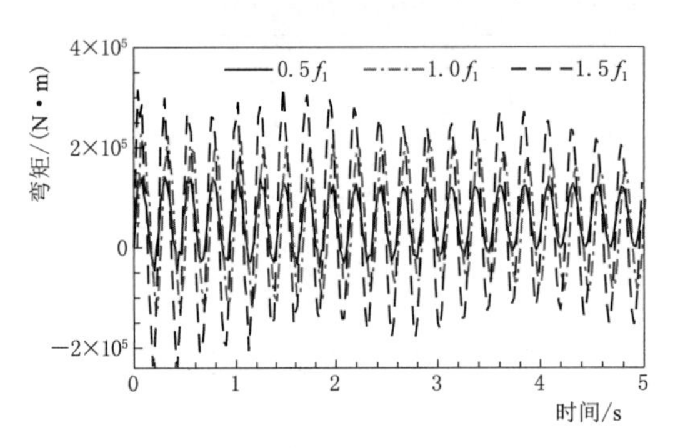

图 5-26　ALE 方法，半槽水位，不同频率

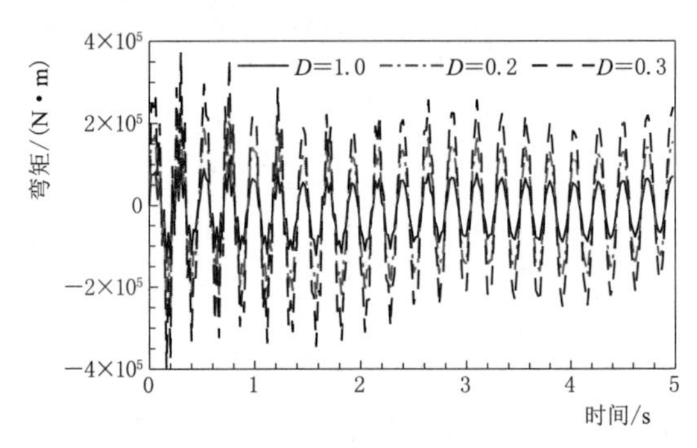

图 5-27　标准推荐方法，半槽水位，不同频率

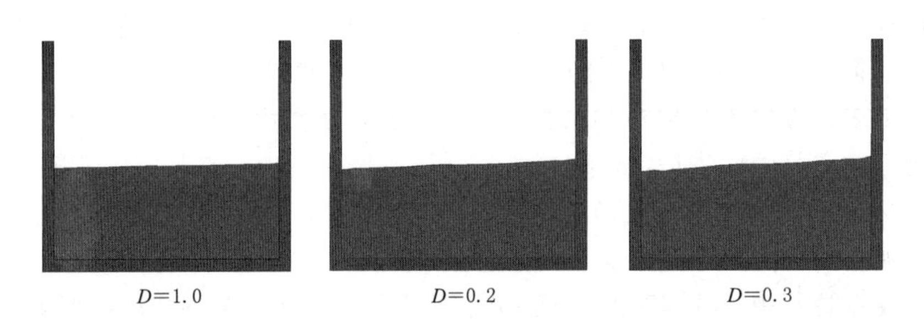

图 5-28　不同幅值下液体晃动形态

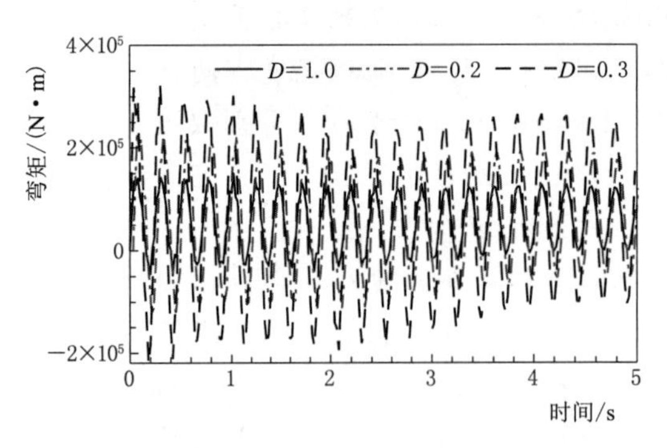

图 5-29　ALE 方法，半槽水位，不同幅值

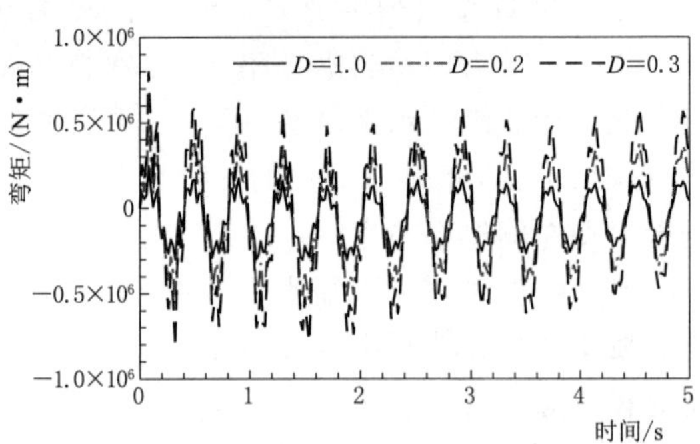

图 5-30　标准推荐方法，半槽水位，不同幅值

设计水位时，位移幅值 D 保持 0.1 不变，随着激励频率的增大，第 3s 的自由液面的形态发生了从驻波到组合波的变化（图 5-31），ALE 方法求解得到的弯矩时程响应值呈现出先减小后增大的现象（图 5-32），标准推荐方法求解得到的弯矩时程响应值增大（图 5-33）；激励频率保持 $0.5f_1$ 不变，随着幅值的增大，第 3s 的自由液面波高幅值逐渐增大（图 5-34），ALE 方法求解得到的弯矩时程响应值同样呈现了先减小后增大的现象（图 5-35），标准推荐方法求解得到的弯矩时程响应值增大（图 5-36）。通过对比弯矩响应值可以发现，ALE 方法得到的值偏向于正弯矩，标准推荐方法得到的弯矩值在正负之间往复。这种差异是水体晃动对槽身的影响引起的。

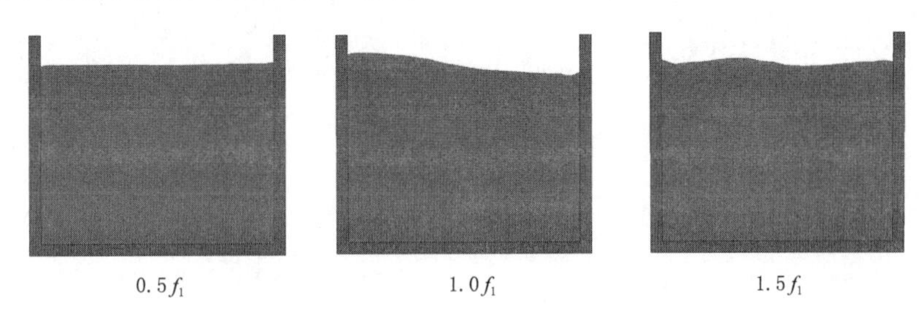

图 5-31 第 3s 时，不同频率下液体晃动形态

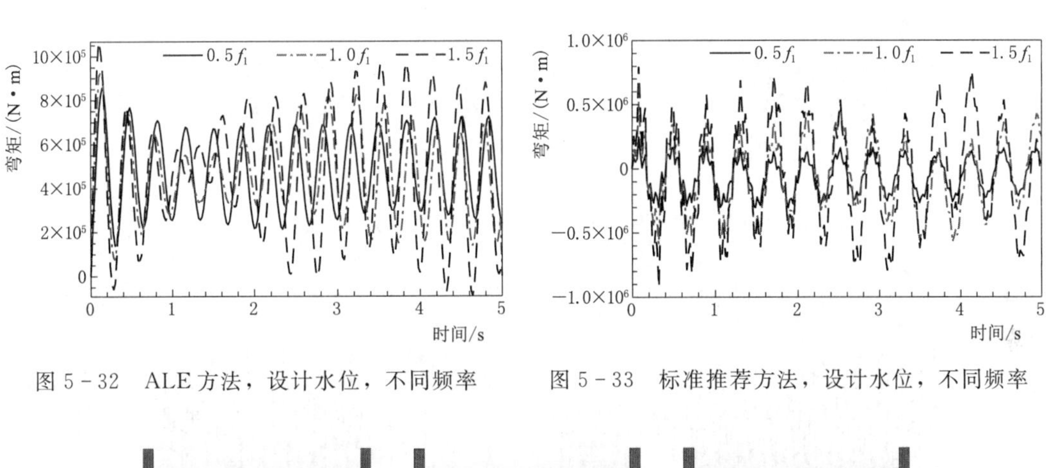

图 5-32 ALE 方法，设计水位，不同频率

图 5-33 标准推荐方法，设计水位，不同频率

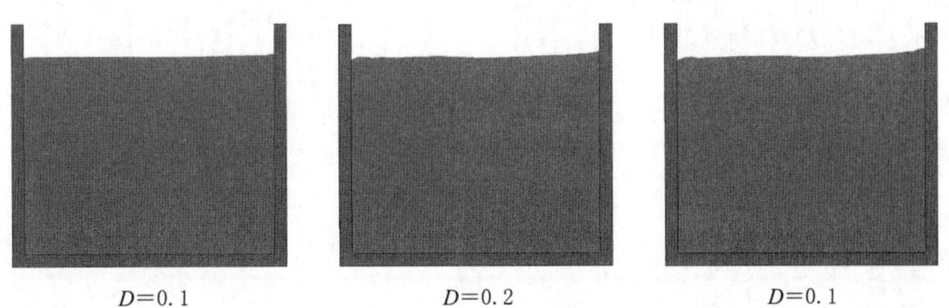

图 5-34 不同幅值下液体晃动形态

4. U 型渡槽槽内水体受迫晃动

半槽水位时，位移幅值 D 保持 0.1 不变，随着激励频率的增大，第 3s 的自由液面的形态发生了从驻波到组合波的变化（图 5-37），ALE 方法和标准推荐方法求解得到的弯矩时程响应值增大（图 5-38 和图 5-39）；激励频率保持 $0.5f_1$ 不变，随着幅值的增大，

第3s的自由液面波高幅值逐渐增大（图5-40），ALE方法和标准推荐方法求解得到的弯矩时程响应值增大（图5-41和图5-42）。通过对比弯矩响应值可以发现，ALE方法得到的值偏向于正弯矩，标准推荐方法得到的弯矩值在正负之间往复。这种差异是水体晃动对槽身的影响引起的。

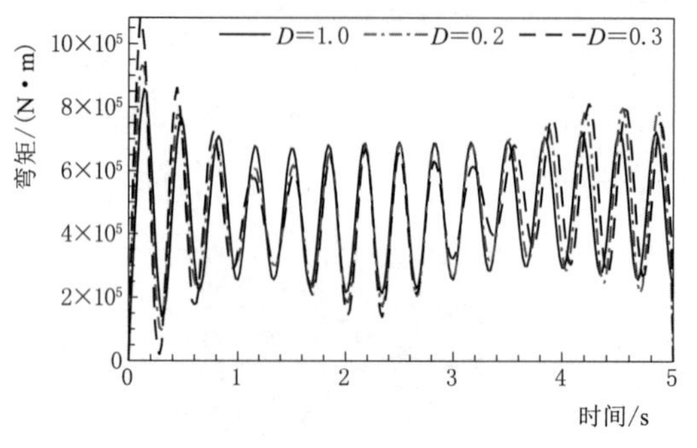

图5-35 ALE方法，设计水位，不同幅值

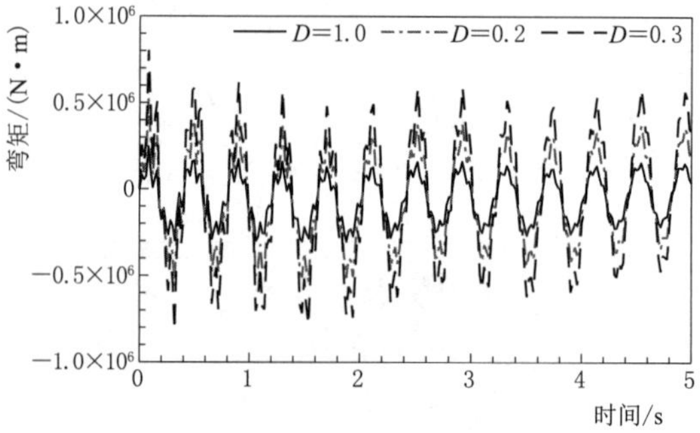

图5-36 标准推荐方法，设计水位，不同幅值

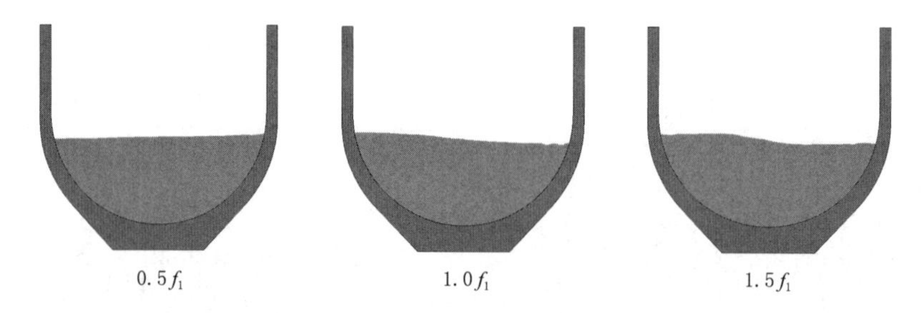

图5-37 第3s时，不同频率下液体晃动形态

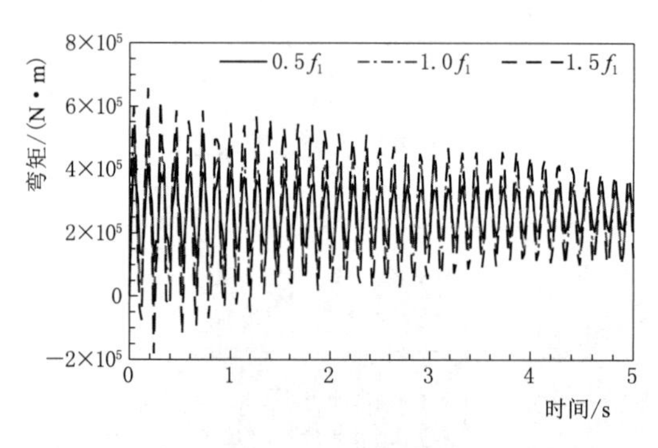

图5-38 ALE方法，半槽水位，不同频率

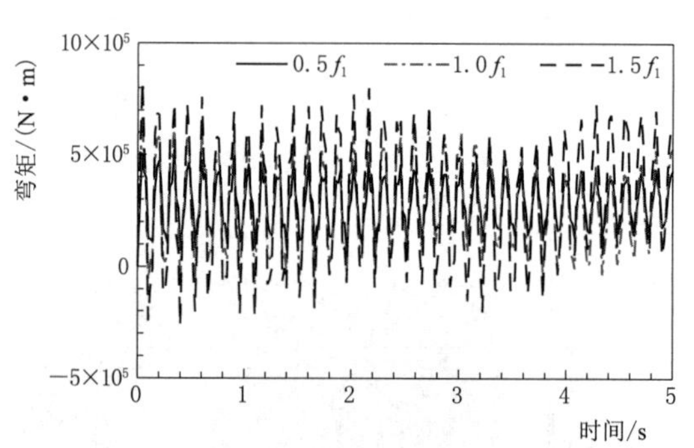

图5-39 标准推荐方法，半槽水位，不同频率

设计水位时，位移幅值D保持0.1不变，随着激励频率的增大，第3s的自由液面的形态发生了从驻波到组合波的变化（图5-43），ALE方法求解得到的弯矩时程响应值呈现出先减小后增大再减小的现象（图5-44），标准推荐方法求解得到的弯矩时程响应值增大（图5-45）；激励频率保持$0.5f_1$不变，随着幅值的增大，第3s的自由液面波高幅值逐渐增大（图5-46），ALE方法求解得到的弯矩时程响应值增大（图5-47），标准推荐方法求解得到的弯矩时程响应值增大（图5-48）。通过对比弯矩响应值可以发现，

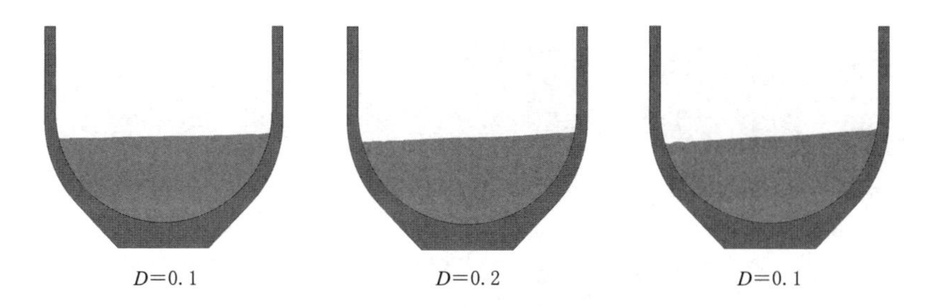

图 5-40　第 3s 时，不同幅值下液体晃动形态

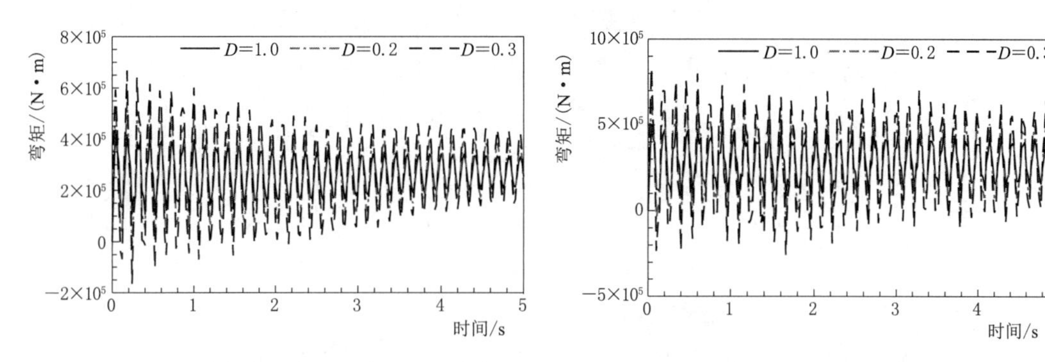

图 5-41　ALE 方法，半槽水位，不同幅值　　图 5-42　标准推荐方法，半槽水位，不同幅值

ALE 方法得到的值偏向于正弯矩，标准推荐方法得到的值正负弯矩之间规律徘徊，这种差异是水体晃动对槽身的影响引起的。

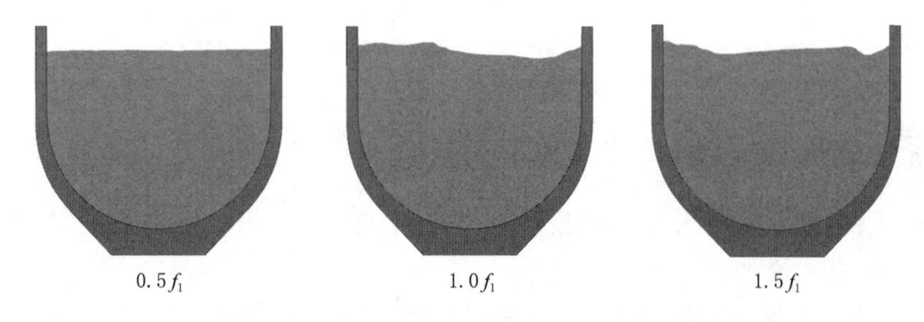

图 5-43　第 3s 时，不同频率下液体晃动形态

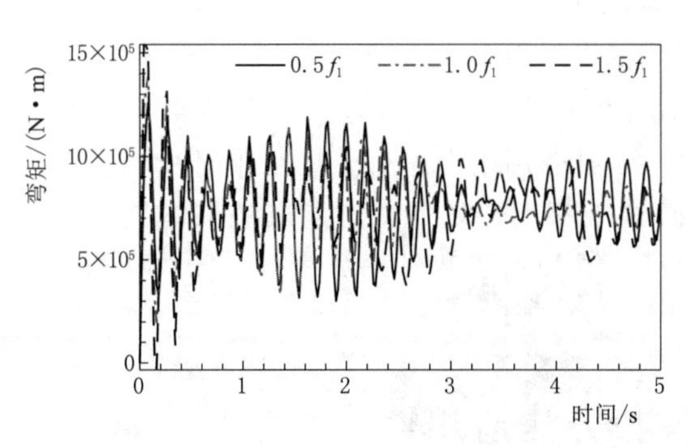

图 5-44　ALE 方法，满槽水位，不同频率

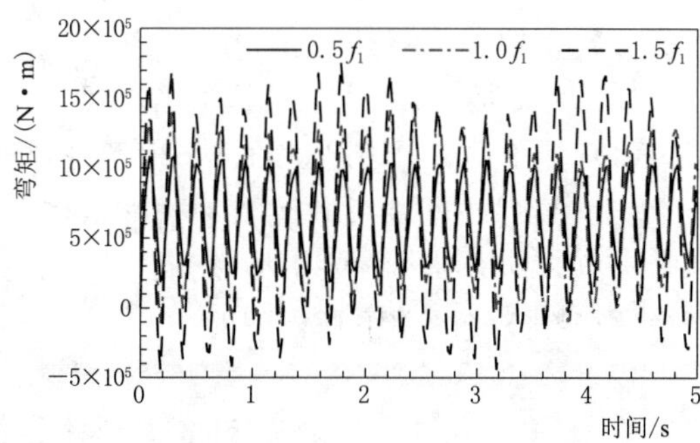

图 5-45　标准推荐方法，满槽水位，不同频率

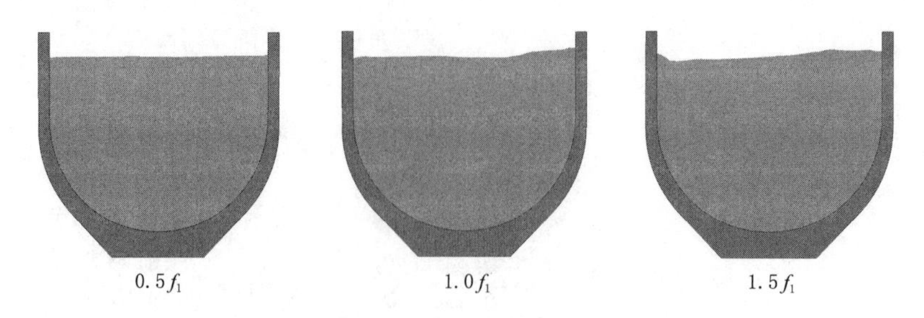

图5-46　第3s时，不同幅值下液体晃动形态

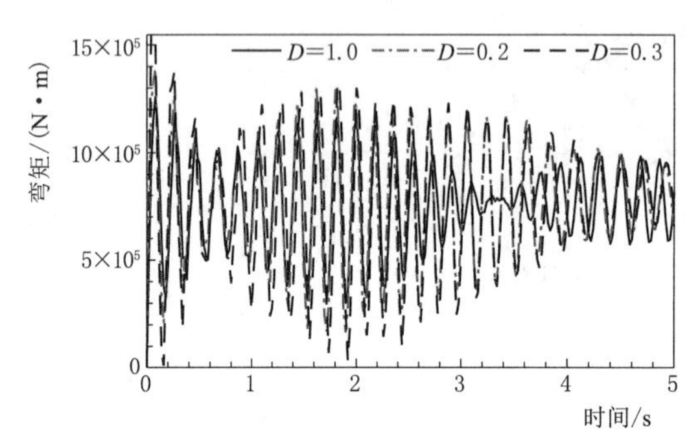

图5-47　ALE方法，设计水位，不同幅值

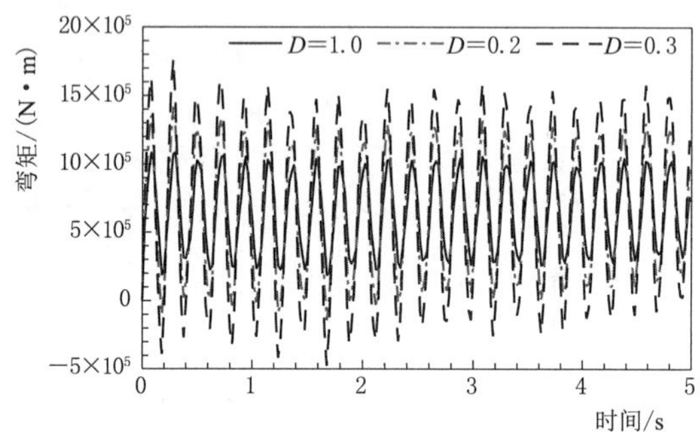

图5-48　标准推荐方法，设计水位，不同幅值

综上所述，标准推荐方法中的矩型和U型渡槽计算公式不能反映渡槽和槽内水体之间的流固耦合效用，且不能反映水体晃动的非线性现象，ALE方法可以做到这一点。设计水位时，不同激励频率下，槽内水体晃动对结构的影响较为明显（图5-32、图5-35、图5-44、图5-47）。

5.3.4　小结

本节主要介绍了数值模拟的基本流程，并对基于标准推荐方法编写的动水压力施加程序、基于ALE方法建立的流固耦合模型、基于"m"法建立的桩土模型进行了验证。此外，还对槽内水体晃动时，水体表面波的形态进行了介绍，并对矩形和U形渡槽进行流固耦合分析。主要结论如下：

（1）编写的程序能够在有限元软件LS-DYNA中正确实现标准推荐方法。

（2）为了使得在模拟时，M_0/M、M_{wv}/M趋于稳定，建议矩形和U形渡槽附加质量点的层数n在10层及以上。另外，建议U形渡槽水体总质量M计算时使用式（5-36）。

（3）建立的ALE方法流固耦合模型准确，能够作为标准推荐方法的对比模型。

（4）基于"m"法建立的桩土模型是合理的，可以用来考虑桩土相互作用。

（5）ALE方法能反映渡槽和槽内水体之间的流固耦合效用，且能反映水体晃动的非线性现象，标准推荐方法不能做到这一点。另外，在进行工程结构分析时，标准推荐方法不考虑上部空气的做法是合理的。

5.4　U型渡槽标准推荐方法适用性分析

从前述章节的评述来看，标准公式未考虑水体的大幅晃动。而影响容器内的液体晃动的因素有很多：液体和容器的材料参数；容器的尺寸、形状和充液率；外加激励载荷的频率和幅值等。特别是下部结构（槽墩和基础）的刚度变化，会对标准公式的适用性产生影响。本节通过建立 U 形渡槽三维有限元模型，分析下部刚度的变化对标准推荐方法适用性的影响。

对于实时动态加载条件下的非线性流固耦合效应，采用基于 LS - DYNA 中的 ALE 算法建立流固耦合有限元分析模型，不仅能模拟水体大幅晃动的非线性现象，还可以模拟柔性结构与水体的相互作用，而标准推荐方法推荐的标准推荐方法不能做到这一点。将此模型作为对比模型，可研究水体大幅晃动时渡槽的流固耦合问题，进而为文献标准推荐方法推荐的计算模型的适用性分析提供数值模拟的数据结果支持，并可对其给出实用性评议和应用建议。

5.4.1 U 型渡槽适用性分析模型

5.4.1.1 工程概况

积福村渡槽位于大理白族自治州鹤庆县情人谷内，是滇中引水工程输水干渠穿越情人谷的交叉建筑物，连接香炉山隧洞出口和积福村隧洞进口，全长 595m。积福村渡槽为简支梁式渡槽，设计流量 $135m^3/s$，设计纵坡 1/3500，渠首设计水位 2000.35m，渠末设计水位 1999.98m。积福村渡槽设计断面为双孔 U 形断面，单孔尺寸 7.0m（宽）×6.2m（高）。单跨跨度 30m，总计 17 跨。

本节研究目的不在于渡槽的抗震设计，而是分析标准标准推荐方法的适用性。因此，选择图 5 - 49 中 4 号轴与 5 号轴之间的单跨渡槽作为建模对象（见图 5 - 50～图 5 - 53）。

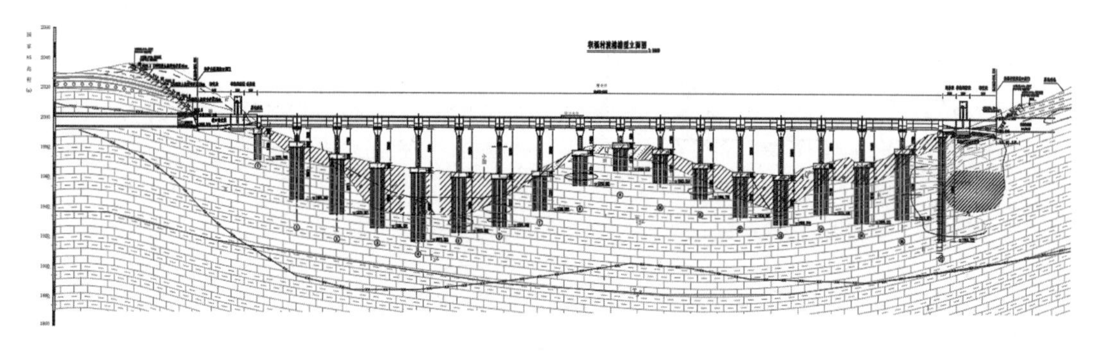

图 5 - 49　积福村渡槽槽型立面图

在积福村渡槽工程中，桩基础时按端承桩设计的。桩基础采用 C30 水下混凝土，承台采用 C30F150 混凝土，盖梁、墩身、垫石、挡块采用 C40F150 混凝土，承台垫层采用 C15 素混凝土。C30 混凝土的弹性模量为 $3\times10^{10}N/m^2$。将 4 轴 5 轴之间渡槽视为标准跨，墩高 29m，承台 3.5m，桩基础取 37m 进行建模。桩基础顶部在地面下 3.5m 处。

在积福村渡槽工程中，根据试验成果并参考类似工程经验和标准，给出了积福村渡槽主要岩（土）体物理力学参数建议值：自桩顶向下 22m 范围内为黏土和含砾黏土，介于可塑和硬塑之间，根据标准，m 值取 $10\times10^6N/m^4$；桩底向上 15m 范围为灰岩 T_3z，其饱和抗压强度不小于 30MPa，大于标准所给的 25MPa，因此桩端地基竖向抗力系数 C_0 取 $1.5\times10^{10}N/m^3$。

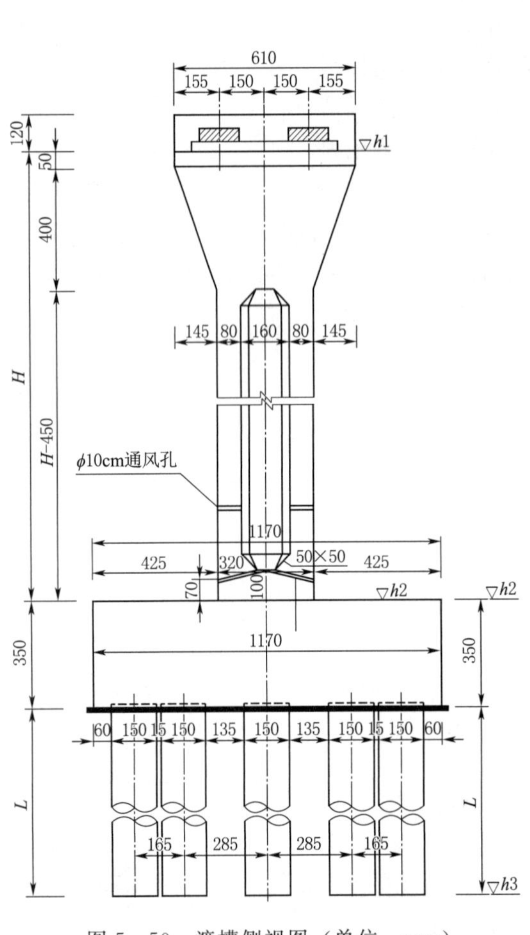

图 5-50　渡槽侧视图（单位：mm）

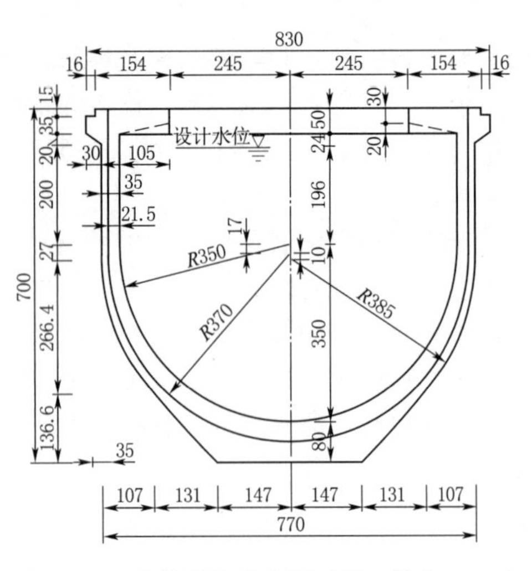

图 5-51　渡槽结构跨中断面图（单位：mm）

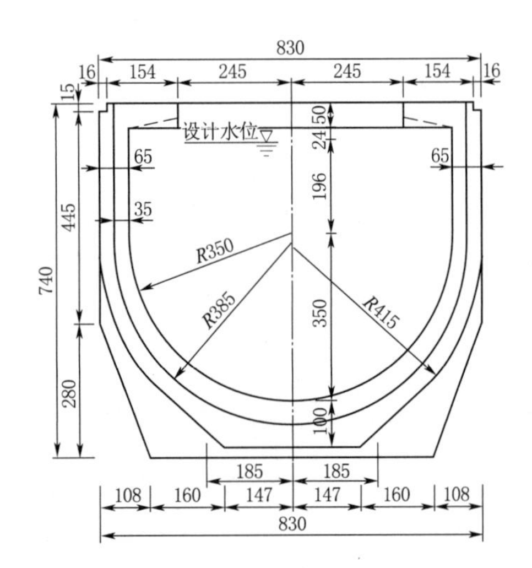

图 5-52　渡槽结构端部断面图（单位：mm）

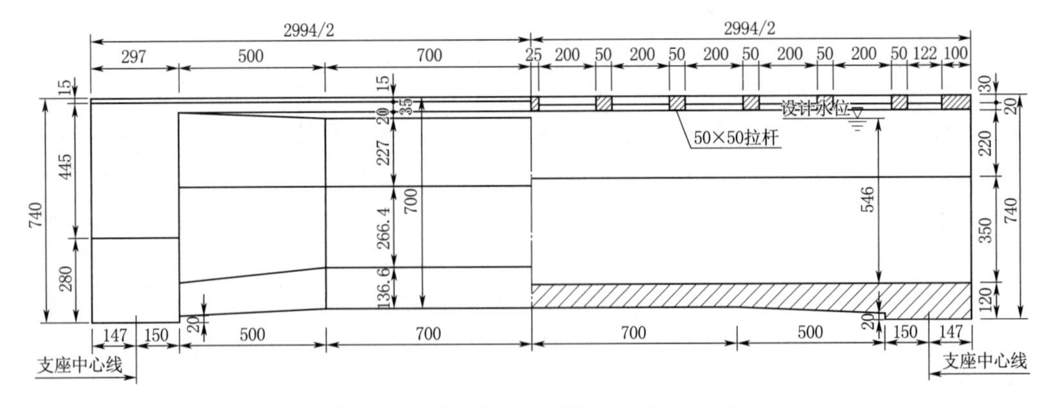

图 5-53　渡槽槽身立面图（单位：mm）

用“m”法土弹簧模拟桩土作用时，土体的性质体现在土弹簧刚度 K_s。采用梅花形布桩，桩径为1.5m，且相邻两排桩中心距 c 为1.65m，小于 $d+1$，因此按水平力作用面个桩间的投影距离计算平行于水平力作用方向的桩间净距 L_z 为0.15m。又有 $h_z=3(d+1)=7.5$m，$L_z<0.6h_z$，系数 $b_2=0.5$，所以根据公式：

$$k=b_2+\frac{1-b_2}{0.6}\times\frac{L_z}{h_z} \tag{5-55}$$

平行于水平力作用方向的桩间相互影响系数 k 取0.5167，此时桩的计算宽度计算公式为

$$b_1=kk_\varphi(d+1)=0.5167\times0.9\times(1.5+1)=1.162575 \tag{5-56}$$

其值为1.162575m。根据第5.3.4理论计算式（5-52），可以得到等效土弹簧刚度 K_s，如图5-54、图5-55所示。

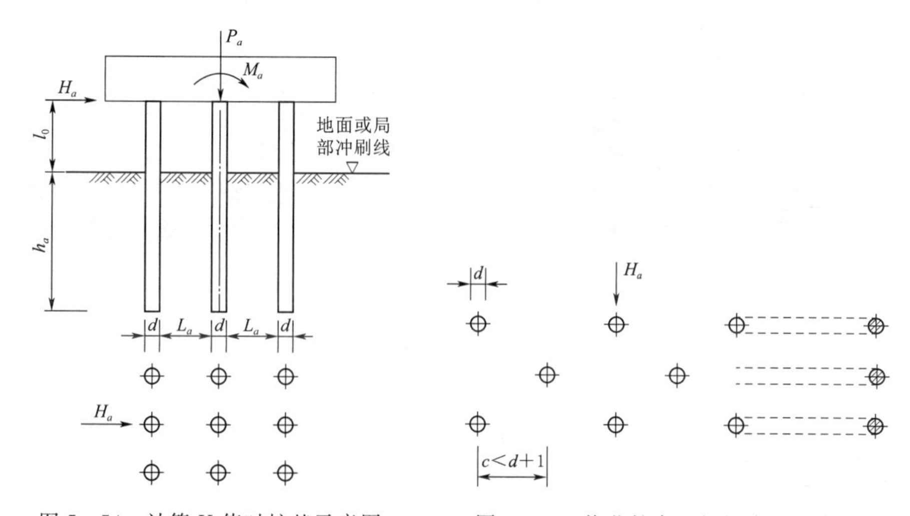

图5-54 计算K值时桩基示意图　　图5-55 梅花桩布置桩间净距示意图

5.4.1.2 三维有限元模型

建立渡槽的U型槽身—槽墩系统、U型槽身—槽墩—桩基础系统有限元模型。U形渡槽单槽净宽7.0m，槽壳内半径3.5m，外半径3.85m，槽壳顶部直线段高2.7m（圆心至拉杆顶部的距离），槽壳壁厚0.35m，槽壳底部厚度加厚至0.8m，支座处底板加厚至1.2m。槽壳顶部加厚形成边梁。一跨槽身设13根拉杆，拉杆间距2.5m，槽端拉杆间距1.97m，除槽端拉杆尺寸为1.0m（宽）×0.5m（高）外，其余拉杆尺寸均为0.5m（宽）×0.5m（高）。顺槽向槽体结构长30m，设计水深5.46m。槽体材料弹性模量3450MPa，泊松比0.167。

对于钢筋混凝土结构，有整体式、组合式和分离式三种有限元模型建模方式。整体式建模是将钢筋均匀地弥散在所有混凝土单元中，并认为此时的实体单元拥有连续且均匀的材料属性，即视钢筋为等效的混凝土材料。其刚度矩阵是钢筋和混凝土单元刚度矩阵之和。整体式模型的优点是较少的单元和较小的计算量，对于形式复杂的钢筋混凝土结构适合采用此方式。渡槽中的钢筋布置与分布方式较为复杂，难以模拟两者的相互作用，且非研究重点。因此，渡槽的有限元模型采用整体式建模，钢筋的作用根据折算弹模计算公式，通过提高混凝土的弹性模量来实现。

渡槽槽身与槽墩相连接的支座、桩基础和承台的交接处，均采用关键字 * CONSTRAINED_NODAL_RIGID_BODY 进行刚性连接。该关键字能很好地约束两节点的平动与转动运动，使整个系统的运动更真实。

U 型槽身—槽墩系统有限元模型及 U 型槽身—槽墩—桩基础系统有限元模型见图 5-56～图 5-61。槽内水体通过两种方式实现：一种是 ALE 方法实现水体的模拟，水体与结构采用共节点进行连接（图 5-56）；另一种是标准推荐的动水压模型（图 5-57），采用质量点和弹簧来模拟。用梁单元模拟桩基础，用土弹簧单元模拟桩基础周围土抗力的影响，忽略土的阻尼，从桩基顶部到底部布置一系列土弹簧，土弹簧一侧固定；另一侧与桩基相接。

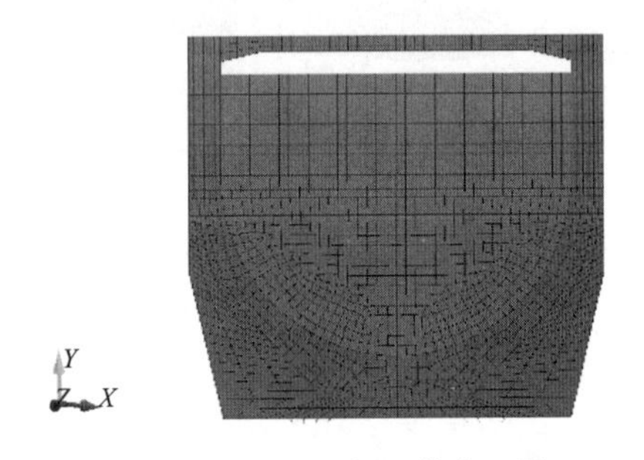

图 5-56　ALE 方法横截面图

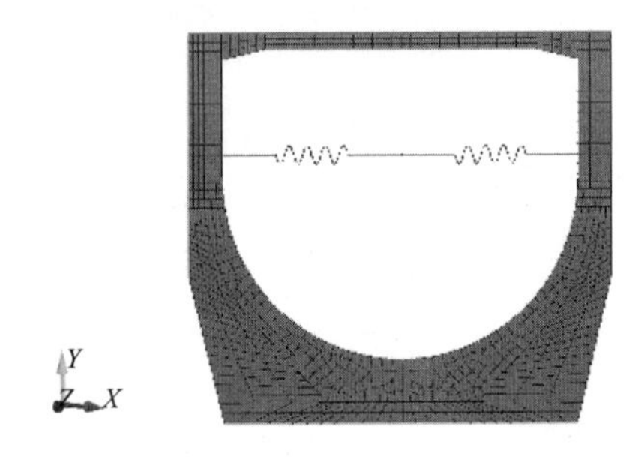

图 5-57　标准推荐方法横截面图

图 5-58　ALE 水体模型详图

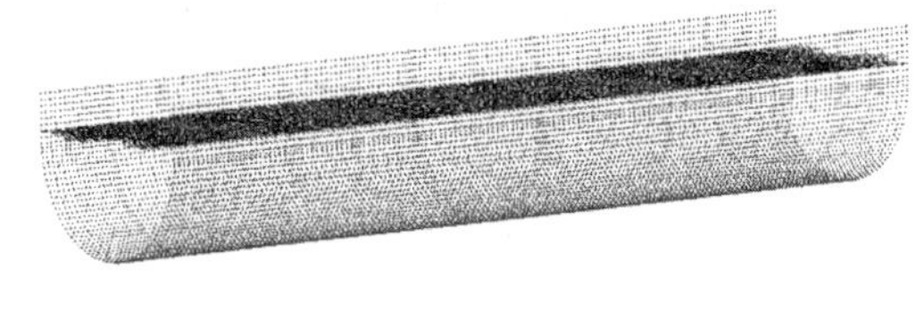

图 5-59　标准推荐方法水体模型详图

在 LS-DYNA 中，混凝土均采用拉格朗日单元，水与空气采用 ALE 单元。由于研究重点在于动水压的实现，故未考虑预应力筋的影响，仅将构造钢筋采用等效形式加强混凝土的材料参数。ALE 方法以计算时间成本为代价换来更真实地水体晃动现象。

5.4.1.3　荷载选取与输入

1. 重力荷载

整个有限元模型受重力作用。在 LS-DYNA 中施加重力作用，首先使用关键字 * DEFINE_CURVE 定义要施加的重力场的荷载曲线，即荷载值的大小和相应时间。本模型中，定义加速度荷载值为 $9.8\mathrm{m/s^2}$，不随时间发生变化。然后，使用关键字 * LOAD_BODY_Y 对整个有限元模型沿着 Y 轴施加方向向上的重力场。施加方向向上的原因是依据达朗贝尔原理。上述方式施加的重力荷载属于突加荷载，可能造成单元在一瞬间由于受载荷过大而失效。一般可以采取以下两种处理方法来规避这种影响：方法一是处理重力加速度荷载曲线，把加速度荷载值在计算刚开始的短时间内从 0 提升到正常值 $9.8\mathrm{m/s^2}$；方

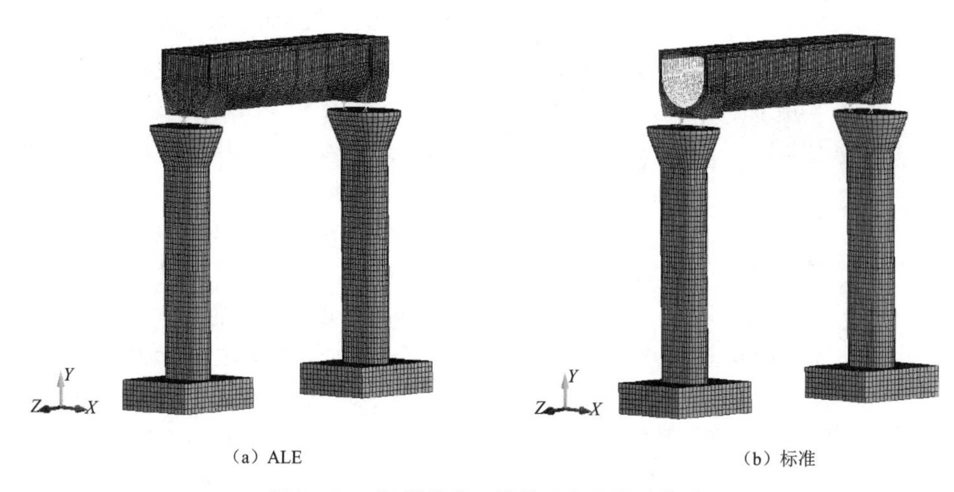

（a）ALE （b）标准

图 5-60 U形槽身—槽墩系统有限元模型

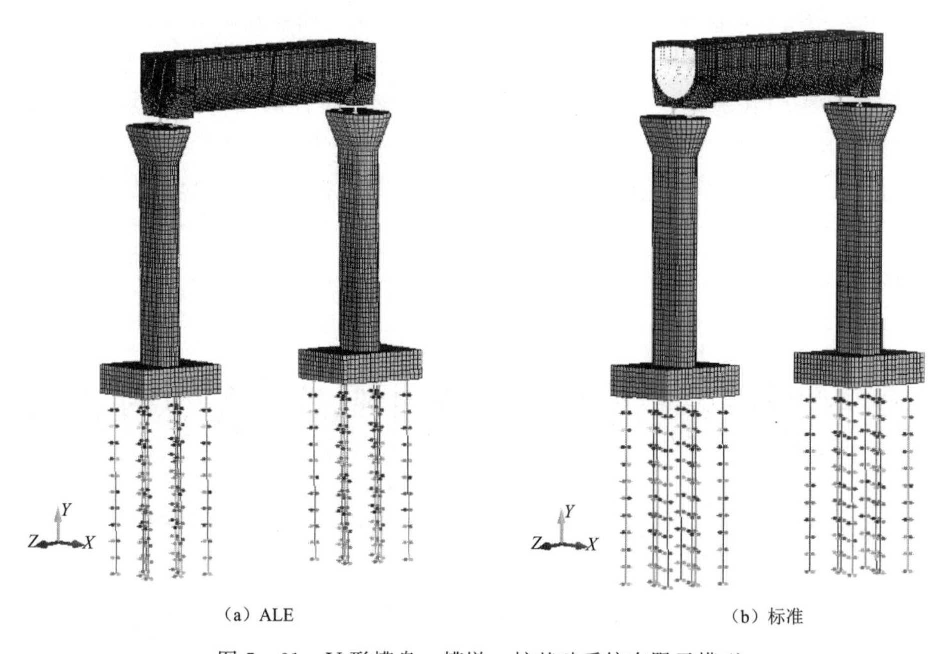

（a）ALE （b）标准

图 5-61 U形槽身—槽墩—桩基础系统有限元模型

法二是在开始计算时，首先提高结构自身的阻尼，然后在较短时间后调整至正常的阻尼值。本书采用的是方法一。

2. 地震荷载

根据 GB 51247—2018《水工建筑物抗震设计标准》规定，渡槽的地震作用和抗震计算应符合下列规定：设计烈度为Ⅷ度及Ⅷ度以上的渡槽，应同时计入水平向和竖向地震作用。竖向设计地震动峰值加速度的代表值可取水平向设计地震动峰值加速度代表值的 2/3，在近场地震时应取水平向设计地震动峰值加速度代表值。

在建筑结构的地震响应分析中，所采用的地震波对结构的分析结果有较大影响。我国

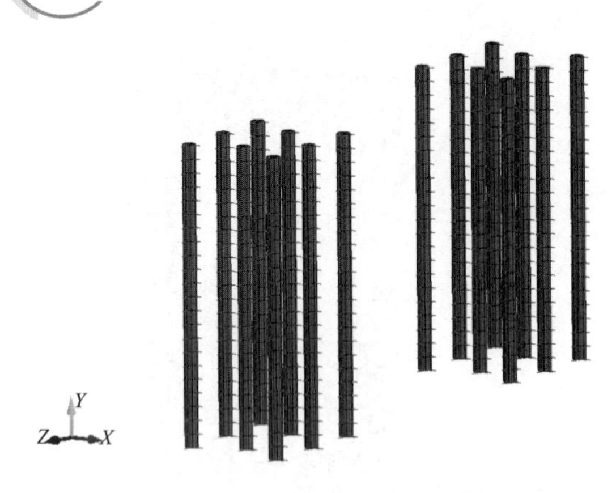

图5-62 土弹簧桩土有限元模型

GB 51247—2018《水工建筑物抗震设计标准》中明确规定在对渡槽结构进行抗震分析时，应选择3组或3组以上的地震波分别作为输入荷载作用于结构。地震波的选取一般有以下两种方法：第一种是根据场地条件，在已有记录的地震波中选取相符的地震波；第二种是通过电子计算机模拟合成结构分析所需的地震波。前者称为天然波，后者称为人工波，如图5-62所示。

根据《滇中引水工程总干渠线路地震动参数区划报告》（中国地震局批复文件：中震安评〔2013〕98号文)，积福村渡槽（按中硬场地）50年超越概率10%水平向基岩地震动加速度峰值为0.30g，地震基本烈度为Ⅷ度，属抗震不利地段，应注意抗震设防；据GB 18306—2015《中国地震动参数区划图》场地特征周期为0.45s，阻尼比取0.05。

考虑到本书不是进行具体的渡槽抗震设计，而是探讨标准推荐方法的适用性，本研究地震响应时程分析中共选取了三条典型的具有不同频谱特性的天然地震波：EI-Centro波、TAF波、KOBE波。在时程上选择地震波振动幅度较为明显的20s区间，并反演出基岩处的地震波，将地震波的加速度峰值调整到0.3g，作为横向激励，竖向激励取横向激励的2/3。横向和竖向激励在计算时将地震波加速度时程施加到槽墩底部，如图5-63所示。

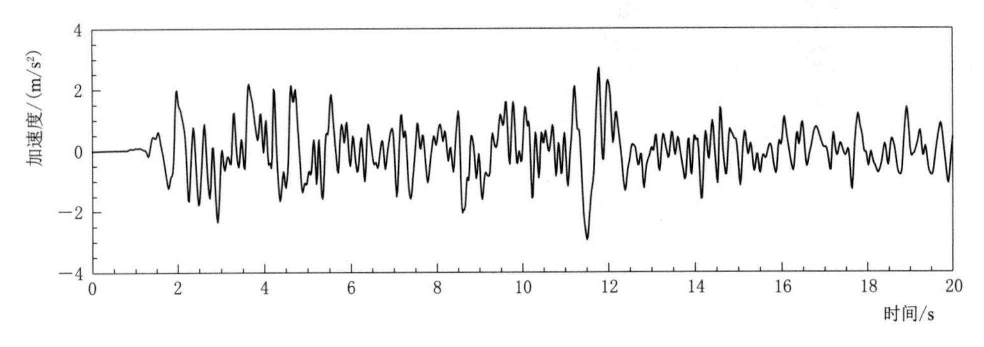

图5-63 EI-centrol地震波

目前，在实际工程的地震响应分析中，地震波的输入方法主要有一致激励和非一致激励输入法。在对单跨30m渡槽进行地震反应分析时，忽略地震地面运动随空间变化的特性，假定所有支承点的地震动输入是相同的，即一致激励法单点输入法。一致激励时，输入位置又分为上部结构输入和结构底部输入。方法一是基于达朗贝尔原理，在上部结构输入加速度：约束结构基础节点，采用*LOAD_BODY关键字对所有质量点施加加速度时程。地震动本来是基础震动时程，现在约束了基础，只要对上部结构施加一个反方向的加速度时程，即可认为等同于基础输入，只不过得到的节点位移均为相对位移而非绝对位移，但是应力是准确的。方法二是在结构底部输入加速度：释放地震波方向的约束，只针对基础节点施加加速度。真实地模拟了地震动的作用机理，得到的结构位移为绝对位移。

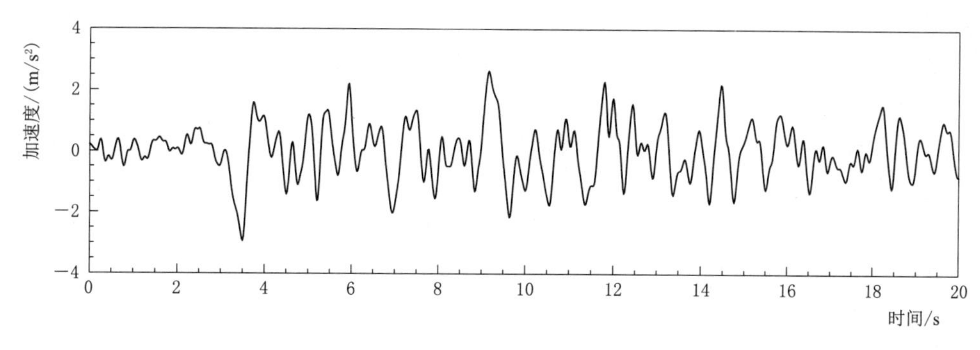

图 5-64 TAF 地震波

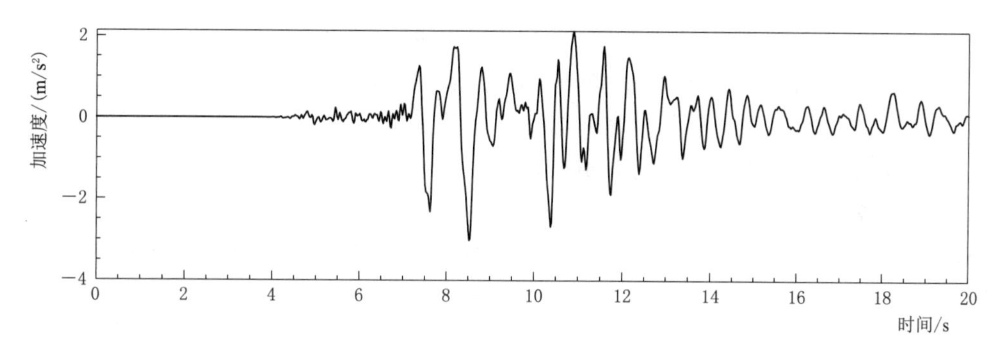

图 5-65 KOBE 地震波

两种方法都是合理的模拟方法，如图 5-64 所示。

本节选择输入双向加速度地震动，X 和 Y 两个方向的加速度峰值比为 1∶2/3。在 LS-DYNA 中施加地震作用主要为以下几个步骤：①在关键字 * DEFINE_CURVE 中定义地震波荷载；②使用关键字 * SET_NODE_LIST 将基底所有节点定义为个集合；③使用关键字 * CONSTRAINED_NODE_LIST 分别耦合基底节点水平方向和竖直方向的自由度；④使用关键字 * BOUNDARY_SPC_SET 中固定基底节点的三个转动自由度；⑤最后使用关键字 * BOUNDARY_PRESCRIBED_MOTION_SET 施加地震波，如图 5-65 所示。

5.4.1.4 柔性与刚性

刚度包括抗弯刚度 EI、抗剪刚度 GA、抗扭刚度、抗拉刚度 EA 及翘曲刚度等。

根据结构力学知识，悬臂杆的剪力刚度为

$$K_i=\frac{1}{\delta}=\frac{3E_iI_i}{h_i^3} \tag{5-57}$$

式中 δ——支座柔度、墩台自身的柔度及基础柔度一起构成了墩台的柔度；

E_i——建筑材料的弹性模量；

h_i、I_i——悬臂杆的高度和截面惯性矩。

剪力刚度较小墩的称为柔性墩，剪力刚度较大的墩称为刚性墩。标准计算模型适用性的影响因素有槽身截面形式，如矩形、U 形、梯形等；槽墩抗弯刚度 EI，即柔性墩或刚性墩；桩基础抗弯刚度 EI，即柔性基础或刚性基础；场地条件，如一类场地、二类场地等。殷浩的研究认为，随着桩周土体刚度（等效弹簧刚度 K_s 通过 m 值控制）增大，承台和墩顶最大位移逐渐变小。不考虑桩土作用时，可以控制 E，考虑桩土作用时，可以控制弹性模量 E 或等效弹簧刚度 K_s。本书仅通过控制弹性模量 E 做适用性分析的定性研究，即改变桩基础的柔性可以通过控制弹性模量 E 来实现。

在其他条件不变的情况下，仅改变弹性模量 E，做适用性分析的定性研究。引出相对刚度放大系数 q，其值取 1.0 及 10.0。q 取 1.0 时为柔性，柔性槽身弹性模量为 3.45×10^4MPa，柔性槽墩弹性模量为 3.25×10^4MPa，柔性桩基础弹性模量为 3.0×10^4MPa。同一条地震波，同一水深，同一柔性桩基础，仅水体模型不相同。

5.4.2　不同槽墩刚度的适用性分析

以 U 型渡槽槽身—槽墩系统有限元模型为研究对象，进行地震作用下的渡槽流固耦合分析。对于设计水位，采用时程分析法，在横向和竖向地震荷载共同作用下，求解了大型 U 型渡槽正常运行工况的动力学响应。为了便于论述，选取渡槽槽身端部的顶部（槽身顶部）、槽墩顶部的动位移响应及槽墩底部的动弯矩响应来进行分析。通过柔性墩和刚性墩对比，以槽身顶部相对于承台底部的横向位移槽墩顶部相对于承台底部的横向位移、槽墩底部的动弯矩进行动力学响应的阐释。

5.4.2.1　柔性槽墩

柔性墩时，在 EI - CENROL 波地震荷载作用下，分析图 5 - 66 可得出，标准推荐方法求得的槽身顶部的横向位移在－13～12cm，最大为－12.867cm；而 ALE 方法的为－10～9cm，最大为－9.916cm。分析图 5 - 67 可得出，标准推荐方法求得的槽墩顶部的横向位移在－8～8cm，最大为－7.80cm；ALE 方法为－6～5cm，最大为－5.996cm。分析图 5 - 68 可得出，标准推荐方法求得的槽墩底部弯矩在－24000～31100N · m，最大为 31061N · m；ALE 方法为－16500～25100N · m，最大为 25083N · m。如图 5 - 66 和图 5 - 67 所示的槽墩顶部的横向位移时程、如图 5 - 68 所示的槽墩底部的弯矩时程均有类似规律：对于动力响应最大值的绝对值这一指标，标准推荐方法的计算结果大于 ALE 方法的计算结果。

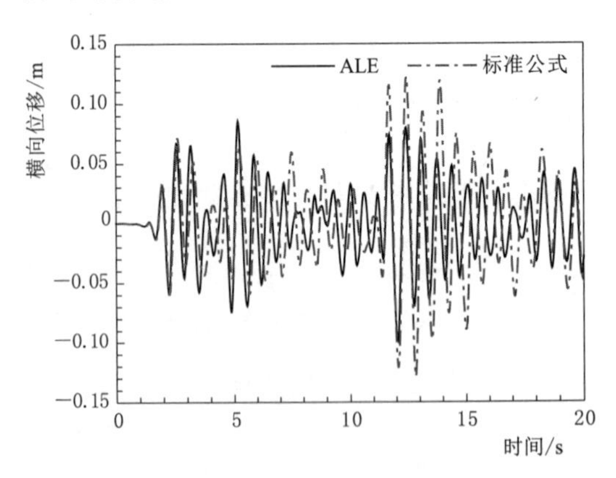

图 5 - 66　柔性墩槽身顶部横向位移时程曲线

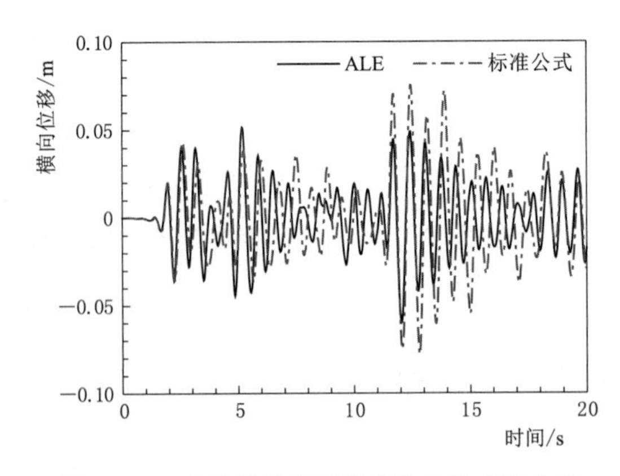

图 5 - 67　柔性墩槽墩顶部横向位移时程曲线

柔性墩时，在 TAF 波地震荷载作用下，分析图 5 - 69 可得出，标准推荐方法求得的槽身顶部的横向位移在－17～16cm，最大为－16.92cm；而 ALE 方法的为－15～14cm，最大为－14.336cm。分析图 5 - 70 可得出，标准推荐方法求得的槽墩顶部的横向位移在

－11～10cm，最大为－10.406cm；ALE 方法为－9～9cm，最大为－8.654cm。分析图 5－71 可得出，标准推荐方法求得的槽墩底部弯矩在－31800～41300N·m，最大为 41246N·m；ALE 方法为－26300～34500N·m，最大为 34414N·m。如图 5－69 和图 5－70 所示的槽墩顶部的横向位移时程、如图 5－71 所示的槽墩底部的弯矩时程均有类似规律：对于动力响应最大值的绝对值这一指标，标准推荐方法的计算结果大于 ALE 方法的计算结果。

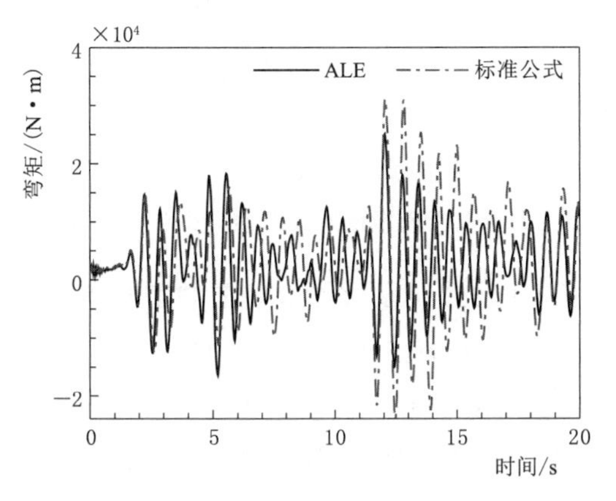

图 5－68　柔性墩槽墩底部弯矩时程曲线

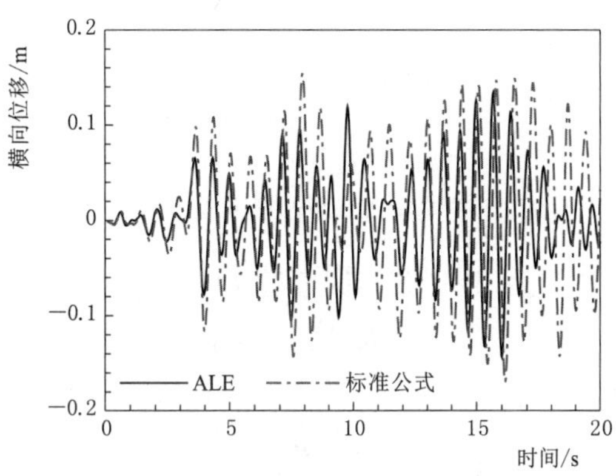

图 5－69　柔性墩槽身顶部横向位移时程曲线

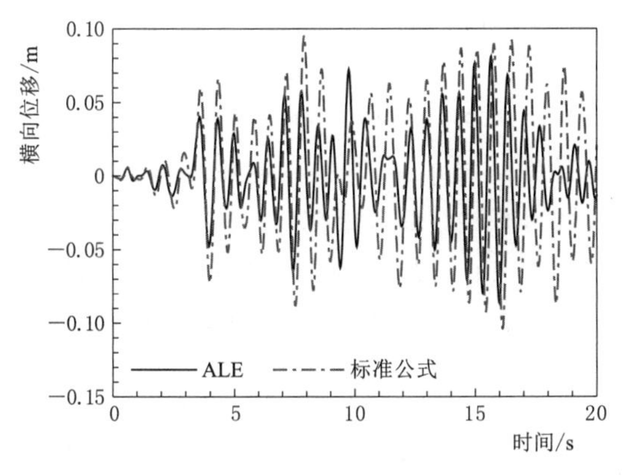

图 5－70　柔性墩槽墩顶部横向位移时程曲线

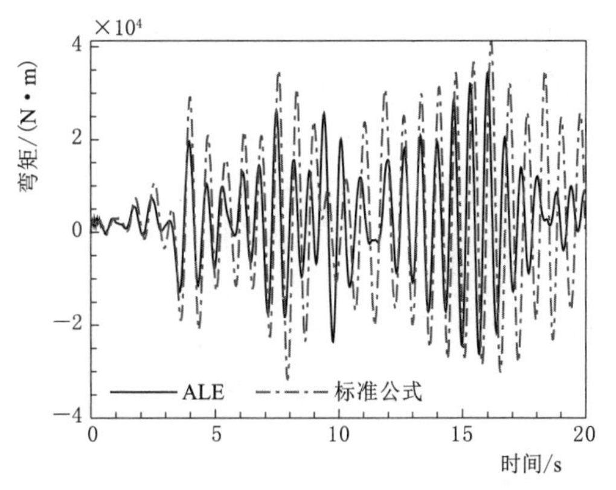

图 5－71　柔性墩槽墩底部弯矩时程曲线

柔性墩时，在 KOBE 波地震荷载作用下，分析图 5－72 可得出，标准推荐方法求得的槽身顶部的横向位移在－15～15cm，最大为 14.817cm；而 ALE 方法的为－13～12cm，最大为－12.439cm。分析图 5－73 可得出，标准推荐方法求得的槽墩顶部的横向位移在－10～10cm，最大为 9.084cm；ALE 方法为－8～8cm，最大为－7.572cm。分析图 5－74 可得出，标准推荐方法求得的槽墩底部弯矩在－29000～36400N·m，最大为 36324N·m；ALE 方法为－23900～30400N·m，最大为 30345N·m。如图 5－72 和图 5－73 所示的槽墩顶部的横向位移时程、如图 5－74 所示的槽墩底部的弯矩时程均有类似规律：对于动力响应最大值的绝对值这一指标，标准推荐方法的计算结果大于 ALE 方法的计算结果。

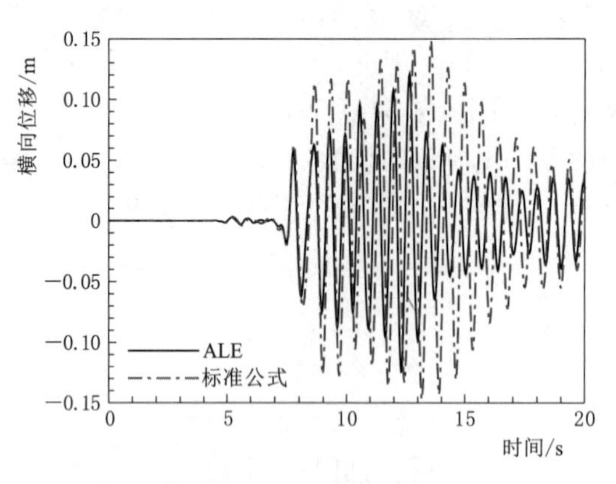

图5-72 柔性墩槽身顶部横向位移时程曲线

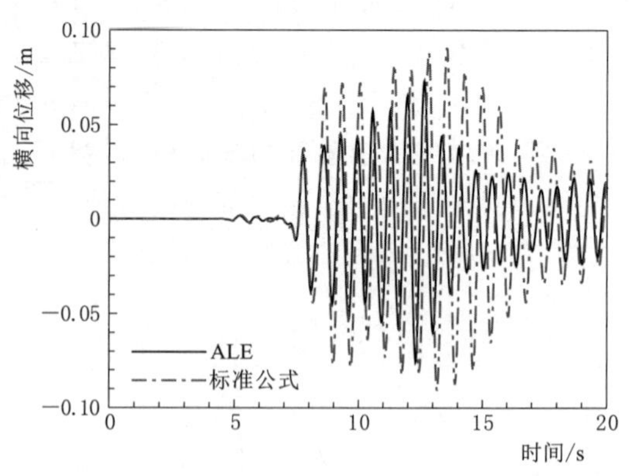

图5-73 柔性墩槽墩顶部横向位移时程曲线

对比采用三条不同地震波时的地震响应结果，可以发现：随着地震荷载的持续施加，能量被不断输入到大型渡槽结构体系中。同时，标准推荐方法不能吸收能量。所以，在地震作用后期，标准推荐方法的地震响应值比ALE方法更大。因此，对于本节的U形槽身—槽墩系统有限元模型，在设计水位工况且槽墩为柔性墩时，槽内水体采用标准推荐方法模拟时的结果偏安全，且相较于ALE方法而言，能简化计算。

5.4.2.2 刚性槽墩

刚性墩时，在EI-CENROL波地震荷载作用下，分析图5-74、图5-75可得出，标准推荐方法求得的槽身顶部的横向位移在-2～2cm，最大为1.77cm；而ALE方法的为-2～2cm，最大为1.51cm。分析图5-76可得出，刚性墩时，标准推荐方法求得的槽墩顶部的横向位移在-1～1cm，最大为0.744cm；ALE方法为-1～1cm，最大为0.515cm。分析图5-77可得出，刚性墩时，标准推荐方法求得的槽墩底部弯矩在-20800～28400N·m，最大为28393N·m；ALE方法为-13800～25200N·m，最大为25186N·m。虽然在刚性墩情况下的第10～14s时段，标准小于ALE方法的计算结果，但在其余时段得到的动力响应与ALE方法基本一致。

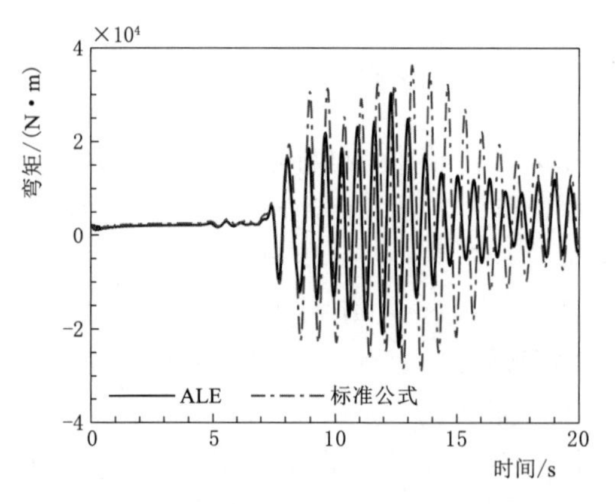

图5-74 柔性墩槽墩底部弯矩时程曲线

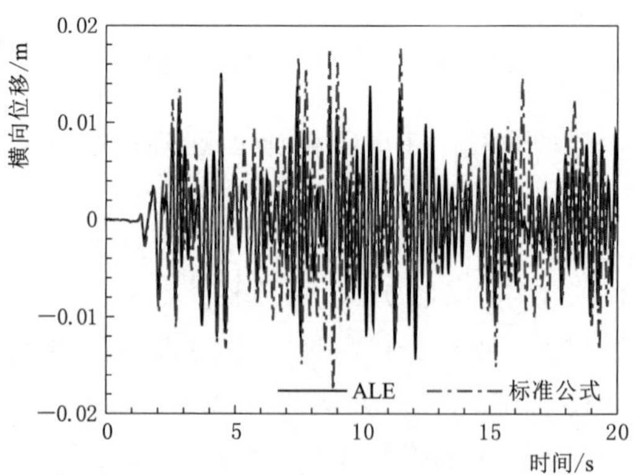

图5-75 刚性墩槽身顶部横向位移时程曲线

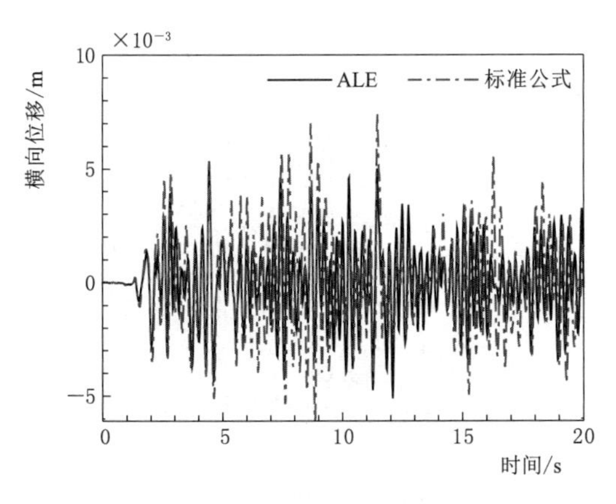

图 5-76 刚性墩槽墩顶部横向位移时程曲线

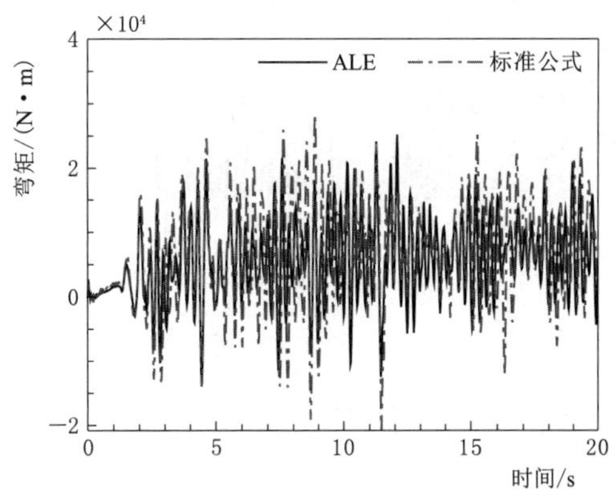

图 5-77 刚性墩槽墩底部弯矩时程曲线

刚性墩时，在 TAF 波地震荷载作用下，分析图 5-78 图 5-75 可得出，标准推荐方法求得的槽身顶部的横向位移在－2～2cm，最大为－1.641cm；而 ALE 方法的为－2～2cm，最大为 1.11cm。分析图 5-79 可得出，标准推荐方法求得的槽墩顶部的横向位移在－1～1cm，最大为－0.618cm；ALE 方法为－1～1cm，最大为 0.384cm。分析图 5-80 得出，刚性墩时，标准推荐方法求得的槽墩底部弯矩在－13600～29600N·m，最大为 29560N·m；ALE 方法为－9300～20100N·m，最大为 20011N·m。标准推荐方法和 ALE 方法的地震时程响应分析结果基本一致。

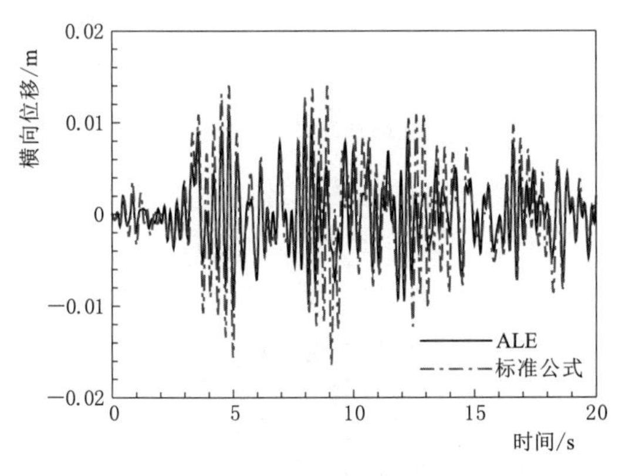

图 5-78 刚性墩槽身顶部横向位移时程曲线

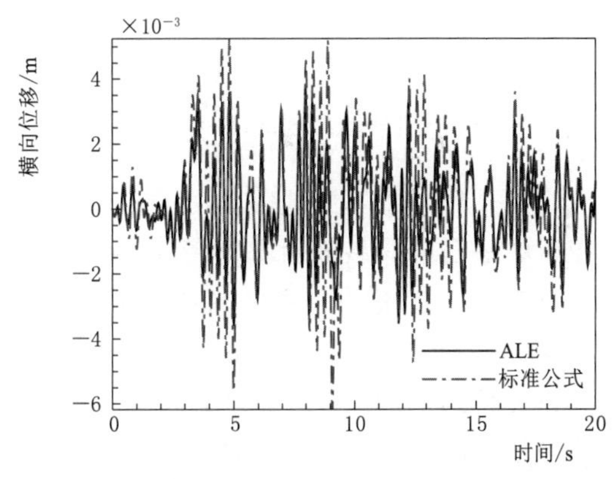

图 5-79 刚性墩槽墩顶部横向位移时程曲线

刚性墩时，在 KOBE 波地震荷载作用下，分析图 5-78 图 5-75 可得出，标准推荐方法求得的槽身顶部的横向位移在－2～2cm，最大为－1.711cm；而 ALE 方法的为－2～2cm，最大为－1.525cm。分析图 5-79 可得出，标准推荐方法求得的槽墩顶部的横向位移在－1～1cm，最大为－0.668cm；ALE 方法为－1～1cm，最大为－0.545cm。分析图 5-80 得出，标准推荐方法求得的槽墩底部弯矩在－13200～32100N·m，最大为 32084N·m；ALE 方法为－11000～26700N·m，最大为 26670N·m。标准推荐方法和 ALE 方法的地震时程响应分析结果基本一致，如图 5-81 所示。

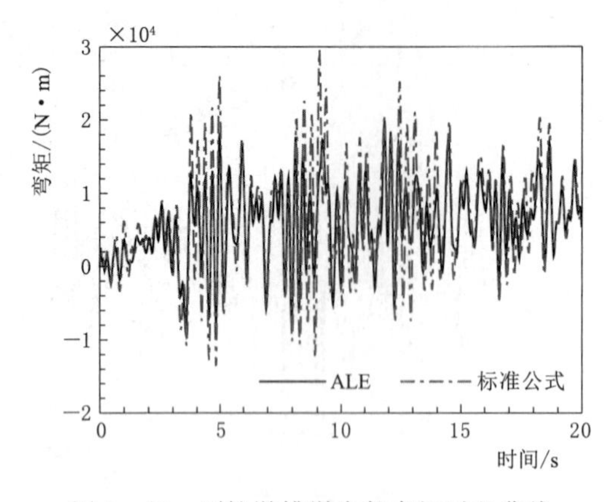

图 5-80 刚性墩槽墩底部弯矩时程曲线

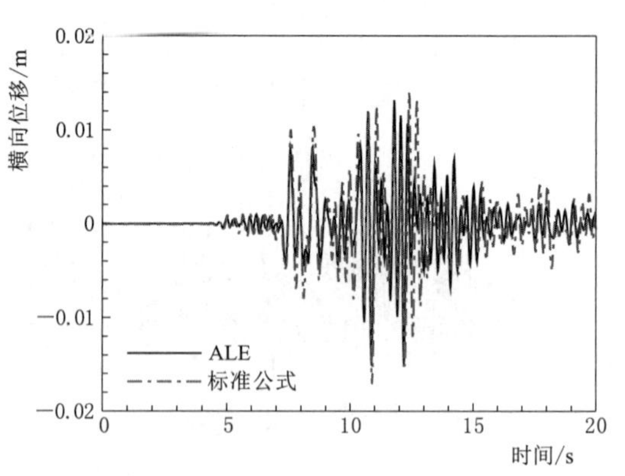

图 5-81 刚性墩槽身顶部横向位移时程曲线

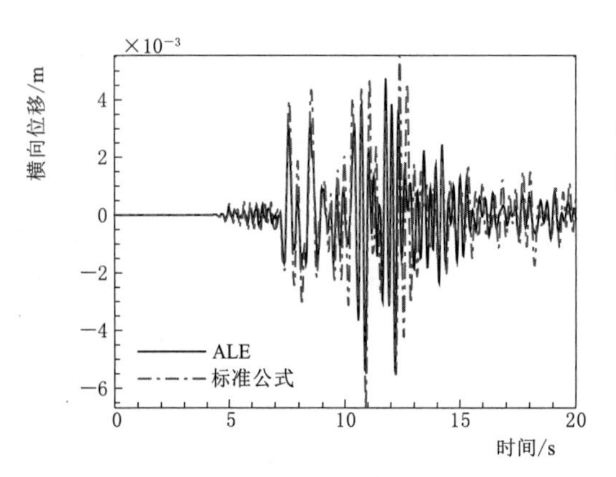

图 5-82 刚性墩槽墩顶部横向位移时程曲线

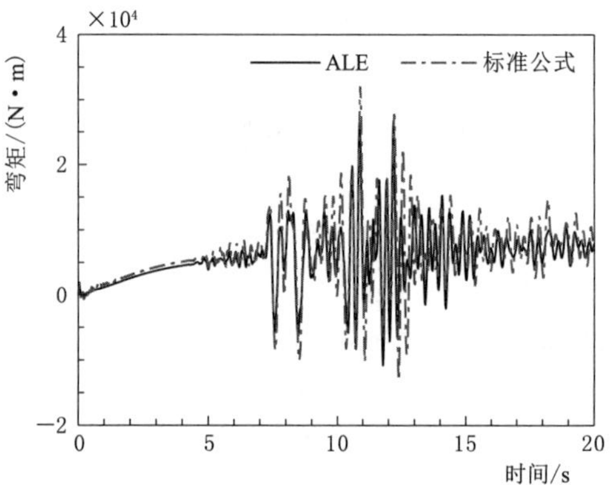

图 5-83 刚性墩槽墩底部弯矩时程曲线

对比采用三条不同地震波时的地震响应结果，可以发现：槽内水体采用标准推荐方法模拟时的地震响应最大值基本等于甚至大于 ALE 方法模拟时的地震响应最大值。因此，对于本节的 U 型槽身—槽墩系统有限元模型，槽墩为刚性墩时，槽内水体采用标准推荐方法模拟时的结果基本安全，且相较于 ALE 方法而言，能简化计算。此外，ALE 和标准推荐方法得到的槽墩顶部横向位移时程计算结果基本一致，也从侧面反映了将 $q=10.0$ 时的槽墩视为刚性槽墩是合理的，如图 5-83 所示。

综上所述，U 型渡槽—槽墩系统有限元模型，在设计水位工况下，其槽内水体分别采用 ALE 方法和标准推荐方法进行模拟。柔性槽墩时，槽内水体采用标准推荐方法模拟基本大于采用 ALE 方法模拟时的计算结果；刚性槽墩时，槽内水体采用标准推荐方法模拟与采用 ALE 方法模拟时的计算结果基本一致。使用标准推荐方法进行抗震分析计算，对渡槽结构的地震响应预测是安全的，且能够简化计算。同时，将 $q=10.0$ 时的槽墩视为刚性桩基础是合理的。

5.4.3 不同桩基础刚度的适用性分析

与上节研究对象不同的是，本节加入了桩基础和土弹簧。同时，比上节多选取了桩基础顶部的位移时程进行动力学响应的阐释。在横向和竖向地震荷载共同作用下，U 形渡槽正常运行工况的动力学响应如图 5-84～图 5-95 所示。

5.4.3.1 柔性桩基础

柔性桩基础时，在 EI-Centrol 波地震荷载作用下，分析图 5-84 可得出，标准推荐方法求得的槽身顶部的横向位移在－18～18cm，最大为－17.765cm；而 ALE 方法的为－13～12cm，最大为－12.849cm。分析图 5-85 可得出，标准推荐方法求得的槽墩顶部的横向位移在－13～12cm，最大为－12.465cm；而 ALE 方法的为－11～10cm，最大为－10.146cm。分析图 5-86 可得出，标准推荐方法求得的桩基础顶部的横向位移在－1～1cm，最大为－0.754cm；而 ALE 方法的为－2～1cm，最大为－1.146cm。分析图 5-87 可得出，标准推荐方法求得的槽墩底部弯矩在－31000～34200N·m，最大为 34190N·m；ALE 方法为－26300～26600N·m，最大为 26569N·m；如图 5-86 所示柔性桩基础顶部位移峰值略小于 ALE 方法，这并不影响槽身顶部、槽墩顶部及槽墩底部的地震响应规律：对于动力响应最大值的绝对值这一指标，标准推荐方法的计算结果大于 ALE 方法的计算结果。

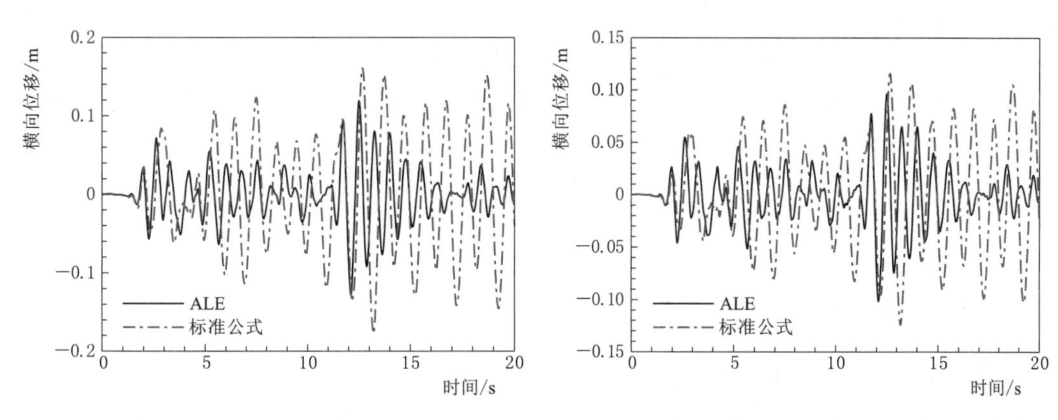

图 5-84 柔性桩基础槽身顶部横向位移时程曲线 图 5-85 柔性桩基础槽墩顶部横向位移时程曲线

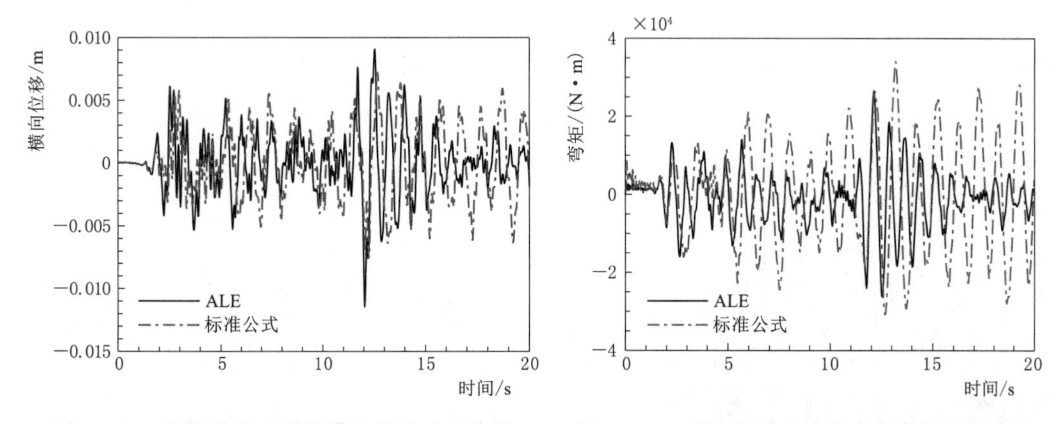

图 5-86 柔性桩基础顶部横向位移时程曲线 图 5-87 柔性桩基础槽墩底部弯矩时程曲线

柔性桩基础时，在 TAF 波地震荷载作用下，分析图 5-88 可得出，标准推荐方法求得的槽身顶部的横向位移在－28～25cm，最大为－27.027cm；而 ALE 方法的为－12～

10cm，最大为－11.283cm。分析图5－89可得出，标准推荐方法求得的槽墩顶部的横向位移在－19～18cm，最大为－18.927cm；而ALE方法的为－10～8cm，最大为－9.188cm。分析图5－90可得出，标准推荐方法求得的桩基础顶部的横向位移在－1～2cm，最大为1.024cm；而ALE方法的为－1～1cm，最大为－0.895cm。分析图5－91可得出，标准推荐方法求得的槽墩底部弯矩在－46500～51900N·m，最大为51862N·m；ALE方法为－22000～23000N·m，最大为22352N·m。可以发现，对于动力响应最大值的绝对值这一指标，标准推荐方法的计算结果大于ALE方法的计算结果。

柔性桩基础时，在KOBE波地震荷载作用下，分析图5－92可得出，标准推荐方法求得的槽身顶部的横向位移在－22～22cm，最大为21.94cm；而ALE方法的为－13～12cm，最大为－12.218cm。分析图5－93可得出，标准推荐方法求得的槽墩顶部的横向位移在－15～16cm，最大为15.52cm；而ALE方法的为－10～10cm，最大为－9.687cm。分析图5－94可得出，标准推荐方法求得的桩基础顶部的横向位移在－1～1cm，最大为－0.849cm；而ALE方法的为－1～1cm，最大为0.939cm。分析图5－95可得出，标准推荐方法求得的槽墩底部弯矩在－43500～41200N·m，最大为43489N·m；ALE方法为－27200～24100N·m，最大为－27145N·m。可以发现，对于动力响应最大值的绝对值这一指标，标准推荐方法的计算结果大于ALE方法的计算结果。

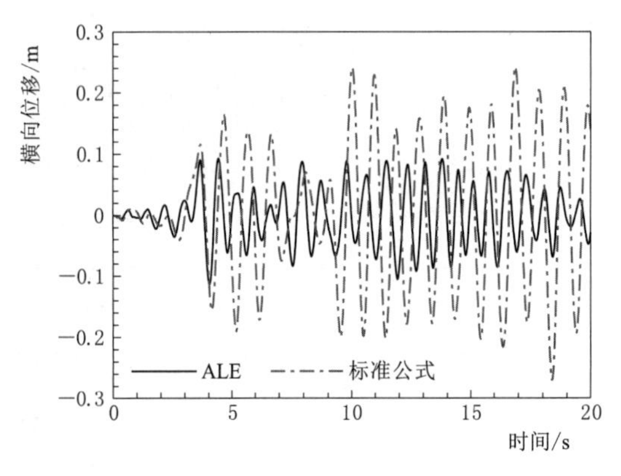

图5－88　柔性桩基础槽身顶部横向位移时程曲线

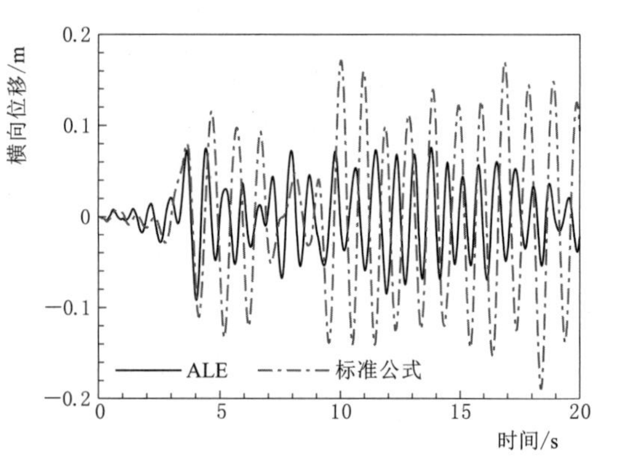

图5－89　柔性桩基础槽墩顶部横向位移时程曲线

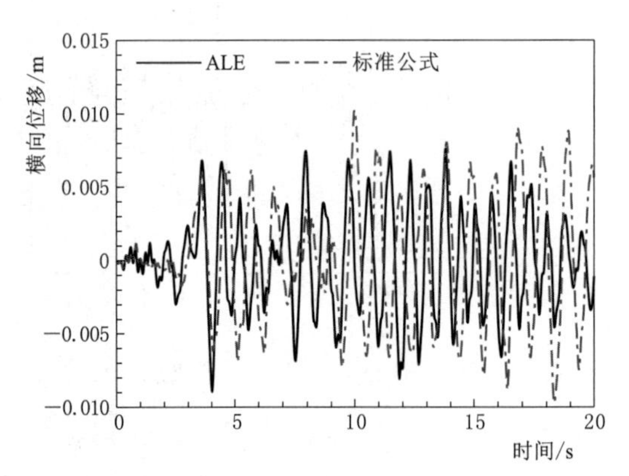

图5－90　柔性桩基础顶部横向位移时程曲线

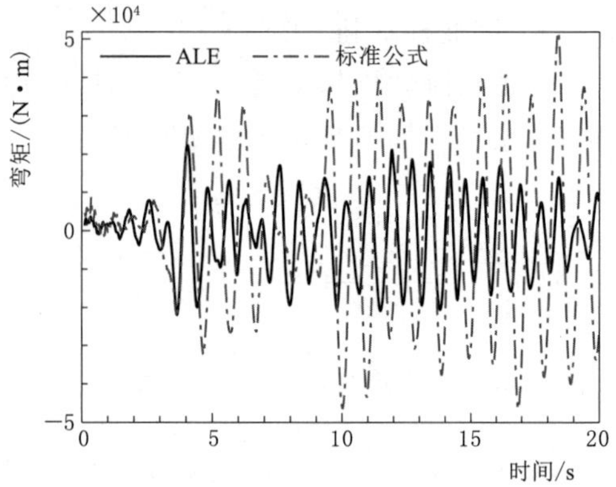

图5－91　柔性桩基础槽墩底部弯矩时程曲线

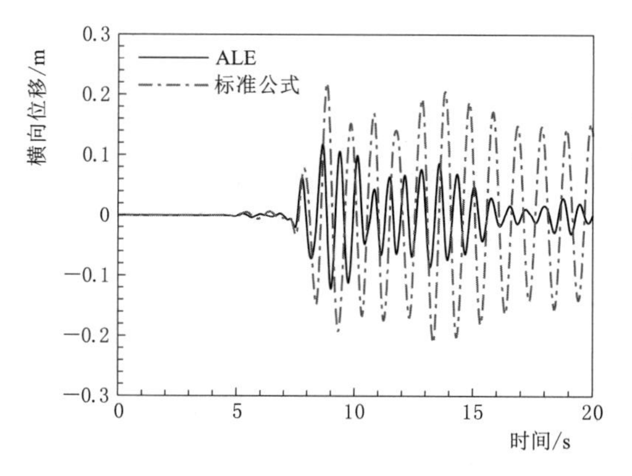

图 5-92 柔性桩基础槽身顶部横向位移时程曲线

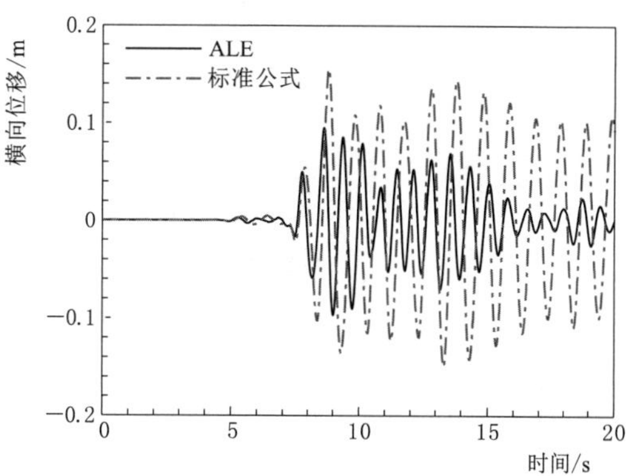

图 5-93 柔性桩基础槽墩顶部横向位移时程曲线

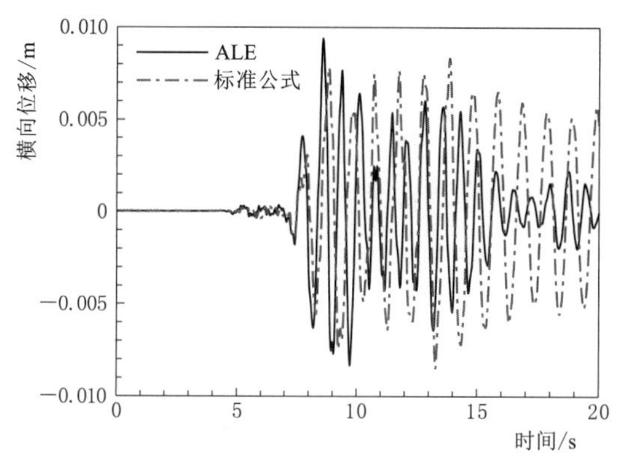

图 5-94 柔性桩基础顶部横向位移时程曲线

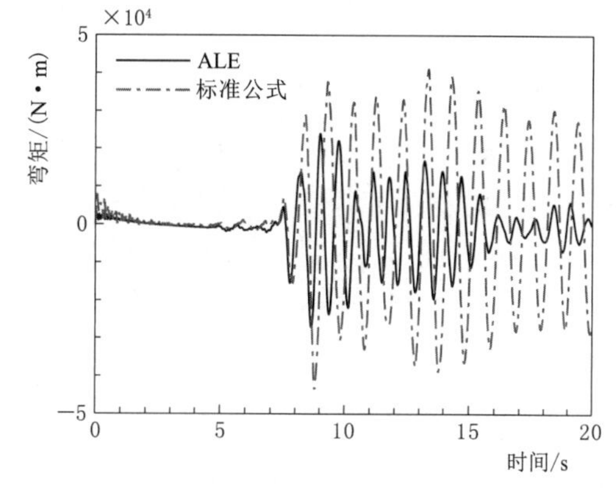

图 5-95 柔性桩基础槽墩底部弯矩时程曲线

对比采用 3 条不同地震波时的地震响应结果，可以发现：随着地震荷载的持续施加，能量被不断输入到大型渡槽结构体系中。同时，标准推荐方法不能吸收能量。所以，在地震作用后期，标准推荐方法的地震响应值比 ALE 方法更大。因此，对于本节的 U 形槽身—槽墩—桩基础系统有限元模型，在设计水位工况且桩基础为柔性时，槽内水体采用标准推荐方法模拟时的结果偏安全，且相较于 ALE 方法而言，能简化计算。

5.4.3.2 刚性桩基础

本节使用刚性桩基础。在 EI-Centrol 波地震荷载作用下，分析图 5-96 可得出，标准推荐方法求得的槽身顶部的横向位移在－16～16cm，最大为－15.971cm；而 ALE 方法的为－12～10cm，最大为－11.153cm。分析图 5-97 可得出，标准推荐方法求得的槽墩顶部的横向位移在－11～11cm，最大为 10.322cm；而 ALE 方法的为－8～7cm，最大为－7.925cm。分析图 5-98 可得出，标准推荐方法求得的桩基础顶部的横向位移在－1～1cm，最大为－0.638cm；而 ALE 方法的为 1～1cm，最大为－0.667cm。分析图 5-99 可得，标准推荐方法求得的槽墩底部弯矩在－41600～40000N·m，最大为－41521N·m；ALE 方法为－31000～31000N·m，最大为－30872N·m。除了如图 5-98 所示的刚性桩基础时两者的响应峰值基本持平外，标准推荐方法大于 ALE 方法得到的动力响应最大值，这反映标准推荐方法的计算结果是偏安全的。

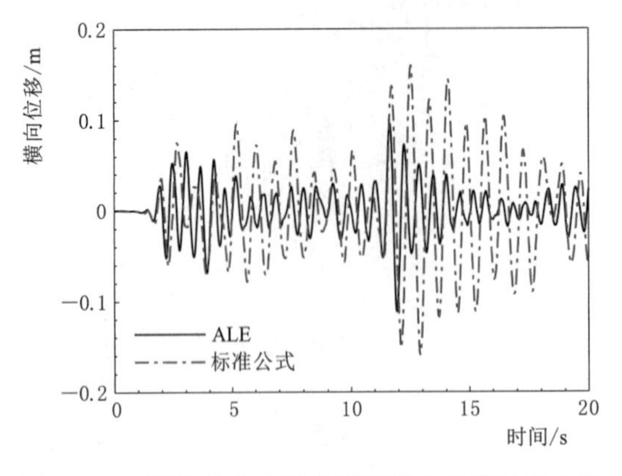

图5-96 刚性桩基础槽身顶部横向位移时程曲线

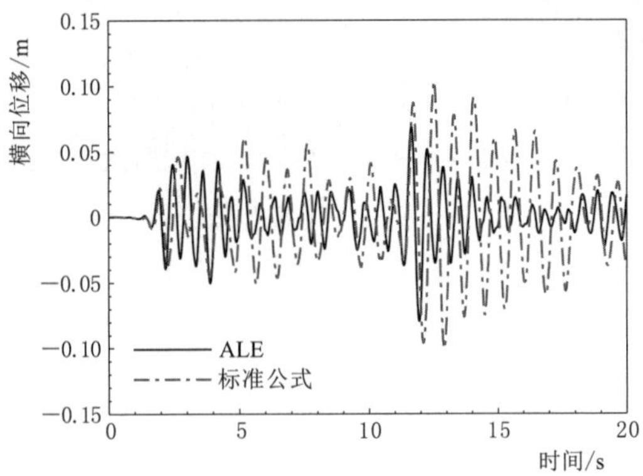

图5-97 刚性桩基础槽墩顶部横向位移时程曲线

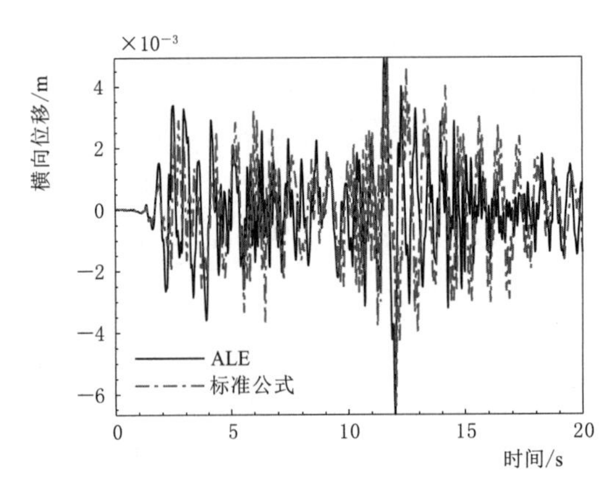

图5-98 刚性桩基础顶部横向位移时程曲线

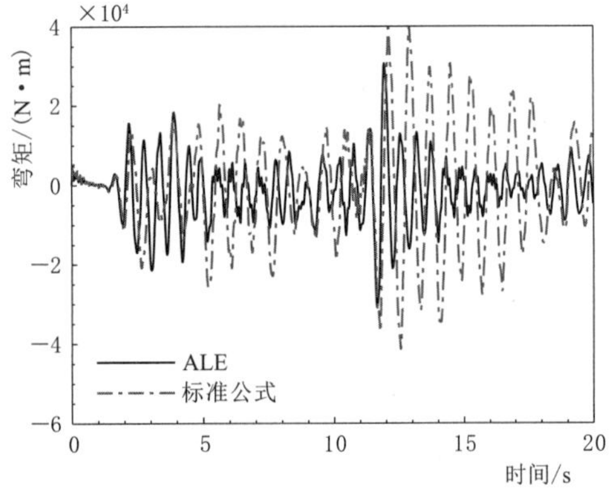

图5-99 刚性桩基础槽墩底部弯矩时程曲线

在TAF波地震荷载作用下，分析图5-100可得出，标准推荐方法求得的槽身顶部的横向位移在－18～16cm，最大为－17.077cm；而ALE方法的为－8～8cm，最大为－7.86cm。分析图5-101可得出，标准推荐方法求得的槽墩顶部的横向位移在－11～10cm，最大为10.933cm；而ALE方法的为－6～6cm，最大为－5.73cm。分析图5-102可得出，标准推荐方法求得的桩基础顶部的横向位移在－1～1cm，最大为－0.442cm；而ALE方法的为－1～1cm，最大为－0.381cm。分析图5-103可得，标准推荐方法求得的槽墩底部弯矩在－40100～42000N·m，最大为－41835N·m；ALE方法为－23600～21200N·m，最大为－23577N·m。如图5-102所示的刚性桩基础时两者的响应峰值基本持平，其余时程计算结果标准推荐方法大于ALE方法得到的动力响应最大值，均能反映标准推荐方法的计算结果是偏安全的。

在KOBE波地震荷载作用下，分析图5-104可得出，标准推荐方法求得的槽身顶部的横向位移在－17～17cm，最大为－16.956m；而ALE方法的为－7～7cm，最大为6.714cm。分析图5-105可得出，标准推荐方法求得的槽墩顶部的横向位移在－11～11cm，最大为－10.863cm；而ALE方法的为－5～5cm，最大为4.896cm。分析图5-106

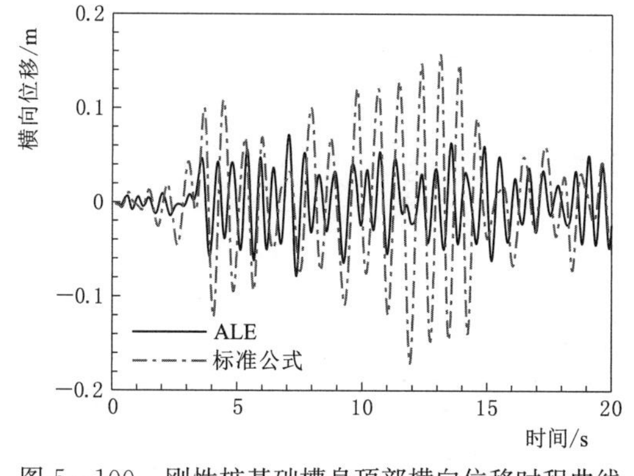

图 5-100 刚性桩基础槽身顶部横向位移时程曲线

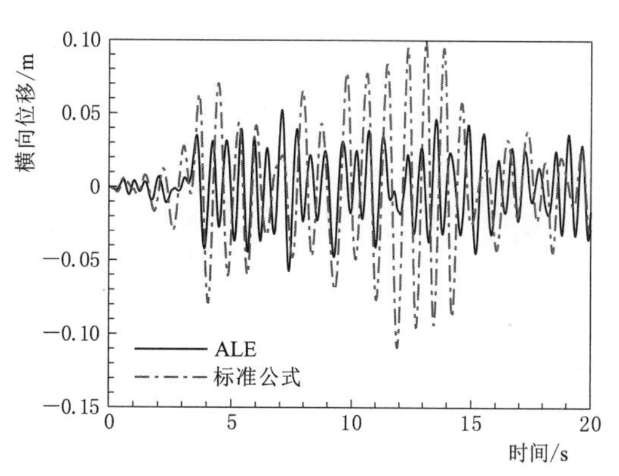

图 5-101 刚性桩基础槽墩顶部横向位移时程曲线

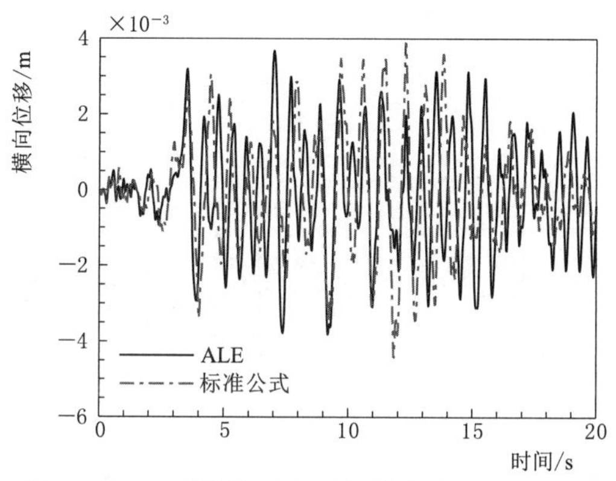

图 5-102 刚性桩基础顶部横向位移时程曲线

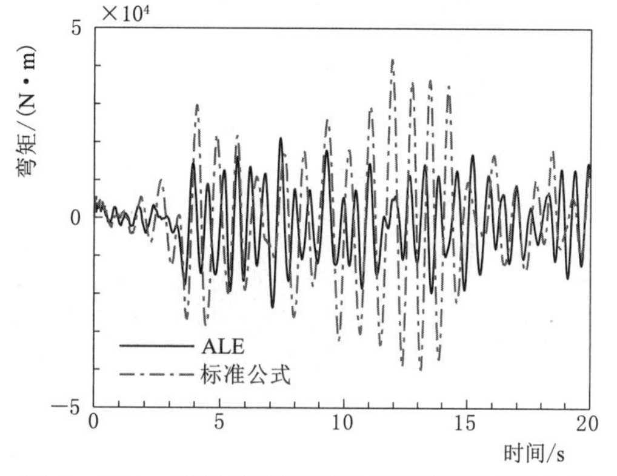

图 5-103 刚性桩基础槽墩底部弯矩时程曲线

可得出，标准推荐方法求得的桩基础顶部的横向位移在－1～1cm，最大为－0.441cm；而ALE方法的为－1～1cm，最大为0.393cm。分析图5-107可得，标准推荐方法求得的槽墩底部弯矩在－42400～41300N·m，最大为－42315N·m；ALE方法为－21200～17600N·m，最大为－21184N·m。除了图5-106所示的刚性桩基础时两者的响应峰值基本持平外，标准推荐方法大于ALE方法得到的动力响应最大值，反映标准推荐方法的计算结果是偏安全的。

对比采用三条不同地震波时的地震响应结果，可以发现：槽内水体采用标准推荐方法模拟时的地震响应最大值基本等于甚至大于ALE方法模拟时的地震响应最大值。因此，对于本节的U形槽身—槽墩—桩基础系统有限元模型，桩基础为刚性时，槽内水体采用标准推荐方法模拟时的结果基本安全，且相较于ALE方法而言，能简化计算。此外，ALE和标准推荐方法得到的桩基础顶部横向位移时程计算结果基本一致，也从侧面反映了将$q=10.0$时的桩基础视为刚性桩基础是合理的。

在设计水位工况下U形渡槽—槽墩—桩基础系统有限元模型，其槽内水体分别采用ALE方法和标准推荐方法进行模拟。柔性桩基础时，槽内水体采用标准推荐方法模拟基本大于采用ALE方法模拟时的计算结果；刚性桩基础时，槽内水体采用标准推荐方法模拟与采用ALE方法模拟时的计算结果基本一致。使用标准推荐方法进行抗震分析计算，对渡槽结构的地震响应预测是安全的，且能够简化计算。同时，将$q=10.0$时的槽墩视为刚性桩基础是合理的。

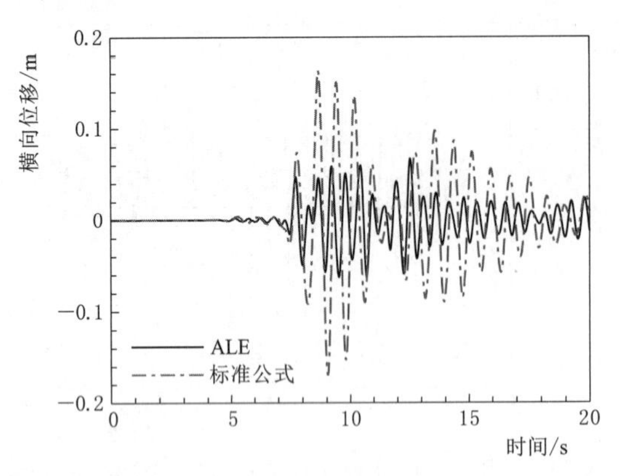

图5-104 刚性桩基础槽身顶部横向位移时程曲线

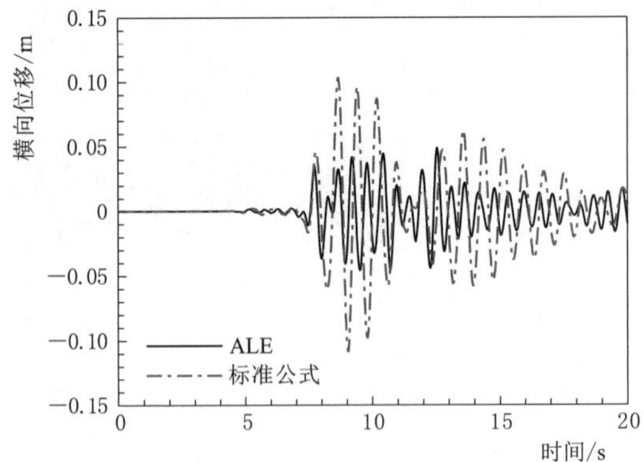

图5-105 刚性桩基础槽墩顶部横向位移时程曲线

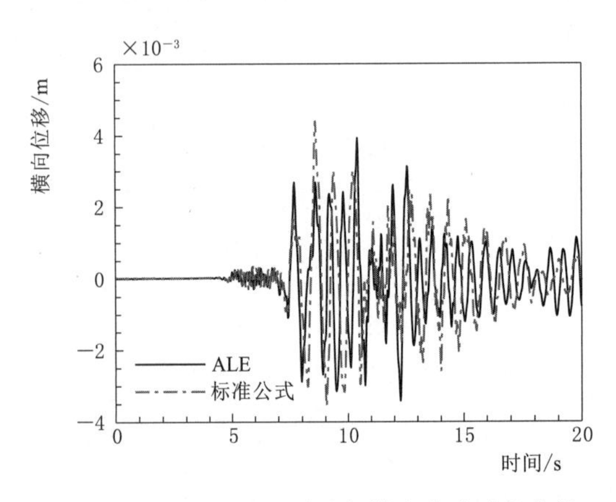

图5-106 刚性桩基础顶部横向位移时程曲线

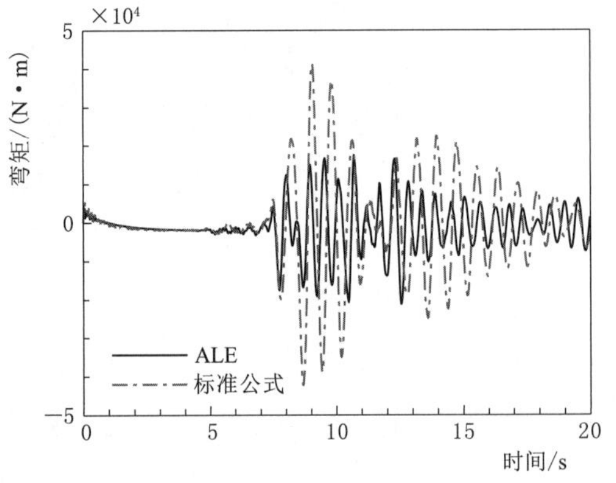

图5-107 刚性桩基础槽墩底部弯矩时程曲线

5.4.3.3 “m”法桩土模型对适用性分析的影响

结合5.4.3.1节和5.4.3.2节的地震响应结果，发现在地震作用的后期（12～20s），标准推荐方法比ALE方法得到的计算结果显著增大。为了探究造成这种现象的原因，本节分别对空槽状态下的U形槽身—槽身模型（无桩土模型）、U形槽身—槽墩—桩基础模型（有桩土模型）进行了地震响应分析。

EI-Centrol波作用下，有桩土模型在第0～12s小于无桩土模型的计算结果，在第12～20s大于后者；在TAF波和KOBE波作用下，也呈现了同样的规律。据此分析，“m”法桩土模型在地震作用后期的会使响应放大，这是造成是标准推荐方法比ALE方法得到的计算结果显著增大的原因之一。

5.4.4 小结

本节开展了U型渡槽标准推荐方法适用性分析。首先介绍了建立有限元模型，并给出下部结构（槽墩、桩基础）柔性与刚性的定义。分别将3条具有不同基频的天然地震波，经调整后作为激励输入到渡槽结构底部。在横槽向和竖向地震荷载共同作用下，以ALE方法建立的模型为对比模型，对考虑了下部结构刚度变化的渡槽结构进行了标准推荐方法的适用性分析，得到的结论如下，如图5-108所示：

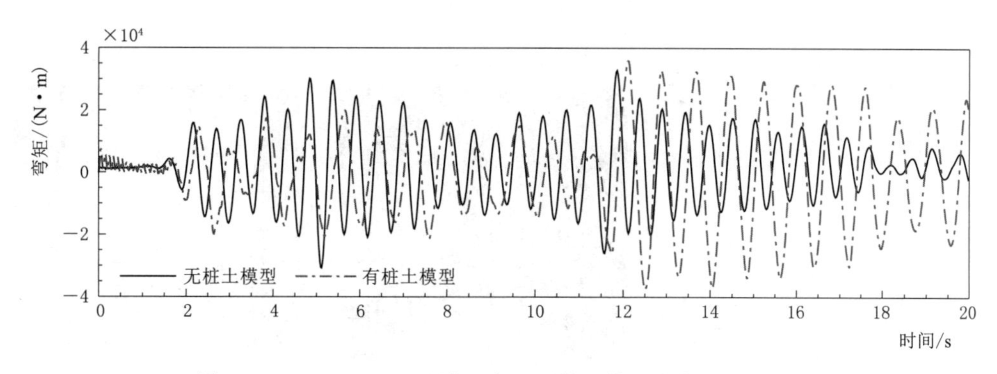

图 5-108 EI-Centrol 波，有和无桩土模型的位移时程对比

（1）本节将 $q=10.0$ 时的槽墩、桩基础视为刚性，这种处理方式是合理的。

（2）本节的 U 型槽身—槽墩系统有限元模型，在设计水位工况下，其槽内水体采用标准推荐方法模拟时的结果偏安全，计算成本较低；其槽内水体采用 ALE 方法模拟时的结果更符合实际，计算成本较高。这个结论对于本节模型的柔性槽墩或刚槽墩均成立。

（3）本节的 U 型槽身—槽墩—桩基础系统有限元模型，在设计水位工况下，其槽内水体采用标准推荐方法模拟时的结果偏安全，计算成本较低；其槽内水体采用 ALE 方法模拟时的结果更符合实际，计算成本较高。这个结论对于本节模型的柔性桩基础或刚性桩基础均成立。

（4）标准推荐方法不能吸收能量，导致地震后期的响应放大。在 U 型槽身—槽墩系统有限元模型，可以认为这种放大效应是导致标准推荐方法计算结果大于 ALE 方法计算结果的原因。

（5）采用“m”法模拟桩土相互作用，会放大地震后期的响应结果。在 U 型槽身—槽墩—桩基础系统有限元模型中，“m”法与标准推荐方法均能导致地震响应放大。哪种对放大效应的贡献更大，不易分辨。

5.5 矩型渡槽标准推荐方法适用性分析

本节讨论矩型渡槽的标准推荐方法的适用性。在第 4 章的基础上，将 U 形槽身改为矩形槽身，其他条件不变。同样，以 ALE 方法为对比模型，开展关于标准推荐方法适用性分析的研究。

5.5.1 矩型渡槽适用性分析模型

本节建立的渡槽三维有限元模型有矩型槽身—槽墩系统有限元模型、矩型槽身—槽墩—桩基础系统有限元模型。其中，槽内水体通过两种方式实现。一种是标准推荐方法来模拟槽内水体的动水压力；另一种是 ALE 方法实现槽内水体的模拟。在第 4 章的基础上，将 U 型槽身改为矩型槽身，其他条件不变。矩型槽身来源于滇中引水工程某一跨越河谷大型渡槽，设计流量 $120m^3/s$，单跨跨长 30m，设计水位 3.8m，如图 5-109～图 5-115 所示。

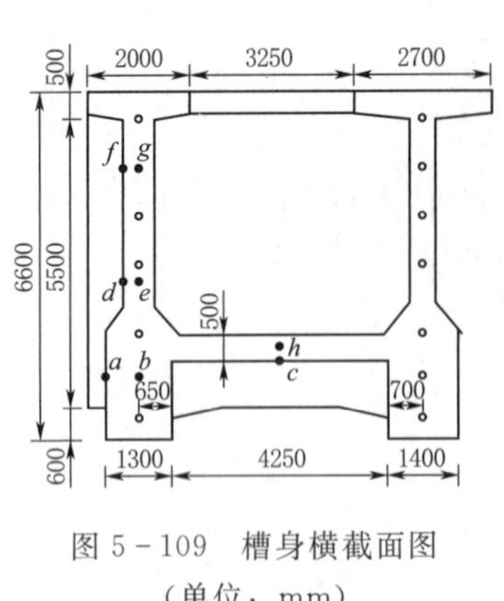

图 5-109 槽身横截面图（单位：mm）

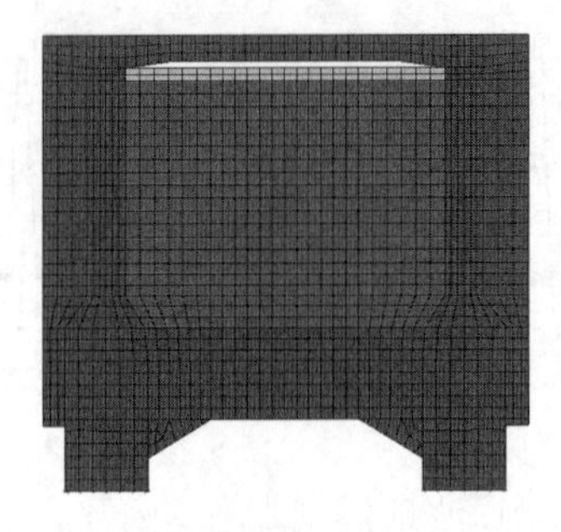

图 5-110 矩型 ALE 方法横截面图

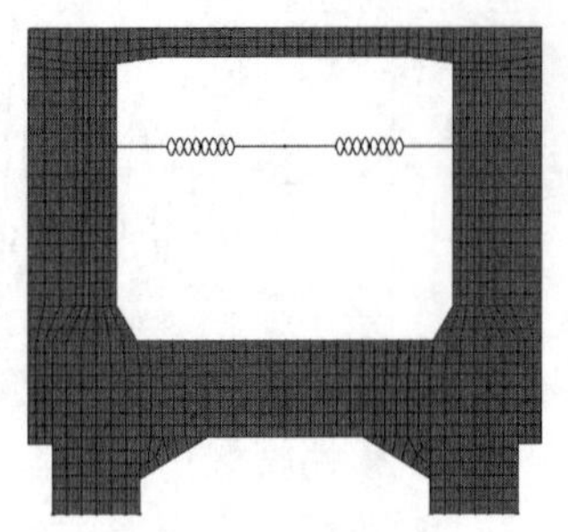

图 5-111 矩型标准推荐方法横截面图

图 5-112 空槽槽身

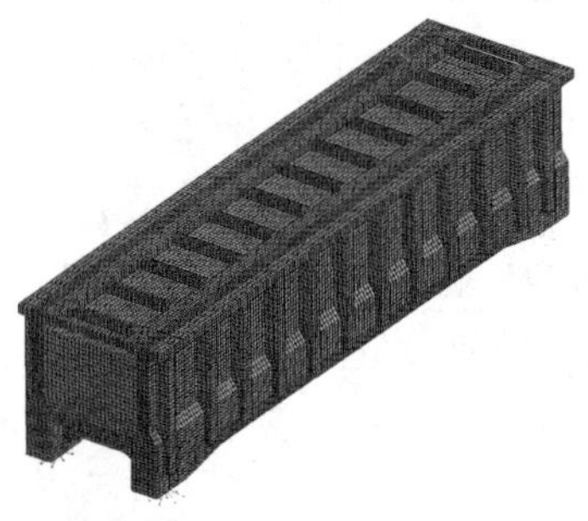

图 5-113 ALE 设计水位

图 5-114 标准设计水位

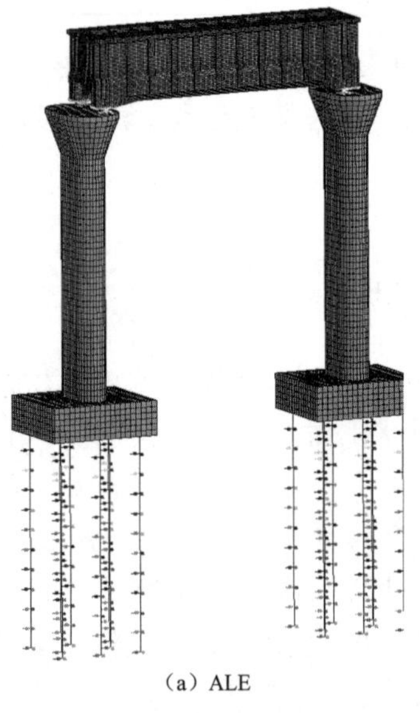

(a) ALE

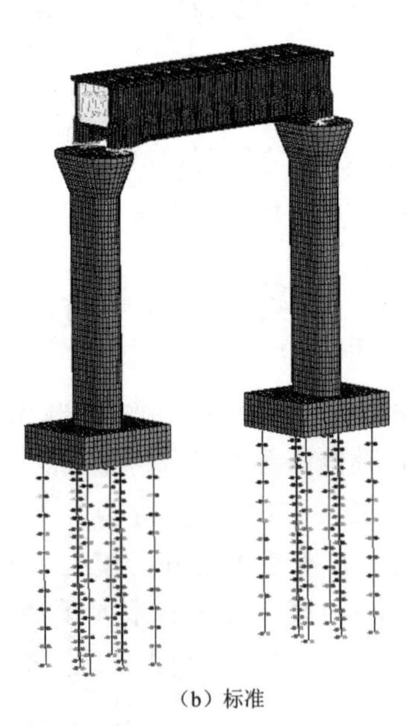

(b) 标准

图 5-115 矩形槽身—槽墩—桩基础模型

5.5.2 不同槽墩刚度的适用性分析

以矩形渡槽槽身—槽墩系统有限元模型为研究对象，进行地震作用下的渡槽流固耦合分析。对于设计水位，采用时程分析法，在横向和竖向地震荷载共同作用下，求解了本节大型矩形渡槽正常运行工况的动力学响应。为了便于论述，选取渡槽槽身端部的顶部（槽身顶部）、槽墩顶部的动位移响应及槽墩底部的动弯矩响应来进行分析。通过柔性墩和刚性墩对比，以槽身顶部相对于承台底部的横向位移槽墩顶部相对于承台底部的横向位移、槽墩底部的动弯矩进行动力学响应的阐释。

5.5.2.1 柔性槽墩

柔性墩时，在EI-CENROL波地震荷载作用下，分析图5-116可得出，标准推荐方法求得的槽身顶部的横向位移在－19～19cm，最大为18.396cm；而ALE方法的为－10～12cm，最大为11.281cm。分析图5-117可得出，标准推荐方法求得的槽墩顶部的横向位移在－13～13cm，最大为12.817cm；ALE方法为－7～8cm，最大为7.802cm。分析图5-117可得出，标准推荐方法求得的槽墩底部弯矩在－42200～46000N·m，最大为45820N·m；ALE方法为－25100～26500N·m，最大为26422N·m。如图5-116、图5-117、图5-66所示的横向位移时程，如图5-118所示的槽墩底部的弯矩时程均有类似规律：对于动力响应最大值的绝对值这一指标，标准推荐方法的计算结果大于ALE方法的计算结果。

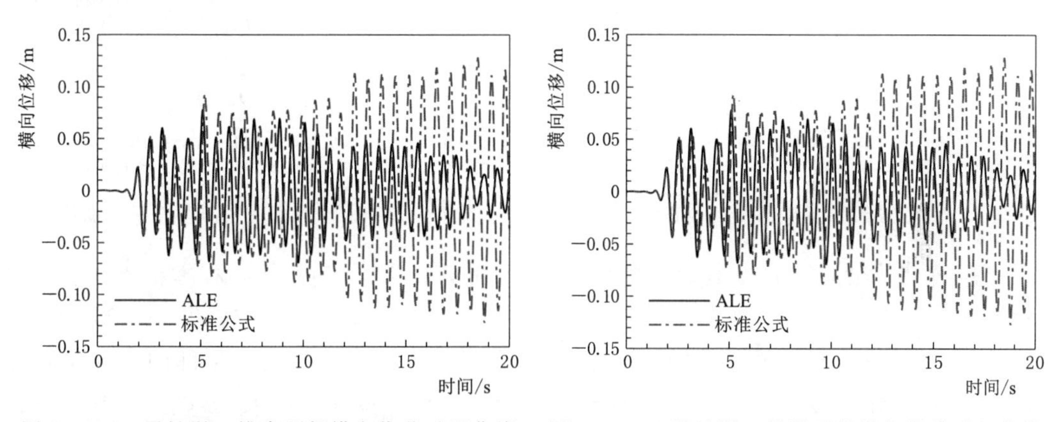

图5-116 柔性墩，槽身顶部横向位移时程曲线 图5-117 柔性墩，槽墩顶部横向位移时程曲线

柔性墩时，在TAF波地震荷载作用下，分析图5-119可得出，标准推荐方法求得的槽身顶部的横向位移在－40～40cm，最大为39.831cm；而ALE方法的为－19～18cm，最大为18.203cm。分析图5-120可得出，标准推荐方法求得的槽墩顶部的横向位移在－28～28cm，最大为27.613cm；ALE方法为－13～13cm，最大为－12.635cm。分析图5-121可得出，标准推荐方法求得的槽墩底部弯矩在－91100～95300N·m，最大为95218N·m；ALE方法为－39300～46000N·m，最大为45962N·m。如图5-119和如图5-120所示的横向位移时程、如图5-121所示的槽墩底部的弯矩时程均有类似规律：对于动力响应最大值的绝对值这一指标，标准推荐方法的计算结果大于ALE方法的计算结果。

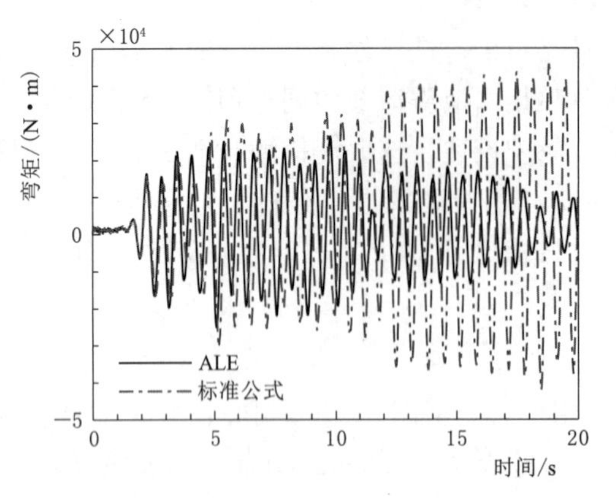

图 5-118　柔性墩，槽墩底部弯矩时程曲线

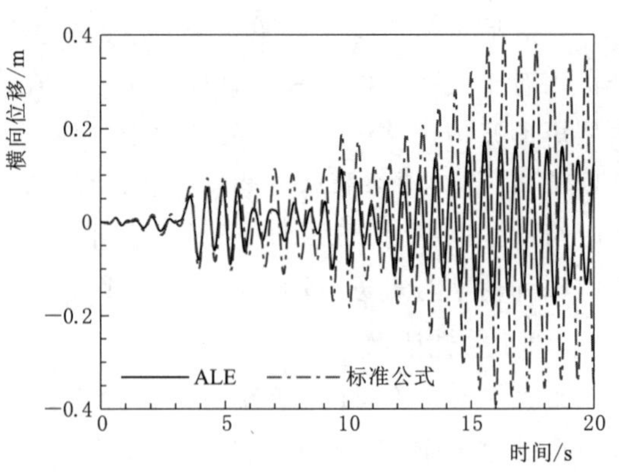

图 5-119　柔性墩槽身顶部横向位移时程曲线

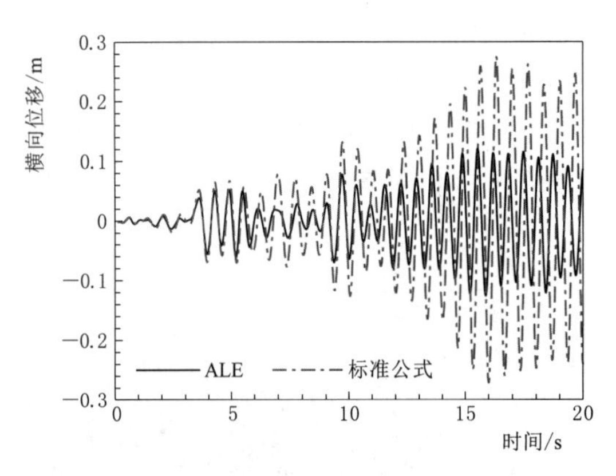

图 5-120　柔性墩槽墩部横向位移时程曲线

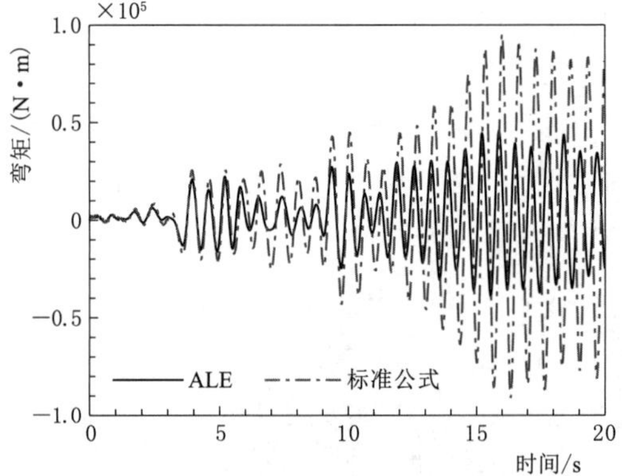

图 5-121　柔性墩槽墩底部弯矩时程曲线

柔性墩时，在KOBE波地震荷载作用下，分析图5-122可得出，标准推荐方法求得的槽身顶部的横向位移在－24～26cm，最大为25.581cm；而ALE方法的为－12～12cm，最大为11.861cm。分析图5-123可得出，标准推荐方法求得的槽墩顶部的横向位移在－17～18cm，最大为17.732cm；ALE方法为－5～9cm，最大为8.163cm。分析图5-124可得出，标准推荐方法求得的槽墩底部弯矩在－57800～58600N·m，最大为58528N·m；ALE方法为－25500～29100N·m，最大为29051N·m。如图5-122和图5-123所示的横向位移时程，如图5-124所示的槽墩底部的弯矩时程均有类似规律：对于动力响应最大值的绝对值这一指标，标准推荐方法的计算结果大于ALE方法的计算结果。

对比采用三条不同地震波时的地震响应结果，可以发现：随着地震荷载的持续施加，能量被不断输入到大型渡槽结构体系中。同时，标准推荐方法不能吸收能量。所以，在地震作用后期，标准推荐方法的地震响应值比ALE方法更大。因此，对于本节的矩形槽身—槽墩系统有限元模型，槽墩为柔性墩时，槽内水体采用标准推荐方法模拟时的结果偏安全，且相较于ALE方法而言，能简化计算。

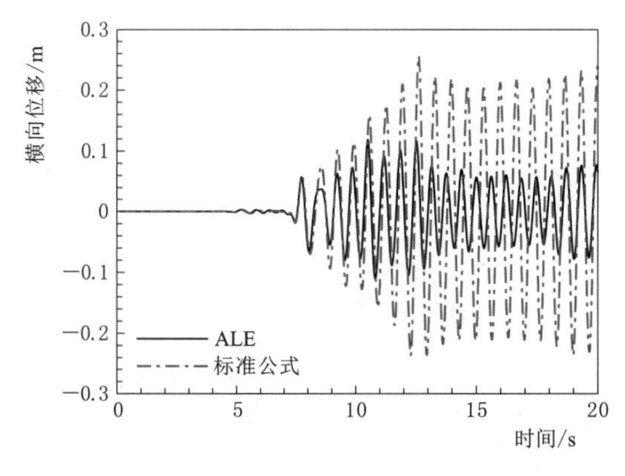

图 5-122　柔性墩槽顶部横向位移时程曲线

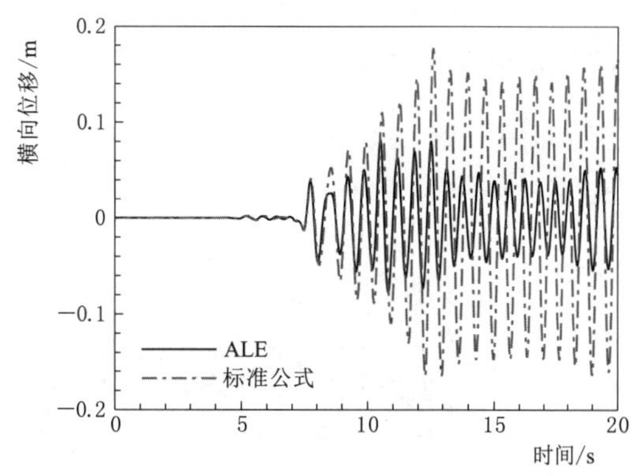

图 5-123　柔性墩槽墩部横向位移时程曲线

5.5.2.2　刚性槽墩

刚性墩时，在EI-Cenrol波地震荷载作用下分析图5-125可得出，标准推荐方法求得的槽身顶部的横向位移在-4～4cm，最大为3.543cm；而ALE方法的为-3～3cm，最大为2.39cm。分析图5-126可得出，标准推荐方法求得的槽墩顶部的横向位移在-2～3cm，最大为2.026cm；ALE方法为-2～2cm，最大为1.339cm。分析图5-127可得出，标准推荐方法求得的槽墩底部弯矩在-63900～64500N・m，最大为64487N・m；ALE方法为-37100～44400N・m，最大为44310N・m。图5-125和图5-126所示的横向位移时程、如图5-127所示的槽墩底部的弯矩时程均有类似规律：标准推荐方法大于ALE方法得到的动力响应最大值基本一致。

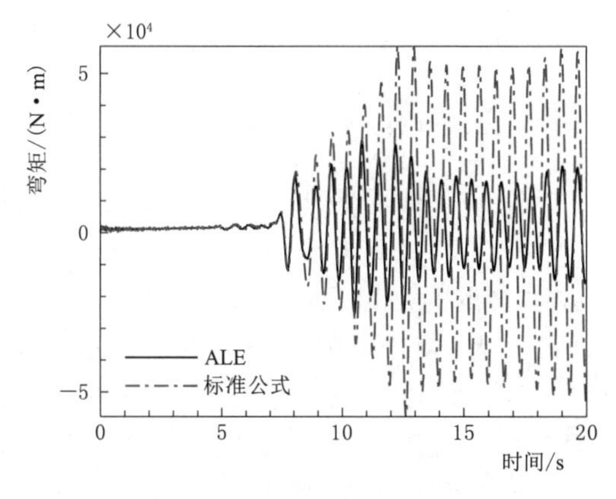

图 5-124　柔性墩槽墩底部弯矩时程曲线

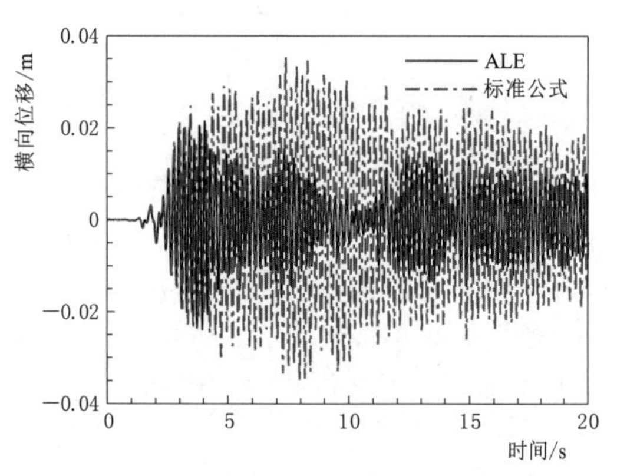

图 5-125　刚性墩槽顶部横向位移时程曲线

刚性墩时，在TAF波地震荷载作用下，分析图5-128可得出，标准推荐方法求得的槽身顶部的横向位移在-2～2cm，最大为1.771cm；而ALE方法的为-2～2cm，最大为1.623cm。分析图5-129可得出，标准推荐方法求得的槽墩顶部的横向位移在-2～2cm，最大为1.024cm；ALE方法为-1～1cm，最大为-0.925cm。分析图5-130可得出，标准推荐方法求得的槽墩底部弯矩在-30800～35700N・m，最大为35688N・m；ALE方法为27600～32000N・m，最大为31909N・m。如图5-128和图5-129所示的横向位移时程、图5-130所示的槽墩底部的弯矩时程均有类似规律：标准推荐方法与ALE方法得到的动力响应最大值相比，基本持平。

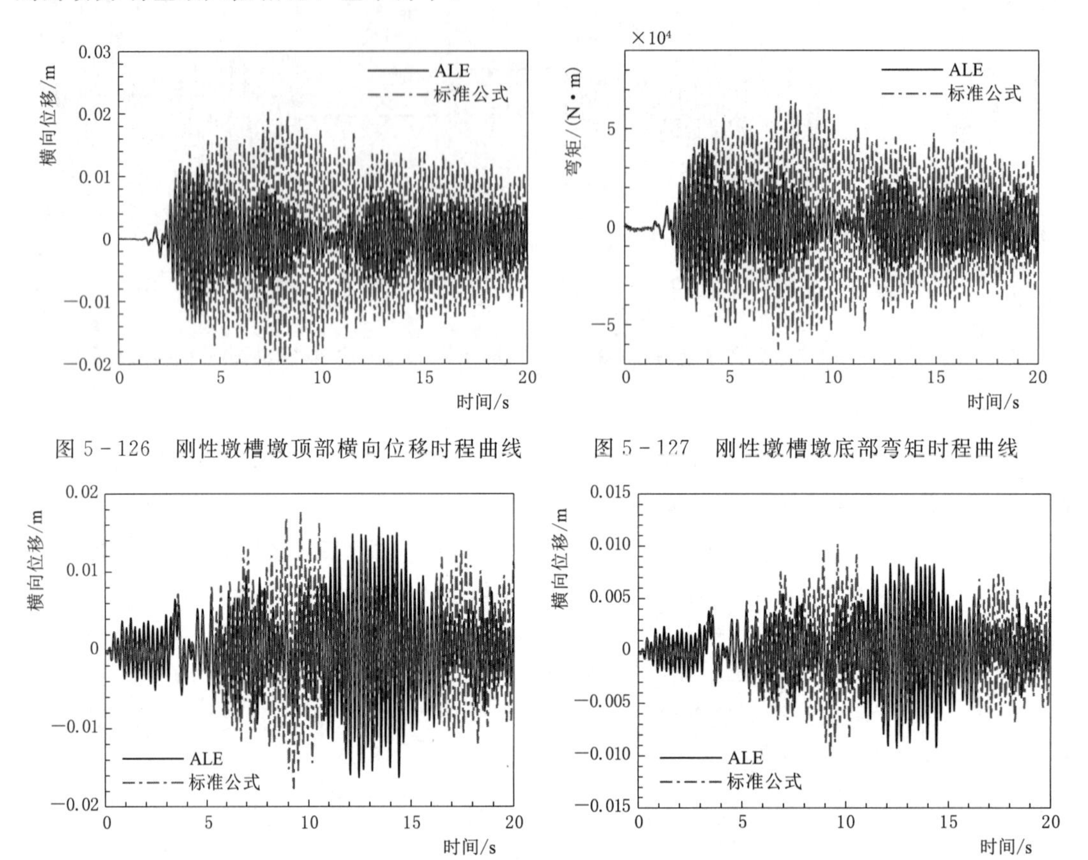

图5-126 刚性墩槽墩顶部横向位移时程曲线

图5-127 刚性墩槽墩底部弯矩时程曲线

图5-128 刚性墩槽顶部横向位移时程曲线

图5-129 刚性墩槽墩部横向位移时程曲线

刚性墩时，在KOBE波地震荷载作用下，分析图5-131可得出，标准推荐方法求得的槽身顶部的横向位移在－2～2cm，最大为1.421cm；而ALE方法的为－2～2cm，最大为1.314cm。分析图5-132可得出，标准推荐方法求得的槽墩顶部的横向位移在－1～1cm，最大为0.813cm；ALE方法为－1～1cm，最大为－0.747cm。分析图5-133可得出，标准推荐方法求得的槽墩底部弯矩在－24700～27900N·m，最大为27822N·m；ALE方法为22100～25600N·m，最大为25523N·m。如图5-131和图5-132所示的横向位移时程，如图5-133所示的槽墩底部的弯矩时程均有类似规律：标准推荐方法与ALE方法得到的动力响应最大值基本一致。

对比采用3条不同地震波时的地震响应结果，可以发现：槽内水体采用标准推荐方法模拟时的地震响应最大值基本等于甚至大于ALE方法模拟时的地震响应最大值。因此，对于本节的矩形槽身—槽墩系统有限元模型，槽墩为刚性墩时，槽内水体采用标准推荐方法模拟时的结果基本安全，且相较于ALE方法而言，能简化计算。此外，ALE和标准推荐方法得到的槽墩顶部横向位移时程计算结果基本一致，也从侧面反映了将$q=10.0$时的槽墩视为刚性槽墩是合理的。

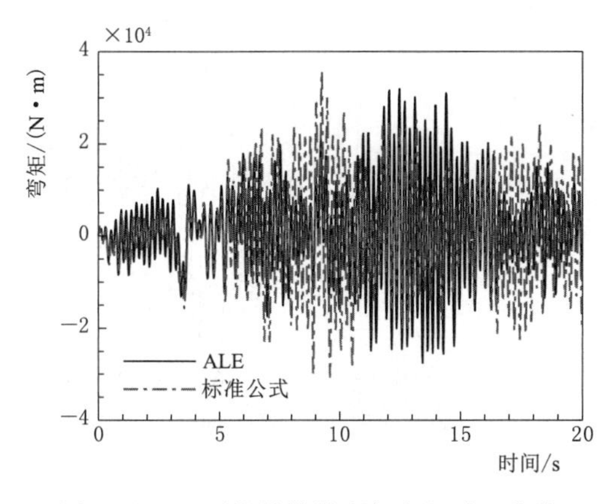

图 5-130　刚性墩槽墩底部弯矩时程曲线

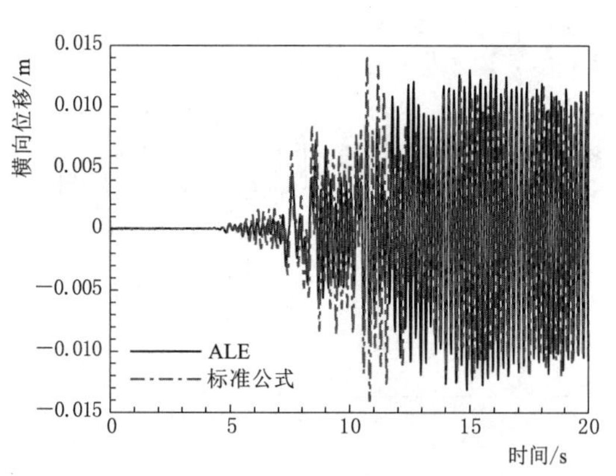

图 5-131　刚性墩槽顶部横向位移时程曲线

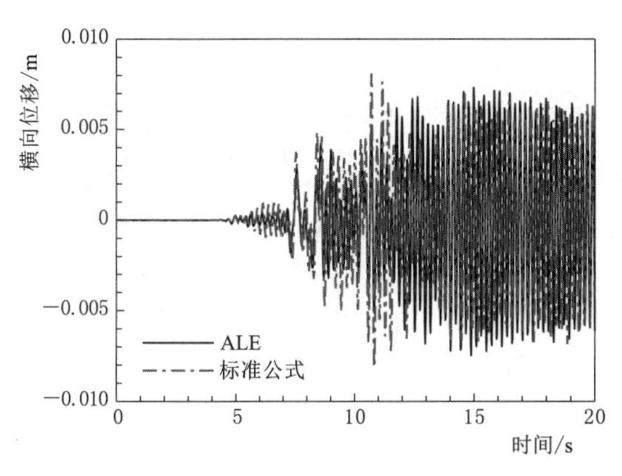

图 5-132　刚性墩槽墩部横向位移时程曲线

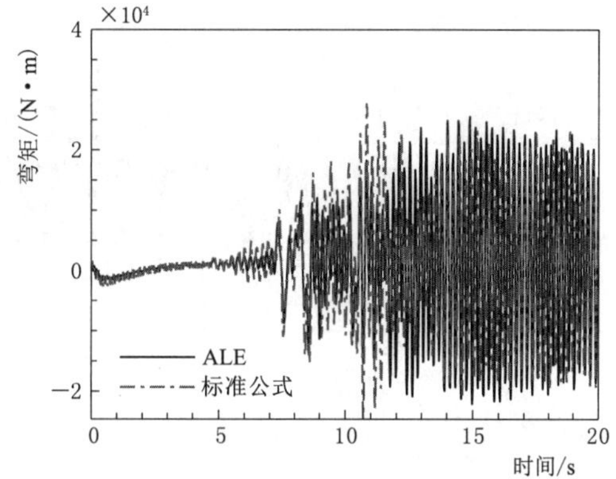

图 5-133　刚性墩槽墩底部弯矩时程曲线

综上所述，本节矩形渡槽—槽墩系统有限元模型在设计水位工况下，使用标准推荐方法进行抗震分析计算，对渡槽结构的地震响应预测是安全的，且能够简化计算。同时，将 $q=10.0$ 时的槽墩视为刚性槽墩是合理的。

5.5.3　不同桩基础刚度的适用性分析

5.5.3.1　柔性桩基础

柔性桩基础时，在 EI-Cenrol 波地震荷载作用下，分析图 5-134 可得出，标准推荐方法求得的槽身顶部的横向位移在－18～17cm，最大为－17.167cm；而 ALE 方法的为－23～25cm，最大为 24.06cm。分析图 5-135 可得出，标准推荐方法求得的槽墩顶部的横向位移在－13～13cm，最大为－12.911cm；而 ALE 方法的为－18～19cm，最大为 18.421cm。分析图 5-136 可得出，标准推荐方法求得的桩基础顶部的横向位移在－2～2cm，最大为－1.795cm；而 ALE 方法的为－2～2cm，最大为－1.915cm。分析图 5-137 可得，标准推荐方法求得的槽墩底部弯矩在－35200～37500N·m，最大为 37490N·m；ALE 方法为－45700～45600N·m，最大为－45696N·m。图 5-136 所示的柔性桩基础时两者的响应峰值基本持平，其余时程计算结果标准推荐方法小于 ALE 方法得到的动力响应最大值，均能反映标准推荐方法的计算结果是偏危险的。

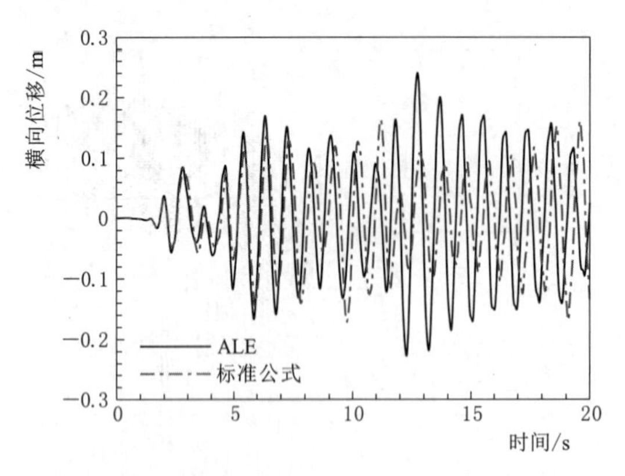

图 5-134 柔性桩基础槽身顶部横向位移时程曲线

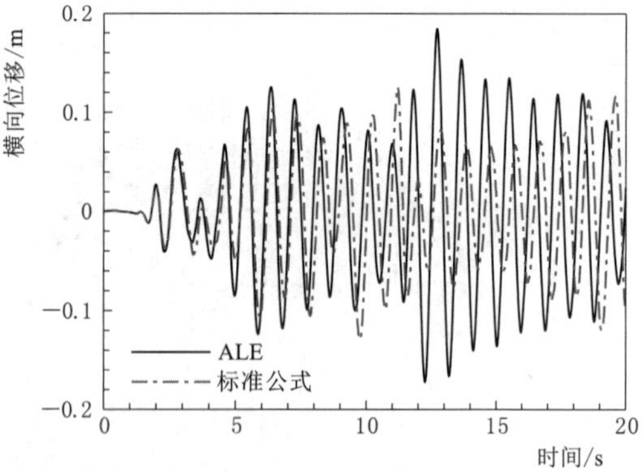

图 5-135 柔性桩基础槽墩顶部横向位移时程曲线

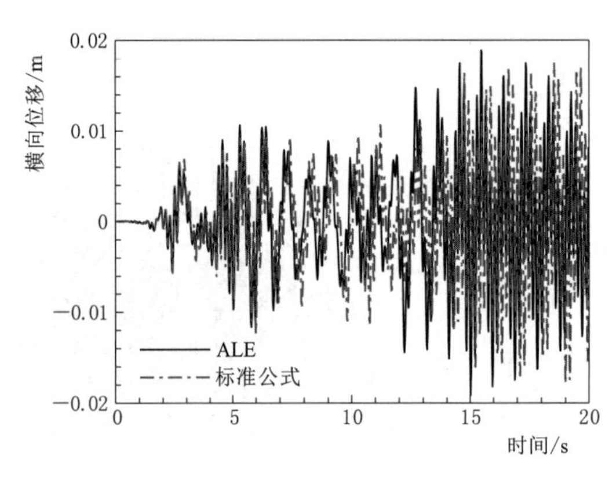

图 5-136 柔性桩基础顶部横向位移时程曲线

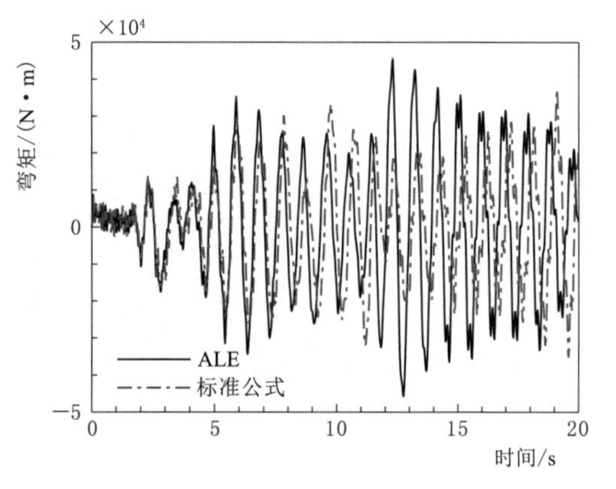

图 5-137 柔性桩基础槽墩底部弯矩时程曲线

柔性桩基础时，在TAF波地震荷载作用下，分析图5-138可得出，标准推荐方法求得的槽身顶部的横向位移在－35～38cm，最大为37.087cm；而ALE方法的为－41～38cm，最大为－40.815cm。分析图5-139可得出，标准推荐方法求得的槽墩顶部的横向位移在－27～29cm，最大为28.483cm；而ALE方法的为－32～29cm，最大为－31.022cm。分析图5-140可得出，标准推荐方法求得的桩基础顶部的横向位移在－2～2.0cm，最大为2.0cm；而ALE方法的为－2～2cm，最大为－1.845cm。分析图5-141可得，标准推荐方法求得的槽墩底部弯矩在－69800～66200N·m，最大为69727N·m；ALE方法为－74200～77600N·m，最大为－77531N·m。如图5-140所示的柔性桩基础时两者的响应峰值基本持平，其余时程计算结果标准推荐方法小于ALE方法得到的动力响应最大值，均能反映标准推荐方法的计算结果是偏危险的。

柔性桩基础时，在KOBE波地震荷载作用下，分析图5-142可得出，标准推荐方法求得的槽身顶部的横向位移在－28～28cm，最大为－27.824cm；而ALE方法的为－27～28cm，最大为27.919cm。分析图5-143可得出，标准推荐方法求得的槽墩顶部的横向位移在－22～21cm，最大为－21.281cm；而ALE方法的为－21～22cm，最大为－21.078cm。分析图5-144可得出，标准推荐方法求得的桩基础顶部的横向位移在

－2～2cm，最大为－1.414cm；而 ALE 方法的为－2～2cm，最大为 1.256cm。分析图 5－146 可得，标准推荐方法求得的槽墩底部弯矩在－53300～53600N·m，最大为 53540N·m；ALE 方法为－54600～52700N·m，最大为－54521N·m。如图 5－145 所示的柔性桩基础时两者的响应峰值基本持平，其余时程计算结果标准推荐方法小于 ALE 方法得到的动力响应最大值，均能反映标准推荐方法的计算结果是偏危险的。

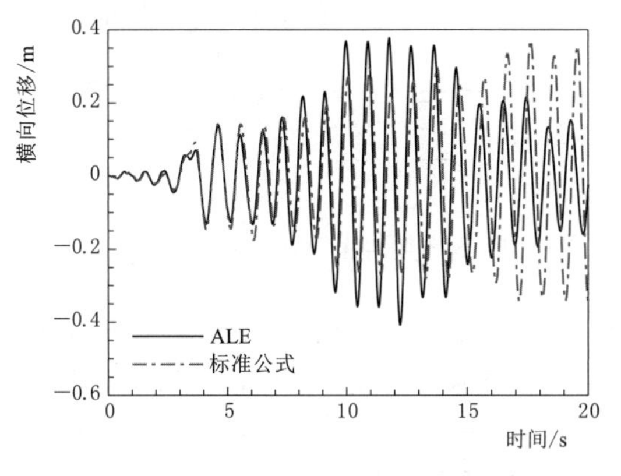

图 5－138　柔性桩基础槽身顶部横向位移时程曲线

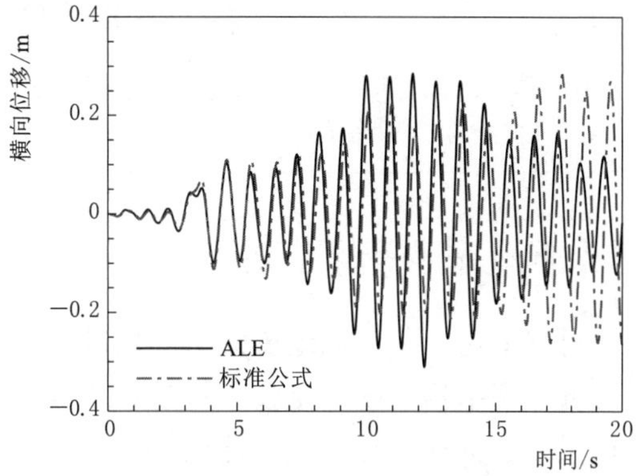

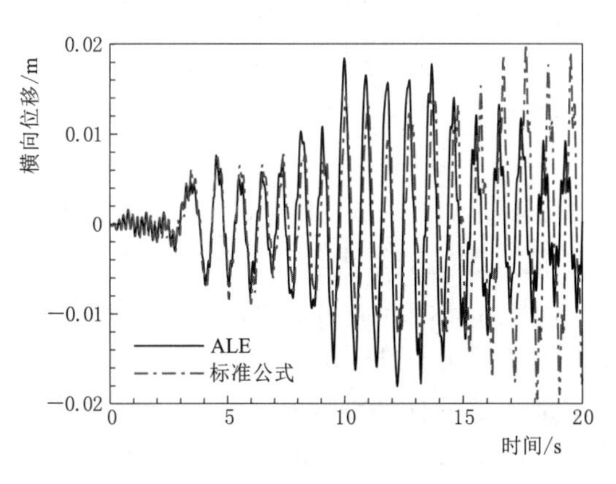

图 5－139　柔性桩基础槽墩顶部横向位移时程曲线

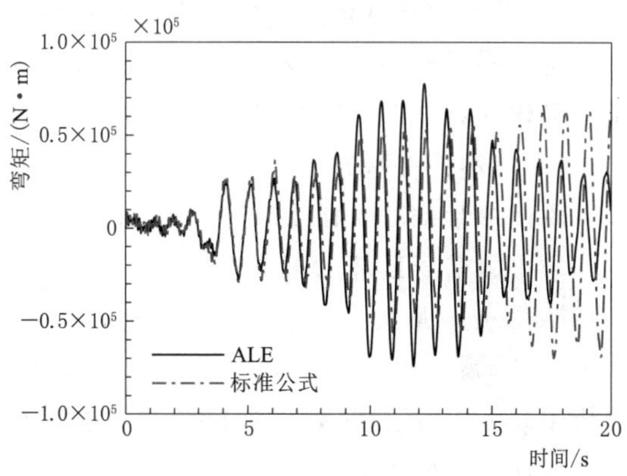

图 5－140　柔性桩基础顶部横向位移时程曲线

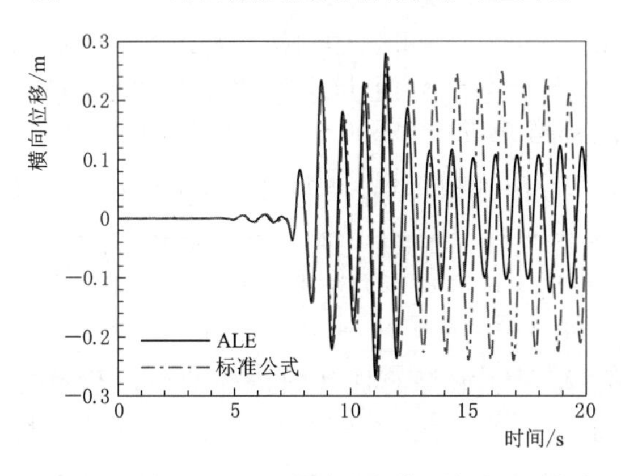

图 5－141　柔性桩基础槽墩底部弯矩时程曲线

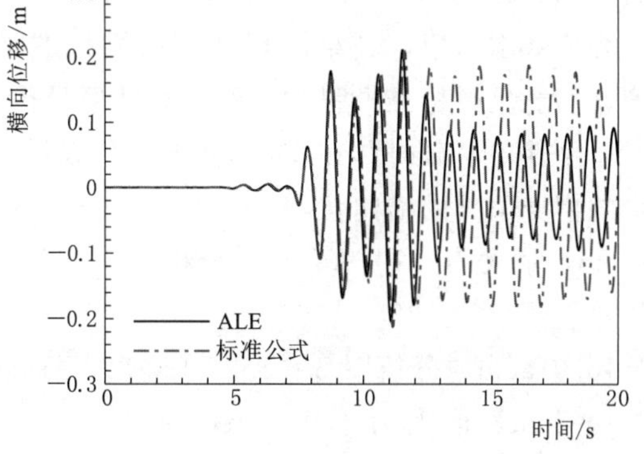

图 5－142　柔性桩基础槽身顶部横向位移时程曲线

横向位移/m
ALE
标准公式
时间/s

图 5－143　柔性桩基础槽墩顶部横向位移时程曲线

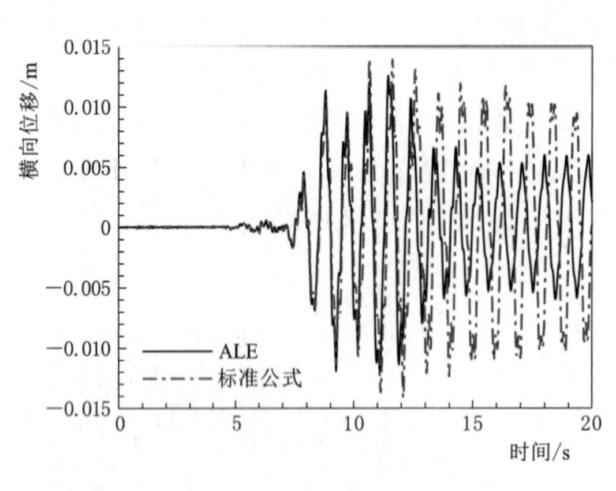

图5-144　柔性桩桩基础顶部横向位移时程曲线

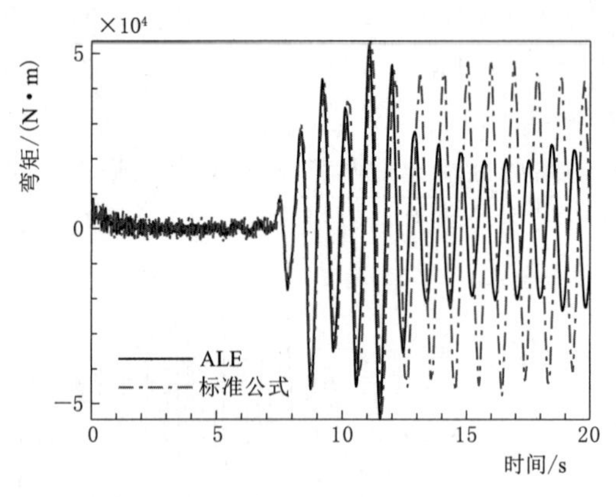

图5-145　柔性桩基础槽墩底部弯矩时程曲线

对比采用3条不同地震波时的地震响应结果，可以发现：地震作用前期，荷载幅值较小，输入到结构中的能量较少；随着地震荷载的持续施加，能量被不断输入到大型渡槽结构体系中。标准推荐方法不能吸收能量，ALE方法能够吸收能量。在地震作用后期，标准推荐方法的地震响应值逐渐等于甚至大于ALE方法得到的计算结果。标准推荐方法仍然小于ALE方法的地震响应最大值的绝对值。因此，对于本节的矩形槽身—槽墩—桩基础系统有限元模型，在设计水位工况且桩基础为柔性时，槽内水体采用标准推荐方法模拟虽能简化计算，但计算结果偏危险。

5.5.3.2　刚性桩基础

刚性桩基础时，在EI-Cenrol波地震荷载作用下，分析图5-146可得出，标准推荐方法求得的槽身顶部的横向位移在－17～17cm，最大为－16.591cm；而ALE方法的为－15～13cm，最大为－14.619cm。分析图5-147可得出，标准推荐方法求得的槽墩顶部的横向位移在－12～12cm，最大为－11.886cm；而ALE方法的为－11～9cm，最大为－10.972cm。分析图5-148可得出，标准推荐方法求得的桩基础顶部的横向位移在－2～1cm，最大为－1.081cm；而ALE方法的为－1～1cm，最大为－0.984cm。分析图5-149可得，标准推荐方法求得的槽墩底部弯矩在－42100～43300N·m，最大为43219N·m；ALE方法为－35500～36300N·m，最大为36233N·m。图5-148所示的刚性桩基础时两者的响应峰值基本持平，其余时程计算结果标准推荐方法大于ALE方法得到的动力响应最大值，均能反映标准推荐方法的计算结果是偏安全的。

刚性桩基础时，在TAF波地震荷载作用下，分析图5-150可得出，标准推荐方法求得的槽身顶部的横向位移在－34～32cm，最大为－33.766cm；而ALE方法的为－21～20cm，最大为－20.902cm。分析图5-151可得出，标准推荐方法求得的槽墩顶部的横向位移在－25～23cm，最大为－24.133cm；而ALE方法的为－16～15cm，最大为－15.013cm。分析图5-152可得出，标准推荐方法求得的桩基础顶部的横向位移在－1～2cm，最大为1.044cm；而ALE方法的为－1～1cm，最大为－0.723cm。分析图5-153可得，标准推荐方法求得的槽墩底部弯矩在－80100～88700N·m，最大为88697N·m；ALE方法为－51200～54500N·m，最大为54494N·m。如图5-152所示的刚性桩基础时两者的响应峰值基本持平，其余时程计算结果标准推荐方法大于 ALE 方法得到的动力响应最大值，均能反映标准推荐方法的计算结果是偏安全的。

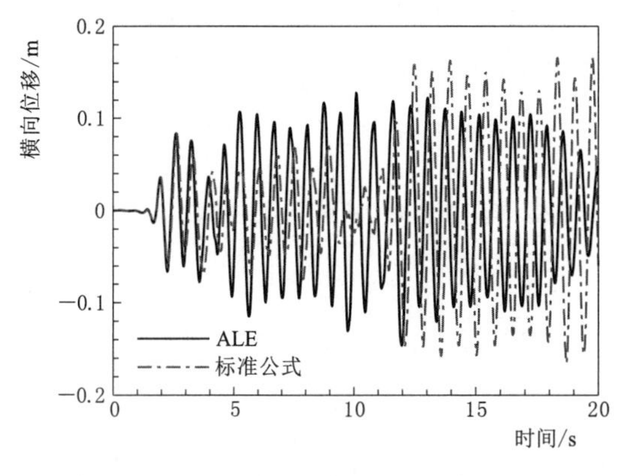

图 5－146　刚性桩基础槽身顶部横向位移时程曲线

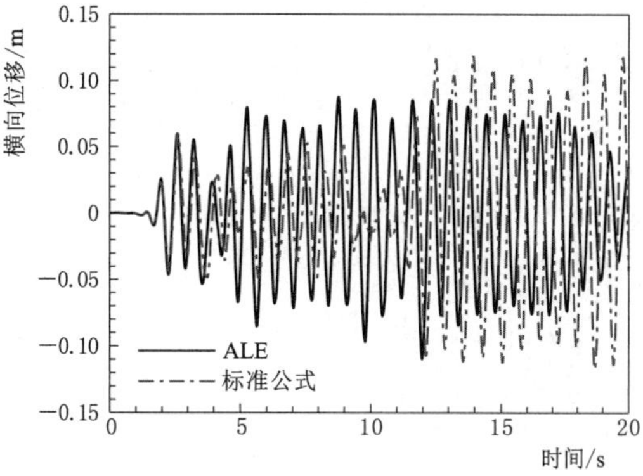

图 5－147　刚性桩基础槽墩顶部横向位移时程曲线

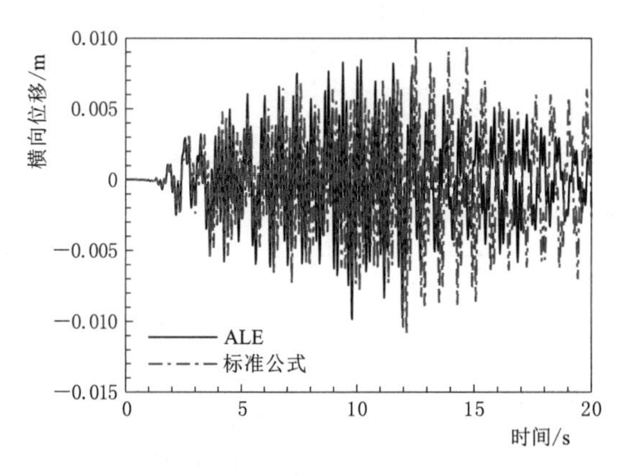

图 5－148　刚性桩基础顶部横向位移时程曲线

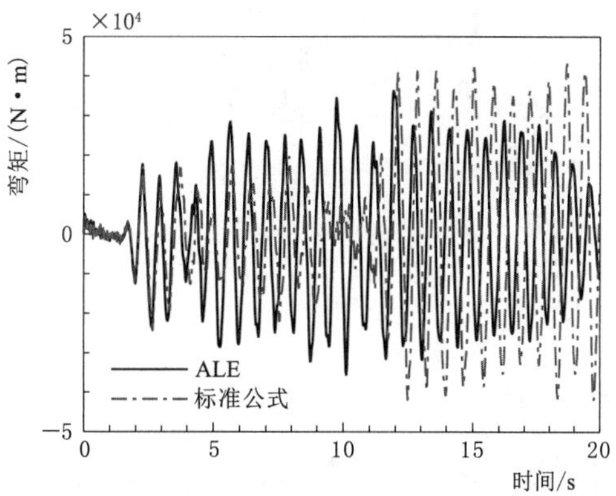

图 5－149　刚性桩基础槽墩底部弯矩时程曲线

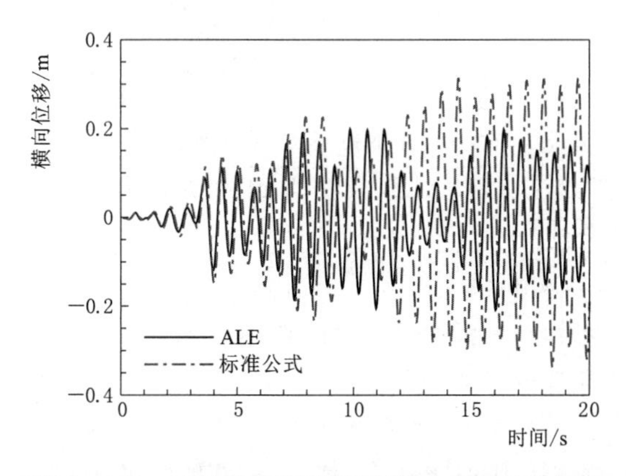

图 5－150　刚性桩基础槽身顶部横向位移时程曲线

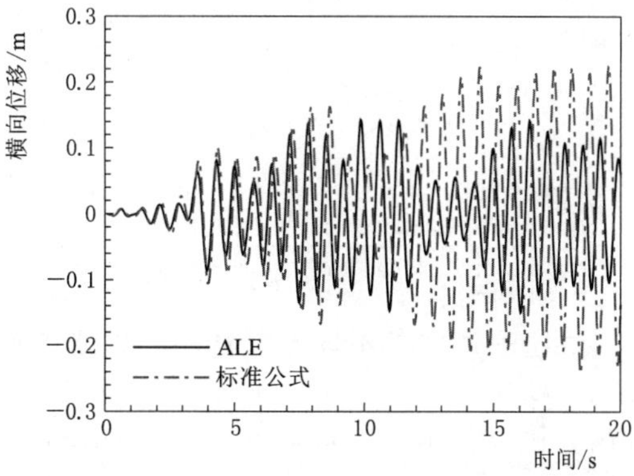

图 5－151　刚性桩基础槽墩顶部横向位移时程曲线

刚性桩基础时，在 KOBE 波地震荷载作用下，分析图 5－154 可得出，标准推荐方法求得的槽身顶部的横向位移在－26～26cm，最大为－25.627cm；而 ALE 方法的为

−27～26cm，最大为−26.092cm。分析图5-155可得出，标准推荐方法求得的槽墩顶部的横向位移在−19～19cm，最大为−18.403cm；而ALE方法的为−19～19cm，最大为−18.723cm。分析图5-156可得出，标准推荐方法求得的桩基础顶部的横向位移在−1～1cm，最大为0.902cm；而ALE方法的为−1～1cm，最大为0.854cm。分析图5-157可得，标准推荐方法求得的槽墩底部弯矩在−63800～66400N·m，最大为66346N·m；ALE方法为−65000～66500N·m，最大为−66456N·m。如图5-156所示的刚性桩基础时两者的响应峰值基本持平，其余时程计算结果标准推荐方法大于ALE方法得到的动力响应最大值，均能反映标准推荐方法的计算结果是偏安全的。

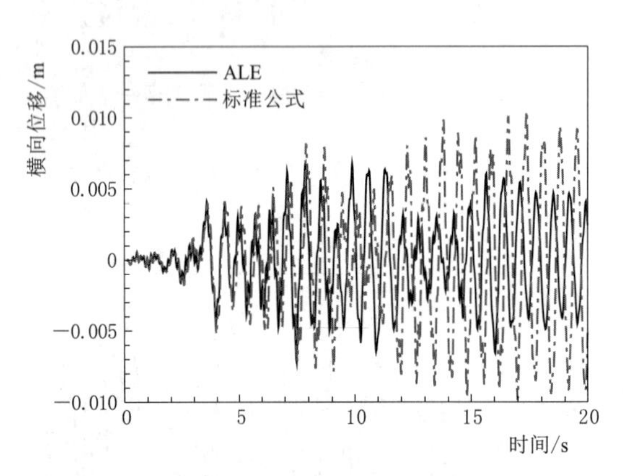

图5-152 刚性桩基础顶部横向位移时程曲线

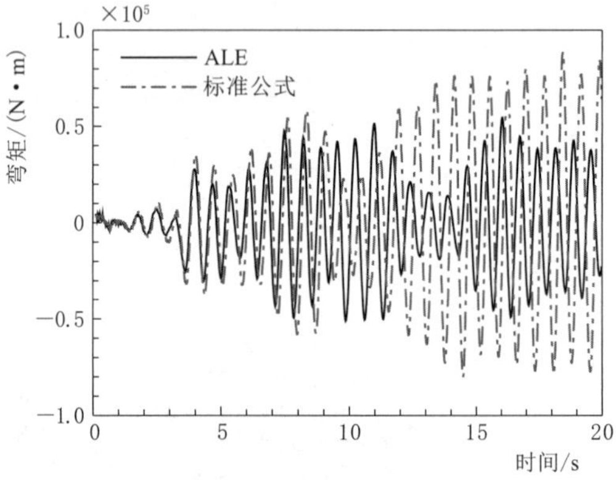

图5-153 刚性桩基础槽墩底部弯矩时程曲线

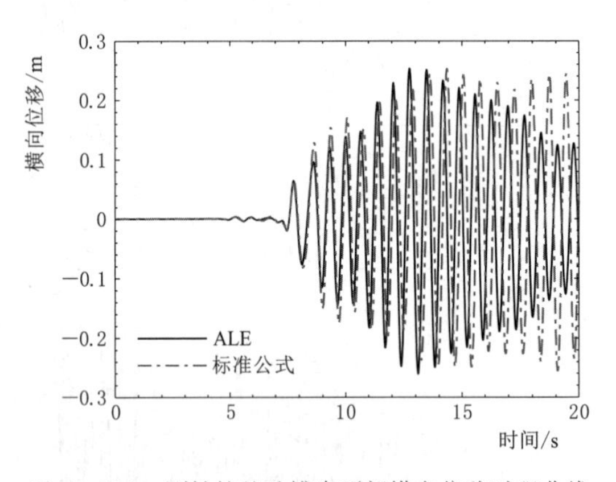

图5-154 刚性桩基础槽身顶部横向位移时程曲线

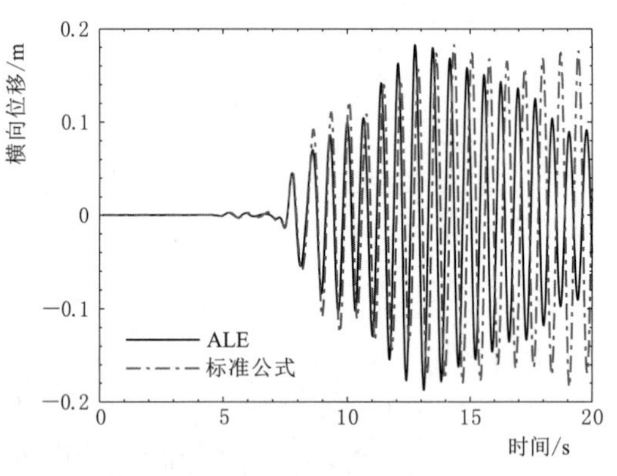

图5-155 刚性桩基础槽墩顶部横向位移时程曲线

对比采用3条不同地震波时的地震响应结果，可以发现：地震作用前期，荷载幅值较小，输入到结构中的能量较少；随着地震荷载的持续施加，能量被不断输入到大型渡槽结构体系中。标准推荐方法不能吸收能量，ALE方法能够吸收能量。槽内水体采用标准推荐方法模拟时的地震响应最大值基本等于甚至大于ALE方法模拟时的地震响应最大值。因此，对于本节的矩形槽身—槽墩—桩基础系统有限元模型，桩基础为刚性时，槽内水体采用标准推荐方法模拟时的结果基本安全，且相较于ALE方法而言，能简化计算。

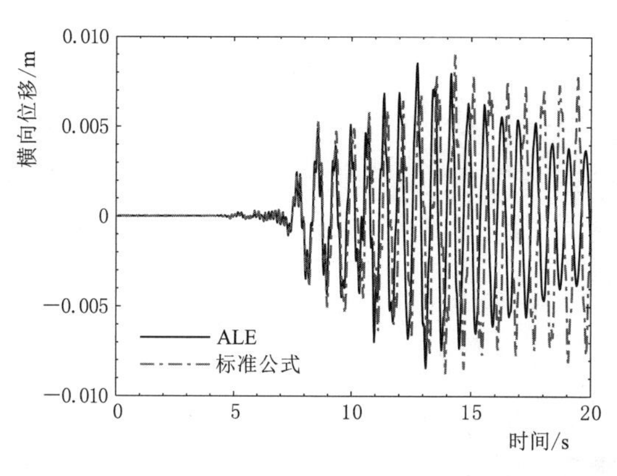

图 5-156 刚性桩基础基础顶部横向位移时程曲线

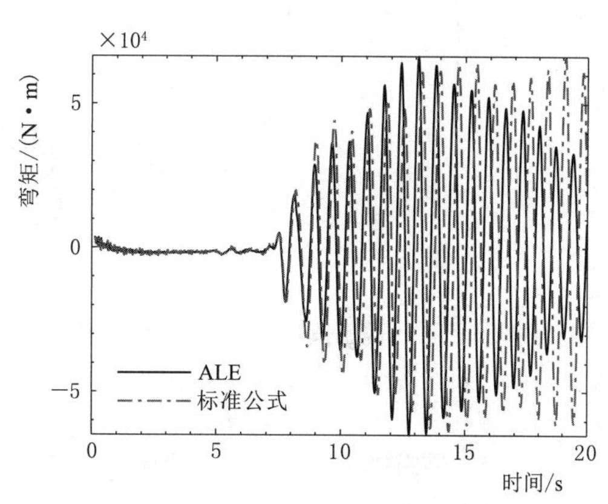

图 5-157 刚性桩基础槽墩底部弯矩时程曲线

综上所述，矩形渡槽—槽墩—桩基础系统有限元模型，在设计水位工况下，其槽内水体分别采用 ALE 方法和标准推荐方法进行模拟。柔性桩基础时，标准推荐方法小于 ALE 方法的地震响应最大值的绝对值，前者的计算结果偏危险；刚性桩基础时，槽内水体采用标准推荐方法模拟与采用 ALE 方法模拟时的计算结果基本一致，前者对渡槽结构的地震响应预测偏安全的。此外，ALE 和标准推荐方法得到的桩基础顶部横向位移时程计算结果基本一致，也从侧面反映了将 $q=10.0$ 时的桩基础视为刚性桩基础是合理的。

5.5.4 小结

本节开展了矩形渡槽标准推荐方法适用性分析。在横槽向和竖向地震荷载共同作用下，以 ALE 方法建立的模型为对比模型，对考虑了下部结构刚度变化的渡槽结构进行了标准推荐方法的适用性分析，得到的结论如下：

(1) 在设计水位工况下，矩形槽身—槽墩系统，其槽内水体采用标准推荐方法模拟时的结果偏安全，计算成本较低；其槽内水体采用 ALE 方法模拟时的结果更符合实际，计算成本较高。这个结论对于本节模型的柔性槽墩或刚槽墩均成立。

(2) 在设计水位工况下，矩形槽身—槽墩—桩基础系统，其槽内水体采用标准推荐方法模拟时，柔性桩基础的计算结果偏危险，刚性桩基础的结果偏安全。槽内水体采用 ALE 方法模拟时的结果更符合实际，计算成本较高。

参 考 文 献

[1] 胡聿贤. 地震工程学 [M]. 2版. 北京：地震出版社，2006.

[2] 哈拉克·苏库格鲁，辛南·阿卡. 地震工程学基础 [M]. 于晓辉，程印，宁超列，译. 北京：中国建筑工业出版社，2023.

[3] 竺慧珠，陈德亮，管枫年. 渡槽 [M]. 北京：中国水利水电出版社，2005.

[4] 张多新，李嘉豪，王清云，等. 基于"设计标准"的大型渡槽动力计算与隔减震研究 [J]. 水利学报，2021，52 (7)：873-883.

[5] 张多新，李嘉豪，王志强，等. 高烈度地区大型多跨渡槽间横向错动位移研究 [J]. 地震工程与工程振动，2021，41 (5)：144-153.

[6] 张多新，崔越越，王静，等. 大型渡槽结构动力学研究进展 (2010—2019) [J]. 自然灾害学报，2020，29 (4)：20-33.

[7] 张多新，王清云，白新理. 流固耦合系统位移-压力有限元格式在渡槽动力分析中的应用 [J]. 土木工程学报，2010，43 (1)：125-130.

[8] 张多新，周娟，白新理. 流固耦合系统的位移-压力 (u_i，p) 格式在U型渡槽抗震分析中的应用研究 [J]. 西安建筑科技大学学报（自然科学版），2010，42 (1)：47-53.

[9] 王海波，李春雷，朱璨，等. 大型薄壁输水渡槽流固耦合振动台试验研究 [J]. 水利学报，2020，51 (6)：653-663.

[10] 王博，徐建国，陈淮，等. 渡槽薄壁结构弹塑性动力分析模型及试验验证 [J]. 水利学报，2006 (9)：1108-1113，1121.

[11] 刘云贺，陈厚群. 大型渡槽铅销橡胶支座减震机理的数值模拟 [J]. 水利学报，2003 (12)：98-103.

[12] 楼梦麟，洪婷婷，朱玉星. 预应力渡槽的竖向振动特性和地震反应 [J]. 水利学报，2006 (4)：436-442，450.

[13] 应磊，周叮，王珏，等. 考虑SSI效应的带隔板渡槽动力特性及其地震响应 [J]. 振动工程学报，2017，30 (6)：1001-1011.

[14] 张威，孙振华，王博，等. 考虑参数——激励复合随机的渡槽结构非线性地震响应与抗震可靠性分析 [J]. 土木与环境工程学报（中英文），2022，44 (6)：144-152.

[15] 李正农，张盼盼，朱旭鹏，等. 考虑桩-土动力相互作用的渡槽结构水平地震响应分析 [J]. 土木工程学报，2010，43 (12)：137-143.

[16] 李遇春，楼梦麟，潘旦光. 大型梁式渡槽竖向地震作用估计 [J]. 土木工程学报，2003 (2)：10-15.

[17] Ibrahim R A. Liquid Sloshing Dynamics：Theory and Applications [M]. New York：Cambridge University Press，2005. 345-350.

[18] GB 51247—2018 水工建筑物抗震设计标准 [S]. 北京：中国计划出版社，2018.

[19] Zhang S，Du M，Wang C，et al. Fragility analysis of high－span aqueduct structure under near-fault and far-field ground motions [C]//Structures. Elsevier，2022，46：681-697.

[20] Zhang C，Xu J，Qian Y，et al. Seismic reliability analysis of random parameter aqueduct structure under random earthquake [J]. Soil Dynamics and Earthquake Engineering，2022，153：107083.